高等学校规划教材

无线传感器网络原理与应用

钟 冬 朱怡安 段俊花 编著

西北工业大学出版社

西 安

【内容简介】 无线传感器网络是构建物联网的一种基础网络。本书全面介绍了无线传感器网络的理论原理与应用技术,结合作者长期以来在物联网领域的研究工作和在无线传感器网络课程的相关教学工作,论述和总结了无线传感器网络的发展过程、应用领域以及诸多的关键技术。全书共分13章,内容涉及无线传感器网络的概念、特点及技术体系;无线传感器网络物理层、数据链路层、网络层和传输层的通信技术;无线传感器网络相关的6LoWPAN标准和ZigBee协议规范;无线传感器网络的拓扑控制、节点定位、时间同步、数据管理及能量管理等关键技术;5G通信网络中无线传感器网络的相关技术;无线传感器网络的仿真、操作系统及典型应用实例。

本书既可作为无线传感器网络领域的研究人员以及广大对无线传感器网络感兴趣的工程技术人员的参考用书,也可作为高等院校计算机、物联网、通信、电子信息和自动化等专业本科高年级学生和研究生相关课程的教材。

图书在版编目(CIP)数据

无线传感器网络原理与应用 / 钟冬,朱怡安,段俊花编著. — 西安 : 西北工业大学出版社,2022.7
ISBN 978 - 7 - 5612 - 8278 - 6

Ⅰ.①无… Ⅱ.①钟… ②朱… ③段… Ⅲ.①无线电通信-传感器 Ⅳ.①TP212

中国版本图书馆 CIP 数据核字(2022)第 132368 号

WUXIAN CHUANGANQI WANGLUO YUANLI YU YINGYONG
无 线 传 感 器 网 络 原 理 与 应 用
钟冬 朱怡安 段俊花 编著

责任编辑:朱辰浩	策划编辑:华一瑾
责任校对:孙 倩	装帧设计:李 飞

出版发行:西北工业大学出版社
通信地址:西安市友谊西路 127 号   邮编:710072
电　　话:(029)88491757,88493844
网　　址:www.nwpup.com
印 刷 者:陕西宝石兰印务有限责任公司
开　　本:787 mm×1 092 mm   1/16
印　　张:23.875
字　　数:626 千字
版　　次:2022 年 7 月第 1 版   2022 年 7 月第 1 次印刷
书　　号:ISBN 978 - 7 - 5612 - 8278 - 6
定　　价:72.00 元

前　言

自"智慧地球"提出以来,物联网的概念在全球范围内被迅速认可,并成为新一轮科技革命与产业变革的核心驱动力。2016 年以来,在世界经济复苏曲折的大背景下,以物联网为代表的信息通信技术正加快转化为现实生产力,从浅层次的工具和产品深化为重塑生产组织方式的基础设施和关键要素,深刻改变着传统产业形态和人们的生活方式,催生了大量新技术、新产品和新模式,引发了全球数字经济浪潮。

工业互联网是物联网发展过程中的一个重要分支。工业互联网作为物联网在工业领域的一个新发展方向,仍然具有物联网的诸多特性。传感器可以认为是物联网中物理世界与信息世界交互融合的接口,也是物联网及工业互联网中信息感知的基本元素。传感器网络是将这些基本元素组织起来,共享数据、协同感知物理世界的一种手段,是物联网及工业互联网的一种基础网络。而随着 5G 技术的普及,无线通信技术将会逐渐成为传感器网络的主要通信手段,基于此,本书也将重点介绍无线传感网络的基本原理和核心技术。

本书系统地介绍了无线传感器网络的基本概念、基本理论和关键技术。本书分为 13 章。第 1 章首先从网络分类的角度导入无线传感器网络的发展过程和基本概念的介绍,进而总体介绍了无线传感器网络的技术体系;第 2 章根据网络通信协议分层结构阐述了无线传感器网络物理层的相关技术;第 3 章基于无线传感器网络物理层的相关技术进一步介绍了无线传感器网络数据链路层的相关技术;第 4 章根据网络通信协议分层结构自底向上的顺序,进一步阐述了无线传感器网络网络层的相关技术;第 5 章结合网络层的相关技术进一步阐述了无线传感器网络传输层的相关技术;第 6 章介绍了 IPv6 数据包在传感网中传输的相关技术,重点介绍了 6LoWPAN 标准;第 7 章介绍了无线传感器网络中较为流行的 ZigBee 协议栈规范及其相关的技术原理;第 8 章介绍了无线传感器网络的数据管理技术,特别介绍了加州大学伯克利分校研发的无线传感器网络数据管理系统 TinyDB;第 9 章介绍了无线传感器网络的关键技术,包括拓扑控制、时间同步、能量管理、节点定位及网络覆盖等技术;第 10 章介绍了无线传感器网络中常见的操作系统,特别介绍了加州大学伯克利分校研发的无线传感器网络操作系统 TinyOS;第 11 章介绍了无线传感器网络中的广域网技术,重点介绍了 5G 技术中用于无线传感器网络的低功耗广域网技术;第 12 章介绍了无线传感器网络的仿真技术,重点介绍了几个常用于无线传感器网络仿真的仿真工具;第 13 章以几个典型应用为案例,介绍了无线传感器网络应用设计的基本原理,以及应用开发、部署与维护阶段的关键技术。

本书是西北工业大学计算机学院工业互联网课题组共同努力的结果,钟冬、朱怡安、段俊花、夏哲磊、曹云飞、李明轩、何嘉璇等老师与同学参与了编写,具体分工如下:钟冬撰写了第1～9章,朱怡安撰写了第10～11章,段俊花撰写了第12～13章。

感谢参与编写的老师与同学们对本书付出的辛勤劳动。编写本书曾参阅了相关文献、资料,在此,谨向其作者深表谢意。最后还要感谢笔者的家人和朋友,感谢他们对于笔者撰写本书时牺牲了大量陪伴时间的理解,谨以此书献给他们。

由于笔者水平有限,书中难免存在疏漏之处,希望得到广大同行和读者的指正。在吸取大家意见和建议的基础上,笔者会不断修正和完善本书内容,为推动无线传感器网络基础理论和技术的发展略尽微薄之力。

编著者

2022 年 4 月

目　录

第1章 绪 论

1.1 网络概述

随着计算机及通信技术的飞速发展,计算机网络已近渗透到社会经济的各个领域,对社会经济的发展起着越来越重要的作用,也使人们的工作甚至生活方式发生着巨大的变革。

计算机网络的发展离不开电信网络的支持;而计算机网络的发展从某种程度上来说又拓展了电信网络的业务范围,反过来支持和壮大了电信网络。事实上,电信网络的发展历史也比计算机数据网络的发展历史要长得多。而且就目前网络技术的发展来看,电信网、计算机网及有线电视网最终会集成为一种网络,统一提供服务。

而物联网、移动互联网及工业互联网等新兴网络的发展也可以认为是计算机网络发展的一个新阶段。从通信方式上来看,数据传输网络一直沿着有线网络和无线网络两个方向并行发展着。有线网络主要通过电话线、网线、同轴电缆以及光纤等主要有线通信手段连接网络中的两个节点进行数据的传输。无线网络主要通过无线电磁波、激光及红外线等无线通信手段连接网络中的两个节点进行数据的传输。从网络发展演进的角度来看,当前网络发展主要有两大体系,一个是蜂窝通信网络,一个是计算机 IP 网络。最初蜂窝通信网络主要面对的业务是语音通信,而计算机 IP 网络主要面对的业务是数字数据的传输。但随着网络与通信技术的演进,这两种网络的业务也在发生着相互融合。而物联网的发展也是沿着这两大体系发展起来的。虽然早期的物联网主要针对 RFID 射频设备联网展开相应研究,但最终数据在广域范围的传输还是依赖于上述两大体系的网络。从网络技术演进的过程来看,未来的语音业务、多媒体高清视频业务、普通数字数据业务、实时远程控制业务以及物联网中的感知数据等各类数据的传输都会在一个统一融合的网络中进行。但当前的网络技术还是在两大体系中演进,因此本书主要还是分别从这两大体系独立介绍各自技术的演进。从物联网技术的特点来看,物联网中特有的一种数据传输需求就是低功耗、低带宽、广覆盖、密集连接的无线传感器网络的数据传输。因此,本书的侧重点也放到无线传感器网络在两大网络体系中演进的相关技术的介绍。图 1.1 是依托两大网络体系的物联网的整体网络结构。第 2 章将开始侧重介绍传感节点数据传输的相关技术。

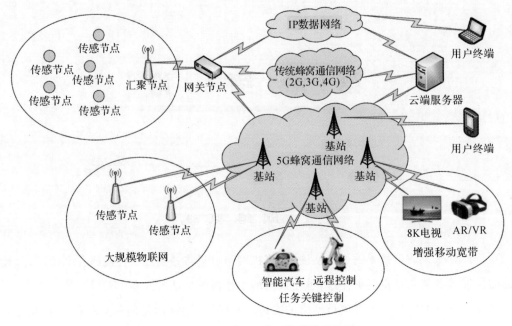

图 1.1 物联网的整体网络结构示意图

1.1.1 移动通信网络概述

随着信息技术的发展和用户需求的日渐增多,移动通信网络技术已成为当代通信领域发展潜力最大、市场前景最广的研究热点。目前,移动通信技术已经历了五代的发展,经历了单向(寻呼机时代)到双向、单工(对讲机)到双工,从模拟调制到数字调制,从电路交换到分组交换,从纯语音业务到数据及多媒体业务,从低速数据业务到高速数据业务等的快速发展。不但实现了人们对移动通信的最初梦想——任何人都可以在任何时间和任何地点同任何人通话,而且还实现了在高速移动过程中发起视频通话、接入互联网、收发电子邮件、电子商务、实时上传下载文件或分享照片及视频等。未来不仅要实现人与人、人与物之间的互连通信,而且还要走进物与物(即万物互连)的物联网新通信时代。图 1.2 直观地说明移动通信技术差不多每隔10 年就会经历一次革命性的跨越。

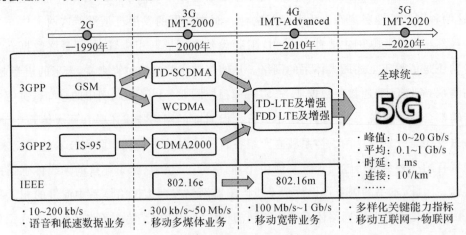

图 1.2 移动通信网络的发展过程

1. 第一代移动通信网络技术

第一代移动通信技术起源于 20 世纪 80 年代,主要采用的是模拟调制技术与频分多址(FDMA)技术,这种技术的主要缺点是频谱利用率低,信令干扰话音业务。第一代移动通信网络的主要代表有美国的先进移动电话系统(AMPS)、英国的全球接入通信系统(TACS)和日本的电报电话系统(NMT)。第一代移动通信网络主要基于蜂窝结构组网,直接使用模拟语音调制技术,传输速率约 2.4 kb/s。

第一代移动通信网络的典型特征是只有语音业务、频谱复用率低、标准不统一、不能漫游(工作频段不同)、安全性差、速度低、设备价格高等。

2. 第二代移动通信网络技术

第二代移动通信网络技术起源于 20 世纪 90 年代初期,主要采用数字的时分多址(TDMA)和码分多址(CDMA)技术。第二代移动通信数字无线标准主要有欧洲的 GSM 和美国高通公司推出的 IS-95CDMA 等,我国主要采用 GSM,美国、韩国主要采用 CDMA。为了适应数据业务的发展需要,在第二代移动通信网络技术中还诞生了 2.5G,也就是 GSM 系统的 GPRS 和 CDMA 系统的 IS-95B 技术,大大提高了数据传送能力。

第二代移动通信网络技术主要业务是语音,其主要特性是提供数字化的话音业务及低速数据业务。它克服了模拟移动通信系统的弱点,话音质量、保密性能得到较大的提高,并可进行省内、省际自动漫游。第二代移动通信网络替代了第一代移动通信网络系统,完成了模拟技术向数字技术的转变。

第二代移动通信网络技术的特点如下:①标准不统一,只能在同一制式覆盖区域漫游,无法进行全球漫游;②带宽有限,不能提供高速数据传输;③抗干扰抗衰落能力不强,系统容量不足;④频率利用率低。

3. 第三代移动通信网络技术

第三代移动通信网络技术的理论研究、技术开发和标准制定始于 20 世纪 80 年代中期,但正式商用的时间也到了 2000 年左右,国际电信联盟(International Telecommunications Union,ITU)将其正式命名为国际移动通信 2000(International Mobile Telecommunications in the year 2000,IMT-2000)。欧洲电信标准协会(ETSI)称其为通用移动通信系统(Universal Mobile Telecommunication System,UMTS)。

第三代移动通信网络技术最基本的特征是智能信号处理技术。智能信号处理单元将成为基本功能模块,支持话音和多媒体数据通信,它可以提供前两代产品不能提供的各种宽带信息业务,如高速数据、慢速图像与电视图像等。

国际电信联盟一共确定了全球四大 3G 标准,分别是 WCDMA、CDMA2000、TD-SCDMA 和 WIMAX。在中国,中国联通采用 WCDMA,中国电信采用 CDMA2000,中国移动采用 TD-SCDMA。

从事 WCDMA 标准研究和设备开发的厂商很多,其中包括诺基亚、摩托罗拉、西门子、NEC、阿尔卡特等。该标准提出了 GSM(2G)—GPRS—EDGE—WCDMA(3G)的演进策略,其带宽为 5 MHz。

CDMA2000(窄带 CDMA)由美国高通公司推出,摩托罗拉、朗讯和三星都有参与,韩国是 CDMA2000 的主导者。该标准提出了 CDMA(2G)—CDMA2001x—CDMA2003x(3G)的演进策略。其中 CDMA2001x 被称为 2.5G 移动通信技术。中国电信就是采用的这一方案来向 3G 过渡的,其带宽为 1.23 MHz。

时分同步 CDMA(Time Division-Synchronous CDMA,TD-SCDMA)技术是由中国大唐电信制定的 3G 标准。该标准的提出不经过 2.5G 的中间环节,直接向 3G 过渡,非常适用于 GSM 系统向 3G 升级,其带宽为 1.6 MHz。

WIMAX(微波存取全球互通)又称为 802.16 无线城域网,是另一种为企业和家庭用户提供"最后一英里"的宽带无线连接方案,其带宽为 1.5~20 MHz。

4. 第四代移动通信网络技术

在 2012 年的世界无线电通信大会上,国际电信联盟将 LTE-Advanced 和 WirelessMAN-Advanced(802.16m)技术规范确立为 4G 标准,我国主导制定的 TD-LTE-Advanced 也同时成为 4G 国际标准。

关于第四代通信技术(4G),一般定义为分布网络和广带接入,它的非对称数据传输速率≥ 2 Mb/s,且能自动进行速率切换,影像传输速率可达 150 Mb/s,并将实现高质量的三维图像传输。它是集成了多种功能的宽带接入 IP 技术和宽带移动通信技术,它不同于无线通信模式的集成,用户能从一个标准自由地漫游到另一标准。

4G 系统的网络体系分为接入层(物理层)、承载层(技术层)和应用层。其中:接入层负责提供选路、接入功能;承载层负责提供有源网络、安全管理、即插即用、地址转换、QoS 映射。开放式 IP 接口由承载层与接入层共同提供。承载层与应用层之间也为开放式接口,应用层主要用于新业务的提供和第三方软件的开发。

4G 系统主要具有以下特点:①容量、速率更高。最低数据传输速率为 2 Mb/s,最高可达 100 Mb/s。②兼容性更好。4G 系统开放了接口,能实现与各种网络的互联,同时能与二代、三代手机兼容。它能在不同系统间进行无缝切换,并提供多媒体高速传送业务。③数据处理更灵活。在 4G 系统中应用的智能技术,能自适应地分配资源。智能信号处理技术将实现任何信道条件下的信号收发。④用户共存。4G 系统会根据信道条件、网络状况自动进行处理,实现高速用户、低速用户、用户设备的互通与并存。⑤自适应网络。针对系统结构,4G 系统将实现自适应管理,它可根据用户业务进行动态调整,从而满足最大程度地满足用户需求。

4G 的关键技术包括 OFDM 技术、自适应传输技术、迭代接收技术、MIMO 技术及智能天线技术等核心技术。与前几代的移动通信技术相比,4G 系统的通信速度更快、通信更灵活、网络频谱更宽、智能性能更高、兼容性能更好,有着不可比拟的优势。

5. 第五代移动通信网络技术

5G 网络是第五代移动通信网络(5th Generation Mobile Networks)的简称,2017 年 12 月 21 日,在国际电信标准组织 3GPP RAN 第 78 次全体会议上,5G NR 首发版本正式冻结并发布。2018 年 2 月 23 日,在世界移动通信大会召开前夕,沃达丰和华为宣布,两公司在西班牙合作采用非独立的 3GPP 5G 新无线标准和 Sub 6 GHz 频段完成了全球首个 5G 通话测试。2018 年 6 月 13 日,3GPP 5G NR 标准 SA(Standalone,独立组网)方案在 3GPP 第 80 次 TSG RAN 全会正式完成并发布,这标志着首个真正完整意义的国际 5G 标准正式出炉。2018 年 6 月 14 日,3GPP 全会(TSG♯80)批准了第五代移动通信技术标准(5G NR)独立组网功能冻结。加之 2017 年 12 月完成的非独立组网 NR 标准,5G 已经完成第一阶段全功能标准化工作,进入了产业全面冲刺新阶段。2018 年 6 月 28 日,中国联通公布了 5G 部署——将以 SA 为目标架构,前期聚焦 eMBB,2020 年 5G 网络在我国已正式商用。

5G 不仅仅是 4G 的扩展,5G 让万物之间的连接和交互成为可能,让收集、共享和使用数十亿设备的海量数据成为可能。第四代移动通信技术(4G)的发展困境和主要不足包括以下三个方面:①4G 网络的技术支持能力较难满足虚拟现实、增强现实等高级应用,以及高铁等特殊场景对带宽、速度的需求;②4G 网络的时延和可靠性较难达到物联网应用的接入要求;③4G 终端的续航能力较难承载智慧城市等复杂应用的低功耗大连接需求。

与 4G 相比,5G 网络是高度集成的,是一种范式的转换,5G 网络的新范式包括具有海量带宽的极高载波频率、顶级基站、高密度设备以及前所未有的天线数量。根据国际电信联盟无线电通信局(ITU-R)的标准,5G 的目标场景为移动宽带增强(eMBB)、超高可靠、超低时延通信(uRLLC)、大规模物联网(mMTC),其中包括移动互联网、工业互联网和汽车互联网以及其他具体场景。5G 网络具有传输速率高、时延低、更高的频谱效率和低功耗等特点;峰值速率能够达到 10 Gb/s,可以达到 0.1~1 Gb/s 的用户体验速率;端到端时延可达到毫秒级水平,业务时延小于 5 ms,可实现 450 km/h 高速环境下的通信;更高的频谱效率、更多的频谱资源利用,能满足用户业务流量的增长;5G 网络的连接数密度支持在每平方千米范围内为 25 000 个用户提供服务,能量效率能提升 10 倍左右。5G 网络还具有 99.999% 的可靠性,绿色节能也是 5G 发展的一个重要指标,可以实现无线通信的可持续发展。这些特性都特别适合无线传感器网络,因此第五代移动通信网络也将支持无线传感器的接入,成为构建无线传感器网络的另一种实现方案。

1.1.2　计算机网络概述

在计算机网络中,协议就是指数据通信的双方在进行数据通信的过程中(包括数据链路的建立、数据传输、链路拆除)必须共同遵守的一种约定。为了减少协议设计的复杂性,大多数网络都是按层或级的方式来组织的,每一层都建立在下层之上。不同的网络,其层的名字、内容和功能都不尽相同。然而,所有的网络中,每一层的目的都是向它的上层提供一定的服务,而服务如何实现的细节对上层来讲都是未知的。这一点所有网络都是相同的。

具体地说,一台机器的第 N 层与另一台机器的第 N 层进行通话,这种通话的规则和协定的全部就是第 N 层协议。不同机器内包含的相应协议的协议实现实体就叫作对等进程。换句话说,正是对等进程利用这些协议进行网络通信的。实际上,数据不是从一台机器的第 N 层直接送到另一台机器的第 N 层的。数据发送过程中,会从协议栈顶层的协议开始到底层协议对数据进行一层接一层的封装,直到最底层协议封装完之后,再通过物理层的通信接口将数据发送出去。数据接收过程中,会从协议栈底层的协议开始到顶层协议对数据进行一层接一层的解封装。每一相邻层间都有一个接口,该接口定义了不同层之间提供的操作和服务。如果用一句话来概括什么是网络的体系结构的话,层和协议的集合就可称作网络的体系结构。

在网络体系结构出现后,每个公司生产的网络产品都有自己的网络体系结构。同一体系结构下的网络产品很容易互联互通,而不同体系结构的网络产品则很难互联互通。然而,随着社会的进步和计算机技术的发展,人们迫切希望不同网络体系结构的系统能够互联互通交换信息。为了解决这个问题,国际标准化组织提出了开放系统互联参考模型(OSI/RM),以作为各种协议国际标准化的第一步。该模型的提出,标志着第三代计算机网络的开始。模型共分七层,如图 1.3 所示。

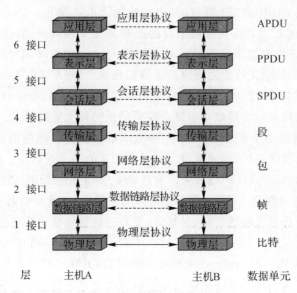

图 1.3　网络七层结构模型

最底层是物理层,第二层是数据链路层,第三层是网络层,第四层是传输层,第五层是会话层,第六层是表示层,第七层是应用层,其中路由器只工作在最底下的三层。下面对这七层协议分别进行介绍。

1. 物理层

物理层涉及在通信信道上传输原始比特的有关规程。设计本层的目的是要确保一方发送二进制数字 1 时,另一方收到的也是 1,而不是 0。

这层的典型问题如下:①使用多少伏特的电压表示 1,多少伏特的电压表示 0;②一个比特持续多长时间;③传输是否同时在两个方向进行(即单工或双工的问题);④物理层连接的建立和拆除;⑤接口插座有多少针以及各针的排列情况和各针的功能。

因此,从某种意义上来说,物理层的设计完全可以作为电气工程领域的问题来处理。

2. 数据链路层

数据链路层的主要任务是把物理层传输原始比特的功能加强,使之对网络层呈现为一条无差错的线路。发送方把输入数据封装成数据帧,然后按顺序传送各帧,并处理接收方回送的确认帧。

因为物理层仅仅接收和传送比特流,并不关心它的意义和结构,所以只能依靠数据链路层来产生和识别帧界。可在帧的头和尾附加上一些特殊二进制编码模式来达到这一目的。由于传输线路上突发的噪声干扰可能会把数据帧完全破坏掉,此时发送方数据链路层实体须具有数据帧重传的功能。而相同帧的多次传输也可能会使接收方收到重复帧。因此,数据链路层要解决的一个重要问题就是由于帧的破坏、丢失、重复所产生的问题。

数据链路层要解决的另外一个问题是流量控制的问题,以防止来自高速的发送方的数据把低速接收方淹没。因此,还需要某种流量调节机制使发送方得知接收方当前的接收能力。

如果线路工作在全双工的状态,数据链路层实体还必须解决从主机 Host2 到主机 Host1

的数据确认帧和 Host1 到 Host2 的数据帧竞争线路使用权的问题。一个很有效的方法就是用从 Host1 到 Host2 的数据帧将 Host1 对 Host2 的确认信息捎带回去。

3. 网络层

网络层关心的是通信子网的运行控制问题。数据传输过程中,通信节点对数据包的封包和拆包都是只到网络层。网络层要解决的问题之一是路由选择问题,即如何确定分组从源端到目的端应该走的路径。路由选择既可以采用网络中固定静态路由表的方式(即静态路由方式),也可以在每一次会话开始时动态决定(即动态路由选择)。

静态路由是依靠手工输入的信息来配置路由表的方法,是一种不测量、不利用网络状态信息,仅仅按照某种固定规律进行决策的简单路由选择算法。静态路由选择算法的特点是简单和开销小,但是不能适应网络状态的变化。

而动态路由选择算法是依靠当前网络的状态信息进行决策,从而使路由选择结果在一定程度上适应网络拓扑结构和通信量的变化。动态路由选择算法的特点是能较好地适应网络状态的变化,但是实现起来较为复杂,开销也比较大。动态路由选择算法主要包括分布式路由选择算法和集中式路由选择算法。

分布式路由选择算法是每一个节点通过定期与相邻节点交换路由选择的状态信息来修改各自的路由表,这样使整个网络的路由选择经常处于一种动态变化的状况。

集中式路由选择算法是网络中设置一个节点,专门收集各个节点定期发送的状态信息,然后由该节点根据网络状态信息,动态地计算出每一个节点的路由表,再将新的路由表发送给各个节点。

如果在子网中出现过多的分组,它们将相互堵塞通路,形成瓶颈,因此,网络层另一个要解决的问题是网络流量的拥塞控制。拥塞产生的一个主要原因就是网络中存储转发节点的资源有限而造成网络传输性能的下降。资源主要是指节点的缓存空间、链路带宽容量和处理能力。

此外,为了更好地管理和控制子网,对子网用户的流量进行统计就显得极为重要。而这一问题也是网络层实体需要解决的,很多计费方式也是通过流量统计来实现的。

网络层设计的第四个问题就是网络的互联问题。当一个分组不得不经过另一个网络到达目的地时,可能会遇到如下问题:

(1)第二个网络的寻址方式可能和第一个网络的的寻址方式完全不同;

(2)第二个网络也可能因为第一个网络的分组太大无法接收;

(3)两个网络使用的协议不同。

而要想各种异构的网络可以互连,就需要网络层的实体来解决上述问题。

4. 传输层

传输层的基本功能是从会话层接收数据,在必要时把它们划分成较小的单元,再传递给网络层,并确保到达目的端的各段信息正确无误,是唯一负责总体的数据传输和数据控制的一层。传输层弥补了高层所要求的服务和网络层所提供的服务之间的差距,并向高层用户屏蔽通信子网的细节,使高层用户看到的只是在两个传输实体间的一条端到端的、可由用户控制和设定的、可靠的数据通路。传输层是真正实现端到端服务的最低层。在传输层之下的网络层、数据链路层及物理层的协议是在每台机器与它的直接相邻机器之间的协议,而不是最终的源端机和目的机之间的协议。

很多主机有多道程序同时运行,这意味着多条连接将进出于这些主机,因此需要以某种方式区别报文属于哪条连接,这就是传输层的编址和命名问题。传输层协议的报头包含识别这种连接的信息,这种命名和编址信息允许发起方机器内的进程能够指定与目的方机器的那个进程通信。通常,会话层每请求建立一个传送连接,传输层就为其创建一个独立的网络连接。如果传送连接需要较高的信息吞吐量,传输层也可能为之创建多个网络连接,让数据在这些网络连接上分流,以改善吞吐量。

如果单建和维持一个网络连接不合算,传输层也可以将几个传送连接复用到一个网络连接上以降低费用。在任何情况下都要求传输层能使这种多路复用对会话层透明。

5. 会话层

会话层提供的服务可使应用建立和维持会话,并能使会话获得同步。会话层使用校验点可使通信会话在通信失效时从校验点继续恢复通信。这种能力对于传送大的文件极为重要。会话层允许不同机器上的用户之间建立会话关系。会话层循序进行类似传输层的普通数据的传送,在某些场合还提供了一些有用的增强型服务,如会话的控制和同步服务。

会话的控制是会话层提供的服务之一。会话层允许信息同时双向传输,或任一时刻只能单向传输。如果属于后者,类似于物理信道上的半双工模式,会话层将记录此时该轮到哪一方。一种与会话控制有关的服务是令牌管理(token management)。有些协议会保证双方不能同时进行同样的操作,这一点很重要。为了管理这些活动,会话层提供了令牌,令牌可以在会话双方之间移动,只有持有令牌的一方可以执行某种关键性操作。

另一种会话层服务是同步。如果在平均每小时出现一次大故障的网络上,两台机器需要进行一次 2 h 的文件传输,试想会出现什么样的情况呢?每一次传输中途失败后,都不得不重新传送这个文件。当网络再次出现大故障时,可能又会半途而废。为解决这个问题,会话层提供了一种方法,即在数据中插入同步点。在每次网络出现故障后,仅仅重传最后一个同步点以后的数据。

6. 表示层

表示层位于 OSI 分层结构的第六层,它的主要作用之一是为异种机通信提供一种公共语言,以便能进行互操作。这种类型的服务之所以需要,是因为不同的计算机体系结构使用的数据表示法不同。例如,IBM 主机使用 EBCDIC 编码,而大部分 PC 机使用的是 ASCII 码。在这种情况下,便需要表示层来完成这种转换。此外,表示层还可用于数据通信中的其他方面的信息表示,如数据的压缩和加密解密等。

7. 应用层

应用层最主要的功能是提供网络任意端上应用程序之间的接口。本层经常用到的协议有 HTTP 协议、FTP 协议等。这里就不多讲了。

尽管 OSI 参考模型及相关的协议标准定义得相当完备,但相应的协议过于复杂、庞大。因此,很少有遵从这些标准的网络产品问世,使得 OSI 参考模型从某种意义上来说只有参考的价值。

1.1.3 网络分类

网络通信设备在生活中算是比较常见的,但由网络通信设备构成的通信网络却是不可见的。通信网络分类的准则是多种多样的,例如按照传输信号特征可分为模拟通信网与数字通信网,按照用户类型可分为公用通信网与专用通信网,按照用户可移动与否可分为移动通信网与固定通信网等。下面主要按传输介质、技术、业务、地域和属性进行分类介绍。

1. 按传输介质分类

按传输介质分类,通信网络可分为无线通信网与有线通信网。

无线通信网是指传输介质为自由空间,如无线电波、红外、激光等无线方式,常见的形式有微波通信网、短波通信网、移动通信网与卫星通信网等。有线通信网则是指介质为导线、光缆、电缆等通信形式,进一步可分为载波通信网与光纤通信网等。

2. 按技术分类

按技术分类,通信网络可分为 PDH 技术、SDH 技术、DWDM 技术、CDMA 移动技术、ATM 网络技术、FR(帧中继)等通信技术网络。

PDH 与 SDH 分别指准同步数字体系和同步数字体系,可用于光纤通信网、微波通信网和卫星通信网;DWDM 技术是指采用密集波分复用技术在光纤上实现大容量传输网的技术,目前主要用于长途光纤通信网;CDMA 移动通信网是指采用码分多址(CDMA)方式实现移动通信网,目前在第二代移动通信中的 IS-95 标准和第三代移动通信的全部标准都采用 CDMA 方式;ATM 网络和帧中继 FR 网分别是指采用以信元为基础的一种分组交换和复用技术实现的异步传输的网络和快速帧中继 FR 技术实现的快速交换网,可用于城域网和广域网。

3. 按业务分类

按业务分类,通信网络可分为电报网、电话网、数据网和因特网等。

电报网还可分为有线电报网与无线电报网;电话网可再分为固定电话网、移动电话网与长途电话网;数据网则可分为窄带数据和宽带数据网络。

4. 按地域分类

按地域分类,通信网络可分为局域网(LAN)、城域网(MAN)和广域网(WAN),计算机网络常采用此种分类方法。

所谓局域网是指传输覆盖区从家庭、办公室、建筑物到园区,分布区域从几百米到几千米的通信网络,常用的有办公室网和校园网等。

城域网是指传输覆盖区以城市为主,分布区域从几百到几十千米,介于 WAN 与 LAN 之间,地理范围局限于城市的宽带通信网络,以高速、大容量宽带方式实现城域内 LAN 的互联和用户的宽带接入业务,例如电信运营商在各城市建立的宽带骨干网。

广域网则是指传输覆盖区为省、国家甚至全球,分布从几百到几万千米,采用大容量长途传输技术,把各个城域网连接起来,例如全球最大的广域网——因特网。

5. 按属性分类

按属性分类,通信网络可分为公用网和专用网。

公用网是由电信部门经营和管理的固定或无线网络,通过公用用户网络接口连接各专用网和用户终端,例如目前常用的公用电话网和公用数据网。

专用网是指一个单位或部门范围内的网络,由于它的网络规模比公用网要小,而且有的也不需要记费等管理规程,所以很多新的网络设备和技术也往往先在专用网中使用,通常也能够提供高质量的多媒体业务和高速数据传输。目前专用网主要是以太网,还有 ATM 及各种无线技术,例如常用的单位内部电话网和计算机局域网。

6.按是否需要固定基础设施分类

按是否需要固定基础设施分类,通信网络可分为有固定基础设施的网络和无固定基础设施网络。

有固定基础设施的网络是指网络的核心节点通常是位置固定不变且 24 h 不间断参与数据中继传输的网络,用户需要使用网络的时候,只需要接入网络利用网络的固定基础设施(如基站或路由器)进行数据的发送和接收。这种类型的网络是日常生活中使用最多的网络,如各种有线或无线的局域网、各个网络运营商提供的各种商业网络等。

无固定基础设施的网络是指网络中没有固定的专门提供数据中继传输的通信节点,网络中的所有节点都是临时参与数据中继传输的自组织网络。这种网络的特点是网络的拓扑结构是动态变化的,网络没有严格的控制中心,所有节点的地位是平等的,是一种对等式网络。节点能够随时加入和离开网络,网络中的多跳路由是由普通节点共同协作完成的,而不是由专门的路由设备完成的。

本书讲述的无线传感器网络可以接入上述任何一种网络进行数据的中继传输,主要使用的通信介质为无线电磁波,没有固定的网络基础设施,是需要依靠传感器自身以自组织的方式构建网络进行数据中继传输的一种自组织网络。此外,在后续章节还将介绍一种传感器节点基于 5G 移动通信基础设施入网传输数据的技术。

1.2 无线传感器网络概述

1.2.1 无线传感器网络的起源与发展

1.无线传感器网络的起源

无线传感器网络(WSN)最早是由美国军方提出的,起源于 1978 年美国国防高级研究计划局(DARPA)资助卡内基-梅隆大学进行分布式无线传感器网络的研究项目。

2.无线传感器网络的发展

(1)第 1 阶段:冷战时期的军事传感器网络。冷战时期,美国使用昂贵的声传感网(acoustic networks)监视潜艇,同时美国国家海洋和大气管理局也使用其中的一部分传感器监测海洋的地震活动。

(2)第 2 阶段:国防高级研究计划局的倡议。20 世纪 80 年代初,在美国国防部高级研究计划局(DARPA)资助项目的推动下,无线传感器网络的研究取得了显著进步。在假设存在许多低成本空间分布传感器节点的前提下,分布式无线传感器网络(DSN)以自组织、合作的方式运作,旨在判定是否可以在无线传感器网络中使用新开发的 TCP/IP 协议和 ARPA 网(互联网的前身)的方式来通信。

（3）第 3 阶段：20 世纪 80 年代、90 年代的军事应用开发和部署。20 世纪 80 年代和 90 年代，以 DARPA-DSN 研究和实验平台为基础，在军事领域采用无线传感器网络技术，使其成为网络中心战的关键组成部分。无线传感器网络可以通过多种观察、扩展检测范围以及加快响应时间等方式，提高检测和跟踪性能。

（4）第 4 阶段：现今的无线传感器网络研究。20 世纪 90 年代末和 21 世纪初，计算与通信的发展推动无线传感器网络新一代技术的产生。标准化是任何技术大规模部署的关键，其中包括无线传感器网络。随着 IEEE 802.11a/b/g 的无线网络和其他无线系统（如 ZigBee）的发展，可靠连接变得无处不在。低功耗、低价格处理器的出现，使传感器可部署于更多的应用程序之中。

同时，美国军方加大了研究力度，美国的很多大学都有相应的研究小组并开设了专门的课程，很多企业投入巨资进行产业化开发。

1.2.2　无线传感器网络的定义

目前，无线传感器网络的概念并不统一。国内外比较流行的无线传感器网络的解释主要包括以下四种。

（1）无线传感器网络是由若干具有无线通信能力的传感节点自组织构成的网络。它起源于 1978 年美国国防部高级研究计划局资助卡耐基-梅隆大学进行分布式传感器网络的研究项目，由美国军方提出。当时没有考虑互联网及智能计算等技术的支持，强调无线传感器网络是由节点组成的小规模自组织网络。

（2）泛在无线传感器网络（Ubiquitous Sensor Network，USN）是由智能传感节点组成的网络，可以以"任何地点、任何时间、任何人、任何物"的形式被部署。该技术具有巨大的发展潜力，能够推动新的应用和服务，涉及从安全保卫、环境监测到推动个人生产力和增强国家竞争力等领域。此定义由 ITU-T 于 2008 年 2 月的研究报告 *Ubiquitous Sensor Network* 中提出，该解释强调任何时间、任何地点、任何人、任何物的互连。

（3）无线传感器网络是以对物理世界的数据采集和信息处理为主要任务，以网络为信息传递载体，实现物与物、物与人之间的信息交互，提供信息服务的智能网络信息系统。此定义由我国信息技术委员会所属传感器网络标准工作组于 2009 年 9 月的工作文件中提出，该解释具体表现为：它综合了微传感器、分布式信号处理、无线通信网络和嵌入式计算等多种先进信息技术，能对物理世界进行信息采集、传输和处理，并将处理结果以服务形式发布给用户。该解释重点强调网络化信息系统。

国内传感器网络标准化工作组关于无线传感器网络的最新定义为：利用无线传感器网络节点及其他网络基础设施，对物理世界进行信息采集并对采集的信息进行传输和处理，以及为用户提供服务的网络化信息系统。

（4）无线传感器网络是以感知为目的，实现人与人、人与物、物与物全面互连的网络。其突出特征是通过传感器等方式获取物理世界的各种信息，结合互联网、移动通信网等进行信息的传送与交互，采用智能技术对信息进行分析处理，从而提升对物质世界的感知能力，实现智能化的决策和控制。此定义出自工业和信息化部、江苏省联合向国务院上报的《关于支持无锡建设国家无线传感器网络创新示范区（国家传感信息中心）情况的报告》。该解释突出感知地位，强调智能化的决策和控制。

尽管解释不统一,但学术界一般从功能层次上把无线传感器网络概括成一个集信息感知(Sensing)、信息处理(Processing)、信息传送(Transmitting)和信息提供(Provisioning)等功能于一体的自治网络,下面是一个无线传感器网络最为流行的一个定义。

传感器网络由大量部署在作用区域内的、具有无线通信与计算能力的传感器节点组成,这些节点通过自组织方式构成传感器网络,其目的是协作感知、采集和处理网络覆盖地理区域中的感知对象信息并发布给观察者。

1.2.3 无线传感器网络的体系结构

无线传感器网络发展至今,已形成了多套较为完善的体系架构。各国由于自身基础设施条件及主流研究倾向的不同,主推的体系架构也不尽相同,主要包括美国的两层体系架构、欧盟的五层体系架构和中国的三层体系架构。

1. 两层体系架构

美国作为最早开始无线传感器网络研究的国家之一,针对美国幅员辽阔,以及信息技术和无人机等技术发达的特点,主推两层体系架构,如图 1.4 所示。

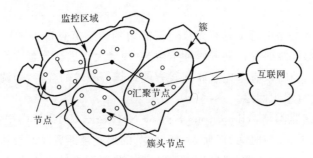

图 1.4 无线传感器网络两层体系架构

两层体系架构的具体作用和特点类似于三层体系架构中的底层和高层。无线传感器网络节点使用的传感器类型较多,其数据流量特征差异大,QoS 要求范围广。针对 IPv6 有线网络等基础设施发达以及国土面积小等特点,日、韩两国也主推两层体系架构。当无线传感器网络距离用户远且难以利用现有传输网络辅助信息传输时,可以由距离较远的设备(如飞过网络上空的直升机)作为节点,广泛应用于灾后救援、国土安全监控等领域。

2. 五层体系架构

针对新一代互联网业务的需要,国际电信联盟于 2010 年在 *Requirements for support of Ubiquitous Sensor Network(USN)applications and services in NGN environment* 报告中提出了泛在传感器网络(USN)完整的体系架构。自下而上分为底层无线传感器网络、接入网络、骨干网络、中间件、应用平台五个层次。底层无线传感器网络由传感器、执行器、RFID 等各种信息设备组成,负责对物理世界的感知与反馈;接入网络实现底层传感器网络与上层基础骨干网络的连接,由网关、Sink 节点等组成;骨干网络基于互联网、NGN 构建;中间件处理、存储传感数据,并以服务的形式提供对各种传感数据的访问;应用平台提供各类无线传感器网络应用的技术支撑,如图 1.5 所示。

无论在何种架构体系中,无线传感器网络在新一代网络中扮演着关键性的角色。作为一种新的信息获取模式,无线传感器网络技术将成为国际竞争的焦点和制高点,关系到国家政治、经济、社会安全等。

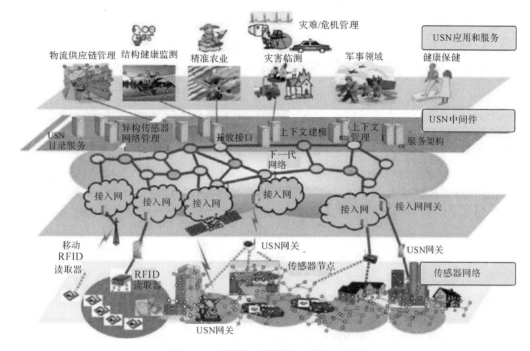

图 1.5　无线传感器网络五层体系架构

3.三层体系架构

结合我国移动基础设施发展欠发达及国土辽阔等特点,我国在 2005 年提出无线传感器网络的可裁剪三层体系架构,如图 1.6 所示。

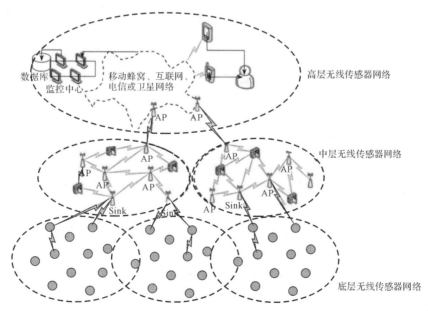

图 1.6　无线传感器网络三层体系架构

图 1.6 所示的无线传感器网络三层体系架构充分融合基础设施和无基础设施的网络互补特性,更适合应用在未来泛在、异构、协同的网络应用环境中。在 2008 年国际传感器网络标准化大会第一次会议上,中国向大会提交了"传感器网络标准体系框架"(即三层参考体系)等标准提案,从而使三层参考体系成为我国无线传感器网络的主流参考体系。

底层无线传感器网络由大规模散布的节点构成,主要面向传感数据业务流量较小、节点和网络生命周期要求较长的低端传感节点组网互连,主要功能为静态参数监控和动态目标探测,通过分簇、多跳等组网方式将各传感节点的数据传送至接入节点(Sink),主要体现为大规模、低速、低成本、低功耗等特征。

中层无线传感器网络一般设计为异构性网络,主要面向传感数据业务流量较大的高端传感节点组网互连,一般包括三类形式的节点:底层无线传感器网络接入节点(Sink)、普通接入节点(AP)和高端传感节点(如视频传感节点等高速率、高能耗节点)。中层无线传感器网络通过一部分节点接入现有互联网或电信网络,从而形成面向用户级的高层无线传感器网络,因此要求中层无线传感器网络中部分节点具备移动性和一定的中、远程通信能力以接入现有网络。

接入节点和高端传感节点往往具备足够的能量供给(更换电池、交流电等)、更多的内存与计算资源,以及较高的无线通信能力等。需要特别指出的是,中层无线传感器网络和底层无线传感器网络是网络功能的分层,而非布设区域的分离,即为了有效实现对一个区域的监控,更好地组织和管理各类传感节点,因此将低速、低能耗、低成本的传感节点组成底层无线传感器网络,而将底层无线传感器网络的接入节点、高端传感节点,以及为了互为连通的普通接入节点组成中层无线传感器网络。

高层无线传感器网络主要是利用现有网络基础承载无线传感器网络的相关应用业务,从而更好地拓展其应用领域。高层无线传感器网络涉及无线传感器网络最终应用形态,主要为选择连接中层节点的接入网络,如光纤网、互联网、PSTN(公共交换电话网)等。

高层的接入网络通过选择连接的中层节点,为中层提供更大的冗余机制和通信负载平衡能力,并能扩展中层无线传感器网络覆盖范围,实现在军事、环境监测、公共安全等领域的大规模产业化。

1.2.4　无线传感器网络与物联网的关系

随着美国将物联网作为国家战略发展方向,物联网受到了极大的关注。2009 年美国 IBM公司提出了"智慧地球"的战略,同年中国政府确立了建设基于物联网的"感知中国"的中心目标。美国权威咨询机构 Forrester 预测,到 2020 年,世界上物物互连的业务,跟人与人通信的业务相比,将达到 30:1。根据预测,到 2035 年前后,我国的无线传感器网络终端将达到数千亿个;到 2050 年,传感器将在生活中无处不在,这就是物联网中智能设备的规模效应。

物联网描绘了人类与物理世界新型的交互方式,其所构建的宏伟蓝图已经被广泛接受。但由于物联网定位的不同思考,其基本概念尚未统一。目前,物联网的解释主要包括以下六种。

(1)把所有物品通过射频识别(RFID)和条码等信息传感设备与互联网连接起来,实现智能化识别和管理。此概念是麻省理工学院 Auto-ID 研究中心于 1999 年提出的,该解释主要基于 RFID 和互联网的泛在结合。

(2)包括射频识别(RFID)、红外感应器、全球定位系统、激光扫描器等信息传感设备,按约定的协议,把任何物品与互联网连接起来,进行信息交换和通信,以实现智能化识别、定位、跟踪、监控和管理的一种网络。此概念目前是认可度较高的物联网的定义,是国际电信联盟(ITU)于 2005 年在《ITU 互联网报告 2005:物联网》报告中提出的。该解释将 RFID 作为传感器,强调与互联网连接。

(3)由具有标志、虚拟个性的物体/对象所组成的网络,这些标志和虚拟个性运行在智能空间,使用智慧接口与用户、社会和环境的上下文进行连接和通信。此定义是由欧洲智能系统集成技术平台(EPoSS)在 2008 年 5 月 *Internet of things in 2020* 报告中提出的。从功能角度解释物联网,该解释强调智能化。

(4)物联网是未来 Internet 的一个组成部分,它是通过各种接入技术将海量电子设备与互联网进行互连的大规模虚拟网络,包括 RFID、传感器及其他执行器。这些电子设备通过互联网实现互连互通,并将异构信息汇聚后共同完成某项特定任务,同时指出“物”包含传感器、执行器及一些虚拟“物体”。

物联网中的“物”都具有标志、物理属性和实质上的个性,使用智能接口,实现与信息网络的无缝整合。根据它们的一些特征、行动和参与事件,“物”分为不同集合,物联网中各类物的特征见表 1.1。物联网实现了现实世界与虚拟网络世界的完美结合。此解释由欧盟第七框架在 2009 年 9 月发布的 *Internet of Things Strategic Research Roadmap* 研究报告中提出,从功能实现角度解释物联网,强调海量数据化、大规模及虚拟化。

表 1.1　物联网中各类物的特征

基本特征	(1)物既可以是现实世界的实体,又可以是虚拟的实体; (2)物有标志符,有方法自动地识别它们; (3)物本身对外部环境是安全的; (4)物(和它们的虚拟表达)尊重与它们相关的其他人或物的隐私、秘密和安全; (5)物与物、物与基础网络通信; (6)包含在真实/物理世界和虚拟/数字世界之间的信息交流中
所有物的 共同特征	(1)以服务为接口,物与其他物交互; (2)物将会彼此竞争资源、服务并承受选择性的压力; (3)可以附加传感器,物与环境相互作用
社会物的特征	(1)物可以与其他物、计算设备和人类交互; (2)物可以相互协作构成组合网络; (3)物可以发起通信
智能自主 的特征	(1)物可以自主完成任务; (2)物能自适应所处的环境; (3)物能从外部环境或其他物通过推理得出结论; (4)物可以选择性地传播信息
可自我复制和 控制物的特征	物可以制造、管理和摧毁其他物

(5)物联网是指通过信息传感设备,按照约定的协议,把任何物品与互联网连接起来,进行信息交换和通信,以实现智能化识别、定位、跟踪、监控和管理的一种网络,它是在互联网基础

上延伸和扩展的网络。这是我国 2010 年政府工作报告所附的注释中对物联网的说明,此解释强调交互规则、信息语义。

(6)泛在网是指满足个人和社会的需求,实现人与人、人与物、物与物之间按需进行的信息获取、传递、存储、认知、使用等服务,网络具有超强的环境感知、内容感知及智能性,为个人和社会提供泛在的、无所不含的信息服务和应用。此解释出自中华人民共和国通信标准,强调人-物-信息交互模式,以及相关的社会属性与应用服务,强调环境感知、内容感知及智能性。最早提出 U 战略的日本、韩国给出的解释是:无所不在的网络社会将是由智能网络、最先进的计算技术及其他领先的数字技术基础设施构成的技术社会形态。

虽然不同的解释具有一定的差异,但从总体来看,主要可归结为狭义和广义的物联网。狭义的物联网概念,类似于解释(4)中欧盟定义的物联网概念,即将海量电子设备与互联网进行互连的大规模虚拟网络接入技术;广义的物联网概念,类似于解释(6)中我国提出的物联网的概念,涵盖了泛在的、无所不含的信息服务。

相比概念上的争执不下,物联网的基本体系架构已被普遍接受,如图 1.7 所示。物联网的体系架构分为感知层、网络层和应用层三层,涵盖物联网技术所涉及的各种技术。其中,感知层是物联网识别物体、采集信息的来源,主要功能是识别物体、采集信息。由各种传感器及传感器网关构成,包括温度传感器、湿度传感器、气象传感器、震动传感器、二氧化碳浓度传感器、二维码标签、RFID 标签和读写器、摄像头、GPS 等感知终端。网络层由互联网、有线和无线通信网、网络管理系统和云计算系统组成,其负责传递和处理感知层获取的信息。应用层是物联网的用户(人、组织和其他系统)的接口,它与智能电网等行业需求结合,实现物联网的智能应用。

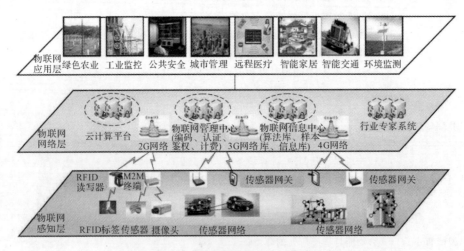

图 1.7 物联网的基本体系架构

对于物联网与无线传感器网络的比较,工业界和学术界中存在很多的思考和言论。本书根据对无线传感器网络的理解,结合对物联网概念的解读,给出笔者的见解。希望能够抛砖引玉,引发读者更深入的思考,加深对无线传感器网络的认识。广义的物联网概念涵盖了无线传感器网络;而狭义的物联网范畴与无线传感器网络具有明显的区分:虽然两者都是面向特定信息的感知与处理,但无线传感器网络主要面向外部未知世界的监测和认知,而狭义的物联网主要面向内部已知信息的识别与搜索。通俗来说,无线传感器网络所感知的目标对于感知系统本身而言是事先未知的,需要根据信息的采集、传输及处理来获得目标的特性,完成基本的监测任务,其功能及作用都类似于人类的末梢神经;而狭义的物联网所感知的是系统已知的信息或是能够通过相关知识库获取的信息,如典型的 RFID 技术,根据扫描得到的目标标签,通过系统数据库搜索来进行物体身份的识别,并根据索引结果进行相关属性的存储与查询。下面从具体的定义进行二者的对比。

1.无线传感器网络的定义

无线传感器网络由大量部署在作用区域内的、具有无线通信与计算能力的传感器节点组成,这些节点通过自组织方式构成无线传感器网络,其目的是协作感知、采集和处理网络覆盖地理区域中的感知对象信息并发布给观察者。

2.物联网的定义一

早期的物联网是指依托射频识别(Radio Frequency Identification,RFID)技术和设备,按约定的通信协议与互联网相结合,使物品信息实现智能化识别和管理,实现物品信息互联而形成的网络。

3.物联网的定义二(ITU 对物联网的定义)

通过二维码识读设备、射频识别(RFID)装置、红外感应器、全球定位系统和激光扫描器等信息传感设备,按约定的协议,把任何物品与互联网相连接,进行信息交换和通信,以实现智能化识别、定位、跟踪、监控和管理的一种网络。

4.物联网定义三(工业和信息化部 2011 年发布的物联网白皮书中对物联网的定义)

物联网是通信网和互联网的拓展应用和网络延伸,它利用感知技术与智能装置对物理世界进行感知识别,通过网络传输互联,进行计算、处理和知识挖掘,实现人与物、物与物之间的信息交互和无缝链接,达到对物理世界实时控制、精确管理和科学决策的目的。

5.从概念上看无线传感器网络和物联网的区别

(1)物联网的核心和基础仍然是互联网,是在互联网基础上延伸和扩展的网络。

(2)物联网的概念相对比无线传感器网络大一些。

(3)无线传感器网络技术可以认为是物联网实现感知功能的关键技术。

6.从物联网的网络架构来看物联网和无线传感器网络的关系

(1)在物联网的整个网络架构当中包含无线传感器网络,无线传感器网络主要用于信息采集和近距离的信息传递。

(2)要真正实现物联网,做到物物相连,离不开无线传感器网络,但是也不能把无线传感器网络看作物联网,因为它不是物联网的全部。

1.2.5　无线传感器网络的应用领域

最近几年,随着计算成本的下降及微处理器体积的日益缩小,为数不少的无线传感器网络开始投入使用。无线传感器网络功能强大,用途广泛,目前,无线传感器网络应用遍及智能交通、环境监测、战场侦察、目标跟踪、公共安全、平安家居、健康监控、火灾等场景的应急定位和导航等多个领域。

1.无线传感器网络在军事领域中的应用

军事应用是无线传感器网络最早的应用需求,也是无线传感器网络技术的主要应用领域,由于其特有的无须架设网络设施、可快速展开、抗毁性强等特点,成为数字战场无线数据通信的首选技术,是军队在敌对区域中获取情报的重要技术手段。无线传感器网络在军事领域的应用促进了军事数字化、信息化发展。

无线传感器网络所具备的快速部署、自组网、智能化信息处理等能力,使得无线传感器网络非常适合监视冲突地区,侦察敌方地形和布防,探测核、生物和化学攻击等恶劣的战场环境,实现对敌方兵力和装备的监控、战场的实时监视、目标定位、目标追踪、战场损伤评估等功能,为一方决策提供依据。这种无线传感器网络具有对战场环境下的地面目标进行检测识别的功能。一旦节点的传感器模块(一般都是用声音和震动传感器)侦察到目标出现,处理器模块即对采集到的多目标信号分离、特征提取和模式识别,再将分类结果由无线通信模块传送到网络,进行信息融合,最后到达任务管理节点,用户就可以据此分析战场态势,从而做出相应的正确决策,"撒豆成兵"正是对无线传感器网络最形象的描述。

2.无线传感器网络在工业领域中的应用

工业是无线传感器网络应用的重要领域之一。无线传感器网络可促进工业领域工业化和信息化融合发展,推动生产设备智能化、生产方式柔性化、生产组织灵巧化工业转型,提升生产水平,提高能源利用效率,减少污染物排放。无线传感器网络将具有环境感知能力的各种终端、基于泛在技术的计算模式、移动通信技术等不断融入工业生产的各个环节,可大幅度提高制造效率,改善产品质量,降低产品成本和资源消耗,将传统工业提升到智能工业的新阶段。其典型工业应用涉及冶金流程工业、石化、汽车制造工业等。

与其他商用无线网络相比,工业无线传感器网络可重点解决以下问题:①高可靠性,即大部分的工业应用要求数据的可靠传输率超过95%;②实时性,数据传输延迟应低于1.5倍的传感器采样时间;③节能运行,从运行和维护成本方面考虑,由电池供电的无线设备的自主运行寿命(无须更换电池)应达到3~5年;④安全性,随着工业网络化进程的推进,网络安全和数据安全问题日益突出;⑤兼容性,为了保护用户的原有投资,新型的工业无线测控网络要具有与工厂原有的有线控制网络互连和互操作的能力。

3.无线传感器网络在农业领域中的应用

无线传感器网络可促进信息化与农业现代化的融合,推动农业发展逐渐从以人力为中心、依赖于孤立机械的生产模式转向以信息和软件为中心的生产模式,从而大量使用各种自动化、智能化、远程控制的生产设备,带动农业种植、生长、收割的数字化、信息化和智能化发展。无线传感器网络可用于对影响农作物的环境条件监控,对鸟类、昆虫等小动物的运动追踪,对海洋、土壤、大气成分的探测,森林防火监测,污染监控,降雨量监测等,完成数据采集和环境监测。同时,可以根据用户需求,自动监测农业综合生态信息,为环境进行自动控制和智能化管理提供科学依据。

智能农业产品包括大棚温/湿度的远程控制系统、智能粮库系统。例如,智能粮库系统通过对粮库内温度、湿度变化的感知,并与计算机或手机连接进行实时观察,记录现场情况以保证粮库内的温度、湿度平衡。

无线传感器网络在农业领域具有广阔的应用前景,主要包括无线传感器网络应用于温室环境信息采集和控制、无线传感器网络应用于节水灌溉、无线传感器网络应用于环境信息和动植物信息监测、农业灌溉自动化控制等。

4.无线传感器网络在智能电网领域中的应用

智能电网已引起世界各国的高度重视，我国政府不仅将物联网、智能电网上升为国家战略，而且在产业政策、重大科技项目支持、示范工程建设等方面进行了全面部署。应用无线传感器网络技术，智能电网将会形成一个以电网为依托、覆盖城乡各用户及用电设备的庞大的物联网络，成为"感知中国"最重要的基础设施之一。智能电网将能有效整合通信基础设施资源和电力系统基础设施资源，广域态势感知，提供电力储能、储存和关联用电信息，提供节电回馈服务，进而形成高效环保的智能电网系统，融合电力流、信息流和业务流，进一步实现节能减排，提升电网信息化、自动化水平，提高电网运行能力和服务质量，不仅能促进电力工业的结构转型和产业升级，更能够创造一大批原创的具有国际领先水平的科研成果，打造千亿元的产业规模。

5.无线传感器网络在医疗领域中的应用

基于无线传感器网络整合大型医疗中心、地区性医疗机构、社区型医疗机构等资源，把重点转移到对生命全过程的健康监测、疾病控制上来，建立同时能够为健康和不健康的人服务的健康监控、维护和管理系统。基于无线传感器网络，通过整合资源和分析海量数据，运用数据挖掘和分析手段建立科学模型，提供个人自助医疗、医院移动医疗、医生与患者远程医疗等便捷高效智能医疗服务，使智能医疗向着更透彻的感知、更全面的互连互通、更深入的智能化方向发展，最终形成绿色、低碳、节能的生活方式。

当前，无线传感器网络在医疗领域主要应用于药品管理、监控监护、远程医疗等方面，下一步将整合医疗系统，实现资源共享，最终建立协调、协同的医疗系统，提供个性化的健康服务。根据客户需求，运营商还可以提供相关增值服务，如紧急呼叫救助服务、专家咨询服务、终身健康档案管理服务等。智能医疗系统可改善现代社会子女们因工作忙碌无暇照顾家中老人的无奈现状。人体可携带不同的传感器，对人的体温、血压等健康参数进行监控，并将相关数据实时传送到相关的医疗保健中心，如有异常，医疗保健中心通过手机，提醒患者去医院检查身体。

1.3 无线传感器网络的主要特点

与传统的网络相比，无线传感器网络除了具有无线网络的移动性等共同特征之外，还具有下述一些鲜明的特点。

1.大规模

很多情况下无线传感器网络节点的数量可能达到成千上万个，甚至更多。原因在于有的应用中需要传感器节点分布在很大的地理区域内采集数据；而有的应用中需要传感器节点以较大密度部署在一个面积不是很大的空间内。

2.自组织

有些无线传感器网络应用系统中传感器节点的位置不需要设计或预先确定，例如救灾行动或边远环境监测中传感器节点只能随机部署。这就要求传感器节点必须具有自组织能力。在一个传感器节点部署完成之后，首先必须检测它的邻居并建立通信，其次必须了解相互连接的节点的部署、节点的拓扑结构,进而建立自组织多跳的通信信道。

3.动态性

无线传感器网络具有很强的动态性,它的拓扑结构可能因为下列因素而改变:①环境因素或电能耗尽所造成的传感器节点出现故障或失效;②环境条件变化可能造成无线通信链路带宽变化,甚至时断时通;③无线传感器网络中传感器、感知对象和观察者这三个要素的移动性;④新节点的加入。

4.容错性

传感器节点有可能部署在环境相当恶劣的地区,一些传感器节点可能会因为电力不足、有物理损坏或外部环境的干扰而不能工作或者处于阻塞状态,此时要确保传感器节点的故障不能影响到整个无线传感器网络的正常工作,也就是说,无线传感器网络不能因为传感器节点故障而产生任何中断。

5.资源受限

一般来讲,传感器节点不会当作移动设备,而是在部署之后静止不动,在有些情况下对其补充能量是不现实的。节点体积微小、资源受限等特征使得其在能量和计算上都存在着很大的限制。总体来说,节点的资源制约因素主要包括有限的能量、短的通信范围、低带宽、有限的处理和存储能力。

6.应用相关

与其他网络相比,无线传感器网络在设计和面对的挑战上有很多不同,无线传感器网络的解决方案是与应用紧密结合的。根据应用要求的不同,无线传感器网络也将检测不同的物理量,获取不同的信息,因而无线传感器网络的设计在很大程度上依赖于其所处的监控环境。在确定网络规模、部署计划以及网络的拓扑结构时,应用环境都起着关键作用。

1.4 无线传感器网络的设计原则

对于无线传感器网络设计,其设计依据主要包括以下内容。

1.能量效率

能量效率指该网络在能源有限的条件下能够处理的请求数量。能源有效性是无线传感器网络的重要性能指标。传感节点一般由电池供电,能源有限(再生能源技术还不成熟,且成本高,目前还无法应用于微型传感节点),并且对于大规模与物理环境紧密耦合的系统而言,以更换电池的方式来补充能源是不现实的,因此在设计无线传感器网络时,节能是重要的约束条件,它直接决定网络的生存期。到目前为止,无线传感器网络的能源效率还没有被模型化和定量化,还不具有被普遍接受的标准,需要进行深入研究。

2.网络生存时间

网络生存时间指从网络启动到不能为观察者提供需要的信息为止所持续的时间。影响无线传感器网络生存时间的因素很多,既包括硬件因素也包括软件因素,需要进行深入研究。在设计无线传感器网络的软、硬件时,必须充分考虑能源有效性,以最大化网络生存时间。

3. 容错性

容错性指无线传感器网络中的节点经常会出于周围环境或电源耗尽等原因而失效。出于环境或其他原因,物理层面的维护或替换失效节点,常常是十分困难或不可能的。因此,无线传感器网络的软、硬件必须具有很强的容错性,以保证系统具有高强壮性。当网络的软、硬件出现故障时,系统能够通过自动调整或自动重构纠正错误,以保证网络的正常工作。容错性需要进一步地模型化和定量化,同时容错性和能源有效性之间存在着密切关系,在设计无线传感器网络时,需要进行权衡。

4. 分布式算法

基于无线传感器网络布设规模大、传感节点软硬件资源受限的特点,网络中没有严格的控制中心,节点间大多采用分布式算法来协调彼此的行为,避免因为单个节点计算致使能量很快耗尽而失效,同时节点可以随时加入或离开网络,任何节点的故障不会影响网络的运行,具有较强的鲁棒性。

5. 服务质量

服务质量指网络在从源节点到目的节点传输分组流时需要满足的一系列服务要求,是网络性能好坏的最终体现。在无线传感器网络中,节点的计算、能量和存储资源都非常有限,基于有线网和无线宽带网的协议和算法需要较多、较复杂的控制信息交互及计算,不适用于资源严重受限的无线传感器网络节点。另外,面向不同应用的无线传感器网络,其侧重点各不相同,有的强调较长的网络生存期,有的则强调对实时数据的服务,因此,常常须针对不同的应用,设计侧重点不同的算法协议。为了在各种能力都非常有限的传感节点上设计节省能耗和有利于数据汇聚的通信协议,必须精简和优化网络协议栈的各层,使层与层之间密切配合,去除冗余操作,以达到易于控制、减少能耗、节省数据缓存空间等目的。

6. 安全性

无线传感器网络处于真实的物理世界,缺乏专门的服务与维护,因此网络的安全受到严峻的挑战,可能会受到窃听、消息修改、消息注入、路由欺骗、拒绝服务、恶意代码等安全威胁。另外,在无线传感器网络中,安全的概念也发生了变化,通信安全是其中重要的一部分,隐私保护日渐重要,而授权重要性则有所降低。因此,网络通信的安全性非常重要,目前无线传感器网络的安全研究仅处于起步阶段,须依据网络的特点,针对其安全威胁,研究新型的安全协议和安全策略。

7. 时间延迟

时间延迟是指当使用者发出请求到其接收到应答信息所需的时间。影响无线传感器网络时间延迟的因素有很多。时间延迟与应用密切相关,直接影响无线传感器网络的可用性和应用范围。

8. 感知精度

感知精度是指观察者接收到的感知信息的精度。传感器的精度、信息处理方法、网络通信协议等都对感知精度有所影响。感知精度、时间延迟和能量消耗之间具有密切的关系,在无线传感器网络的设计中,需要权衡三者之间的得失,使系统能在最小能源开销条件下最大限度地提高感知精度而降低时间延迟。

9.可扩展性

可扩展性主要表现在传感器数量、网络覆盖区域、生命周期、时间延迟、感知精度等方面的可扩展极限。给定可扩展性级别，无线传感器网络必须提供支持该可扩展性级别的机制和方法。目前不存在对可扩展性的精确描述和统一标准。

1.5 典型无线传感器网络

1.5.1 典型无线传感器网络的网络结构

无线传感器网络由大量的传感器节点组成，节点之间通过无线传输方式通信。一个典型的无线传感器网络的体系结构如图1.8所示，通常包括传感器节点、汇聚节点和任务管理节点。

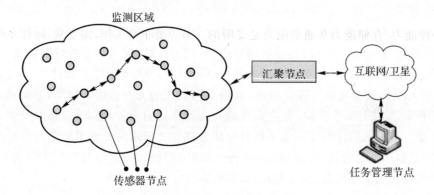

图1.8 典型的无线传感器网络的体系结构图

传感器节点分散在监测区域内，传感器节点不仅要对本地信息进行数据处理，还要对其他节点转发的数据进行存储、管理、融合和转发。这些节点能够把数据路由到一个指定的汇聚节点进行转发。

汇聚节点主要负责发送任务管理节点的监测任务，收集数据并转发到互联网等外部网络上，实现无线传感器网络和外部网络之间的通信。

传感器节点之间通过自组织方式构成网络，可以根据需要智能地采用不同的网络拓扑结构。传感器节点的监测数据可能被多个节点处理，通常以多跳的方式沿着其他节点逐跳传输，经过路由到其他中间节点进行数据融合和转发后到达汇聚节点，最后通过互联网或者卫星到达用户可以操作的任务管理节点。

任务管理节点可以对无线传感器网络进行配置和管理。

1.传感器节点特征

传感器节点的计算能力、存储能力较弱，通信带宽窄，由自身携带的电池供电，因此能量有限。

2. 汇聚节点特征

汇聚节点的处理能力、存储能力和通信能力相对较强,汇聚节点可以是一个具有增强功能的传感器节点,具有较多的内存、计算资源和能量供给,也可以是一个仅带有无线通信接口的特殊网关设备。

3. 网络特性

无线传感器网络通常部署在无人照料的恶劣环境中或无法经常维护的地方,因此网络需要具有自维护的特性。当网络的部分节点因入侵、故障或电池耗竭而失效时,不能影响数据传输和网络监控等主要任务。

1.5.2　无线传感器网络节点的硬件原理

传感器节点是无线传感器网络的一个基本组成部分。根据应用需求的不同,传感器节点必须满足的具体要求也不同。传感器节点可能是小型的、廉价的或节能的,同时应具有必要的计算和存储资源,以及足够的通信设施。从本质上来讲,传感器节点通常是一个微型嵌入式系统,它的处理能力、存储能力和通信能力是受限的。节点要正常工作,需要软、硬件系统的密切配合。

1. 硬件系统

硬件系统的组成如图 1.9 所示,其中包括感知单元、处理单元(包括处理器和存储器)、通信单元、能量供给单元和其他应用相关的单元(如位置查找单元、移动管理单元)。

(1)感知单元:主要用来采集现实世界的各种信息,如温度、湿度、压力、声音等物理信息,并将传感器采集到的模拟信息转换成数字信息,交给处理单元进行处理。

(2)处理单元:负责整个传感器节点的数据处理和操作,存储本节点的采集数据和其他节点发来的数据。

(3)通信单元:负责与其他传感器节点进行无线通信、交换控制消息和收发采集数据。

(4)能量供给单元:提供传感器节点运行所需的能量,是传感器节点最重要的单元之一。

(5)其他应用相关的单元:为了对节点精确定位以及对移动状态进行管理,传感器节点需要相应的应用支持单元,如位置查找单元和移动管理单元。

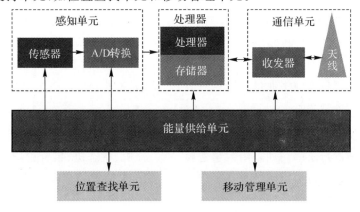

图 1.9　传感器节点的硬件结构

1.5.3　无线传感器网络节点的软件原理

传感器节点的软件系统由 5 个基本的软件模块组成,分别是操作系统(OS)、传感器驱动模块、通信处理模块、通信驱动模块和数据处理模块,如图 1.10 所示。

(1)操作系统(OS):控制调度节点的所有软件模块以支持节点的各种功能。TinyOS 就是一种专为嵌入式无线传感器网络设计的操作系统。

(2)传感器驱动模块:管理传感器数据采集的基本功能,同时根据传感器的不同类型和复杂度,该模块也要支持对传感器进行的相应配置和设置。此外,传感器的类型可能是模块或插件式的。

(3)通信处理模块:管理网络通信功能,包括路由、数据包缓冲和转发、拓扑维护、介质访问控制、加密和前向纠错等。

(4)通信驱动模块:管理无线电信道传输链路,包括时钟和同步、信号编码、比特计数和恢复、信号分级和调制。

(5)数据处理模块:负责感知数据值的存储、查询等节点数据处理相关的操作或其他的基本应用。

图 1.10　传感器节点的软件系统结构

1.6　无线传感器网络的测试

1.6.1　网络模拟技术

近年来,随着计算机和网络通信技术的不断发展,网络技术的研究也进入了一个飞速发展的时期。研究人员不断开发出新的网络协议、算法和应用,以适应日益增长的网络通信需要。然而由于网络的不可控、易变和不可预测等特性的存在,给新的网络方案的验证、分析和比较带来了极大的困难。目前网络通信的研究一般分为以下 3 种方法。

1.分析方法

在理论和协议层面上对网络通信技术或系统进行研究分析,抽象出数学分析模型,利用数学分析模型对问题进行求解。如采用数学建模、协议分析、状态机、集合论以及概率统计等多种理论分析手段和方法对通信网络及其算法、协议、网络性能等各个方面进行研究。

2.网络模拟

网络模拟即计算机模拟仿真算法。网络模拟日益成为分析、研究、设计和改善网络性能的强大工具,它通过在计算机上建立一个虚拟的网络平台,来实现真实网络环境的模拟,网络技术研究人员在这个平台上不仅能对网络通信、网络设备、协议以及网络应用进行设计研究,还能对网络的性能进行分析和评价。本书对模拟与仿真不做区分,二者都指通过计算机软件模拟真实网络实验研究的方法,也称为虚拟网络测试床(virtual network testbed)。

3.实验网方法

对网络协议、网络行为和网络性能采用建立实验室测试网络、网络测试平台(network testbed)和小规模商用实验网络的方式对网络进行实战检验。如第三代移动通信网,各大网络设备提供商和运营商在不同城市建有不同规模的实验网络,并进行一定量的放号测试,使广大用户参与到网络的测试中,也使得网络设备和系统受到实际应用环境的检验。

上述三种方法各有利弊,相辅相成并各有侧重点。分析方法适用于早期研究与设计阶段,对新算法和新技术进行理论准备和验证,除了人力和知识,几乎不需要什么额外成本。实验网方法是网络和系统在投入实际应用前的一次系统的演练,能够发现网络设计与用户需要之间的相合度以及检验网络实际使用的效用和性能。该阶段建设成本很高,要求技术和设备开发相对成熟,网络系统基本成型,主要是对业务、系统稳定性能和服务性能的检验。而网络模拟阶段可以说是分析方法和实验网方法的中间阶段,它可以对新协议进行初步实现和验证,并有助于新协议的及时调整和改进。网络模拟阶段由于采用计算机软件进行模拟,使得很多研究工作人员能够研究大规模网络和学习新协议新算法的设计和实现,并且能够在网络实用前对其进行检验和改进。此外,它还可以在各种新老系统和算法之间进行比较而不必花费巨资去建立多个实际系统。因此,网络模拟是网络通信研究中一种非常重要的方法。

网络模拟主要有以下优点。

(1)成本低。与实验网方法比较而言,网络设备、构件和系统均通过计算机软件模拟实现,实现成本低廉。

(2)灵活可靠、可重构。由于采用构件实现,它的使用、配置和改变更加灵活可靠,对大规模网络也可以轻松进行重新构建。

(3)避重就轻。可以通过软件的方法选择在研究中感兴趣的方面,而把其他一些不相干的方面忽略,这样更加有利于对感兴趣点的深入研究,提高研究效率。

(4)提供研究大规模网络的机会。大规模网络不一定每人都有机会参与建设和研究,而网络模拟平台给了没有这样条件的科研人员一个研究大规模网络的机会。

(5)易于比较。由于可以通过软件配置轻松建立、重构各种网络模型,实现各种不同的协议和算法,这使得研究人员能够轻松地比较这些不同模型、协议和算法之间的性能等各个方面的优劣。

当然,由于是通过软件进行模拟,它毕竟是虚拟网络,与真实的网络环境还是有一定的差异性,所以网络模拟也存在以下一些天生的不足之处。

(1)无法完全重现真实网络环境,使得模拟网络可能会忽略一些重要的网络细节。

(2)在对协议、算法和网络系统进行模拟之前,必须通过软件编程对其进行软件模块的实现,这增加了额外的工作量。

(3)网络模拟所得到的结果并不一定与真实网络环境下的结果一致,因此,在投入实际应用之前,还需要多方面的验证和通过测试网络的检验。

总而言之,网络模拟是当前网络通信研究中的重要技术手段之一,在网络通信的建设开发过程中起着不可替代的重要作用。大部分网络通信的技术研究也都必须经过网络模拟研究这么一个重要环节,学术界对网络通信的研究更加离不开网络模拟。

1.6.2　无线传感器网络仿真测试平台

无线传感器网络与移动 Ad-hoc 网络相比具有自身的特点。

(1)无线传感器网络协议层的操作和应用是由底层传感器获得的物理测量数据驱动的,测量数据特性决定了网络流量,甚至拓扑类型。

(2)无线传感器网络节点的能量是受限的,通常其电池是不可更换和充电的。移动 Ad-hoc 网络的节点能量也很重要,但主要考虑如何优化能量,因其认为电池是可更换或可充电的。

无线传感器网络的上述特点使得分析模型,以及预测高层协议和网络系统的真实表现较为困难。仿真用来测试新的应用和协议,是研究无线传感器网络必不可少的。目前已经出现了很多适合无线传感器网络模型的仿真工具。仿真测试须密切关注两点:一是模型的正确度;二是模型与仿真工具的适合度。

仿真工具提供了真实网络系统的近似模拟,但与真实环境相比,还是具有一定的差异。无线传感器网络中数量众多的节点面临的问题是很难全部被仿真工具描述的,因而由仿真得到的网络系统应当在部署之前进行物理测试。本节对仿真测试进行简单探讨。

近年来无线传感器网络的各种应用示范层出不穷,不仅对资源受限的传感节点设计是很大的挑战,同时对其软件仿真平台的设计提出了新的需求,如对包括空间(网络规模)与时间(持续仿真周期)的大规模仿真的支持、节点分布环境与信道变化的高拟真度要求、满足无线传感器网络资源受限的低冗余、轻量级的协议架构设计,以及对复杂多样的任务的处理的灵活性要求等。越来越多的针对无线传感器网络的仿真工具被不断地开发出来,以满足不同级别的仿真拟真度要求,如 NS2、OMNeT++、J-Sim、OPNET、QualNet、GloMoSim、TOSSIM 等,见表 1.2。

表 1.2　仿真软件比较

仿真软件	软件属性	开发语言
NS2	开源	C++,OTcl
OMNeT++	开源	C++
J-Sim	开源	Java
OPNET	商业	C/C++
QualNet	商业	C/C++
GloMoSim	开源	C/C++
TOSSIM	开源	nesC

下面主要介绍 NS2/NS3、OPNET 两种无线传感器网络仿真软件。

1. NS2/NS3

NS2(Network Simulator Version2)是一个开源的、面向对象离散事件的仿真平台,为仿真 TCP、路由和多播协议提供了强大的支持。NS2 是采用模块化设计实现的,用户可以通过继承开发自己的模块,对仿真模型进行扩展,也可以创建和使用新的协议。NS2 由 C++和 OTcl 脚本语言编写,C++用于实现协议及 NS2 模型库的扩展,OTcl 用于创建和控制仿真环境,如网络拓扑、网络业务和网络协议类型等。NS2 对无线传感器网络的仿真是通过对 Ad-hoc 仿真工具的改进并添加一些组件实现的,如传感信道、传感器模型、电池模型、针对无线传感器网络的轻量级协议栈、混合仿真及场景生成等。NS2 主要有以下特点。

(1)NS2 对仿真类进行了封装,便于利用脚本语言进行编程。

(2)支持协议广泛,包括 HTTP、Telnet 业务流、FTP 业务流、CBR 业务流、ON/OFF 业务流、UDP、TCP、RTP、SRM、算法路由、分级路由、广播路由、多播路由、静态路由、动态路由和 CSMA/CDMAC 层协议等。

(3)源代码开放,用户可根据自己的需要对源代码进行裁剪。

(4)允许在网络仿真环境中设置实际网络流量,在某种程度上等同于测试床。

NS2 的最新版本是 NS2.33,与早期版本相比,NS2.33 集成了大部分最新的 802.11 模型的扩展。NS 的第三代——NS3,于 2006 年 7 月 1 日着手研究,目前已经成型。NS3 是用来取代 NS2 的,但是 NS3 并不是 NS2 的升级版本,也不与 NS2 兼容。

NS3 与 NS2 的不同之处体现在以下几点。

(1)不同软件核心:NS3 的核心是用 C++和 Python 脚本编写的。

(2)软件集成:NS3 支持集成更多的开源软件,可减少重写仿真模型的需要。

(3)支持虚拟化:NS3 采用轻量化的虚拟机。

(4)追踪架构:NS3 的追踪和收集统计框架使定制输出无须重写编译仿真内核。

2. OPNet

OPNet 公司是全球领先的决策支持工具提供商,其产品核心有 OPNET Modeler、ITGu-ru、SPGuru 和 WDM Guru 四个系列,在无线传感器网络仿真中得到应用的是 OPNET Mod-eler。OPNET Modeler 可以称为狭义的 OPNET。

OPNET Modeler 是一个面向对象的离散事件通用网络仿真器,使用分层模型定义系统的每一个方面。从网络物件层次关系看,OPNET Modeler 提供了三个层次的模型:最底层为进程模型,以状态机描述协议;中间层为节点模型,由相应的协议模型构成,反映设备特性;最上层为网络模型,表现网络的拓扑结构。三层模型和实际的协议、设备、网络完全对应,反映了网络的相关特性。

OPNET Modeler 提供了基于包的通信、使用接口信息 ICI 的通信和基于链路的通信等各种通信机制,分别从不同角度表征通信系统的传输媒介。

(1)基于包的通信是 OPNET Modeler 建模中最常用的一种通信机制。OPNET Modeler 采用基于包的建模机制模拟实际通信网络中信息的流动,包括网络设备间的信息交互和在网络设备内部的处理过程。在 OPNET Modeler 中,每个包中都有一块存储信息的区域,用于一个实体把要向另一个实体发送的信息放在该区域里传送出去,用户可以对包进行创建、修改、复制、发送、接收和销毁等操作。在通信系统中包总是用于通信实体之间动态的信息交互,OPNET Modeler 为此提供了三种包传输的方式:包流、包传递和包中断。

(2)ICI 的通信机制类似于基于包的通信机制,并且 ICI 数据结构也类似于包数据结构,但是比包结构更简单,只包含用户自定义的域,而不存在封装的概念。ICI 是与事件关联的用户自定义的数据列表。以事件为载体,可以用于各种有关事件调度的场合。与包不同的是,ICI

没有大小与所有权的概念,因而可以被多个节点或模块共享和修改。

(3)链路通信机制分为点对点链路、总线链路和无线链路,每种类型的链路都提供了不同类型的连接。点对点链路连接单个源节点到单个目的节点;总线链路互相连接一组固定的节点;无线链路理论上可以允许模型中所有的节点彼此通信。为了描述各种类型链路的特点,OPNET Modeler 分别提供了一系列管道阶段去模拟。点对点链路要经历 4 个管道阶段计算,分别是传输延时、传播延时、错误分配和错误纠正。总线链路共有 6 个管道阶段模块,分别为传输延时、链路闭锁、传播延时、冲突检测、错误分配和错误纠正。

OPNET Modeler 具有以下特点。

(1)高效的仿真引擎。OPNET Modeler 提供了高度优化的串行/并行离散时间仿真、混合数值仿真,以及 HLA 和协同仿真等技术。OPNET Modeler 使用了增强加速技术,为有线和无线节点提供最快的仿真运行速率。

(2)图形化和移动特性建模。OPNET Modeler 可以对蜂窝小区、移动 Ad-hoc 网络、无线局域网、卫星组网及其他任何形式的移动节点网络进行准确的建模。OPNET Modeler 支持地图和背景图片的导入,以增强可视化效果。

(3)面向对象的层次化建模。OPNET Modeler 使用无限嵌套的子网来建立复杂的网络拓扑结构。节点与协议按照派生关系和协议规范进行准确建模,在进程层模拟单个对象的行为,在节点层将其互连成设备,在网络层将这些设备互连组成网络。几个不同的网络场景组成项目,以比较不同的设计。

(4)完全开放的模型编程。OPNET Modeler 使用有限状态机对协议或其他过程进行建模,在有限状态机的状态和转移条件中使用 C/C++语言对各种过程进行模拟,用户可以自主控制仿真的详细程度。OPNET Modeler 提供了超过 400 个库函数,所有标准提供了源代码。

(5)丰富的模型库。OPNET Modeler 为协议和设备的建模提供了丰富的模型库。协议应用包括 HTTP、TCP、IP、OSPF、BGP、RIP、RSVP、Frame Relay、FDDI、Ethernet、ATM、IEEE 802.11 无线局域网、MPLS、PNNI、DOCSIS、UMTS、IP 多播、电路交换、MANET、Mobile IP、IS-IS 等多种协议模型的源代码。标准的设备模型库包含了数百个制造商的特殊模型和通用模型,如路由器、交换机、工作站、包生成器等,用户可以通过设备生成器功能快速生成自定义模型。

(6)无线、点到点及点到多点链路。链路的行为是完全开放的,用户可通过编程进行修改,对时延、可用性、误比特率、链路贯通性等特性进行精确统计。对于物理层特性和环境影响,OPNET Modeler 加入了增强的 TIREM、Longley-Rice、Free Space 等传播模型,用户也可以使用自定义的传播模型。

(7)灵活的数据导入方式。OPNET Modeler 可以通过文本文件、XML 及其他多种方式导入数据,全面支持 CISCO、HP、NetScout、BMC、Concord、Sniffer、Infovista、MRTG、cflowd、tcpdump 等工具。

(8)集成的分析工具。OPNET Modeler 具有显示仿真结果的全面工具,能够轻松绘制和分析各种类型的曲线、时间序列、柱状图、概率函数和参数曲线等,并且可以将曲线导入电子表格或生成 XML 文件。

(9)对于设备的成本计算。OPNET Modeler 可以将网络导入电子表格进行成本核算。

(10)动画。OPNET Modeler 能在仿真中动态监视统计量的变化曲线,在仿真中或仿真后显示模型行为的动画,并为 3D 可视功能提供了接口。

1.6.3 无线传感器网络物理测试平台

仿真测试可用软件方法实现网络状态和节点状态,简单地抽象节点硬件特征和信道特征,从而评价无线传感器网络的性能。仿真测试可以进行多个同类协议的比较,在功能层上提供了很好的测试方法和评价手段,但是仿真测试还是具有以下的缺陷。

(1)仿真测试依赖于数学模型,出于计算复杂度的原因,在解决实际问题时,数学模型需要做大量的简化处理,因而大大降低了仿真测试结果的可信度。

(2)无线传感器网络通常部署于复杂苛刻的环境中,网络状态和节点状态存在高度动态性,仿真测试的理想模型很难描述这种复杂苛刻的环境影响。

正是由于硬件特征和信道特征的不可见、不可控性,仿真测试得到的结果并不能作为完全可信依据去部署无线传感器网络,需要通过实际环境进行进一步测试,从而获得无线传感器网络的状态评价。通过大规模部署传感器网络进行测试是费时且收效甚微的做法。物理测试平台成为测试的首选,其效果等同于装配有测试仪器长时间现场测试。物理测试平台同样提供调试、验证和整合的功能。物理测试平台与仿真测试平台相辅相成,物理测试平台的测试成果促进仿真测试精确建模和仿真工具研究,仿真测试为物理测试提供测试的方案。

物理测试平台主要分为两类:一类是针对某种感知应用和特定领域,包括安全、医疗、监测等;另一类是通用的测试,包括节点本地特征(传感器、功耗、剩余能量、内存使用情况等)和网络全局特征(吞吐量、网络延迟、丢包率、网络能量分布、网络拓扑结构等)。

第一类物理测试平台更像是小型无线传感器网络的应用。已经有应用案例在验证小型无线传感器网络原型成功后,大规模应用部署时遭遇失败,失败的原因有以下几点:①现场环境的不确定;②硬件的不可靠;③应用和管理复杂度增加;④感知应用和网络层交互复杂。

相对于第一类物理测试平台,第二类物理测试平台更能提供近似应用网络规模的节点本地特征和网络全局特征参数。第二类物理测试平台在执行中要实现不同抽象层次的任务,在节点上实现不同应用的编程,在真实环境中执行程序,在测试运行中收集数据,在获取测试数据后分析数据。

下面介绍的物理测试平台指的是第二种物理测试平台。为了实现无线传感器网络的物理测试,一些科研机构和院校设计了能够自动完成全部或大部分上述测试任务的物理测试平台。本节将详细介绍 Kansei、MoteLab、Twist、HINT 物理测试平台。

1. Kansei

Kansei 平台是俄亥俄州立大学开发的面向多种应用的无线传感器网络测试平台,如图 1.11 所示。Kansei 的设计初衷是支持超过 1 000 个传感节点,支持设计、部署和管理大规模分层异构网络,实现复杂感知应用。从硬件结构上看,Kansei 由静止阵列、便携阵列和移动阵列三部分组成。

静止阵列是由 210(15×14)个传感节点组成的,相邻节点间的间距为 3 ft(1 ft=0.304 8 m)且固定在长方形工作台上。每个节点分为 XSM 节点和 Star-

图 1.11 Kansei 测试矩阵

gate 单板计算机两部分。XSM 节点包含光电管、被动红外、温度、磁敏、麦克风等传感器。XSM 节点运行轻量级操作系统 TinyOS,实现网络管理和与传感器通信。Startgate 拥有一个运行 Linux 系统的 PXA255 处理器,最高时钟频率达 400 MHz。Startgate 提供了一个与节点相连的子卡接口、RS-232 串行接口、10/100 Mb/s 以太网接口和 USB 接口等。Startgate 的带内通信是通过 IEEE 802.11b 的无线网卡实现的。Startgate 作为一个节点级的融合点,提供如数据采集、分析、处理等服务。Startgate 之间通过以太网相连,进行高带宽的数据交互。Startgate 与 XSM 节点之间通过 51 脚的连接器相连。便携阵列能够就近记录传感器数据,可作为现场测试网络应用。便携阵列包含特定的传感器,提供如数据存储、数据压缩、时间同步、管理等基本软件功能。Kansei 的便携阵列节点包含 XSM 传感器板、TMoteSky 节点和太阳能电池充电系统。XSM 传感器板有声音、被动红外、磁敏和温度传感器。TMoteSky 提供符合 IEEE 802.15.4 的 2.4 GHz 无线通信。太阳能电池充电系统能使节点长时间工作。移动阵列由 5 个机器小车组成,行驶于铺设在静止阵列节点上的玻璃板上。移动阵列节点可以用于收集反馈信号,并向静止网络实时输入数据,从而配合静止阵列完成测试。Director 是 Kansei 的软件平台,具有很好的扩展性,使静止阵列、便携阵列和移动阵列的试验一致。首先,KanseiDirector 提供最基本的服务:①所有阵列平台的试验规划、布设、监测和管理;②支持多用户和多用途的测试平台配置创建和管理。其次,KanseiDirector 提供一系列关于物理测试平台状态信息的服务,以及用户和管理员权限服务。最后,KanseiDirector 被设计成支持现在和将来的硬件和操作系统平台,使用户进行试验无须关心平台。

静止阵列和移动阵列共同构成了 Kansei 系统中的测试通用硬件部分,部署在实验室环境中。便携阵列则根据测试应用类型选择相应的传感器,部署到实际的测试环境中进行数据采集。便携网络所采集的数据通过以太网发送至 Kansei 的软件平台 Director 上。在 Director 中先对数据建立基于物理参数特性的模型,再通过概率插值等方法将数据扩展到静止网络和移动网络中,从而建立一个混合模拟的通用测试床(每个节点都可以模拟扩充为多个节点),以供研究者进行测试。Kansei 平台的三种阵列结构为搭建真实反映大规模应用环境的测试床提供了可行性的思路。首先,利用部署、回收便利的便携阵列可以在实际的环境条件下进行数据采集,从而更加真实地反映数据的空间特性和应用特点,而且便携阵列的设计也提高了 Kansei 平台面对多种应用的扩展性和灵活性。其次,实际节点与理论模拟相结合的混合模拟方法,有效地解决了测试平台网络节点规模不够大的问题。最后,移动阵列的设计使 Kansei 平台可以对移动无线传感器网络应用进行测试评估,网络结构更加丰富灵活。目前 Kansei 平台还处于开发过程中,如系统访问控制等功能并没有完全实现,混合模拟方法的效果也有待进一步验证。

2. MoteLab

MoteLab 是哈佛大学开发的一种无线传感器网络测试平台,支持包括 Web 方式在内的多种用户访问方式,使全世界的用户都可以通过 Internet 对测试平台进行远程操作,实现网络测试。MoteLab 提供了一系列的软件工具,管理通过以太网互连的传感节点物理测试平台。MoteLab 的中心服务器处理调度、节点重编程、记录数据和用户 Web 访问。用户利用 MoteLab 通过 Web 访问即可建立、调度任务和下载数据。MoteLab 由以下几个不同软件组成:①MySQL 数据库后端——存储试验数据、用于生成 Web 内容的信息和测试平台操作状态;②Web 界面——提供基于 PHP 的建立任务、调度任务、数据收集用户界面和测试平台控制管理界面;③DBLogger——Java 数据记录器用于收集和分析各种任务生成的数据;④作业后台驻留程序——Perl 脚本用于建立和停止任务。MoteLab 的软件管理固定排列的传感节点,传感节点与接口板相连实现远程重新编写程序和记录数据。MoteLab 网络中的传感节点最初为 Mica2,后来采用 MicaZ 节点。每个传感节点与 Crossbow 公司的 MIB-600 相连。MIB-600 提供用于重编程的 TCP 接口和数据记录功能。图 1.12 为 MoteLab 组成结构图。各组成部分之间的数据联系如图所示,图中给出 3 个典型外部用户访问 MoteLab 的方式。用户 A 正建立一个测试任务稍后执行;用户 B 利用 MySQL 数据库直接下载以前测试的试验数据;用户 C 建立一条与某个节点直连的链路,直接与该节点交互。

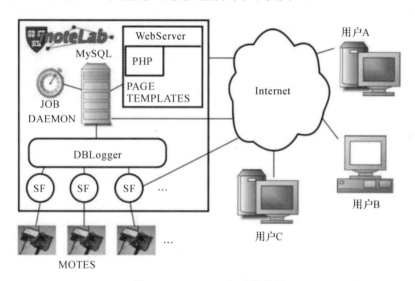

图 1.12　MoteLab 组成结构图

MoteLab 已经被哈佛大学的多个项目所采用,如 MoteTrack、CodeBlue 等,同时也被用于教学。MoteLab 的 Web 界面访问和抢占式调度,允许多个用户共享访问测试平台,消除了协同调度的固有困难。MoteLab 的开发者认为 Web 访问的方式将会成为无线传感器网络平台搭建技术的趋势。由于 MoteLab 的软件工具是自由分发、随时可用的,所以任何其他组织都可以搭建自己的 MoteLab 物理测试平台。但 MoteLab 对于测试评估的方法考虑较少,如对能量的测试目前也只是通过在一个节点上连接万用表测电压的方法实现的,另外 MoteLab 所支持的网络规模较小,扩展性不强。

3. Twist

Twist 是柏林工业大学研制的无线传感器网络测试床,其来源于早期的无线传感器网络测试床。Twist 基于廉价的现有节点和开源软件构建,容易大规模复制生产。Twist 的硬件架构如图 1.13 所示,分为传感节点、测试床接口和 USB 电缆、USB 集线器、超级节点、服务器和控制站六部分。

传感节点能够与测试床的其他部分连接,提供外置电源、重编程、配置修改、调试和数据收集硬件接口等功能。Twist 的传感节点主要采用 USB 接口作为通信及供电的接口。

测试床接口和 USB 线缆主要用于标定传感节点的位置,并且 USB 线缆的长度不超过 5 m。

USB 集线器是 TwistUSB 部分的核心,连接多个传感节点,是传感节点与上层网络进行信息交换的有线通道。根据配置命令,USB 集线器还能够决定是否为传感节点供电。

超级节点主要担当增加 Twist 试验网络的规模的角色,对下能够通过 USB 接口与 USB 集线器相连,对上通过以太网接口与 Twist 测试床的服务器或控制站相连。

Twist 的服务器提供调试数据保存和网络系统服务等功能。

Twist 的控制站,从硬件角度出发,它可以是能够运行 Linux 与 Twist 兼容的任何工作站。从软件角度出发,它需要运行 Python 脚本实现对 Twist 各个部分的控制。Twist 的控制站通过分层线程的方法,在超级节点生成传感节点所需的命令或代码,节省了大量时间。

Twist 能够实现以下三种基本的无线传感器网络架构试验:分段传感器网络、平面传感器网络和多层传感器网络。

三种架构的主要区别是超级节点担当的角色不同。在分段传感器网络中,超级节点相当于网关;在平面传感器网络中,超级节点只提供连接的功能;在多层传感器网络中,超级节点相当于路由器。Twist 提供了电源管理功能,能够根据需要通过 USB 对传感节点进行充电,对于规模庞大的测试床可以有效降低工作成本。Twist 的电源管理功能为研究电源对传感器网络的影响提供了获得真实数据的手段。电源管理是 Twist 区别于 MoteLab、Kansei 的最大不同之处。Twist 的底层传感节点通过 USB 集线器与超级节点相连,超级节点通过以太网或无线局域网与控制站相连,既实现了对试验网络的有效管理,也可无限扩大试验网络规模。Twist 采用开源软件开发,如 Linux、Python、PostgreSQL 等,并且源代码开放,方便其他研究者进行开发。

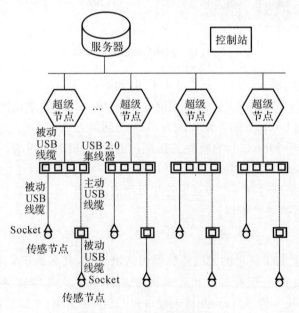

图 1.13 Twist 的硬件架构

4. HINT

HINT(High-Accuracy Nonintrusive Wireless Sensor Networks Test bed)是一套用于远程测试、调试、监视和性能评估的无线传感器网络测试平台。该平台是由中国科学院软件研究所在国家"973"课题"无线传感器网络络测试平台与监控工具"等基础上,经过大量的理论研究和实际验证研制的。HINT 测试平台呈现为机柜形式的结构,由机柜中的若干组测试阵列(即测试单元组)构成,每个测试阵列包括 10 个无线传感器网络测试单元,如图 1.14 所示。此外,测试平台还包括测试服务器和一系列的工具软件。

从网络连接形式上看,HINT 是由测试服务器和若干测试单元通过网络连接组成的。测试单元由待测的无线传感器网络节点和测试背板构成。测试背板与传感节点连接,生成无线传感器网络的测试数据。无线传感器网络的测试数据经由 IP 网络

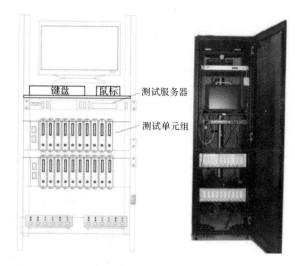

图 1.14　HINT 测试平台的机柜形式示意图和实物图

送到测试中心站,形成如图 1.15 所示的架构。测试服务器对测试数据进行解析和处理,获得网络中所有节点的有关信息,从而实现对无线传感器网络的调试分析、协议验证、状态监视、性能测量等功能。

HINT 测试平台具备现有国内外其他测试平台所欠缺的多层面测试能力,采用"零打扰"的探测技术,实现无线传感器网络系统的远程重编程、节点内部的数字和模拟信号波形的采集和时序分析、数据分组的解析查看、网络性能参数的评估测量,以及协议的验证、故障诊断和优化分析等功能。HINT 测试平台能够用于对传感节点或系统行为和性能进行检测,分析无线传感器网络系统的瓶颈,以及定位网络系统的故障,通过提供丰富而精确的小规模网络运行测试数据,为无线传感器网络的大规模实际应用提供了有利支持。

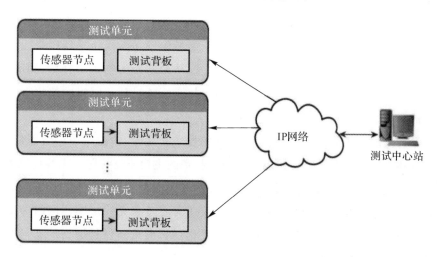

图 1.15　HINT 无线传感器网络测试平台的网络架构图

1.7 无线传感器网络的技术体系

无线传感器网络的技术体系由分层的网络通信技术、网络管理技术以及应用支撑技术三部分组成,如图 1.16 所示。

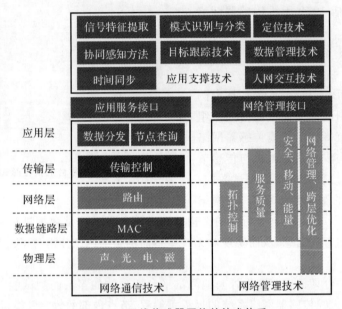

图 1.16 无线传感器网络的技术体系

1.7.1 分层的网络通信技术

与传统的网络类似,无线传感器网络的通信结构也延续着 ISO/OSI 的开放标准,但与传统的网络不同,无线传感器网络除去了一些不必要的协议和功能层。由于无线传感器网络的节点采用电池供电,能量有限,且不易更换,所以,能量效率是无线传感器网络无法回避的话题,这也直接反映在无线传感器网络的协议设计中。从最基础的物理层开始,到应用层,几乎所有的通信协议层的设计都要考虑到能效因素,保持高能效以延长网络的使用寿命是无线传感器网络设计的重要前提。

在尽量保持低能耗的前提下,如何实现数据的发送和接收、信道资源的合理使用、网络拓扑结构与传输路径的建立是无线传感器网络通信技术的主要研究议题。无线传感器网络使用无线通信,链路极易受到干扰,链路通信质量往往随着时间推移而改变,因此研究如何保障稳定高效的通信链路是必要的。除此之外,通信协议还需要考虑无线传感器网络中由于节点的加入和失效等因素引起的网络拓扑结构的改变,采用一定的机制保持网络的通信顺畅。总而言之,在保障能效的前提下,无线传感器网络的通信协议应该具有足够的健壮性来应对外界的干扰和物理环境的改变。类似于传统 Internet 网络中的 TCP/IP 协议体系,无线传感器网络由物理层、数据链路层、网络层、传输层和应用层组成。

1. 物理层

无线传感器网络的物理层负责信号的调制和数据的收发,所采用的传输介质主要有无线电、红外线、光波等。

2. 数据链路层

无线传感器网络的数据链路层负责数据成帧、帧检测、媒体访问和差错控制。其中:媒体访问协议保证可靠的点对点和点对多点通信;差错控制则保证源节点发出的信息可以完整无误地到达目标节点。

3. 网络层

无线传感器网络的网络层负责路由发现和维护。通常,大多数节点无法直接与网关通信,需要通过中间节点以多跳路由的方式将数据转送至汇聚节点。

4. 传输层

无线传感器网络的传输层负责数据流的传输控制,主要通过汇聚节点采集传感器网络内的数据,并使用卫星、移动通信网络、Internet 或者其他的链路与外部网络通信,是保证通信服务质量的重要部分。

5. 应用层

应用层通过协调控制整个网络,优化现有的网络资源,以获得网络资源的最大利用率和单个任务的最少消耗量。应用层管理协议主要有任务分配和数据公告协议、传感器管理协议、传感器查询和数据分发协议。衡量应用系统协调的优劣,主要考虑采集信息的完整性和精确性、信息的可传输性和系统能耗(即网络寿命)。

1.7.2　网络管理技术

网络管理技术主要是对传感器节点自身的管理以及用户对传感器网络的管理,它包括了拓扑控制、服务质量管理、能量管理、安全管理、移动管理和网络管理等。

1. 拓扑控制

为了节约能量,某些传感器节点会在某些时刻进入休眠状态,这导致网络的拓扑结构不断变化,因而需要通过拓扑控制技术管理各节点状态的转换,使网络保持畅通,数据能够有效传输。拓扑控制利用链路层、路由层完成拓扑生成,反过来又为它们提供基础信息支持,优化 MAC 协议和路由协议,降低能耗。

2. 服务质量管理

网络服务质量 QoS 是在网络能力有限的情况下的一种旨在缩减受限能源开销的控制机制,能够最大限度保证并优化网络整体性能,延长网络寿命。QoS 体系作为提高资源利用率和整体性能的重要手段,几乎可渗透到任何网络能力有限的设计流程和评价标准中。对于资源严重受限的无线传感器网络,针对特定应用的 QoS 指标体系以及相应优化策略的提出是至关重要的。

3. 能量管理

在无线传感器网络中,电源能量是各个节点最宝贵的资源。为了使无线传感器网络的使用时间尽可能的长,需要合理、有效地控制节点对能量的使用。每个协议层次中都要增加能量控制代码,并提供给操作系统进行能量分配决策。

4. 安全管理

由于节点随机部署、网络拓扑的动态性以及无线信道的不稳定,传统的安全机制无法在无线传感器网络中适用,所以需要设计新型的无线传感器网络安全机制,这需要采用扩频通信、接入认证/鉴权、数字水印和数据加密等技术。

5. 移动管理

在某些无线传感器网络应用环境中节点可以移动,移动管理用来监测和控制节点的移动,维护到汇聚节点的路由,还可以使传感器节点跟踪它的邻居。

6. 网络管理

网络管理是对无线传感器网络上的设备及传输系统进行有效监视、控制、诊断和测试所采用的技术和方法。它要求协议各层嵌入各种信息接口,并定时收集协议运行状态和流量信息,协调控制网络中各个协议组件的运行。

7. 跨层优化

跨层设计通过层与层之间的信息交换来满足全局性的需要,它的目标是实现逻辑上并不相邻的协议层之间的设计与性能平衡。跨层设计的功能是使节点能够实现能量高效的协同工作,并能支持多任务和资源共享。当前很多无线传感器网络协议是基于传统的分层结构设计的,这种分层结构实际上是一种局部的最优方案。因为无线传感器网络的资源(如能量、带宽和节点的资源等)是十分有限的,所以这种分层的次优结构很难适应无线传感器网络发展的需要。而跨层设计通过层与层之间的信息交换来满足全局性的需要,是一个全局性的优化策略,有望使整个网络性能得到很好的提高。跨层设计的目标就是实现逻辑上并不相邻的协议层之间的设计与性能平衡。但是层与层之间的联合优化将会导致算法高度复杂,对无线传感器网络节点的运算能力是一个极大的挑战。

1.7.3 应用支撑技术

应用支撑技术建立在分层网络通信协议和网络管理技术的基础之上,它包括一系列基于监测任务的应用层软件,通过应用服务接口和网络管理接口来为终端用户提供各种具体应用的支持。

1. 时间同步

无线传感器网络的通信协议(基于 TDMA 的 MAC 协议)和应用(时间敏感的检测任务)要求各节点间的时钟必须保持同步,这样多个传感器节点才能相互配合工作。此外,节点的休眠和唤醒也要求时钟同步。

2. 定位

节点定位是确定每个传感器节点的相对位置或绝对位置,节点定位在军事侦察、环境监测、紧急救援等应用中尤为重要。

3. 信号特征提取

为了有效地实现分类识别,需要对原始数据进行变换和选择,把测量空间中维数较高的模式变为特征空间中维数较低的模式,得到最能反映分类本质的特征,这就是特征提取和优化的过程。信号特征提取和优化是模式识别工作的第一步,并且是至关重要的一步,直接影响到整个识别系统的设计复杂度,并且决定了系统的识别准确率。

4. 模式识别与分类

模式识别是指对表征事物或现象的各种形式的(数值的、文字的和逻辑关系的)信息进行处理和分析,以对事物或现象进行描述、辨认、分类和解释的过程。模式识别又称模式分类,分类器的作用是对特征向量进行某种变换和映射,将特征向量从特征空间映射到目标类别空间,从而得到识别结果,其实质是分类器对特征空间进行适当的划分从而形成决策区域。

5. 协同感知方法

利用多个传感器资源,通过对各种观测信息的合理支配与使用,在空间和时间上把互补与冗余信息依据某种优化规则结合起来,产生对观测环境的一致性解释或描述,同时产生新的融合结果。其目标是基于各种传感器的分离观测信息,通过对信息的优化组合导出更多的有效信息。

6. 目标跟踪技术

目标跟踪是指维持对目标当前状态的估计,同时也是对传感器接收的当前和历史量测进行综合、处理的过程。和目标定位技术相比,目标跟踪是一个动态过程,其核心的滤波算法可以看成一个时间和空间上的数据融合过程,能有效利用历史和当前量测数据。因此目标跟踪比定位具有更强的抗干扰性及更优的估计性能,尤其在对运动目标的监控中具有很大的优势。在军事和民用领域都有着重要的应用价值。

7. 数据管理技术

数据管理技术涉及无线传感器网络数据收集、查询、存储、处理相关的核心技术。数据管理技术的研究集中在以下几个方面:数据管理系统结构、数据模型和查询语言、数据的存储和索引、数据操作算法、数据查询处理技术。目前人们提出集中式、半分布式、分布式和层次型四种数据管理系统结构。

8. 人网交互技术

人网交互技术提供可操作的"人网交互"界面,主要功能是提供面向用户的各种应用服务,包括一系列基于监测任务的应用软件技术,如战场监控系统、环境监测系统、围界防入侵系统、灾难预防系统、野生动物跟踪系统等应用系统的人网交互技术。

9. 应用服务接口

无线传感器网络的应用是多种多样的，针对不同的应用环境，有各种应用层协议的使用接口为各种应用提供统一的服务调用机制。

10. 网络管理接口

主要是传感器管理协议的使用接口，为各种管理应用提供统一的管理服务调用机制。

1.8 本 章 小 结

本章在 1.1 节概述了移动通信网络和计算机网络的基础概念，按传输介质、技术、业务、地域和属性对通信网络进行了分类介绍。1.2 节概述了无线传感器网络的起源与发展、网络定义、体系结构、与物联网的关系以及应用领域。1.3 节介绍了无线传感器网络的主要特点。1.4 节介绍了无线传感器网络的设计原则。1.5 节介绍了典型无线传感器网络的网络结构、硬件原理和软件原理。1.6 节介绍了无线传感器网络的模拟技术、仿真测试平台和物理测试平台。1.7 节介绍了无线传感器网络的分层网络通信技术、网络管理技术和应用支撑技术。

第2章　无线传感器网络物理层通信技术

2.1　物理层通信技术概述

为了更好地理解无线传感器网络物理层的通信机制,本书列出 OSI 参考模型进行对比学习。

OSI 参考模型中物理层的定义:物理层为建立、维护和释放数据链路实体之间的二进制比特传输的物理连接,提供机械的、电器的、功能的和规程性的特性。

OSI 参考模型中的物理接口标准对物理接口的以下 4 个特性进行了描述。

(1)OSI 参考模型中的机械特性。物理层的机械特性规定了物理连接时所使用的可接插连接器的形状和尺寸、连接器中的引脚数量和排列情况等。

(2)OSI 参考模型中的电器特性。物理层的电器特性规定在物理连接上传输二进制比特流时,线路上信号电平高低、阻抗以及阻抗匹配、传输速率与距离限制。

(3)OSI 参考模型中的功能特性。物理层的功能特性规定了物理接口上各条信号线的功能分配和确切定义,物理接口信号线一般分为数据线、控制线、定时线和地线。

(4)OSI 参考模型中的规程特性。物理层的规程特性定义了信号线进行二进制比特流传输的一组操作过程,包括各信号线的工作规程和时序。

无线传感器网络物理层可采用的传输媒介多种多样,包括无线电波、红外线、光波、超声波等,后三者由于自身通信条件的限制(如要求视距通信等),均仅适用于特定的无线传感器网络应用环境。无线电波易于产生,传播距离较远,容易穿透建筑物,在通信方面没有特殊的限制,能够满足无线传感器网络在未知环境中的自主通信需求,是目前无线传感器网络的主流和被广泛接受的传输方式。

无线传感器网络的物理层从广义上讲,任何现有的无线通信体制均可应用,从而衍生出多样的应用模式。我国提出的无线传感器网络的三层架构属于广义模型,其上层可采用常见的远距无线通信方式,包括 GPRS、EDGE、WCDMA、WiMAX 等,在适当的情况下也可采用有线连接的方式(如接入互联网),实现信息的远距离传输。其下层大多采用短距通信方式,短距无线组网技术具有低成本、低功耗和对等通信等特征,典型的短距无线互连技术包括蓝牙、Wi-Fi、IrDA、UWB、ZigBee 等,且各种通信技术仍在不断改进中。从狭义上讲,无线传感器网络通信往往专注于对具有鲜明特色的底层网进行研究。由于底层网对能耗往往具有严格限定,且需要进行信息融合与协同处理,从而使无线传感器网络的通信模式体现出了鲜明的特色,本书主要从该角度对无线传感器网络进行介绍。无线传感器网络中大多采用了低功耗的短距通信方式,目前 ZigBee 被公认为是典型的无线传感器网络通信手段,其物理协议层基于 IEEE 802.15.4 标准。基于 ZigBee 协议,有大量的芯片支持,典型的如 TI 的 CC2530 等。另外,一些未在标准中规范化的通用传输手段,由于其绕射性强、功耗低,也得到了广泛的应用,如 CC1100 等。

在无线传感器网络中,物理层负责将比特流信息转换成最适于在无线信道上传输的信号。具体来说,物理层负责传输频率选择、载波频率生成、信号检测、调制以及信息加密等功能。

2.2　物理层链路特性

本书中的无线传感器网络物理层的链路特性主要从频率分配、调制解调和无线信道三个方面进行介绍。

2.2.1　频率分配

对于一个实际的无线通信系统,载波频率要慎重选择。载波频率决定传播特性和可用容量,例如,如何渗透墙壁这样的障碍物。

通信系统中,无线电可用频率范围一般从甚低频(VLF)开始,至极高频(EHF)结束,如图 2.1 所示。

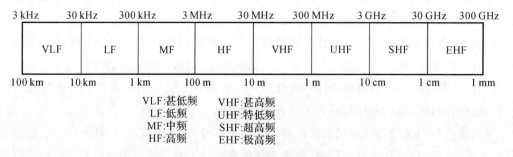

图 2.1　无线通信可用频率范围

频段选择是系统设计中的一个重要因素。除超宽频带技术外,目前的射频系统工作频率大多低于 6 GHz。无线电的频率范围是受到监管的,以避免不同的用户和系统之间产生不必要的干扰。有些系统具有频段的特别许可证。例如,在欧洲,GSM 系统可以完全使用 GSM 900(880~915 MHz)和 GSM 1 800(1 710~1 785 MHz)。同样,也具有免许可频段,最典型的如工业、科学和医疗(ISM)频段,国际电信联盟对于这些私人和免许可频段的使用具有一定的限制,如发射功率谱密度或占空比等。

表 2.1 中列出了一些 ISM 频段。其在一个开放频段工作,无须从政府或频率分配机构获取任何权限。因此这些频段相当流行,也成为传感器网络采用的主要频段。例如,用于 IEEE 802.11、蓝牙和 IEEE 802.15.4 的 2.4 GHz ISM 频段等。

表 2.1　部分 ISM 频段

频　段	注　释
13.553～13.567 MHz	—
26.957～27.283 MHz	—
40.66～40.70 MHz	—
433～464 MHz	欧洲
902～928 MHz	仅用于美国
2.4～2.5 GHz	用于局域网和个域网
5.725～5.875 GHz	用于局域网
24～24.25 GHz	—

选择频段时应主要考虑以下两点。

(1)在公用的 ISM 频段,由于没有使用限制,任何系统都可能会对其他系统使用(创建相同或不同的技术,在同一频段内)产生现场干扰。例如,许多系统共用的 2.4 GHz ISM 频段。因此,在这些频段中的所有系统有强大的防干扰能力。共存需要涉及物理层和 MAC 层。但要求分配一些特定的传感器网络的独家频谱是相当困难的事情。

(2)在传输系统中的一个重要参数是天线的效率,其定义为天线辐射功率与总输入功率之比。外形小巧的无线传感节点只允许采用小型天线。例如,2.4 GHz 的无线电波波长为12.5 cm,比大多数传感节点期望的尺寸要长。在一般情况下,由于天线尺寸小于波长,所以效率会有所降低,必须采取一定措施才能实现固定的辐射功率。

2.2.2　调制解调

广义上讲,调制是消息载体的某些特性随消息变化的过程。调制的作用是把消息置入消息载体,以便于传输或处理。在通信系统中为了适应不同的信道情况,常常要在发信端对原始信号进行调制,如用基带信号去控制载波信号的某个或几个参量的变化,将信息荷载在其上形成已调信号传输,得到适合信道传输的信号,然后在收信端完成调制的逆过程——解调,还原出原始信号。

根据所控制的信号参量的不同,调制可分为调幅、调频和调相三种方式。

(1)调幅:使载波的幅度随着调制信号的变化而变化的调制方式。

(2)调频:使载波的瞬时频率随着调制信号的大小而变,而幅度保持不变的调制方式。

(3)调相:利用原始信号控制载波信号的相位。

1. 正弦波幅度调制

正弦载波幅度随调制信号的变化而变化的调制,简称调幅(AM)。数字幅度调制也称幅度键控(ASK)。调幅的技术和设备比较简单,频谱较窄,但抗干扰性能差,广泛应用于长中短波广播、小型无线电话、电报等电子设备中。

理想的模拟正弦波调幅是:载波幅度与调制信号瞬时值 $u_\Omega(t)$ 成线性关系,但载频 $f_c = \omega_c/2\pi$ 和相位 ψ 保持不变。单频调制时,调幅信号 $u_A(t)$ 可表示为

$$u_A(t) = U_c(1 + m_a\cos\Omega t)\cos(\omega_c t + \psi) \tag{2.1}$$

式中：U_c 表示载波幅度；$\Omega = 2\pi F$ 表示调制信号的角频率，其中 F 是调制信号频率；m_a 是一个与调制信号幅度 U_Ω 成比例的常数，称为调幅系数，数值应在 $0\sim1$ 之间。调幅波的瞬时幅度变化曲线称为包络线。调幅系数 m_a 不能大于 1，否则包络线和调制信号不能保持线性关系，会产生失真，这种情况称为过调幅。

2. 正弦波频率调制

正弦载波的瞬时频率随调制信号的瞬时值而变化的调制，简称调频（FM）。数字频率调制也称移频键控（FSK）。这种调制具有良好的抗干扰性能，广泛用于高质量广播、电视伴音、多路通信和扫频仪等电子设备中。

理想的调频是：载波的瞬时角频率 ω 与调制信号瞬时值 $u_\Omega(t)$ 成线性关系，而幅度 U_c 不变。单频调制时，瞬时角频率 ω 的表示式为

$$\omega = \omega_c + \cos\Omega t \tag{2.2}$$

式中：$\omega = k_f U_\Omega$，是一个和调制信号幅度 U_Ω 成正比的常数，称为最大角频率偏移，k_f 为常数。图 2.2 为调频波的波形。

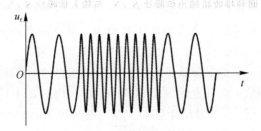

图 2.2　调频波的波形

调频波的表示式为

$$u_f(t) = U_c\cos\left(\omega_c t + \frac{\Delta\omega}{\Omega}\sin\Omega t + \varphi_0\right) \tag{2.3}$$

式中：φ_0 为载波的初始相位；$\Delta\omega/\Omega = m_f$ 称调频指数，它可以是任何正数。m_f 很大时，调频波的频谱很宽，这种情况称为宽带调频。

宽带调频具有较强的抗干扰性能。1933 年阿姆斯特朗证明：当输入信噪比 S_i/N_i 较大时，调频接收机的输出信噪比 S_o/N_o 与最大频移 Δf 的二次方成正比；增加调频波的带宽可以改善通信系统的质量。不过这种改善是有限度的，因为当带宽过大时，调频接收机的内部噪声 N_i 增加，S_i/N_i 减小；当 S_i/N_i 降低到某一阈值时，S_o/N_o 反而急剧变坏。图 2.3 为调频接收机输出信噪比 S_o/N_o 与输入信噪比 S_i/N_i 的关系曲线，在曲线拐点左边，调频的抗干扰性能比调幅还差。利用预加重和反馈调频接收的方法可以使 S_o/N_o 得到改善。

3. 正弦波相位调制

正弦载波的瞬时相位随调制信号而变化的调制，简称调相（PM）。数字调相也称移相键控（PSK）。单频调相时，理想调相波 $u_\varphi(t)$ 的表示式为

$$u_\varphi(t) = U_c\cos(\omega_c t + \varphi\cos\Omega t + \varphi_0) \tag{2.4}$$

式中：φ 为载波相位随调制信号而变化的最大相移，称调相指数。它与调制信号幅度 U_Ω 成正比，但与调制角频率 Ω 无关，这是调相和调频的区别。调相波的频谱与调频波相似，但是当 φ

为定值时,其频谱宽度 BW_φ 随 Ω 而变化,Ω 大时频谱宽,Ω 小时频谱窄。因此频带不能充分利用。数字调相具有优越的抗干扰性能,而且频带窄,是一种比较理想的调制方式,在各种数据传输和数字通信系统中得到广泛应用。

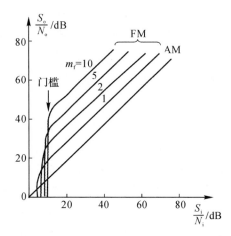

图 2.3　调频接收机输出信噪比 S_o/N_o 与输入信噪比 S_i/N_i 的关系曲线

4. 脉冲调制

　　受调波为脉冲序列的调制称为脉冲调制。脉冲调制可分为脉冲调幅(PAM)、脉冲调相(PPM)和脉冲调宽(PWM)等方式。图 2.4 为一些脉冲调制信号的波形。通常把模拟-数字信号转换也看作脉冲调制,这种调制有脉码调制(PCM)、差值脉码调制(DPCM)和增量调制($\triangle$M)等。脉冲调幅实质上就是信号采样,常用于模-数转换电路、信号转换电路和各种电子仪器(如采样示波器等)。

　　脉冲调制信号的频谱较宽,但除了脉冲调幅之外,都具有较好的抗干扰性能,特别是脉码调制的性能最好,是一种理想的调制方法。

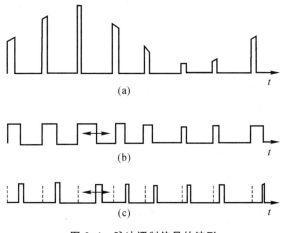

图 2.4　脉冲调制信号的波形

(a)脉冲调幅;(b)脉冲调宽;(c)脉冲调相

2.2.3 无线信道

无线传输系统的性能往往受制于复杂的无线传播信道,无线电波在传播过程中会遭遇到各种障碍物,引起信号的发射、绕射和散射等,造成不同时延的多路信号在接收端叠加,导致接收信号幅度和相位的急剧变化,因此研究无线传播信道的特性,并采取相应的措施是必要的。无线传感器网络节点地表布设、低空天线、无线信道更为复杂,信号更易受到外界的干扰,必须对信道变化进行估计,并采取适当措施。

1. 尺度衰落

一般将无线电波信号衰落归结为大尺度衰落和小尺度衰落两类,前者往往用于对给定的范围内平均接收场强的预测,而后者表示特定位置附近场强的变化。预测平均场强并用于估计无线覆盖范围的传播模型,描述的是发射机与接收机之间长距离的场强变化,称为大尺度传播模型。而描述短距离或短时间内的接收场强的快速波动的传播模型,称为小尺度衰落模型。

描述大尺度效应的主要参数是路径损耗或信号衰落,定义为发射功率和接收功率之间的差值,以 dB 来表示。一方面,路径损耗是由于反射、障碍物周围的散射和它们内部的折射而造成的接收功率随距离增大而减小。另一方面,发射机和接收机之间传输路径上的路径损耗,一般是指直接视距路径的扩散能量损耗。

当移动台或障碍物在小范围内移动时,可能引起瞬时接收场强的快速波动,即小尺度衰落。这种衰落是由于同一传输信号沿两个或多个路径传播相互干涉所引起的,无线信道的多径性导致小尺度衰落效应的产生,衰落深度取决于信道类型。信号的衰落深度是指实际接收机信号有效值与自由空间传播时信号电平之差,一般用平均衰落深度表示。

2. 多径衰落信道

多径衰落信道一般分为瑞利(Rayleigh)衰落信道和莱斯(Ricean)衰落信道两种,前者是衰落最严重的移动无线信道,一般指非视距传播的信道,在信道中所有多径分支都是独立的,没有一个占优势的分支路径;而莱斯衰落信道中衰落是较浅的,一般是指视距传播的信道,在多径分支中有一条占优势的路径。

在无线传感器网络中,尽管无线传感器网络节点是地表布设,容易被障碍物遮挡,也有可能是视距传播,但由于传播距离较近,所以一般选择多径莱斯衰落信道来研究。

多径信道的特性一般由多普勒频移、相干时间、多径时延扩展、相干带宽等几个参数来描述,它们与发射符号速率及符号周期的关系直接决定着信道的类型。

(1)多普勒频移和相干时间。发射机和接收机的相对运动导致接收信号频率会发生变化,这种情况称为多普勒效应,所引起的附加频移称为多普勒频移,则有

$$f_{\mathrm{D},l} = \frac{v}{\lambda}\cos\alpha_l = \frac{v}{c}f_c\cos\alpha_l = f_{\mathrm{m}}\cos\alpha_l \tag{2.5}$$

式中:$f_{\mathrm{D},l}$ 为第 l 条路径上的平面波的多普勒频移;α_l 为入射电波与移动台运动方向的夹角;f_{m} 为最大多普勒频移。

相干时间是信道冲激响应维持不变的时间间隔的统计平均值,即在一段时间间隔内两个不同时刻到达信号有很强的幅度相关性。若符号周期大于信道相干时间,那么传输中的基带信号可能就会发生改变,导致接收端信号失真。相干时间与多普勒频移一般有 $T_c = 1/f_{\mathrm{m}}$ 的

近似关系。

根据发送信号的传输速率与信道变化快慢,可将信道分为快衰落信道和慢衰落信道。当信号周期 $T_s \gg T_c$ 时,信道的相干时间比发送信号的周期短,信道冲击响应在符号周期内变化很快,称为快衰落;当 $T_s \ll T_c$ 时,信道的衰落和相移至少在一个符号周期内保持不变,称为慢衰落。

(2)多径时延扩展和相干带宽。在多径传播条件下,接收信号会发生时延扩展。由于多径反射,电波沿不同的路径到达接收机,每条路径长度不一,所以每条路径到达的时间就不同,使接收到的信号轮廓不清或被扩展。最后一个可分辨的延时信号与第一个延时信号到达时间的差值称为最大时延扩展,定义为 τ_m。根均方(Root Mean Square,RMS)时延扩展 τ_{rms} 定义为功率延迟分布的二阶矩的二次方根,即

$$\tau_{rms} = \sqrt{E\left[(\tau - \overline{\tau})^2\right]} = \sqrt{E(\tau^2) - (\overline{\tau})^2} \tag{2.6}$$

式中: $E(\tau^2) = \sum_k P(\tau_k)\tau_k^2 / \sum_k P(\tau_k)$。在数字传输中,由于时延扩展,接收信号中的一个码元的波形会扩展到其他码元周期中,引起符号间干扰 ISI。

相干带宽 B_c 是两个信号仍然强相关时的最大频率之差,即在该频率范围内,两个频率分量有很强的相关性。同多普勒频移和相干时间的关系一样,相关带宽与和时延扩展之间一般有 $B_c \approx 1/\tau_m$ 的近似关系。

信号通过移动无线信道时,会出现多径衰落,对于信号中的不同频率分量,所经受的衰落可能一致,也可能不一致。根据衰落与频率的关系,可将衰落分为两种:平坦衰落与频率选择性衰落,前者也称非频率选择性衰落。如果发射信号带宽 B_s 小于相干带宽 B_c,接收信号经历平坦衰落过程,即各频率分量所经受的衰落就有一致性,发射信号的频谱特性在接收机内仍能保持不变。当发射信号带宽 B_s 大于相干带宽 B_c 时,接收信号发生频率选择性衰落,即传输信道对发射信号的不同频率成分有不同的随机响应,接收信号的波形会失真。

3.低空近地信道测量

无线传感器网络中的传感节点天线离地面的高度($h < 1$ m),与蜂窝移动通信的移动台天线离地面高度($h < 1.5$ m)相比低很多,因此无线传感器网络的电波传输模型也与蜂窝移动通信电波传输模型不同。图 2.5 为典型的近地传输无线传感器网络示意图,节点天线离地面一般 0.5 m 左右,基站的天线高度为 1~3 m。下面研究低空天线近地传播的无线传感器网络的传播特性,对在不同的环境下测量的数据进行分析,并对不同高度天线下信道衰落、RMS 传播时延与传送距离的关系进行讨论。

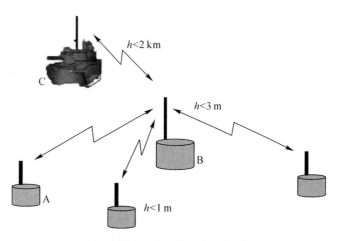

图 2.5　近地传输无线传感器网络示意图

图 2.6 为在不同天线高度下莱斯信道 K 因子与传播距离的关系,载波频率为 1 900

MHz。莱斯信道 K 因子指主信号的功率与多径信号的功率之比,用 dB 来表示,则有

$$K(\text{dB}) = 10\lg\left(\frac{P_{\text{Direct}}}{P_{\text{Multiputh}}}\right) \tag{2.7}$$

由图 2.6 可以看出,随着天线高度的降低,莱斯信道 K 因子的值也在降低,表明多径信号的功率与主信号功率相比其值在增大。节点的天线高度越低,多径信号的功率与主信号功率相比就越大。

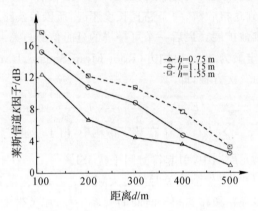

图 2.6　不同天线高度下莱斯信道 K 因子与传输距离的关系

图 2.7 为视距条件下的 RMS 时延扩展与传输距离的关系。天线高度越低,多径信号的功率与主信号功率相比其值越大,这会影响相应延时的权重,从而导致 RMS 时延扩展越大。

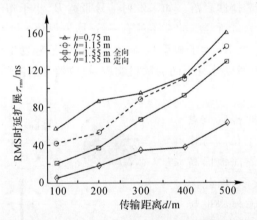

图 2.7　视距条件下的 RMS 时延扩展与传输距离的关系

图 2.8 为林木环境下的 RMS 时延扩展与传输距离的关系。由于没有视距信号,所以接收机接收到的信号主要是发射机信号经过地面和树干的反射与散射信号。同视距条件下的RMS 时延扩展与传输距离的关系一样,林木环境下 RMS 时延扩展随着传输距离的增加而增大。但 RMS 时延扩展与天线高度没有在视距条件下的关系那么明确。

对于无线传感器网络近地传播路径损耗,可用平面大地模型(Plane-Earth Model,PEM)来近似描述,该模型包含了直射信号和地面反射信号,则有

$$L_{\text{PEL}}(\text{dB}) = 40\lg d - 10\lg h_{\text{t}} - 20\lg h_{\text{r}} \tag{2.8}$$

式中:d 为发射机与接收机间的传播距离;h_{t} 为发射机的天线高度;h_{r} 为接收机的天线高度,

该模型与电波频率无关。

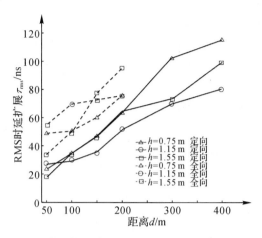

图 2.8 　林木环境下的 RMS 时延扩展与传输距离的关系

而对于林木、植被覆盖的区域,路径损耗模型一般由平面大地模型加上通过树叶等的损耗加以经验修正。常用的经验模型有 ITU 推荐模型和 COST 235 模型。ITU 推荐模型的表达式为

$$L(\mathrm{dB}) = 0.2f^{0.3}d^{0.6} \tag{2.9}$$

COST　235 模型的表达式为

$$L(\mathrm{dB}) = \begin{cases} 26.6f^{-0.2}d^{0.6}, & 无植被 \\ 15.6f^{-0.009}d^{0.26}, & 有植被 \end{cases} \tag{2.10}$$

式中: f 为载波频率(MHz); d 为传输距离(m)。

图 2.9 为在低空天线下测量出的树叶对路径损耗的影响。在相同条件下,与没有树叶的环境相比,有树叶的环境路径损耗要多 11~18 dB。

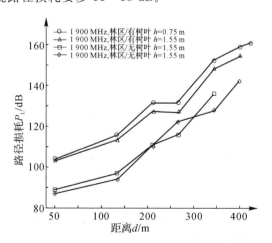

图 2.9 　低空天线下测量出的树叶对路径损耗的影响

通过对上述几个测量图形的结果分析,可知天线高度对信道影响是很大的,天线高度越低,信道衰落越明显,RMS 时延越大,信道越复杂。因此对地表布设的无线传感器网络的无线

信道进行测量和建模是很有必要的。

4. 多径信道理论分析

无线传感器网络的无线信道的传播特性极其复杂,其典型的特征是存在多径传播,多径传播会导致多径衰落,研究无线传感器网络的无线传播特性对设计合理的无线传感器网络节点和基站具有重要意义。

结合图 2.10 所示的系统传输模型,无线传输系统中发射信号可表示为

$$w(t) = s_i(t)\cos(w_c t) - s_q(t)\sin(w_c t) = \mathrm{Re}\left[\tilde{s}(t)e^{jw_c t}\right] \tag{2.11}$$

式中:$\tilde{s}(t)$ 为基带发射信号的的复包络,则有

$$\tilde{s}(t) = s_i(t) + js_q(t) \tag{2.12}$$

图 2.10　系统传输模型

若传感节点处在多径环境中,被散射体包围,那么发射信号 $w(t)$ 将通过由 L 条传播路径构成的信道到达接收端,接收信号 $r(t)$ 由 L 个信号分量叠加而成:

$$r(t) = \sum_{l=1}^{L} \alpha_l(t) w(t - \tau_l) = \mathrm{Re}\left[\sum_{l=1}^{L} \alpha_l(t)\tilde{s}(t - \tau_l)e^{jw_c(t-\tau_l)}\right] \tag{2.13}$$

当节点以速度 v 运动时,由于多普勒效应,式(2.13)修正为

$$r(t) = \mathrm{Re}\left[\sum_{l=1}^{L} \alpha_l(t)\tilde{s}\left(t - \tau_l + \frac{vt\cos\alpha_l}{c}\right)e^{j[w_c(t-\tau_l)+\omega_{D,l}t]}\right] = $$
$$\mathrm{Re}\left[\tilde{r}(t)e^{jw_c t}\right] \tag{2.14}$$

式中:α_l、τ_l 是第 l 径的信道衰减因子和传播时延;$\omega_{D,l}$ 是第 l 个入射波的多普勒角频率;$\tilde{r}(t)$ 表示基带接收信号的复包络;$vt\cos\alpha_l/c$ 比 τ_l 小得多,可以被忽略,但相位中的多普勒频移不能被忽略,则有

$$\tilde{r}(t) = r_i(t) + jr_q(t) = \sum_{l=1}^{L} a_l(t)e^{j\varphi_l(t)}\tilde{s}(t - \tau_l) \tag{2.15}$$

式中:$\varphi_l(t) = \omega_{D,l}t - \bar{\omega}_{c,l}\tau$。等效低通信道的时变冲激响应为

$$h(\tau;t) = \sum_{l=1}^{L} a_l(t)e^{j\varphi_l(t)}\delta(t - \tau_l) \tag{2.16}$$

当多径数目很大时,由中心极限定理可知,时变冲激响应是以 t 为变量的复高斯随机过程。实信道带宽为 W,则发射信号 $s(t)$ 的等效基带信号 $s_1(t)$ 频带受限于 $|f| = W/2$。由采样定理,可得

$$s_1(t) = \sum_{n=-\infty}^{\infty} s_1\left(\frac{n}{W}\right)\frac{\sin[\pi W(t - n/W)]}{\pi W(t - n/W)} \tag{2.17}$$

$s_1(t)$ 的傅里叶变换为

$$S_1(f) = \begin{cases} \dfrac{1}{W} \displaystyle\sum_{k=-\infty}^{\infty} s_1\left(\dfrac{n}{W}\right) \mathrm{e}^{\mathrm{j}2\pi fk/W}, & |f| \leqslant \dfrac{W}{2} \\ 0, & |f| > \dfrac{W}{2} \end{cases} \tag{2.18}$$

接收信号 $r(t)$ 的等效低通信号 $r_1(t)$ 为

$$r_1(t) = \int_{-\infty}^{\infty} H(f;t) S(f) \mathrm{e}^{\mathrm{j}2\pi ft}\,\mathrm{d}f \tag{2.19}$$

式中：$H(f;t)$ 是时变信道冲激响应 $h(\tau;t)$ 对 τ 的傅里叶变换,将式(2.18)代入式(2.19),可得

$$r_1(t) = \frac{1}{W} \sum_{n=-\infty}^{\infty} s_1\left(\frac{n}{W}\right) \int_{-\infty}^{\infty} H(f;t) \mathrm{e}^{\mathrm{j}2\pi f(t-n/W)}\,\mathrm{d}f = \frac{1}{W} \sum_{n=-\infty}^{\infty} s_1\left(t-\frac{n}{W}\right) h(n/W;t) \tag{2.20}$$

令 $h_n(t) = h(n/W;t)/W$,则式(2.20)变为

$$r_1(t) = \sum_{n=-\infty}^{\infty} h_n(t) \cdot s_1\left(t-\frac{n}{W}\right) \tag{2.21}$$

由式(2.21)可知,频率选择性信道可以用一个抽头间隔为 $1/W$、抽头系数为 $\{h_n(t)\}$ 加权的延迟线模拟。$\{h_n(t)\}$ 对不同的 n 值是独立的复高斯过程。在实际应用中,设多径时延扩展为 τ_m,信道的抽头延迟线模型可以截断为 $L = \lfloor \tau_m W \rfloor + 1$ 个抽头。频率选择性多径信道延迟线模型如图 2.11 所示。

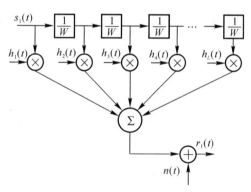

图 2.11　频率选择性多径信道延迟线模型

2.3　物理层设计

物理层的协议设计是无线传感器网络协议性能的决定因素。物理层的协议设计主要考虑以下一些问题:频率分配、调制与解调、信号传播效应与噪声、信道模型、扩频通信、分组传输与同步、无线信道的质量测量等。

无线通信技术为无线传感器网络节点间的信息传输和交互提供了技术基础,是无线传感器网络中重要的基础技术之一。无线通信技术受到传感节点四大受限条件的影响,也是解决传感节点四大受限问题的关键所在。例如,Deborah Estrin 指出无线传感节点能量消耗主要集中在无线通信模块,如图 2.12 所示。

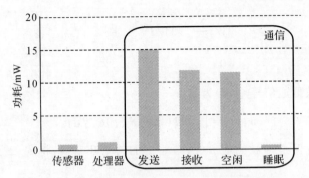

图 2.12　无线通信模块消耗了传感节点大量能量

1. 物理层设计与能耗

物理层设计中，与能耗相关的设计包括以下两种不同的解决思路。

(1) 考虑最优能耗和最佳传输。基于整个网络系统的角度来考虑最优的能耗，以及在不同应用环境下的最佳传输问题。如美国斯坦福大学的 B. Prabhakar、ElGamal 等学者从自适应调制技术的角度出发，研究了节能无线传输的问题。Mikko Kohvakka 指出，能量消耗主要取决于信标传输速率，而最佳传输速率是以下三个参数的函数：网络扫描时间间隔、信标传输能量和无线接收装置能量。Ritesh Madan 等人考虑了对物理层、MAC 层和路由层的联合优化，以最大化能量受限的无线传感器网络生存时间。Jennifer A. Hartwell 研究了物理层的符号误码率 (Symbol Error Rate, SER) 的最佳化问题，以减少网络的能耗。Sooksan Panich-papiboon 研究了最优传输功率问题，即为保证不同环境下的系统连通率所需的最小发射功率。Tao Shu 研究了基于 CDMA 的无线传感器网络中的最小化能耗问题。

(2) 新通信体制的研究。寻找适合无线传感器网络的有效节能的通信体制，可以从根本上降低通信上的能耗。

对现有通信体制的改进主要基于能量节省的角度。美国佛罗里达 Atlantic 大学的 Ed Callway 学者从无线通信的角度分析了现有短距离无线通信技术不适合于无线传感器网络的原因，开发了一种码位调制的通信技术，该技术具有低能耗、低实现复杂度的特点，后来该技术被提交为 IEEE 802.15.4 物理层设计的提案。虚拟 MIMO 是针对无线传感器网络的分簇结构提出的特殊的通信方式，使通信具有了协同性。超宽带 UWB 与传统的窄带及其他宽带通信技术相比，有两个主要特点：一是频带宽，功率谱密度小，可有效对抗多径衰落；二是无载波方式，收发器的电路结构比传统收发器简单。

对无线通信来说，其低功耗主要反映在两个方面，一方面是通信模块的收/发工作时间，另一方面是通信模块的收发功耗。前者主要通过网络协议等来降低其传输和维护开销，增加节点休眠时间。例如，提高网络同步性能可以延长网络维护周期，降低传输次数，或采用异步唤醒的 B-MAC 等。后者主要取决于其通信系统和通信模块的设计。

无线通信模块 CMOS 数字电路的功耗分动态功耗和静态功耗两类。动态功耗与电路的开关频率成正比，而静态功耗与电路开关频率无关，它在大多数情况下几乎是常数，主要由模块占用的面积决定。在正常工作情况下，动态功耗起主要作用，数值是静态功耗的几百倍以上。但在无线传感器网络中，由于设备长时间处于休眠状态，并不进行工作，但又需要保持供电来等待即时唤醒，所以其静态功耗更为重要。降低静态功耗的最主要方式是缩小芯片的面积,因此需要降低发射机和接收机的复杂度,在实际设计中,又涉及工艺选择和实现结构等一系列问题,本章仅考虑系统方案设计中的优化措施。

降低功耗还需要提高能量利用率。在无线通信链路中,链路预算的增加可以通过增加接收机灵敏度或增大发射功率来实现。其中,功率放大器处于发射机的末端,是发射机的主要功率功耗来源,功率放大器用于发射机的末级,它将已调制的射频信号放大到所需要的功率值,送到天线中发射。而功率放大器的效率一般较低,且线性度越好的功率放大器,效率越低,因而通过降低调制方式的线性度要求来提高放大器效率,降低系统功耗,利用合理的方式提高频谱质量是降低线性度要求的重要手段。在接收机灵敏度方面,一般来说,复杂的编码方式能够提高更多的增益,但占用芯片面积更大,静态功耗更高。在保持相同链路预算的条件下,接收机灵敏度的提高意味着发射功率的降低,一般也意味着接收电路面积的增加。因而,如何权衡接收复杂度,分配各部分增益也是低功耗设计中需要重点考虑的问题。

基于上述若干方面的考虑,无线传感器网络中的无线传输模块设计上不能够过于复杂。在通信技术选择上,信息传输特性和实现的复杂度是两个需要着重考虑的因素,信息传输的可靠性、距离、传输速率与实现的复杂度之间可以进行折中考虑。

2. 物理层设计需求

无线传感器网络的无线通信部分继承于传统通信网络,因此传统通信网络中所遇到的问题和挑战,在无线传感器网络的设计中同样会存在。无线传感器网络的发展,对其通信技术的性能提出了许多新的要求。无线通信系统设计系统指标如图 2.13 所示。

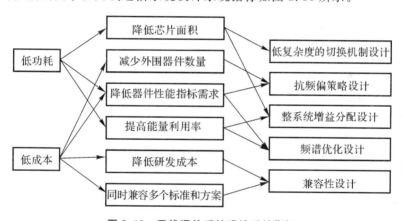

图 2.13　无线通信系统设计系统指标

(1)由于无线传感器网络一般运行在免许可低功耗频段,其发射功率受到法规的严格限制,通常需要保持较小的发射功率。例如,780 MHz 频点的最大发射功率为 10 dBm。同时许多应用都将大量的无线传感节点布设于地表或低空物体上,传感节点的天线距地面非常近,由此形成地表传输,降低了其通信性能。因此,无线传感节点的通信能力相对较低。

(2)低成本需要无线通信模块能够适应低准确度的晶振,因而如何克服较大的载波频偏和采样频偏,始终是无线传感器通信系统设计中难以解决的问题。

(3)在无线传感器网络的许多应用场景中,网络的拓扑结构变化频繁,会更多地应用到多播和广播通信,无线通信技术必须能够与上层的协议栈进行配合工作,以降低信息传输的功耗。

(4)典型意义上的底层无线传感器网络属于自组织网络,在网络中不存在主干设施,因而无法严格区分上、下行通信链路,无法类似于移动通信中将主要的负荷转移到基站端进行处理。且每个节点都存在着能量、计算能力和存储容量的限制。

(5)基于低成本、低功耗、小体积等几个方面的考虑,网络中的无线传输模块设计上不能够过于复杂。因此在无线通信技术选择上,信息传输特性和实现的复杂度是两个需要着重考虑的因素,信息传输的可靠性、传输距离、传输速率与实现的复杂度之间可以进行折中处理。

(6)免许可频段频带范围受限,存在多种不同无线通信标准之间的无线电干扰问题,无线传感器网络应重点解决其网络的共存性问题。

无线通信系统的设计需要系统地权衡各部分的指标,根据需求平衡成本、功耗、性能、复杂度等诸多方面。无线传感器网络在低功耗、低成本方面的需求使其可以牺牲一部分系统性能,简化接收机和发射机的结构。设计过程中根据具体的实现工艺来进行综合考虑。

2.4 IEEE 802.15.4 标准的物理层

2.4.1 IEEE 802.15.4 简介

随着通信技术的迅速发展,人们提出了在人自身附近几米范围之内通信的需求,这样就出现了个人区域网络(Personal Area Network,PAN)和无线个人区域网络(Wireless Personal Area Network,WPAN)的概念。WPAN为近距离范围内的设备建立无线连接,把几米范围内的多个设备通过无线方式连接在一起,使它们可以相互通信甚至接入 LAN 或 Internet。1998 年 3 月,IEEE 802.15 工作组成立。这个工作组致力于 WPAN 的物理层(PHY)和媒体访问层(MAC)的标准化工作,目标是为在个人操作空间(Personal Operating Space,POS)内相互通信的无线通信设备提供通信标准。POS 一般是指用户附近 10 m 左右的空间范围,在这个范围内用户可以是固定的,也可以是移动的。

在 IEEE 802.15 工作组内有七个任务组(Task Group,TG),分别制定适合不同应用的标准。这些标准在传输速率、功耗和支持的服务等方面存在差异。

(1)任务组 TG1:制定 IEEE 802.15.1 标准,又称蓝牙无线个人区域网络标准。这是一个中等速率、近距离的 WPAN 网络标准,通常用于手机、PDA 等设备的短距离通信。

(2)任务组 TG2:制定 IEEE 802.15.2 标准,研究 IEEE 802.15.1 与 IEEE 802.11(无线局域网标准,WLAN)的共存问题。

(3)任务组 TG3:制定 IEEE 802.15.3 标准,研究高传输速率无线个人区域网络标准。该标准主要考虑无线个人区域网络在多媒体方面的应用,追求更高的传输速率与服务品质。

(4)任务组 TG4:制定 IEEE 802.15.4 标准,针对低速无线个人区域网络(Low-Rate Wireless Personal Area Network,LR-WPAN)制定标准。该标准把低能量消耗、低速率传输、低成本作为重点目标,旨在为个人或者家庭范围内不同设备之间的低速互连提供统一标准。

(5)任务组 TG5:制定 IEEE 802.15.5 标准,针对 Mesh 网络制定物理层和媒体接入层标准。

(6)任务组 TG6:制定体域网(BAN)标准,主要考虑植入人体或在人体周边使用的低功耗设备,可广泛应用于医疗、消费电子和个人娱乐等。

（7）任务组 TG7：IEEE 802.15.7 为可见光通信工作组，定义可见光通信（Visible Light Communications，VLC）的物理层和媒体接入层。

任务组 TG4 定义的 LR-WPAN 的特征与传感器网络有很多相似之处，很多研究机构把它作为传感器的通信标准。LR-WPAN 是一种结构简单、成本低廉的无线通信网络，它使在低电能和低吞吐量的应用环境中实现无线连接成为可能。与 WLAN 相比，LR-WPAN 只需很少的基础设施，甚至不需要基础设施。IEEE 802.15.4 标准为 LR-WPAN 制定了物理层和 MAC 子层协议。IEEE 802.15.4 标准定义的 LR-WPAN 具有以下特点：

（1）在不同的载波频率下实现了 20 KB/s、40 KB/s 和 250 KB/s 三种不同的传输速率；

（2）支持星型和点对点两种网络拓扑结构；

（3）有 16 位和 64 位两种地址格式，其中 64 位地址是全球唯一的扩展地址；

（4）支持冲突避免的载波多路侦听技术（Carrier Sense Multiple Access with Collision Avoidance，CSMA/CA）；

（5）支持确认（ACK）机制，保证传输可靠性。

IEEE 802.15.4 标准是 2003 年开始发布实施的，满足 ISO 开放系统互连（OSI）参考模式，主要是对物理层和媒体接入控制层进行了规范。IEEE 802.15.4 系列标准是目前无线传感器网络中应用最为广泛的通信底层标准。后续提及的 ZigBee 联盟标准均采用了 IEEE 802.15.4 标准或在其基础之上进行了修改。

CSMA/CD（Carrier Sense Multiple Access with Collision Detection）与 CSMA/CA 是无线传感器网络的两种载波侦听多路访问传输机制。CSMA/CD 是指带有冲突检测的载波监听多路访问机制，其可以检测冲突，但无法"避免"冲突。CSMA/CA 是指带有冲突避免的载波监听多路访问机制，该机制在发送包的同时不能检测到信道上有无冲突，只能尽量"避免"冲突。

CSMA/CD 与 CSMA/CA 的区别在于以下两点。

（1）两者的传输介质不同。CSMA/CD 用于总线式以太网；而 CSMA/CA 则用于无线局域网 802.11a/b/g/n 等无线标准的核心机制。

（2）检测方式不同。CSMA/CD 通过电缆中电压的变化来检测冲突，当数据发生碰撞时，电缆中的电压就会随着发生变化；而 CSMA/CA 采用能量检测（ED）、载波检测（CS）和能量载波混合检测三种检测信道空闲与否的方式。

另外需要注意的是，对于无线网络中某个节点来说，其刚刚发出的信号强度要远高于来自其他节点的信号强度，也就是说，它自己的信号会把其他的信号给覆盖掉，本节点处有冲突并不意味着在接收节点处就有冲突。

2.4.2 IEEE 802.15.4 标准的物理层功能

IEEE 802.15.4 标准的物理层提供了物理媒体的接口，主要负责：①激活和休眠射频收发器；②信道能量检测（energy detect）；③检测接收数据包的链路质量指示（Link Quality Indication，LQI）；④CSMA/CA 的空闲信道评估（Clear Channel Assessment，CCA）；⑤收发数据；⑥信道频率的选择；⑦两个设备之间的射频连接；⑧信息调制解调；⑨发射和接收机之间的时间同步；⑩发射和接收机之间的数据包同步。

信道能量检测为网络层提供信道选择依据。它主要测量目标信道中接收信号的功率强度,由于这个检测本身不进行解码操作,所以检测结果是有效信号功率和噪声信号功率之和。链路质量指示为网络层或者应用层提供接收数据帧时无线信号的强度和质量信息,与信道能量检测不同的是,它要对信号进行解码,生成的是一个信噪比指标。这个信噪比指标和物理层数据单元一起提交给上层处理,空闲信道评估判断信道是否空闲。IEEE 802.15.4 定义了三种空闲信道评估模式:第一种是简单判断信道的信号能量,当信号能量低于某一个门限值就认为信道空闲;第二种是通过判断无线信号的特征,这个特征主要包括两方面,即扩频信号特征和载波频率,在具体载波判断过程中,当检测到一个具有 IEEE 802.15.4 标准特征的扩频调制信号时,给出该信道忙的信息;第三种是前两种模式的综合,同时检测信号强度和信号特征,给出信道空闲判断。

IEEE 802.15.4 物理层定义了三个载波频段用于收发数据(见表 2.2)。在这三个频段上发送数据使用的速率、信号处理过程以及调制方式等方面存在一些差异。三个频段总共提供 27 个信道(channel):868 MHz 频段 1 个信道、915 MHz 频段 10 个信道、2 450 MHz 频段 16 个信道。

表 2.2　IEEE 802.15.4 物理层参数

PHY/ MHz	频段/ MHz	序列扩频参数		数据参数		
		片速率/ (kchip · s^{-1})	调制 方式	比特速率/ (kb · s^{-1})	符号速率/ (ksymbol · s^{-1})	符　号
868/915	868~868.6	300	BPSK	20	20	二进制位
	902~928	600	BPSK	40	40	二进制位
2 450	2 400~2 483.5	2 000	O-QPSK	250	62.5	十六进制

在 868 MHz 和 915 MHz 这两个频段上,信号处理过程相同,只是数据速率不同。处理过程如图 2.14 所示,首先将物理层协议数据单元(PHY Protocol Data Unit,PPDU)的二进制数据差分编码,然后再将差分编码后的每一个位转换为长度为 15 的片序列(chip sequence)(见表 2.3),即进行直序列扩频。最后使用 BPSK 调制到信道上。

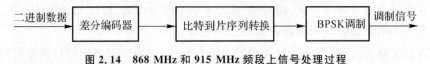

图 2.14　868 MHz 和 915 MHz 频段上信号处理过程

表 2.3　868 MHz 和 915 MHz 频段上比特到片序列的转换表

输入比特	片序列值($c_0\ c_1 \cdots c_{14}$)
0	111101011001000
1	000010100110111

差分编码(或微分编码)的作用是解决在接收端进行相干解调时存在的参考载波相位含糊的问题。

直接序列扩频(direct sequence spread spectrum)直接用具有高码片(chip)速率的扩频码

序列去扩展数字信号的频谱,简称直扩(DS)。

扩频的优点是抗干扰能力强、码分多址能力强、高速可扩展能力强。

2.4 GHz 频段的处理过程如图 2.15 所示,首先将 PPDU 的二进制数据中每 4 位转换为一个符号(symbol),然后将每个符号转换成长度为 32 的片序列。这是一个直接序列扩频的过程。扩频后,信号通过 O-QPSK 调制方式调制到载波上。表 2.4 是 2.4 GHz 符号到片序列映射的表。

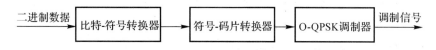

图 2.15　2.4 GHz 频段上信号处理过程

表 2.4　2.4 GHz 符号到片序列的映射表

十进制符号	二进制符号 ($b_0 b_1 b_2 b_3$)	序列值 ($c_0 c_1 \cdots c_{30} c_{31}$)
0	000	11011001110000110101001000101110
1	1000	11101101100111000011010100100010
2	0100	00101110110110011100001101010010
3	1100	00100001011101101100111000011010 1
4	0010	01010010000101110110110011100011
5	1010	00110101001000101110110110011100
6	0110	11000011010100100010111011011001
7	1110	10011100001101010010001011101101
8	0001	10001100100101100000011101111011
9	1010	10111000110010010110000001110111
10	1001	01111011100011001001011000000111
11	0101	01110111101110001100100101100000
12	0011	00000111011110111000110010010110
13	1011	01100000011101111011100011001001
14	0111	10010110000001110111101110001100
15	1111	11001001011000000111011110111000

图 2.16 描述了 IEEE 802.15.4 标准物理层数据帧格式。物理帧第一个字段是四个字节的前导码,收发器在接收前导码期间,会根据前导码序列的特征完成片同步和符号同步。帧起始分隔符(Start-of-Frame Delimiter,SFD)字段长度为 1 B,其值固定为 0xA7,标识一个物理帧的开始。收发器接收完前导码后只能做到数据的位同步,通过搜索 SFD 字段的值 0xA7 才能同步到字节上。帧长度(frame length)由一个字节的低 7 位表示,其值就是物理帧负载的长度,因此物理帧负载的长度不会超过 127 B。物理帧的负载长度可变,称之为物理服务数据单

元（PHY Service Data Unit，PSDU），一般用来承载 MAC 帧。

4 字节	1 字节	1 字节		长度可变
前导码 （preamble）	SFD	帧长度 （7 比特）	保留位	PSDU
同步头		物理帧头		PHY 负载

图 2.16　IEEE 802.15.4 标准物理层数据帧格式

2.4.3　IEEE 802.15.4 标准的物理层结构模型

物理层的结构和接口如图 2.17 所示。物理层通过射频固件和射频硬件提供 MAC 层和无线信道之间的接口。物理层在概念上提供了一个称为 PLME（Physical Layer Management Entity）的管理实体，该实体提供了用于调用物理层管理功能的管理服务接口。同时，还负责维护属于物理层的管理对象数据库，该数据库被称为"物理层的个域网信息库（PAN Information Base，PIB）"，包含物理层个域网络的基本信息。

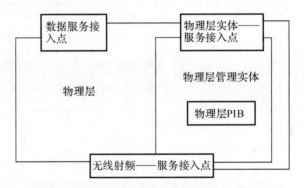

图 2.17　IEEE 802.15.4 标准的物理层结构模型

由图 2.17 可知，物理层提供了两种服务，通过物理层数据服务接入点（PHY Data Service Access Point，PD-SAP）提供物理层的数据服务；通过 PLME 的服务接入点（PLME Service Access Point，PLME-SAP）提供物理层的管理服务。

下面将分别介绍这两种服务，在这之前先介绍一下原语的概念。

1. 原语的概念

原语用于描述网络不同层之间提供的服务和所要执行的任务。每一层的服务只要完成两个功能：一个是根据它的下层服务要求，为上层提供相应的服务；另一个是根据上层的服务要求，对它的下层提供相应的服务，如图 2.18 所示。由服务原语组成的事件将在一个用户的服务接入点（SAP）与建立对等连接的用户的相同层之间传送。

原语通常分为四种类型：Request、Indication、Response 和 Confirm，分别表示请求原语、指示原语、响应原语和确认原语。介绍完原语的概念后，下面分别介绍物理层的数据服务和管理服务。

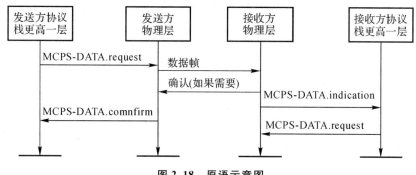

图 2.18　原语示意图

2. IEEE 802.15.4 物理层的数据服务

物理层数据服务接入点所支持的原语有请求原语、确认原语和指示原语,见表 2.5。

表 2.5　物理层数据服务接入点所支持的原语

PD-SAP 原语	Request	Confirm	Indication
PD-DATA	PD-DATA. request	PD-DATA. confirm	PD-DATA. indication

物理层数据请求原语(PD-DATA. request{psduLength,psdu})由 MAC 层生成,发送给物理层实体,请求发送一个 MAC 层协议数据单元(MPDU),即 psdu。psdu 表示物理层实体发送由字节构成的物理层服务数据单元,psduLength 表示物理层实体发送物理层服务数据单元中的字节个数。物理层实体收到后,如果发射机正处于激活状态(TX_ON 状态),物理层就构造一个 PPDU,并发送,发送完毕后向 MAC 层返回一个 SUCCESS 状态的物理层数据服务确认原语(PD-DATA. confirm);而如果收发机正处于接收(RX_ON)或关闭状态(TRX_OFF),则物理层实体将返回一个带有 RX_ON 或 TRX_OFF 状态的物理层数据服务确认原语,表示发射机尚未激活。

物理层数据确认原语(PD-DATA. confirm{status})用于向 MAC 层报告向对等的 MAC 层发送 MAC 层协议数据单元的结果状态,为物理层对数据请求原语的确认。

物理层数据指示原语(PD-DATA. indication{psduLength,psdu,ppduLinkQuality})用于向本地 MAC 层实体传送一个 MPDU,即当物理层接收到来自远方发送来的数据后,通过该原语,将接收到的数据包发送到 MAC 层。psduLength 与 psdu 以上已经讲过,ppduLinkQuality 是指接收 PPDU 时测得的链路质量。

3. IEEE 802.15.4 物理层的管理服务

PLME-SAP 允许在 MLME 和 PLME 之间传送管理命令。PLME-SAP 支持的原语有 PLME-CCA(信道评估原语)、PLME-ED(能量检测原语)、PLME-GET(物理层信息库属性查询原语)、PLME-SET-TRX-STATE(收发器状态设置原语)和 PLME-SET(物理层信息库属性设置原语),见表 2.6。

表 2.6　物理层管理服务接入点所支持的原语

PLME-SAP 原语	Request	Confirm
PLME-CCA	PLME-CCA. request	PLME-CCA. confirm
PLME-ED	PLME-ED. request	PLME-ED. confirm
PLME-GET	PLME-GET. request	PLME-GET. confirm
PLME-SET-TRX-STATE	PLME-SET-TRX-STATE. request	PLME-SET-TRX-STATE. confirm
PLME-SET	PLEM-SET. request	PLEM-SET. confirm

(1)PLME-CCA 信道评估原语。信道评估请求原语(PLME-CCA. request)请求 PLME 执行空闲信道评估(Clear Channel Assessment,CCA)。收到信道评估请求原语后,如果设备处于接收使能状态,PLME 就指示物理层进行信道评估。物理层完成信道评估后,PLME 就向 MLME 发送信道评估确认原语(PLME-CCA. confirm),根据信道评估结果提供信道状态信息(BUSY\IDLE)。如果设备处于关闭状态(TRX_OFF)或者发送使能状态(TX_ON),则无法进行信道评估,此时 PLME 向 MLME 发送信道评估确认原语,指示 CCA 失败的原因(TRX_OFF 或者 TX_ON)。

(2)PLME-ED 能量检测原语。能量检测请求原语(PLME-ED. request)请求 PLME 执行能量检测(Energy Detection,ED)。收到能量检测请求原语后,如果设备处于接收使能状态,PLME 就指示物理层进行能量检测。物理层完成能量检测后,PLME 就向 MLME 发送能量检测确认原语(PLME-ED. confirm),报告能量检测成功(SUCCESS)和测得的能量信道等级。如果设备处于关闭状态(TRX_OFF)或者发送使能状态(TX_ON),则无法进行能量检测,此时 PLME 向 MLME 发送能量检测确认原语,指示能量检测失败的原因(TRX_OFF 或者 TX_ON)。

(3)PLME-GET 物理层信息库属性查询原语。物理层信息库属性查询请求原语(PLME-GET. request)向 PLME 请求物理层信息库(PHY PIB)中的相关属性的值。在收到物理层信息库属性查询请求原语后,PLME 就到数据库中检索该属性。如果从数据库中检索不到请求的物理层信息库属性标识,则 PLME 就向 MLME 发送物理层信息库属性查询确认原语(PLME-GET. confirm),状态为不支持的属性(UNSUPPORTED_ATTRIBUTE)。如果从数据库中检索到请求的物理层信息库属性标识,则 PLME 就向 MLME 发送物理层信息库属性查询确认原语,状态为 SUCCESS,并返回属性值。

(4)PLME-SET-TRX-STATE 收发机状态设置原语。收发机状态设置请求原语(PLME-SET-TRX-STATE. request)请求 PLME 改变收发机的内部工作状态。收到收发机状态设置请求原语后,如果改变收发信机工作状态的请求被接受,则收发机状态设置确认原语(PLME-SET-TRX-STATE. confirm)返回的状态为 SUCCESS。如果设备当前的收发状态就是请求原语请求的状态,则确认原语中 status 的值为收发机当前状态。如果请求原语请求改变到状态 RX_ON 或者 TRX_OFF,而此时物理层正在发送一个 PPDU,则确认原语返回的 status 值为 BUSY_TX,并在发送结束后改变成收发机状态设置请求原语请求的收发机工作状态。如果收发机状态设置请求原语请求改变到状态 TX_ON 或者 TRX_OFF,而此时设备正处于 RX_ON 状态并且已经接收到有效的帧开始符(FSD),则确认原语返回的 status 值为 BUSY_

RX,并在发送结束后改变成收发机状态设置请求原语请求的收发机工作状态。如果收发机状态设置请求原语的状态为 FORCE_TRX_OFF,则不管物理层当前处于什么状态,收发机将被强制改变到 TRX_OFF 状态。

(5)PLME-SET 物理层信息库属性设置原语。物理层信息库属性设置请求原语(PLME-SET. request)请求 PLME 设置或者改变物理层信息库属性的值,具体属性见表 2.7。如果在数据库中找不到物理层信息库属性设置请求原语中请求改变的属性,则物理层信息库属性设置确认原语(PLME-SET. confirm)中的状态值为 UNSUPPORTED_ATTRIBUTE。如果物理层信息库属性设置请求原语中请求改变的属性值超出了有效范围,则物理层信息库属性设置确认原语中的状态值为 INVALID_PARAMETER。如果成功设置了物理层信息库的属性值,则物理层信息库属性设置确认原语中的状态值为 SUCCESS。

表 2.7　物理层信息库(PHY PIB)的属性

属　性	标识符	类　型	范　围	描　述
phyCurrentChannel	0x00	整型	0～26	无线射频信道的编码
phyChannelSupported	0x01	位	见描述	表示物理信道的状态,前 27 位(b_0,b_1,…,b_{26})指示 27 个有效信道的状态(1 表示信道空闲,0 表示信道忙),属性的 5 个最高有效位(b_{27},…,b_{31})将保留并设为 0
phyTransmitPower	0x02	位	0×00～0×BF	表示物理层发射功率,2 个最高有效位表示发射功率的误差:00=±1 dB、01=±3 dB、10=±6 dB,6 个最低有效位以两个补码的格式表示有符号的整型数,与相对于 1 mW 的分贝数表示的设备名义发射功率相一致,phyTransmitPower 的最小值被认为小于或等于−32 dBm
phyCCAMode	0x03	整型	1～3	CCA 的模式,1 表示能量在阈值以上,2 表示载波侦听,3 表示载波侦听且能量在阈值以上

由上面介绍可知,原语中的状态通常为枚举型,下面做以统计和归纳,列出在物理层协议规范中所定义的枚举型数据值以及相应的功能,见表 2.8。

表 2.8　物理层枚举型数据的描述

枚举型	数据值	功能描述
BUSY	0x00	CCA 检测到一个忙的信道
BUSY_RX	0x01	收发机正处于接收状态时,要求改变其状态
BUSY_TX	0x02	收发机正处于发送状态时,要求改变其状态
FORCE_TRX_OFF	0x03	强制将收发机关闭
IDLE	0x04	CCA 检测到一个空闲信道
INVALID_RARAMETER	0x05	SET/GET 原语的参数超出了有效范围

续　表

枚举型	数据值	功能描述
RX_ON	0x06	收发机正处于或将设置为接收状态
SUCCESS	0x07	原语成功执行
TRX_OFF	0x08	收发机正处于或将设置位关闭状态
TX_ON	0x09	收发机正处于获奖设置为发射状态
UNSUPPORTED_ATTRIBUTE	0x0A	不支持 SET/GET 原语属性标识符

2.5　本章小结

　　本章在 2.1 节介绍了物理层通信技术的概述,引入了 OSI 参考模型中物理层的定义和无线传感器网络的物理层进行了对比学习。2.2 节介绍了无线传感器网络物理层链路的特性,包括无线传感器网络频率分配、调制解调及无线信道相关内容的介绍。2.3 节介绍了无线传感器网络物理层设计相关的知识。2.4 节介绍了无线传感器网络使用最多的 IEEE 802.15.4 通信标准在物理层的定义和规约。

第3章 无线传感器网络数据链路层通信技术

3.1 数据链路层通信技术概述

3.1.1 数据链路层功能

OSI 参考模型给出的网络数据链路层定义指出,数据链路层的主要功能是通过校验、确认和反馈重发等手段,将不可靠的物理链路转换成对网络层来说无差错的数据链路。此外,数据链路层还要协调收、发双方的数据传输速率,即进行流量控制,以防止接收方因来不及处理发送方来的高速数据而导致缓冲器溢出及线路阻塞。

数据链路控制协议主要包含媒体访问控制层(Medium Access Control Layer,MAC)和数据链路层(Data Link Layer,DL)协议。MAC 协议主要负责媒体介质的访问,DL 协议主要负责数据的有效可靠传输。

在无线传感器网络中,MAC 层用来处理所有对物理层的访问,MAC 协议决定无线信道的使用方式,在传感器节点之间分配有限的无线通信资源,用来构建传感器网络系统的底层基础结构。MAC 协议处于传感器网络协议的底层部分,对传感器网络的性能有较大影响,是保证无线传感器网络高效通信的关键网络协议之一。

传感器节点的能量、存储、计算和通信带宽等资源有限,单个节点的功能比较弱,而传感器网络的强大功能是由众多节点协作实现的。多点通信在局部范围需要 MAC 协议协调其间的无线信道分配,在整个网络范围内需要路由协议选择通信路径。

3.1.2 MAC 层设计原则

在设计无线传感器网络 MAC 层的时候,需要遵循以下几项原则。

1. 节省能量

传感器网络的节点一般由干电池、纽扣电池等提供能量,而且电池能量通常难以进行补充,为了长时间保证传感器网络的有效工作,MAC 协议在满足应用要求的前提下,应尽量节省使用节点的能量。

2. 可扩展性

由于传感器节点数目、节点分布密度等在传感器网络生存过程中不断变化,节点位置也可能移动,还有新节点加入网络的问题,所以无线传感器网络的拓扑结构具有动态性。MAC 协议也应具有可扩展性,以适应这种动态变化的拓扑结构。

3.网络效率

网络效率包括网络的公平性、实时性、网络吞吐量以及带宽利用率等。

4.规避无线网络的固有问题

影响传统无线网络 MAC 协议设计的一些基本问题,在无线传感器网络的设计中仍然存在。如隐藏终端(hidden terminal)和暴露终端(exposed terminal)问题、无线信道衰减和无规律冲突(interference irregularity)问题等,在无线传感器网络 MAC 协议中依然存在,设计时仍需考虑。

什么是隐藏终端呢? 如图 3.1 所示,在通信领域,基站 A 向基站 B 发送信息,基站 C 未侦测到 A 也向 B 发送,故 A 和 C 同时将信号发送至 B,引起信号冲突,最终导致发送至 B 的信号都丢失了。隐藏终端多发生在大型单元中(一般在室外环境),这将带来效率损失,并且需要错误恢复机制。当需要传送大容量文件时,尤其需要杜绝隐藏终端现象的发生。隐藏终端问题会导致数据发送的冲突,因而导致数据的重传和能量的消耗。

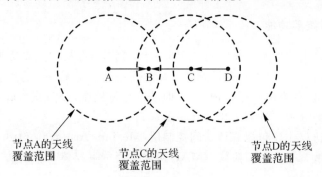

图 3.1　隐藏终端原理图

什么是暴露终端呢? 如图 3.2 所示,暴露终端是指在发送节点的覆盖范围内而在接收节点的覆盖范围外的节点,暴露终端因听到发送节点的发送而可能延迟发送。但是,它其实是在接收节点的通信范围之外,它的发送不会造成冲突。这就引入了不必要的延时。暴露终端问题导致了信道资源的浪费。

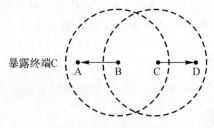

图 3.2　暴露终端原理图

信道衰减指无线信号传输质量会受距离影响。无规律冲突指无线信号的干扰没有规律可言。

3.1.3　MAC 层能量损耗的主要因素

无线传感器网络很重要的一个特点就是能量受约束,因此在设计无线传感器网络 MAC 层的节能机制时,首先需要了解数据链路层能量损耗的主要因素。

（1）如果 MAC 协议采用竞争方式使用共享的无线信道，节点在发送数据的过程中，可能会引起多个节点之间发送的数据产生碰撞。这就需要重传发送的数据，从而消耗节点更多的能量。

（2）节点接收并处理不必要的数据。这种串音（overhearing）现象造成节点的无线接收模块和处理器模块消耗更多的能量。

（3）节点在不需要发送数据时一直保持对无线信道的空闲侦听（idle listening），以便接收可能传输给自己的数据。这种过度的空闲侦听或者没必要的空闲侦听同样会造成节点能量的浪费。

（4）在控制节点之间的信道分配时，如果控制消息过多，也会消耗较多的网络能量。

传感器节点无线通信模块的状态包括发送状态、接收状态、侦听状态和睡眠状态等。单位时间内消耗的能量按照上述顺序依次减少。

因此，传感器网络 MAC 协议为了减少能量的消耗，通常采用"侦听/睡眠"交替的无线信道使用策略。当有数据收发时，节点就开启无线通信模块进行发送或侦听；如果没有数据需要收发，节点就控制无线通信模块进入睡眠状态，从而减少空闲侦听造成的能量消耗。

如果采用基于竞争方式的 MAC 协议，就要考虑尽量减少发送数据碰撞的概率，根据信道使用的信息调整发送的时机。

3.1.4　MAC 层协议分类

目前针对不同的传感器网络应用，研究人员从不同方面提出了多个 MAC 层协议，但对传感器网络 MAC 层协议还缺乏一个统一的分类方式。总体来讲，可以按照采用分布式控制还是集中控制、使用单一共享信道还是多个信道、采用固定分配信道方式还是随机访问信道方式这三种分类方法进行分类。

本书中采用第三种分类方法，将传感器网络的 MAC 协议分为以下三类：

（1）采用无线信道的时分复用方式（Time Division Multiple Access，TDMA），给每个传感器节点分配固定的无线信道使用时段，从而避免节点之间的相互干扰；

（2）采用无线信道的随机竞争方式，节点在需要发送数据时随机使用无线信道，重点考虑尽量减少节点间的干扰；

（3）其他 MAC 协议，如通过采用频分复用或者码分复用等方式，实现节点间无冲突的无线信道的分配。

下面按照上述传感器网络 MAC 协议分类，介绍目前已提出的主要传感器网络 MAC 协议，在说明其基本工作原理的基础上，分析协议在节约能量、可扩展性和网络效率等方面的性能。

3.2　基于竞争的 MAC 层协议

基于竞争的随机访问 MAC 协议采用按需使用信道的方式，它的基本思想是当节点需要发送数据时，通过竞争方式使用无线信道，如果发送的数据产生了碰撞，就按照某种策略重发数据，直到数据发送成功或放弃发送。典型的基于竞争的随机访问 MAC 协议是载波侦听多路访问（Carrier Sense Multiple Access，CSMA）。

无线局域网标准中 IEEE 802. 11 系列标准中的 MAC 协议支持的分布式协调（Distributed Coordination Function，DCF)工作模式就是采用带冲突避免的载波侦听多路访问(CS-MA/CA)协议，它可以作为基于竞争的 MAC 协议的代表。无线传感器网络中的很多 MAC 层协议都是在该协议的基础上改进设计的。下面首先介绍 IEEE 802.11 标准中的 MAC 协议，然后依次介绍几个比较有代表性的基于竞争的无线传感器网络 MAC 层的协议。

3.2.1　IEEE 802.11 系列标准的 MAC 层协议

如图 3.3 所示，IEEE 802.11 系列标准的 MAC 层协议有分布式协调(Distributed Coordination Function，DCF)和点协调(Point Coordination Function，PCF)两种访问控制方式。

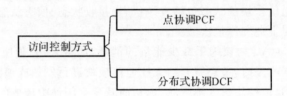

图 3.3　IEEE 802.11 系列标准的 MAC 层协议的两种访问控制方式

PCF 工作方式是基于优先级的无竞争访问，是一种可选的控制方式。它通过访问接入点(Access Point，AP)协调节点的数据收发，通过轮询方式查询当前哪些节点有数据发送的请求，并在必要时给予数据发送权。

DCF 采用基于竞争的访问方式，是 IEEE 802.11 协议的基本访问控制方式。由于在无线信道中难以检测到信号的碰撞，所以只能采用随机退避的方式来减少数据碰撞的概率。在 DCF 工作方式下，节点在侦听到无线信道忙之后，采用 CSMA/CA 机制和随机退避时间，实现无线信道的共享。另外，其通信过程采用了立即主动确认(ACK 帧)机制：如果没有收到 ACK 确认帧，则发送方会重传数据。

在 DCF 工作方式下，载波侦听机制通过物理载波侦听和虚拟载波侦听来确定无线信道的状态。物理载波侦听由物理层提供，而虚拟载波侦听由 MAC 层提供，如图 3.4 所示。

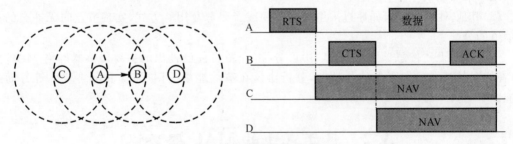

图 3.4　虚拟载波侦听原理

节点 A 希望向节点 B 发送数据，节点 C 在节点 A 的无线通信范围内，节点 D 在节点 B 的无线通信范围内，但不在节点 A 的无线通信范围内。节点 A 首先向节点 B 发送一个请求帧(Request-To-Send，RTS)，节点 B 返回一个清除帧(Clear-To-Send，CTS)进行应答。在这两个帧中都有一个字段表示这次数据交换需要的时间长度，称为网络分配矢量(Network Allocation Vector，NAV)，其他帧的 MAC 头也会捎带这一信息。节点 C 和 D 在侦听到这个信息后，就不再发送任何数据，直到这次数据交换完成为止。NAV 可看作一个计数器，以均匀速率递减计数到零。当计数器为零时，虚拟载波侦听指示信道为空闲状态；否则，指示信道为忙状态。

1. IEEE 802.11 MAC 协议的帧间间隔

IEEE 802.11 MAC 协议规定了三种基本帧间间隔(Inter Frame Spacing，IFS)，用来提供访问无线信道的优先级(间隔越短，响应越快)。三种帧间间隔分别如下。

(1) SIFS (Short IFS)：最短帧间间隔。使用 SIFS 的帧优先级最高，用于需要立即响应的服务，如 ACK 帧、CTS 帧和控制帧等。

(2) PIFS (PCF IFS)：点协调方式下节点使用的帧间间隔，用以获得在无竞争访问周期启动时访问信道的优先权。

(3) DIFS (DCF IFS)：分布式协调方式下节点使用的帧间间隔，用以发送数据帧和管理帧。

上述各帧间间隔满足关系：DIFS ＞ PIFS ＞ SIFS。

2. IEEE 802.11 系列标准中 MAC 协议竞争访问机制

IEEE 802.11 系列标准中 MAC 协议的竞争访问机制主要是通过载波侦听多路访问/冲突避免(CSMA/CA)协议实现的。如图 3.5 所示，当一个节点要传输一个分组时，它首先侦听信道状态。如果信道空闲，而且经过一个帧间间隔时间 DIFS 后，信道仍然空闲，则站点立即开始发送信息。

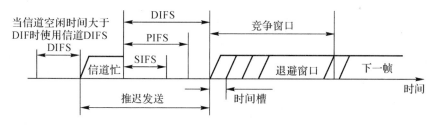

图 3.5　IEEE 802.11 系列标准中 MAC 协议的竞争访问机制

如果信道忙，则站点一直侦听信道直到信道的空闲时间超过 DIFS。当信道最终空闲下来时，节点进一步使用二进制退避算法(binary backoff algorithm)，进入退避状态来避免发生碰撞。随机退避时间按下式计算，即

$$退避时间＝Random(\ )\times aSlottime \tag{3.1}$$

式中：Random 是在竞争窗口[0，CW]内均匀分布的伪随机整数，CW 是整数随机数，其值处于标准规定的 aCWmin 和 aCWmax 之间；aSlottime 是一个时槽时间，包括发射启动时间、媒体传播时延、检测信道的响应时间等。

节点在进入退避状态时，启动一个退避计时器，当计时达到退避时间后结束退避状态。在退避状态下，只有当检测到信道空闲时才进行计时。如果信道忙，退避计时器中止计时，直到检测到信道空闲时间大于 DIFS 后才继续计时。当多个节点推迟且进入随机退避时，利用随

机函数选择最小退避时间的节点作为竞争优胜者,如图 3.6 所示。

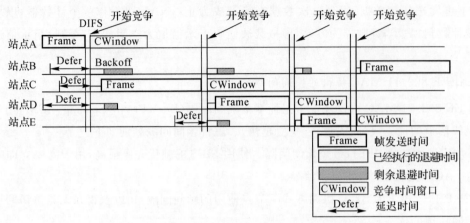

图 3.6   IEEE 802.11 系列标准 MAC 协议的退避机制

　　站点 A 发送数据时,站点 B、C、D 要发送数据,先检测信道是否空闲,发现信道繁忙因此都推迟(defer)发送数据。当站点 A 数据发送完毕后,站点 B、C、D 经过 DIFS 时间后发现信道仍然空闲准备发送数据,分别进行退避时间的计算,最终站点 C 的退避时间最短,因此站点 C 经过退避时间后开始发送数据,此时站点 B、D 的退避计时器暂停计时。在站点 C 发送数据期间,站点 E 也要发送数据,因此,对信道进行了侦测发现信道忙就推迟了发送时间。当站点 C 数据发送完毕后,站点 B、D、E 经过 DIFS 时间后发现信道仍然空闲准备发送数据,此时站点 E 进行退避时间的计算,并将此结果与站点 B、D 的剩余退避时间进行比对,其中站点 D 的剩余退避时间最短,因此站点 D 经过其剩余退避时间后开始发送数据,站点 B、E 的剩余退避时间停止计时,当站点 D 发送完数据后经过 DIFS 信道空闲时间后,站点 B、E 将要发送数据。发送前对剩余退避时间进行比对,站点 E 的剩余退避时间最短,因此站点 E 经过其剩余退避时间后开始发送数据,站点 B 停止退避时间的计时。当站点 E 的数据发送完成后,经过 DIFS 信道空闲时间后,站点 B 发现没有站点与其竞争信道,经过其剩余退避时间后开始发送数据。

　　IEEE 802.11 MAC 协议中通过立即主动确认机制和预留机制来提高性能,图 3.7 为主动确认的原理图。在主动确认机制中,当目标节点收到一个发给它的有效数据帧(DATA)时,必须向源节点发送一个应答帧(ACK),确认数据已被正确接收到。为了保证目标节点在发送 ACK 过程中不与其他节点发生冲突,目标节点使用 SIFS 帧间隔。主动确认机制只能用于有明确目标地址的帧,不能用于组播报文和广播报文传输。

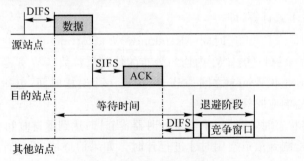

图 3.7   主动确认机制的原理图

为减少节点间使用共享无线信道的碰撞概率,预留机制要求源节点和目标节点在发送数据帧之前交换简短的控制帧,即发送请求帧 RTS 和清除帧 CTS,图 3.8 为预留机制的原理图。从 RTS(或 CTS)帧开始到 ACK 帧结束的这段时间,信道将一直被这次数据交换过程占用。RTS 帧和 CTS 帧中包含有关于这段时间长度的信息。每个站点维护一个定时器,记录网络分配向量 NAV,指示信道被占用的剩余时间。一旦收到 RTS 帧或 CTS 帧,所有节点都必须更新它们的 NAV 值。只有当 NAV 减至零时,节点才可能发送信息。通过此种方式,RTS 帧和 CTS 帧为节点的数据传输预留了无线信道。

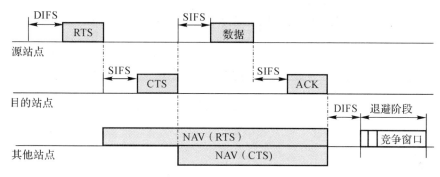

图 3.8　预留机制的原理图

3.2.2　S-MAC 协议

S-MAC (Sensor MAC)协议是在 IEEE 802.11 系列标准的 MAC 协议基础上,针对传感器网络的节省能量需求而提出的传感器网络 MAC 协议。网络中所有节点同步使用相同的睡眠和唤醒方式,网络中的通信都只在所有节点醒来时发生,睡眠时节点会关闭射频收发器以节省能量。直观地说,S-MAC 就是让所有的节点一块儿醒过来,交流通信一段时间,接着再回去睡眠。采用的这种方式显著地减小了空闲侦听。

什么是空闲侦听呢? 空闲侦听是指射频收发器在没有其他节点向它发送数据时处于监听状态,这就称为空闲监听。在这种状态下的能耗要比睡眠状态大得多。空闲侦听状态时节点的工作电流约为 10 mA,而睡眠状态时节点的工作电流可达到 nA 级,不同电流单位的换算关系如下:1 A＝1 000 mA,1 mA＝1 000 μA, 1 μA＝1 000 nA。

如果在传感网中不使用 S-MAC,那么射频收发器将长期处于空闲监听状态,能量的消耗相当大,在实际中大约几天内电池就会耗尽。在使用 S-MAC 后,网络的生存时间就取决于它所用的占空比。占空比是指一个周期中醒来的时间所占的比例,睡眠周期是指监听时间与睡眠时间之和。占空比是 S-MAC 的一个可调参数。例如,假设醒来的时间是 100 ms,睡眠的时间为 900 ms,一个周期就为 1 s,因此占空比为 100 ms/1 s＝10%,能量消耗减少为原来的1/10。能量消耗减少的同时会带来一定的问题——就是会有通信的延时。在这个例子中,平均延时约为 0.5 s(900 ms/2＝450 ms≈0.5 s)。

这里就可以看出,使用 S-MAC 时需要在延时和能量之间权衡利弊,如果要减少延时,那么就应当增大占空比,让射频收发器处于唤醒状态的时间增长,但是能量的消耗也相应增加。如果要节约能量,那么就应该降低占空比,但是这样就会使延时增加。仍然使用前面的例子,若将占空比增加到 50%,那么唤醒和休眠的时间一样都为 0.5 s,而平均延时减小为 0.5 s/2＝

0.25 s,相比之下延时明显减少,但付出的代价是能耗显著增加。

下面对比一下 CSMA 和 S-MAC。图 3.9 中左边为 CSMA 的 MAC 协议工作方式,右边为 S-MAC 的 MAC 协议工作方式。图中上、下两个矩形代表两个节点的无线射频芯片状态。在 CSMA 中只要信道空闲,没有其他节点在发送数据,那么节点随时可以发送数据。图中两个节点顺畅地互相收发数据,因为发出去的数据对方随时都能收到。然而也可以发现,CSMA 中监听状态的部分较多,也就是空闲监听的问题较为严重。

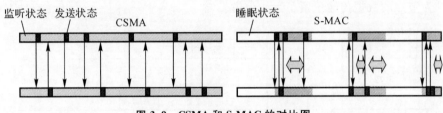

图 3.9　CSMA 和 S-MAC 的对比图

而在 S-MAC 的 MAC 协议工作方式中可以发现两个节点的睡眠、唤醒是完全同步的,在节点醒着的时候,和 CSMA 一样,只要发送数据不产生冲突,随时可以收发。图中用双向箭头标出来的部分是空闲监听,这说明即使采用了 S-MAC,也和 CSMA 一样存在空闲监听问题,并不是十全十美的 MAC 协议。

在设计 MAC 协议时,通常都想把其设计得非常完美,一个 MAC 协议如果能让两个通信节点成为心有灵犀的两个节点,那么接收者通过第六感知道发送者何时发送数据,并且恰好在发送者发送数据的那个时刻醒来,此时完全不存在空闲监听的问题,是一个非常完美的协议。但这也只是一个理想的 MAC 协议。然而理想与现实之间往往存在差异,理想的 MAC 协议只能不断地接近却无法达到。人们可以不断地改进现有的 MAC 协议,使其不断接近理想的 MAC 协议。那分析一下 S-MAC 协议是否还可以继续改进呢? 首先,分析一下 S-MAC 协议的弱点,其最大的弱点在于周期性交换睡眠/侦听信息时的调度开销过大。那么节点有没有可能不交换睡眠/侦听信息,而各自以一种异步的方式进行睡眠/侦听呢? 如果可以,发送者如何将数据发送给接收者? 为了回答这两个问题,异步 MAC 应运而生。

3.2.3　B-MAC 协议

B-MAC 协议是学术界最早提出的一种异步 MAC 协议。异步 MAC 协议的工作方式如何,只需对比一下同步 MAC 协议便可得知。同步 MAC 协议是指同时唤醒、同时睡眠,那么异步 MAC 协议就是指睡眠和唤醒的时间不一致。至此读者会疑惑:睡眠、唤醒时间都已经不一致了,它们之间还如何通信呢? B-MAC 协议就成功地解决了这个问题。

B-MAC 协议及其变种通常又称为低功耗监听,它转变了传感网中 MAC 协议设计的思路。如图 3.10 所示,接收者仍然是在周期性地睡眠、唤醒,但这和 S-MAC 有很大的不同,它唤醒的时间非常短,比如睡眠是 1 s,而唤醒只需要 5 ms 左右。S-MAC 的唤醒时间不可能这么短,否则就没有足够时间收发数据了。

B-MAC 协议中的唤醒时间并不是用来收发数据的,而是用来检查有没有其他节点要向它发送数据,如果没有,就马上回到睡眠状态。这种方式使占空比非常低,在这个例子中为 5 ms/1 s＝0.5%。

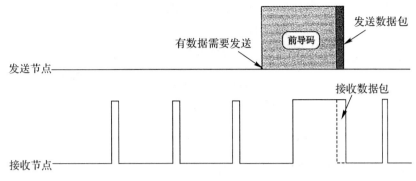

图 3.10　B-MAC 协议的工作原理

B-MAC 协议中的发送者所做的操作就要稍微复杂一些。如果有数据要发送,那么它就先发送一段较长的前导码,其作用是唤醒接收者。那么前导码应该持续发送多长时间呢?它只需比一个周期稍长即可,保证这段时间里接收者肯定会醒过来一次。这里有一个隐含的前提,那就是整个网络用的是相同的调度周期,也就是每个节点醒来和睡眠的时间是一样的。前导码发送完成后,就可以立即发送数据,由于接收者已被唤醒,所以肯定能接收到该数据。

回过头来想想我们的目标:理想的 MAC 协议。B-MAC 是否达到了理想 MAC 协议的程度呢?显然没有。因为它需要发一个周期的前导码,不仅耗费节点本身的能量,而且会干扰附近的邻居节点,造成串扰。为了设法缩短前导码并减少串扰,X-MAC 协议用多个短的数据包代替前导码,而 wiseMAC 协议通过预测接收者的唤醒时间减少前导码的长度,这两种 MAC 的具体细节请感兴趣的读者自行查阅相关论文。

3.2.4　RI-MAC 协议

在并发数据流环境中,B-MAC 协议的吞吐量因为前导码容易冲突而无法提高。如图 3.11 所示,网络中有多个并发流存在。A、B、C 这 3 个节点在同一个冲突域里,C、D 在同一个冲突域里。在 B-MAC 协议中,如果 A 要向 B 发送数据,那么 A 会先发送一个周期的前导码,B 在醒来的时刻接收到前导码,等前导码发完后 A 就开始发送数据。问题在于 C 在图中指出的时刻也要发送数据,但是信道已经被 A 完全占用了,

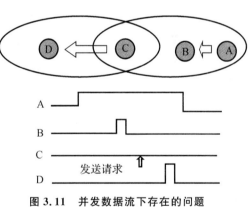

图 3.11　并发数据流下存在的问题

C 无法发出前导码,只能等到下个周期再发,这就造成了延时。罪魁祸首就是 A 的前导码完全占用了信道,只要是和 A 在同一个冲突域的节点就没法在这段时间内发送数据。这是所有使用前导码的 MAC 协议都要面对的问题。那么要彻底解决这个问题就必须抛弃前导码的使用。

RI-MAC 协议采用了接收者发起的方式成功地解决了这一问题。这是异步 MAC 协议设计思路的一个重大转变。RI-MAC 协议使用的方法和前导码 MAC 协议完全相反。接收者原本是周期性地醒来,监听信道以检测是否有其他节点向它发送数据。如图 3.12 所示,RI-MAC 协议中接收者也是周期性地醒来,但是醒来时,它要发一个信标(图中的 B),告诉附近的

邻居节点它醒来了。

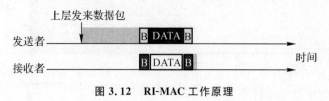

图 3.12　RI-MAC 工作原理

RI-MAC 协议中发送者所做的操作与前导码 MAC 协议相比也有显著的变化。当有数据需要发送时,发送者将无线射频芯片切换到监听状态,一旦接收到接收者的信标,立即向接收者发送数据。

RI-MAC 协议把 B-MAC 协议中的收发时序完全颠倒过来,B-MAC 协议中的前导码在 RI-MAC 协议中变成监听信道,而 B-MAC 协议中的监听信道变成了主动发送通告。这么做的好处就是解决了前导码占用信道的问题,因为监听并不占用信道,多个节点可以同时监听,该过程如图 3.13 所示。

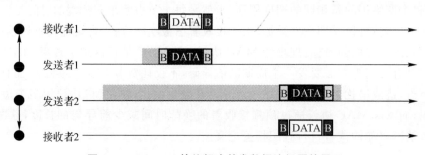

图 3.13　RI-MAC 协议解决并发数据流问题的原理

3.3　基于时分复用的 MAC 层协议

时分复用(TDMA)是实现信道分配的简单成熟的机制,蓝牙(bluetooth)网络采用了基于 TDMA 的 MAC 协议。在传感器网络中采用 TDMA 机制,就是为每个节点分配独立的用于数据发送或接收的时槽,而节点在其他空闲时槽内转入睡眠状态。

TDMA 机制的一些特点非常适合无线传感器网络节省能量的需求,即无线传感器网络使用 TDMA 机制有以下优点:①TDMA 机制没有竞争机制的碰撞重传问题;②数据传输时不需要过多的控制信息;③节点在空闲时槽能够及时进入睡眠状态。TDMA 机制需要节点之间比较严格的时间同步。时间同步是传感器网络的基本要求,多数传感器网络都使用了侦听/睡眠的能量唤醒机制,利用时间同步来实现节点状态的自动转化。节点之间为了完成任务需要协同工作,同样不可避免地需要时间同步。TDMA 机制在网络扩展性方面存在以下不足:①很难调整时间帧的长度和时槽的分配;②对于传感器网络的节点移动、节点失效等动态拓扑结构适应性较差;③对于节点发送数据量的变化也不敏感。研究者利用 TDMA 机制的优点,针对 TDMA 机制的不足,结合具体的传感器网络应用,提出了多个基于 TDMA 的传感器网络 MAC 协议。下面介绍其中的几个典型协议。

3.3.1　基于分簇网络的 MAC 协议

对于分簇结构的传感器网络,学术界提出了一种比较有代表性的基于 TDMA 机制的 MAC 协议。如图 3.14 所示,所有传感器节点固定划分或自动形成多个簇,每个簇内有一个簇头节点。簇头负责为簇内所有传感器节点分配时槽,收集和处理簇内传感器节点发来的数据,并将数据发送给汇聚节点。

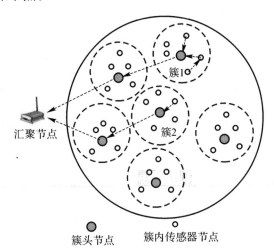

图 3.14　基于分簇的 TDMA MAC 协议

在基于分簇网络的 MAC 协议中,节点状态分为感应(sensing)、转发(relaying)、感应并转发(sensing & relaying)和非活动(inactive)四种状态。节点在感应状态时,采集数据并向其相邻节点发送;在转发状态时,接收其他节点发送的数据并发送给下一个节点;在感应并转发状态的节点,需要完成上述两项的功能;节点没有数据需要接收和发送时,自动进入非活动状态。

为了适应簇内节点的动态变化、及时发现新的节点、使用能量相对高的节点转发数据等目的,协议将时间帧分为以下周期性的四个阶段。

(1)数据传输阶段。簇内传感器节点在各自分配的时槽内,发送采集数据给簇头。

(2)刷新阶段。簇内传感器节点向簇头报告其当前状态。

(3)刷新引起的重组阶段。紧跟在刷新阶段之后,簇头节点根据簇内节点的当前状态,重新给簇内节点分配时槽。

(4)事件触发的重组阶段。当节点能量小于特定值、网络拓扑发生变化等事件发生时,簇头就要重新分配时槽。通常在多个数据传输阶段后有这样的事件发生。

上述基于分簇网络的 MAC 协议在刷新和重组阶段重新分配时槽,适应簇内节点拓扑结构的变化及节点状态的变化。簇头节点要求具有比较强的处理和通信能力,能量消耗也比较大,如何合理地选取簇头节点是一个需要深入研究的关键问题。目前比较常用的方法就是根据节点的剩余能量和计算能力,共同生成一个加权后的数值,对该数值进行排序选择簇头节点,一些改进算法会再加入节点的位置信息进行计算排序选举簇头节点。

3.3.2　DEANA 协议

分布式能量感知节点活动(Distributed Energy-Aware Node Activation,DEANA)协议将

时间帧分为周期性的调度访问阶段和随机访问阶段。调度访问阶段由多个连续的数据传输时槽组成,某个时槽分配给特定节点用来发送数据。除相应的接收节点外,其他节点在此时槽处于睡眠状态。随机访问阶段由多个连续的信令交换时槽组成,用于处理节点的添加、删除以及时间同步等。

为了进一步节省能量,在调度访问部分中,每个时槽又细分为控制时槽和数据传输时槽。控制时槽相对数据传输时槽而言长度很短。如果节点在其分配的时槽内有数据需要发送,则在控制时槽发出控制消息,指出接收数据的节点,然后在数据传输时槽发送数据。在控制时槽内,所有节点都处于接收状态。如果发现自己不是数据的接收者,节点就进入睡眠状态,只有数据的接收者才在整个时槽内保持在接收状态。这样就能有效减少节点接收不必要的数据。DEANA 协议的时间帧分配如图 3.15 所示。

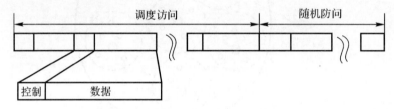

图 3.15　DEANA 协议的时间帧分配

与传统的 TDMA 协议相比,DEANA 协议在数据传输时槽前加入了一个控制时槽,使节点在得知不需要接收数据时进入睡眠状态,从而能够部分解决串音问题。但是该协议对节点的时间同步精度要求较高。

3.4　其他类型的 MAC 层协议

基于 TDMA 的 MAC 协议虽然具有很多优点,但网络扩展性较差,需要节点间严格的时间同步,对于能量和计算能力都有限的传感器节点而言,其实现比较困难。人们考虑通过频分复用(FDMA)或者码分复用(CDMA)与时分复用(TDMA)相结合的方法,为每对节点分配互不干扰的信道实现消息传输,从而避免了共享信道的碰撞问题,增强协议的扩展性。

3.4.1　频分复用协议

SMACS/EAR (Self-organizing Medium Access Control for Sensor networks/ Eavesdrop And Register)协议是一种基于频分复用(FDMA)机制的协议,其是一种结合 TDMA 和 FD-MA 的基于固定信道分配的 MAC 协议。其基本思想是为每一对邻居节点分配一个特有频率进行数据传输,不同节点对间的频率互不干扰,从而避免同时传输的数据之间产生碰撞。

SMACS 协议假设传感器节点静止。当节点启动时,通过共享信道广播一个“邀请”消息,通知邻居节点与其建立连接。接收到“邀请”消息的邻居节点与发出“邀请”消息的节点交换信息,协商两者之间的通信频率和一对时槽。如果节点收到多个邻居节点对其“邀请”消息的应答,则选择最先应答的邻居节点建立无线链路。为了与更多邻居建立链路,节点需要定时地发送“邀请”消息。

图 3.16 显示了 A、D,B,C 节点之间的无线链路的建立过程。先启动的节点 D 向邻居节

点广播"邀请"消息,收到消息的节点 A 发送应答消息,节点 A 和节点 D 之间协商两者之间的一对专用通信时槽以及专用通信频率 f_1,节点 B 和 C 之间也通过协商建立专用通信时槽和通信频率 f_2。节点 A、D 之间的通信时槽与节点 B、C 之间的虽然重叠,但是由于双方使用的频率不同,所以不会相互干扰。通过同样的过程,经过一段时间之后,节点 A 与 B、节点 C 与 D 之间也分别通过协商分配相应的通信时槽和不同的通信频率,建立相应的底层链路。

　　SMACS 协议主要用于静止节点间链路的建立,而 EAR 协议则用于建立少量运动节点与静止节点之间的通信链路。其基本思想是运动节点侦听固定节点发出的"邀请"消息,根据消息的信号强度、节点 ID 号等信息决定是否建立链路。如果运动节点认为需要建立链路,则通过与对方交换信息分配一对通信时槽和通信频率。

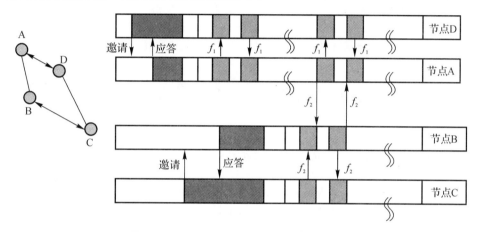

图 3.16　SMACS/EAR 协议的链路建立过程

　　SMACS/EAR 协议不要求所有节点之间进行时间同步,只需要两个通信节点间保持相对的帧同步。SMACS/EAR 协议不能完全避免碰撞,因为多个节点在协商过程中可能同时发出"邀请"消息或应答消息。EAR 协议虽然可以为移动节点提供持续服务,但不适用于拓扑结构变化较快的传感器网络。由于协议要求两两节点之间使用不同的频率通信,固定节点还需要为移动节点预留通信频率,所以网络需要充足的带宽以保证每对节点间可能的链路。另外,由于每个节点需要建立的通信链路数无法事先预计,也很难动态调整,这使得整个网络的带宽利用率不高。每个节点要支持多种通信频率,这对节点硬件提出了很高的要求。

3.4.2　码分复用协议

　　CDMA 机制为每个用户分配特定的具有正交性的地址码,因而在频率、时间和空间上都可以重叠。在传感器网络中应用 CDMA 技术就是为每个传感器节点分配与其他节点正交的地址码,这样即使多个节点同时传输消息,也不会相互干扰,从而解决了信道冲突问题。

　　学术界提出了一个 CSMA/CA 和 CDMA 相结合的 MAC 协议。它采用一种 CDMA 的伪随机码分配算法,使每个传感器节点与其两跳范围内所有其他节点的伪随机码都不相同,从而避免了节点间的通信干扰。为了实现这种编码分配,需要在网络中建立一个公用信道,所有节点通过公用信道获取其他节点的伪随机编码,调整和发布自己的伪随机编码。具体的分配算法类似于图论中的两跳节点的染色问题,每个节点与其两跳范围内所有其他节点的颜色都不相同。

协议作者经过对一些传感器网络进行能量分析,发现已有传感器节点大约 90% 的能量用于信道侦听,而事实上大部分时间内信道上没有数据传送。造成这种空闲侦听能量浪费的原因是现有无线收发器中链路侦听和数据接收使用相同的模块。链路侦听操作相对简单,只需使用简单低能耗的硬件,因此协议在传感器节点上采用链路侦听和数据收发两个独立的模块。链路侦听模块用来传送节点之间的握手信息,采用 CSMA/CA 机制进行通信。数据收发模块用于发送和接收数据,也采用 CDMA 机制进行通信。节点不收发数据时就让数据收发模块进入睡眠状态,而使用链路侦听模块侦听信道;如果发现邻居节点需要向本节点发送数据,节点则唤醒数据收发模块,设置与发送节点相同的编码;如果节点需要发送消息,唤醒收发模块后,首先通过链路侦听模块发送一个唤醒信号唤醒接收者,然后再通过数据收发模块传输消息。图 3.17 显示了消息传输的通信过程。

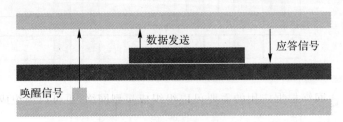

图 3.17　向一个睡眠节点发送数据的信号时序过程

这种结合 CSMA/CA 和 CDMA 的 MAC 协议允许两跳范围内的节点采用不同的 CDMA 编码,允许多个节点对的同时通信,增加了网络吞吐量,减少了消息的传输延迟。与 TDMA 的 MAC 协议相比,该 MAC 协议不需要严格的时间同步,能够适应网络拓扑结构的变化,具有良好的扩展性;与基于竞争机制的 MAC 协议相比,该 MAC 协议不会出现因为竞争冲突而导致的消息重传,也减少了传输控制消息的额外开销。但是,节点需要复杂的 CDMA 的编解码,对传感器节点的计算能力要求较高;还要求两套无线收发器件,增加了节点的体积和价格。

3.5　IEEE 802.15.4 标准的 MAC 层

在讲解 IEEE 802.15.4 MAC 层标准之前,先介绍一下 IEEE 802.15.4 网络。

3.5.1　IEEE 802.15.4 标准支持的网络

IEEE 802.15.4 网络是指在个人操作空间(POS)内使用相同无线信道并通过 IEEE 802.15.4 标准相互通信的一组设备的集合,又名 LR-WPAN 网络。在这个网络中,根据设备所具有的通信能力,可以分为全功能设备(Full-Function Device,FFD)和精简功能设备(Reduced-Function Device, RFD)。

FFD 设备之间以及 FFD 设备与 RFD 设备之间都可以通信。如图 3.18 所示,RFD 设备之间不能直接通信,只能与 FFD 设备通信,或者通过一个 FFD 设备向外转发数据。这个与 RFD 相关联的 FFD 设备称为该 RFD 的协调器(coordinator)。RFD 设备主要用于简单的控制应用,如灯的开关、被动式红外线传感器等,传输的数据量较少,对传输资源和通信资源占用不多,这样 RFD 设备可以采用非常廉价的实现方案。在 IEEE 802.15.4 网络中,有一个被称为个域网网络协调器(PAN coordinator)的 FFD 设备,是网络中的主控制器。个域网网络协调器(以下简称网络协调器)除了直接参与应用以外,还要完成成员身份管理、链路状态信息管理以及分组转发等任务。

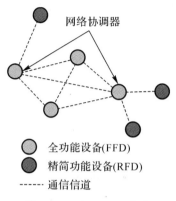

图 3.18　LR-WPAN 网络

　　IEEE 802.15.4 网络根据应用的需要可以组织成星型网络,也可以组织成点对点网络,如图 3.19 所示。

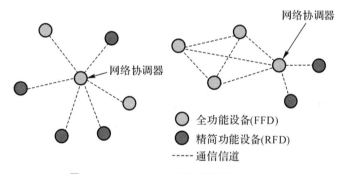

图 3.19　LR-WPAN 网络支持的网络结构

　　星型结构中,所有设备都与中心设备网络协调器通信。在这种网络中,网络协调器一般使用持续电力系统供电,而其他设备采用电池供电。星型网络适合家庭自动化、个人计算机的外设以及个人健康护理等小范围的室内应用。

　　点对点网络只要彼此都在对方的无线辐射范围之内,任何两个设备之间都可以直接通信。点对点网络中也需要网络协调器,负责实现管理链路状态信息、认证设备身份等功能。点对点网络模式可以支持 Ad-hoc 网络,允许通过多跳路由的方式在网络中传输数据。不过一般认为自组织问题由网络层来解决,不在 IEEE 802.15.4 标准讨论范围之内。点对点网络可以构造更复杂的网络结构,适合于设备分布范围广的应用,例如在工业检测与控制、货物库存跟踪和智能农业等方面有非常好的应用前景。

3.5.2　IEEE 802.15.4 标准的 MAC 层功能

　　在 IEEE 802 系列标准中,OSI 参考模型的数据链路层进一步划分为 MAC 和 LLC 两个子层。MAC 子层使用物理层提供的服务实现设备之间的数据帧传输,而 LLC 子层在 MAC

子层的基础上,在设备间提供面向连接和非连接的服务。下面介绍一下 IEEE 802.15.4 标准中 MAC 子层的功能。

MAC 子层的主要功能包括以下六个方面。

(1)协调器产生并发送信标帧,普通设备根据协调器的信标帧与协调器同步。

(2)支持 PAN 网络的关联(association)和取消关联(disassociation)操作。关联操作是指一个设备在加入一个特定网络时,向协调器注册以及身份认证的过程。LR-WPAN 网络中的设备有可能从一个网络切换到另一个网络,这时就需要进行关联和取消关联操作。

(3)支持无线信道通信安全。

(4)使用 CSMA-CA 机制访问信道。

(5)支持不同设备的 MAC 层间可靠传输。

(6)支持时槽保障(Guaranteed Time Slot,GTS)机制。时槽保障机制和时分复用(Time Division Multiple Access,TDMA)机制相似,但它可以动态地为有收发请求的设备分配时槽。使用时槽保障机制需要设备间的时间同步,IEEE 802.15.4 中的时间同步通过下面介绍的"超帧"机制实现。

3.5.3　IEEE 802.15.4 标准中的超帧

超帧不是一个实际的物理层帧,而是一种时隙划分方式。在 IEEE 802.15.4 中,可以选用以超帧为周期组织网络内设备间的通信。图 3.20 为一个超帧结构。

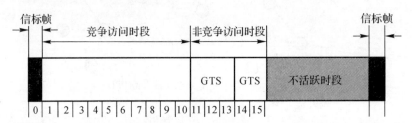

图 3.20　超帧结构

超帧将通信时间划分为活跃和不活跃两个部分。在不活跃期间,网络中的设备不会相互通信,从而可以进入休眠状态以节省能量。超帧的活跃期间划分为三个阶段:信标帧发送时段、竞争访问时段(Contention Access Period,CAP)和非竞争访问时段(Contention-Free Period,CFP)。超帧的活跃部分被划分为 16 个等长的时槽,每个时槽的长度、竞争访问时段包含的时槽数等参数,都由协调器设定,并通过超帧开始时发出的信标帧广播到整个网络。每个超帧都以网络协调器发出信标帧(beacon)为始,在这个信标帧中包含了超帧将持续的时间以及对这段时间的分配等信息。网络中的普通设备接收到超帧开始时的信标帧后,就可以根据其中的内容安排自己的任务,例如进入休眠状态直到这个超帧结束。

在超帧的竞争访问时段,IEEE 802.15.4 网络设备使用带时槽的 CSMA-CA 访问机制,并且任何通信都必须在竞争访问时段结束前完成。在非竞争时段,协调器根据上一个超帧期间网络中设备申请时槽保障时段(GTS)的情况,将非竞争时段划分成若干个时槽保障时段。每个时槽保障时段由若干个时槽组成,时槽数目在设备申请时槽保障时段时指定。如果申请成功,申请设备就拥有了它指定的时槽数目。如图 3.20 中第一个时槽保障时段由时槽 11~13

构成,第二个时槽保障时段由时槽 14、15 构成。每个时槽保障时段中的时槽都指定分配给了时槽申请设备,因而不需要竞争信道。

IEEE 802.15.4 标准要求任何通信都必须在自己分配的时槽保障时段内完成。超帧中规定非竞争时段必须跟在竞争时段后面。竞争时段的功能包括:①网络设备可以自由收发数据;②域内设备向协调器申请时槽保障时段;③新设备加入当前网络等。非竞争时段由协调器指定的设备发送或者接收数据包。如果某个设备在非竞争阶段一直处在接收状态,那么拥有时槽保障时段使用权的设备就可以在时槽保障时段直接向该设备发送消息。

3.5.4　IEEE 802.15.4 标准中的数据交互机制

3.5.4.1　IEEE 802.15.4 网络数据传输模型

LR-WPAN 网络中存在着三种数据传输方式:设备发送数据给协调器、协调器发送数据给设备、对等设备之间的数据传输。星型拓扑网络中只存在前两种数据传输方式,因为数据只在协调器和设备之间交换;而在点对点拓扑网络中,三种数据传输方式都存在。

在 LR-WPAN 网络中,有两种通信模式可供选择:信标通信模式(beacon-enabled)和非信标通信模式(non beacon-enabled)。

在信标通信模式的网络中,网络协调器定时广播信标帧,信标帧表示超帧的开始。设备之间通信使用基于时槽的 CSMA/CA 信道访问机制,网络中的设备都通过协调器发送的信标帧进行同步。在时槽 CSMA/CA 机制下,每当设备需要发送数据帧或命令帧时,它首先定位下一个时槽的边界,然后等待随机数目个时槽。等待完毕后,设备开始检测信道状态:如果信道空闲,设备就在下一个可用时槽边界开始发送数据;如果信道忙,设备需要重新等待随机数目个时槽,再检查信道状态,重复这个过程直到有空闲信道出现。在这种机制下,确认帧的发送不需要使用 CSMA/CA 机制,而是紧跟着接收帧发送回源设备。

在非信标通信模式的网络中,网络协调器不发送信标帧,各个设备使用非时槽 CSMA/CA 机制访问信道。该机制的通信过程如下,每当设备需要发送数据或者发送 MAC 命令时,它首先等候一段随机长的时间,然后开始检测信道状态。如果信道空闲,该设备立即开始发送数据。如果信道忙,设备需要重复上面的等待一段随机时间和检测信道状态的过程,直到能够发送数据。在设备接收到数据帧或命令帧而需要回应确认帧的时候,确认帧应紧跟着接收帧发送,而不使用 CSMA/CA 机制竞争信道。

图 3.21(a)是一个信标通信模式网络中某一设备传送数据给协调器的例子。该设备首先侦听网络中的信标帧,如果接收到了信标帧,它就同步到由这个信标帧开始的超帧上,然后应用时槽 CSMA/CA 机制,选择一个合适的时机,把数据帧发送给协调器。协调器成功接收到数据以后,回送一个确认帧表示成功收到该数据帧。

图 3.21(b)是一个非信标通信模式网络中某一设备传送数据给协调器的例子。该设备应用无时槽的 CSMA/CA 机制,选择好发送时机后,就发送它的数据帧。协调器成功接收到数据帧后,回送一个确认帧表示成功收到该数据帧。

图 3.22(a)是在信标通信模式的网络中协调器发送数据帧给网络中某个设备的例子。当协调器需要向某个设备发送数据时,就在下一个信标帧中说明协调器拥有属于某个设备的数据正在等待发送。目标设备在周期性的侦听过程中会接收到这个信标帧,从而得知有属于自己的数据保存在协调器,这时就会向协调器发送请求传送数据的 MAC 命令。该命令帧发送

的时机按照基于时槽的 CSMA/CA 机制来确定。协调器收到请求帧后,先回应一个确认帧表明收到请求命令,然后开始传送数据。设备成功接收到数据后再回送一个数据确认帧,协调器接收到这个确认帧后,才将消息从自己的消息队列中移走。

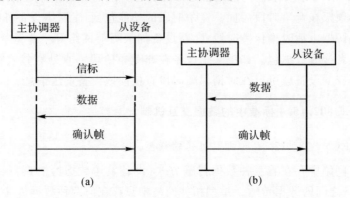

图 3.21　非信标通信模式网络

图 3.22(b)是在非信标通信模式的网络中协调器发送数据帧给网络中某个设备的例子。协调器只是为相关的设备存储数据,被动地等待设备来请求数据,数据帧和命令帧的传送都使用无时槽的 CSMA/CA 机制。设备可能会根据应用程序事先定义好的时间间隔,周期性地向协调器发送请求数据的 MAC 命令帧,查询协调器是否存有属于自己的数据。协调器回应一个确认帧表示收到数据请求命令,如果有属于该设备的数据等待传送,则利用无时槽的 CS-MA/CA 机制选择时机开始传送数据帧。如果没有数据需要传送,则发送一个 0 长度的数据帧给设备,表示没有属于该设备的数据。设备成功收到数据帧后,回送一个确认帧,这时整个通信过程就完成了。

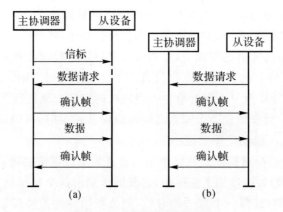

图 3.22　信标通信模式网络

在点对点个域网中,每一个设备均可以与在其无线辐射范围内的设备通信。为了保证通信的有效性,这些设备需要保持持续接收状态或者通过某些机制实现彼此同步。如果采用持续接收方式,设备只是简单地利用 CSMA/CA 收发数据;如果采用同步方式,需要采取其他措施来达到同步的目的。超帧在某种程度上可以用来实现点到点通信的同步,前面提到的时槽保障(GTS)监听方式,或者在竞争访问时段(CAP)进行自由竞争通信都可以直接实现同步的点到点通信。

3.5.4.2 IEEE 802.15.4 标准 MAC 层帧结构

MAC 层帧结构的设计目标是用最低复杂度实现在多噪声无线信道环境下的可靠数据传输。

1. 帧结构

每个 MAC 子层的帧都由帧头（MAC Header，MHR）、负载和帧尾（MAC Footer，MFRS）三部分组成，如图 3.23 所示。帧头由帧控制信息（frame control）、帧序列号（sequence number）和地址信息（addressing fields）组成。MAC 子层负载具有可变长度，具体内容由帧类型决定，后面将详细解释各类负载字段的内容。帧尾是帧头和负载数据的 16 位 CRC 校验序列。

Ocets:2	1	0/2	0/2/8	0/2	0/2/8	0/5/6/10/14	可变	2
帧控制域（Frame Control）	帧序列号（Seq Num）	目标 PAN ID	目标地址	源 PAN ID	源地址	附加安全头部	帧负载	FCS 校验
		地址域						
帧头（MHR）							MAC 负载	帧尾（MFR）

图 3.23 IEEE 802.15.4 标准中 MAC 层帧结构

2. 地址格式

在 MAC 子层中设备地址有两种格式：16 b(2 B) 的短地址和 64 b(8 B) 的扩展地址。16 b 短地址是设备与 PAN 网络协调器关联时，由协调器分配的网内局部地址。64 b 扩展地址是全球唯一地址，在设备进入网络之前就分配好了。16 b 短地址只能保证在 PAN 网络内部是唯一的，因此在使用 16 b 短地址通信时需要结合 16 b 的 PAN 网络标识符才有意义。两种地址类型的地址信息的长度是不同的，从而导致 MAC 帧头的长度也是可变的。一个数据帧使用哪种地址类型由帧控制字段的内容指示。在帧结构中没有表示帧长度的字段，这是因为在物理层的帧里面有表示 MAC 帧长度的字段，MAC 负载长度可以通过物理层帧长和 MAC 帧头的长度计算出来。

IEEE 802.15.4 标准共定义了四种类型的帧：信标帧、数据帧、确认帧和 MAC 命令帧。

3. 信标帧

信标帧的负载数据单元由四部分组成：超帧描述字段、GTS 分配字段、待转发数据目标地址（pending address）字段和信标帧负载数据，如图 3.24 所示。

Ocets:2	1	4/10	0/5/6/10/14	2	可变	可变	可变	2
帧控制域（Frame Control）	帧序列号（Seq Num）	地址域	附加安全头部	超帧描述	GTS 分配释放信息	待发数据目标地址信息	帧负载	FCS 校验
帧头（MHR）				MAC 负载				帧尾(MFR)

图 3.24 IEEE 802.15.4 标准中 MAC 层信标帧的帧结构

（1）信标帧中超帧描述字段。规定了这个超帧的持续时间、活跃部分持续时间以及竞争访问时段持续时间等信息。

（2）GTS分配字段。将无竞争时段划分为若干个GTS,并把每个GTS具体分配给了某个设备。

（3）转发数据目标地址。列出了与协调者保存的数据相对应的设备地址。一个设备如果发现自己的地址出现在待转发数据目标地址字段里,则意味着协调器存有属于它的数据,因此它就会向协调器发出请求传送数据的MAC命令帧。

（4）信标帧负载数据。为上层协议提供数据传输接口。例如在使用安全机制的时候,这个负载域将根据被通信设备设定的安全通信协议填入相应的信息。通常情况下,这个字段可以忽略。

在非信标网络里,协调器在其他设备的请求下也会发送信标帧。此时信标帧的功能是辅助协调器向设备传输数据,整个帧只有待转发数据目标地址字段有意义。

4.数据帧

数据帧用来传输上层发到MAC子层的数据,它的负载字段包含了上层需要传送的数据。当数据负载传送至MAC子层时,被称为MAC服务数据单元（MAC Service Data Unit, MS-DU）。它的首、尾被分别附加了MHR头信息和MFR尾信息后,就构成了MAC帧,如图3.25所示。

Ocets:2	1	4/20	0/5/6/10/14	可变	2
帧控制域（Frame Control）	帧序列号（Seq Num）	地址域	附加安全头部	数据帧负载	FCS校验
帧头（MHR）				MAC负载	帧尾（MFR）

图 3.25　IEEE 802.15.4 标准中 MAC 层数据帧的帧结构

MAC帧传送至物理层后,就成为了物理帧的负载PSDU。物理帧的帧长度字段PHR标识了MAC帧的长度,为1 B长而且只有其中的低7 b是有效位,因此MAC帧的长度不会超过127 B。

5.确认帧

如果设备收到目的地址为其自身的数据帧或MAC命令帧,并且帧的控制信息字段的确认请求位被置1,设备需要回应一个确认帧（见图3.26）。确认帧的序列号应该与被确认帧的序列号相同,并且负载长度应该为0。确认帧紧接着数据帧或MAC命令帧被发送,不需要使用CSMA/CA机制竞争信道。

Ocets:2	1	2
帧控制域（Frame Control）	帧序列号（Seq Num）	FCS校验
帧头（MHR）		帧尾（MFR）

图 3.26　IEEE 802.15.4 标准中 MAC 层确认帧的帧结构

6.命令帧

MAC 命令帧(见图 3.27)用于组建个域网(PAN)、传输同步数据等。目前定义好的命令帧有九种类型,主要完成三个方面的功能:把设备关联到 PAN 网络,与协调器交换数据,分配 GTS。命令帧的具体功能由帧的负载数据表示。

Ocets:2	1	4/20	0/5/6/10/14	1	可变	2
帧控制域 (Frame Control)	帧序列号 (Seq Num)	地址域	附加安全头部	命令帧 ID	命令帧负载	FCS 校验
帧头(MHR)				MAC 负载		帧尾(MFR)

图 3.27　IEEE 802.15.4 标准中 MAC 层命令帧的帧结构

命令帧在格式上和其他类型的帧没有太多的区别,只是帧控制字段的帧类型位有所不同。帧头的帧控制字段的帧类型为 011b(b 表示二进制数据),表示这是一个命令帧。负载数据是一个变长结构,所有命令帧负载的第一个字节是命令类型字节,后面的数据针对不同的命令类型有不同的含义。

3.5.5　IEEE 802.15.4 标准中 MAC 层结构模型

IEEE 802.15.4 标准的 MAC 子层提供两种服务:MAC 层数据服务和 MAC 层管理服务。MAC 层数据服务保证 MAC 协议数据单元在物理层数据服务中的正确收发。MAC 层管理服务维护一个存储 MAC 子层协议状态相关信息的数据库。

图 3.28 中显示了 MAC 子层提供网络层(NWK 层)与物理层(PHY 层)之间的接口,并且包含一个称为 MLME(MAC sublayer Management Entity)的管理实体,通过调用这个实体的管理函数可以提供服务接口。MLME 同时还负责维护 MAC 子层数据库 PIB。MAC 子层通过两个服务访问点(SAP)提供两种类型的服务。通过 MAC 公共部分子层(MAC Common Part Sublayer)服务接入点 MCPS-SAP 提供 MAC 数据服务。通过 MAC 层管理实体服务接入点 MLME-SAP 提供 MAC 管理服务。MCPS-SAP 和 MLME-SAP 两个服务提供了网络层和物理层(PHY)之间的接口。除了这两个外部接口,MLME 和 MCPS 之间还具有一个接口用于让 MCPS 为 MLME 提供 MAC 数据服务。

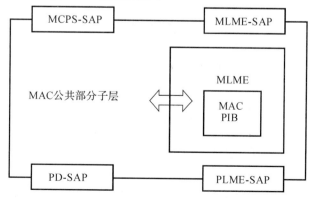

图 3.28　IEEE 802.15.4 标准中 MAC 层结构模型

3.5.5.1 IEEE 802.15.4 MAC 层的数据服务

表 3.1 为 IEEE 802.15.4 MAC 层的数据服务支持的原语[带有◆标记的原语是精简功能设备(RFD)可选的]。

表 3.1 IEEE 802.15.4 标准中 MAC 层的数据服务支持的原语

MCPS-SAP 原语	Request	Confirm	Indication
MCPS-DATA	MCPS-DATA. request	MCPS-DATA. confirm	MCPS-DATA. indication
MCPS-PURGE	MCPS-PURGE. request(◆)	MCPS-PURGE. confirm(◆)	

MAC 层为 NWK 层提供数据服务,需要发送的数据以 NPDU 的形式提供。NPDU 被封装在 MAC 层数据帧 MSDU 中。NWK 层通过 MAC 公共部分子层服务接入点(MCPS-SAP)产生数据发送请求并且提供 NPDU。该功能主要通过 MCPS-DATA. request 原语实现。为了跟踪设备中不同的 MAC 层数据帧(MSDU),每个 MAC 层数据帧与一个唯一的 MAC 层数据帧句柄(msduhandle)相关联。

MAC 层数据帧句柄(msduhandle)是标记鉴别 MAC 层数据帧的一个整数。如果一个 MAC 层数据帧需要从事件队列中清除,MAC 子层将试图在队列中找到相应的 MAC 层数据帧句柄。

数据序列号(DSN)可以被用作 MAC 层数据帧句柄。数据序列号是一个 MAC 层属性,存储在 MAC 层数据库(MAC-PIB)的 macDSN 属性中,macDSN 的初始值是一个随机数。每当一个数据帧或 MAC 命令帧产生时,MAC 子层把 macDSN 的值复制到外发帧中并将 macDSN 加 1。

NWK 层可以请求将 MAC 层数据帧从事件队列中清除。此时,MAC 子层会寻找和 MAC 层数据帧有关的句柄,如果它还未被发送,则将其清除。对于精简功能设备(RFD)来说,该清除功能是可选的,该功能主要通过 MCPS-PURGE 原语实现。

先前讨论的数据服务是对想要发送数据的设备来说的,如果设备正在接收数据,MAC 数据服务将把数据传给 NWK 层。除了数据本身外,在 MAC 层数据单元交互期间测量的链路质量(链路质量指示 LQI)和数据接收时的时间(时间戳)也被提供给了 NWK 层。该功能主要通过 MCPS-DATA. indication 原语实现。数据服务中的消息交互如图 3.29 所示。

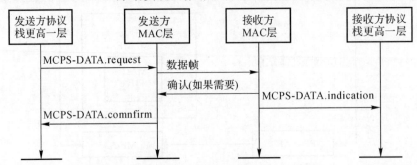

图 3.29 数据服务中使用原语的消息交互过程

3.5.5.2　IEEE 802.15.4 MAC 层的管理服务

MAC 管理服务通过 MAC 层管理实体服务接入点(MLME-SAP)来访问。MAC 命令通常包括地址和安全信息等参数,并且以一个状态的形式向下一层报告一个请求的结果。该状态有多个选项,如成功(SUCCESS)或无效(INVALID)。

上述已经介绍过 MAC 层也有其自己的数据库(MAC-PIB)。MAC 层的常量和属性都存储在该信息库(MAC-PIB)中。NWK 层可以通过 MAC 层管理服务实体 MLME 从 MAC 层信息库中请求获得一个属性的值或更改属性的值,而且还可以从物理层信息库 PHY-PIB 中请求一个属性的值,在此情况中,MAC 层管理实体 MLME 会把请求向下传送给物理层管理实体 PLME,并且一从物理层管理实体中接收到结果就通知 NWK 层。MAC 层的管理服务原语见表 3.2 和表 3.3。

表 3.2　IEEE 802.15.4 标准中 MAC 层的管理服务支持原语的功能描述

序　号	MLME-SAP 原语	功能描述
1	MLME-ASSOCIATE	请求加入一个协调器中
2	MLME-DISASSOCIATE	已加入网络的设备退出网络
3	MLME-BEACON-NOTIFY	向上层执行信标通知
4	MLME-GET	读 PIB 信息
5	MLME-GTS	NWK 层请求或解除一个新时槽保障时段的分配
6	MLME-ORPHAN	通信异常中断时,通知 NWK 层一个孤立设备的存在
7	MLME-RESET	NWK 层请求将 MAC 子层复位到它的初始状态
8	MLME-RX-ENABLE	NWK 层请求占用接收器一段固定的时间
9	MLME-SCAN	信道扫描能力是 MAC 层到 NWK 层的一项服务
10	MLME-COMM-STATUS	为 NWK 层提供发送状态等信息
11	MLME-SET	写 PIB 信息
12	MLME-START	配置好网络参数后,启动协调器从而启动个域网
13	MLME-SYNC	在信标使能网络中,一个设备的 NWK 层请求与协调器同步
14	MLME-SYNC-LOSS	通知协调器该设备失去与其同步
15	MLME-POLL	从设备向协调器请求数据时使用

表 3.3　IEEE 802.15.4 标准中 MAC 层的管理服务支持的原语

序　号	MLME-SAP 原语	Request	Indication	Response	Confirm
1	MLME-ASSOCIATE	～request	～indication	～response	～confirm
2	MLME-DISASSOCIATE	～request	～indication		～confirm
3	MLME-BEACON-NOTIFY		～indication		
4	MLME-GET	～request			～confirm
5	MLME-GTS	～request	～indication		～confirm
6	MLME-ORPHAN		～indication	～response	

序 号	MLME-SAP 原语	Request	Indication	Response	Confirm
7	MLME-RESET	～request			～confirm
8	MLME-RX-ENABLE	～request			～confirm
9	MLME-SCAN	～request			～confirm
10	MLME-COMM-STATUS		～indication		
11	MLME-SET	～request			～confirm
12	MLME-START	～request			～confirm
13	MLME-SYNC	～request			
14	MLME-SYNC-LOSS		～indication		
15	MLME-POLL	～request			～confirm

1. MLME-ASSOCIATE

设备的 NWK 层使用 MLME-Associate. request 请求原语请求加入一个协调器中。该请求还提供了请求加入网络的设备的功能列表,这个列表决定了设备是一个全功能设备(FFD)还是精简功能设备(RFD)。

当想加入网络的设备的 MAC 层从它自己的 NWK 层接收到 association 请求时,它将把该命令作为一个 MPDU 向下传送给 PHY 层。MPDU 变为 PHY 层的有效载荷(payload),并被无线发送给协调器设备。当协调器的应答返回该设备时,它的 MAC 层根据请求结果传送一个确认(MLME-Associate. confirm)给 NWK 层。

在协调器这边,当协调器的 MAC 层接收到 association 请求后,它会使用 MLME-Associate. indication 指示原语来通知 NWK 层知道该请求。NWK 层使用 MLME-Associate. response 应答原语将其决定传送给自己的 MAC 层。

2. MLME-DISASSOCIATE

Disassociation 是已加入网络的设备退出网络时使用的原语。

已经加入网络设备(associated device)的 NWK 层使用 MLME-DISASSOCIATE. request 请求原语产生 disassociation 请求给自己的 MLME。然后该请求通过设备 PHY 层数据服务被发送给协调器。在 disassociation 请求中,设备提供了请求的原因,这些原因可以是下面之一:①协调器希望设备离开 PAN(个人区域网);②设备想要离开 PAN。

协调器对请求进行分析,如果请求的所有地址和安全信息都有效,协调器会给设备发回一个成功 disassociation 的确认信息,该确认信息可以使用直接或间接发送机制。协调器 MLME 根据从网络中某个设备中接收到的 disassociation 结果,使用 MLME-DISASSOCIATE. indication 原语来通知它的 NWK 层。MLME-DISASSOCIATE. confirm 通常用来通知请求 disassociation 的设备的 NWK 层接收的结果是什么。

3. MLME-BEACON-NOTIFY

当设备接收到一个信标后,如果该信标有一个有效载荷或自动请求属性被设置为 0,那么 MLME 将会发送信标帧中的参数给 NWK 层。LQI 值和信标帧被接收到时的时间也同样被发送到 NKW 层。执行信标通知的原语是 MLME-BEACON-NOTIFY. indication。

4. MLME-GET

读 PIB 信息。

5. MLME-GTS

在信标使能网络中,可使用时槽保障机制(GTS)使设备分时使用信道发送信息,而无须使用 CSMA/CA 机制竞争信道发送信息。设备的 NWK 层可以使用 MAC 管理服务来请求一个新时槽保障时段的分配。如果该设备不再需要一个已分配的 GTS,MLME 可以请求 PAN 协调器来解除已经存在的分配。PAN 协调器的 NWK 层还可以请求它的 MLME 来解除一个其网络中已经分配给某个设备的 GTS。PAN 协调器可以选择接受或者拒绝一个 GTS 请求。如果 PAN 协调器接受分配一个 GTS,那么在它的应答中将包含 GTS 的特性,如它的长度。GTS 请求原语是 MLME-GTS. request,由 NWK 层发送给 MLME。MLME 使用 MLME-GTS. confirm 原语将 GTS 请求结果发送回它的 NWK 层。在 PAN 协调器中,无论何时 PAN 协调器根据从网络中任何设备接收到的请求分配或解除分配一个 GTS,MLME 都将使用 MLME-GTS. indication 原语来通知它的 NWK 层。如果该网络层已经请求了 GTS 分配或解除分配,那么它的 MLME 将会使用 MLME-GTS. confirm 原语通知 NWK 层。

6. MLME-ORPHAN

一个设备必须加入网络来使其能与网络中其他设备通信。先前加入了网络但是后来脱离网络范围的设备叫作"孤立设备"(orphaned device)。使用 disassociation 过程离开网络的设备不是孤立设备。如果某设备的 NWK 层遇到重复通信失败,它将判定该设备已经孤立了。MLME 使用 MLME-ORPHAN. indication 原语通知 NWK 层一个孤立设备的存在。NWK 层验证孤立设备的地址,在其应答中,NWK 层验证该设备先前是否和协调器有联系。应答机制使用 MLME-ORPHAN. response 原语实现。

7. MLME-RESET

NWK 层能够使用 MLME-RESET 原语请求 MLME 将 MAC 子层复位到它的初始状态,并重置所有的内部变量到它们的默认值,这被叫作 MAC 复位操作。NWK 层还可以请求将 MAC-PIB 中的所有属性复位到它们的默认值。MAC 层在复位内部变量之前会先屏蔽收发器。

8. MLME-RX-ENABLE

NWK 层可以请求 MLME 占用接收器一段固定的时间,这段时间是由 NWK 层提供的,NWK 层还可以请求关闭接收器。对 RFD 和 FFD 来说,这些功能都是可选的。占用和关闭收发器的请求对其他 MLME 功能来说是次要的。例如,如果 MLME 有一个冲突功能要发送一个信标,MLME 将会忽略关闭接收器的 NWK 层请求。MLME 通常根据占用或关闭接收器请求的结果来通知 NWK 层。

9. MLME-SCAN

信道扫描能力是 MAC 层到 NWK 层的一项服务。信道扫描提供在设备的个人操作空间(POS)内动作的信息。信道扫描的类型共有以下四种。

(1)ED 扫描。每个信道中的能量水平是由 PHY 层能量检测服务决定的。对于 RFD,该 ED 扫描是可选的。

（2）孤儿扫描（orphan scan）。如果某个设备被孤立了，它可以搜索当前与其相关的 PAN。在孤儿扫描中，MLME 向每个信道中的协调器发送一条孤立通知（orphan notification），并等待从协调器来的重新调整命令。如果该设备接收到了重新调整命令，它将关闭接收器来停止扫描。否则，该设备将继续扫描列表中的下一个信道。

（3）主动扫描（active scan）。在这种类型的扫描中，MLME 首先发送一个信标请求命令，然后设备使能它的接收器来记录信息。想要建立自己网络的协调器，可以使用主动扫描来寻找它的 POS 内被其他网络所使用的 PAN 标识符，并且为自己的网络选择一个唯一的 PAN 标识符。对于 RFD，主动扫描功能是可选的。

（4）被动扫描（passive scan）。和主动扫描相比，在被动扫描中，不发送信标请求命令。MLME 在接收到被动扫描请求后，直接打开接收器，并开始记录接收到的信息。被动扫描可以作为 association 过程的一部分，被未加入网络的设备用于定位协调器的位置。

10. MLME-COMM-STATUS

MLME 使用 MLME-COMM-STATUS. indication 原语来为 NWK 层提供发送状态等信息。该原语还被 MLME 用来报告接收数据包中与安全相关的错误。如果通信不成功，该原语还会提供失败的原因。安全特性不支持和信道访问失败是典型的通信不成功的原因。

11. MLME-SET

写 PIB 信息。

12. MLME-START

配置好网络参数后通过 MLME-START 原语来启动协调器从而启动个域网 PAN 开始工作。

13. MLME-SYNC

在信标使能网络中，一个设备的 NWK 层可以使用 MLME-SYNC. request 原语向它的 MLME 请求与协调器同步。该设备可以选择定位信标一次或持续跟踪信标。在信标跟踪中，该设备定期地在预期的信标到达时间之前打开它的接收器。

14. MLME-SYNC-LOSS

如果某个设备与它的协调器失去同步，NWK 层将使用 MLME-SYNC-LOSS. indication 原语请求 MLME 通知协调器该设备与其失去同步。如果一个设备监听信标一段等于 aMax-LostBeacons（一个 MAC 常量，默认值为 4）的时间，并且没有检测到任何信标，那么该设备将判定它与协调器失去同步。

15. MLME-POLL

该原语在从设备向协调器请求数据时使用。本章之前讨论过，协调器可以通过周期信标帧的发送来通知其网络中的设备，协调器正在等待该设备发送数据。在该设备收到发送数据的通知后，该设备的 NWK 层将使用 MLME-POLL. request 原语请求 MLME 向协调器发送一个数据请求。这个原语可以被用于信标使能或非信标使能网络中从协调器请求数据。当从设备等待它的数据一段等于 macMaxFrameTotalWaitTime symbols 的时间后，如果 MLME 在这段时间内没有接收到数据，它将使用 MLME-POLL. confirm 原语通知它的 NWK 层，没有接收到数据。

3.6　TinyOS MAC 层协议

TinyOS 是由加州大学伯克利分校研发的开源操作系统,是传感网研究中最常用的操作系统之一。本章分析的网络协议栈实例都来自 TinyOS 2.1.2,其源代码可以从它的官方网站 www.tinyOS.net 下载。TinyOS 自带了两种 MAC 层协议,一种是专用于 CC2420 射频芯片的 MAC 协议,另一种是 rfxlink 射频协议栈,可用于 AT86RF230、CC2420、CC2520 等多种射频芯片。下面将详细分析 rfxliak 射频协议栈。

rfxlink 射频协议栈源代码位于 tosllib/rfxlink 目录下,它由负责消息收发的主线组件和一些辅助收发功能的组件构成,实现了低功耗监听、冲突检测、流量控制等功能,其分层结构见表 3.4。

表 3.4　TinyOS rfxlink 射频协议栈分层结构

分　层	组　件
AM/IEEE154 层	ActiveMessageLayerC/Ieee154MessageLayerC
资源分配层	AutoResourceAcquireLayerC
TinyOS 消息格式层	TinyOSNetworkLayerC
唯一编号层	UniqueLayerC
包链路层	PacketLinkLayerC
低功耗监听层	LowPowerListeningDummyC/LowPowerListeningLayerC
消息缓冲层	MessageBufferLayerC
随机/分时隙退避层	RandomCollisionLayerC /SlottedCollisionLayerC
软件应答层	SoftwareAckLayerC
载波监听层	CsmaLayerC
流量监控层	TrafficMonitorLayerC
射频驱动层	RF230DriverLayerC /CC2520DriverLayerC /RFA1DriverLayerC

rfxlink 提供了两种不同的 MAC 层协议。一种结合了 B-MAC 和 X-MAC 的优点,利用随机退避来避免冲突,主要在 RandomCollisionLayerC 文件中实现,对应于 IEEE 802.15.4 的 Unslotted CSMA/CA。另一种则通过划分时隙来避免冲突,主要在 SlottedCollisionLayerC 中实现,对应于 IEEE 802.15.4 的 Slotted CSMA/CA。默认情况下,rfxlink 会使用 Random-CollisionLayerC 作为 MAC 层的实现,然而用户也可以在应用程序的 Makefile 中指定编译选项,选择 SlottedCollisionLayerC 作为 MAC 层的实现。

当上层应用程序需要发送一个数据包时,应用层程序根据自已需要传送的网络环境将要发送的数据包封装成主动消息或者 IEEE 802.15.4 的消息格式,并确定信息发送的目的节点地址。rfxlink 协议栈使用仲裁机制来识别上层封装的消息格式,确定数据包的发送方式。然后发送节点请求共享介质的使用权,只有获得该介质的使用权时才能传送数据。如果可以传输,发送节点要将待发的数据包封装成 TinyOS 定义的帧格式,然后给每个数据包加上一个唯一的序列号以避免接收节点接收到重复的包。用户可以选择是否开启数据包的自动重发功能以及低功耗监听功能。

由于 TinyOS 是基于事件的操作系统,底层组件的执行是异步的,所以上层传来的数据要先放在数据缓存区,等到传送事件被触发时再发送。当数据包将要通过物理链路来发送时,要进行链路的冲突检测,并实现软件的 ACK 机制。然后对传送介质进行载波监听,只有当介质空闲时才能访问。使用射频收发器传送数据包的具体操作由射频驱动层组件来确定。根据使用的射频收发器的不同,实现的方法也不同。

rfxlink 协议栈里位于收发路径中的组件如下。

(1)流量监控层 TrafficMonitorLayerC。该层负责对信道流量进行监控,在该层统计接收/发送消息时数据包的个数以及传输的字节数、无线射频模块开启的次数以及开启的时间。此外,还对无线射频模块的开关进行控制。

(2)载波监听层 CsmaLayerC。该层负责进行载波监听,控制什么时候访问介质,只有当介质空闲时才能访问。当发送一个数据包时,如果需要进行软件空闲信道评估(Clear Channel Assessment,CCA),则发送一个 CCA 请求,当介质空闲时才可以发送消息。一般射频收发器都会自带硬件 CCA 机制,实现起来要比软件 CCA 更快、更可靠。

(3)软件应答层 SoftwareAckLayerC。该层负责软件实现 ACID 确认机制。当发送者发送一个消息时,会在该消息包内标志是否需要返回一个 ACK 应答。当接收者接收到的数据包需要返回 ACK 应答时,它必须在规定的时间范围内返回一个 ACK 应答给发送者,否则视为超时,这时会报告发送错误,并重发若干次。现在大多数的射频收发器都自带硬件 ACK 机制,不仅效率高而且还不需要代码开销,因此一般都直接采用硬件 ACK 来代替软件 ACK。例如,在 AT86RF230 射频芯片中,就采用了 RF230Driver-TwAckC 组件来实现硬件 ACK。

(4)随机/分时隙退避层 RandomCollisionLayerC。该层负责实现冲突检测以及进行相应的退避算法。对于每一个发送者而言,一旦它检测到有冲突,就应当放弃它当前的传送任务。如果发送双方都检测到信道是空闲的,并且同时开始传送数据,则它们几乎立刻就会检测到有冲突发生,这时不应该再继续传送它们的帧,因为这样只会产生垃圾而已;相反,一旦检测到冲突之后,它们应该立即停止传送数据,因为尽快终止被损坏的帧可以节省时间和带宽。在 RandomCollisionLayerC 中,保留射频收发器的状态。当需要发送一个数据包时,检测当前射频收发器的状态,如果收发器处于准备状态,则可以立即发送,否则即视为检测到一次冲突,然后将此次发送操作挂起,等待一个随机时间再重发。如果第二次重发失败,则第二次挂起,再等待一个随机时间重发。如果之后还检测到冲突,则发送失败。

(5)消息缓冲层 MessageBufferLayerC。该组件是同步/异步接口的分界线。从前面的讨论可以看出,底层协议提供的 RadioReceive/RadioSend 接口都是由事件驱动的异步接口。而在应用程序中往往希望使用的是同步的接口,它不仅能够提高传输速率,而且相对异步传输而言,同步传输开销更小,更适用于高速设备。在 TinyOS 中要实现异步转同步,必须通过抛出任务来完成,无法传送参数。因此需要一个缓冲区来将消息写到任务里。MessageBufferLayerC 组件中通过两个变量 receiveQueueHead 和 receiveQueueSize 来控制对接收队列的操作。receiveQueueHead 用来指示队列的头,receiveQueueSize 则用来指示队列中待抛送的消息的数量。当接收到一个底层传上来的数据包时,将其存入接收队列中,同时队列长度加 1,然后抛出任务,在任务中利用 for 循环,每隔一定时间向上层声明接收到了一个包,从而实现异步转同步的操作。

(6)低功耗监听层 LowPowerListeningDummyC/LowPowerListeningLayerC。在没有开启低功耗监听时,采用 LowPowerListeningDummyC 组件来占位,只是为了使消息包的数据域对齐,并无任何实际的功能。而当开启低功耗监听时,则采用 LowPowerListeningLayerC 来实现低功耗的 MAC 层,尽量在不使用无线射频收发器时关闭它。LowPowerListeningLayerC 使用了 BoXMAC2 协议,结合了 B-MAC 和 X-MAC 的优点。

(7)包链路层 PacketLinkLayerC。在无线网络中,数据包经常会在端到端的传输中因为无线电波的干扰或者射频收发器的射程等问题而被丢弃。要纠正这种丢失现象,首先需要发送者确定发送出去的数据包没有得到 ACK 应答,然后重新传送这个包。但重传包也会带来一系列的问题,如在 ACK 丢失的情况下,接收端将接收到重复的包。如果发送端在接收到 ACK 应答之前始终自动重发,而接收端能够识别这些重复发送的包,那么数据链路层就可以进行端到端的可靠传输。该层提供了自动重发功能,当发送者监听不到接收者发送出的 ACK 应答时,该层负责重新发送数据包。当想要使用该层功能时,需要提前定义 PacketLink 这个宏。它允许用户自己定义重传时间和重传次数,这样可以兼容到不同网络的时序特点。为了检测重复包,必须由该层或者该层之上的协议来设置一个包序列号,底层的协议栈不可以改变这个序列号。某些平台的射频芯片自带硬件 ACK 机制。当射频芯片接收到一个数据包并发送出去一个 ACK 应答时,微控制器却因为某些错误没有得到这个信息,并自动发出一个失败的 ACK 应答。此时,发送者认为数据包已经成功发送,但接收者则认为没有接收到包。通过软件开启 ACK 应答机制则可以避免这个问题。因此使用该层使得数据包的传输更加可靠。

(8)唯一编号层 UniqueLayerC。该层负责为数据包生成一个唯一的数据序列号(Dada Sequence Number,DSN)。接收者可以通过比较当前接收到的包的序列号与之前收到数据包的序列号,来识别重复接收到的数据包。

(9) TinyOS 消息格式层 TinyOSNeturorkLayerC。该层负责解析 TinyOS 自己定义的消息格式,允许 TinyOS 2.x 无线射频协议栈与其他 6LoWPAN 之间进行通信。TinyOS 中支持两种帧格式,一种是用于孤立的 TinyOS 网络的 T-Frame,另一种则是用于 bLoWPAN 网络的 I-Frame。这两种帧格式如图 3.30 和图 3.31 所示。

802.15.4 Header	AM type	Data	802.15.4 CRC

图 3.30　T-Frame 帧结构

802.15.4 Header	6lowpan	AM type	Data	802.15.4 CRC

图 3.31　I-Frame 帧结构

其中,AM type 字段用于表示载荷的 AM 号,6lowpan 字段用于标识 TinyOS 数据包的 NALP 代码,TinyOS 默认使用 63。这样任何 TinyOS 程序都不能将其要发送的数据包的 AM type 字段设置为 63。

(10)资源分配层 AutoResourceAcquireLayerC。该层负责对共享介质资源进行仲裁,当需要发送消息时发出一个请求,当获得该介质的使用权时才可以进行数据包的传输,发送完毕后要立即释放该资源。

(11) AM/IEEE154 层 ActiveMessageLayerC/Ieee154MessageLayerC。这两个组件是位于 rfxlink 协议栈最高层的并列组件。通过一个仲裁组件来确定是使用主动消息还是 Ieee154 消息来进行传输。该层负责将数据包发送到给定地址的节点处。当使用 ActiveMessageLay-

erC 时,还要根据 AM 号的不同将消息派发给不同的组件。

上述几个组件完成了数据包传输时的主线功能,除此之外,TinyOS 还定义了一些辅助组件来帮助这些主线组件更可靠、更有效地完成数据包的收发。

(1) DummyLayerC。当上述主线组件中的某几个没有被应用程序选用时,在数据包的传输过程中仍需要封装进去一些空位来对齐数据包的数据域,该组件就用来完成该功能。

(2)Ieee154PacketLayerC。该层负责封装/解析传输的 IEEE 802.15.4 数据包的包头,包括帧控制字段(Frame Control Field,FCF)、ACK 以及源(目的)地址等。

3.7 数据链路层协议

数据链路层位于负责分组数据发送与接收的 MAC 层之上,向网络层与其他高层提供服务。网络可以使用数据链路层提供的服务分组进行数据传输,并进行路由转换和拓扑结构方面的操作。

数据链路层最重要的任务之一是为分组在相邻节点之间的传输构建可靠的链路,具体可以分解为以下几个方面。

(1)组帧。将用户数据构成分组或者帧。分组中包含了用户数据和与协议相关的链路层信息及 MAC 层信息。分组的格式和大小对系统的性能有很大的影响。

(2)差错控制。差错控制技术的目标是在允许存在一定差错水平的基础上,在传输信道上可靠地传输分组数据,并要保证能量消耗最小。最重要的和最普遍应用的差错控制方法和校正机制是 FEC(Forward Error Correction)前向纠错技术、ARQ(Automatic Repeat Request)重传技术。

(3)流量控制。由于许多传感节点设计的发生速率很低,所以可以合理地认为在无线传感器网络研究中,流量控制不是一个重点研究问题。

(4)链路管理。链路管理机制包括发现、设置并拆除相邻节点之间的链路问题。链路管理的一个非常重要的部分是链路质量评估问题。高层协议可以利用这种评估进行路由的选择或者拓扑结构的控制。

由于无线传感器网络的特点和篇幅限制,本节将主要介绍链路层的差错控制部分。由链路层提供的符合差错控制要求的数据传输具有以下属性:①无差错,即要求传输数据的每个比特均完全正确;②按序交付;③无重复交付;④无丢失。

其中,最重要的差错控制技术是前向纠错技术(FEC)、自动重发请求技术(ARQ),以及它们的组合。ARQ 协议包含了所有服务性质(无差错、按序交付、无重复交付和无丢失),而FEC 方法则主要关注无差错传输方面。

1. ARQ 自动重发请求技术

ARQ 技术即自动请求重发技术,它对出差错的重发是自动进行的。ARQ 协议的基本思想如下:发送节点的链路层收到一个数据分组之后,通过对数据加预先设计好的首部和一个校验和而构造一个链路层分组,然后将分组发送给接收机。接收机利用校验和来校验分组的完整性,并提供反馈信息给发射机以表示分组接收的成功。当发射机接收到负面的反馈信息时,要执行重发操作。

ARQ 协议的关键要素包括以下几个方面。

（1）分组形成。发射机的数据链路层收到上层的用户数据，数据链路层为该分组准备一个首部（header），其中包含了地址和控制信息。控制信息可以包含序列数和标志位。

（2）校验和。加校验和称为帧校验序列（frame check sequence），是在组帧过程中加到分组上的。一般来说，校验和是利用用户数据和首部的函数。CRC 校验是一种应用广泛的校验和。

（3）反馈发生。反馈发生为接收机提供了关于分组传输的相关信息。两种常用的获取反馈信息的方法是利用定时器（在发射机一端）和确认分组（接收机端）。确认分组可以分为肯定确认和否认确认。

（4）重传。一旦发射机接收到对某个分组的否认确认信息，发射机需要进行重传。因此，发射机必须将这些已经发送的分组保存起来。

各种不同的 ARQ 协议的区别主要在于它们不同的缓冲要求和重传策略。主要有以下几种缓冲重传策略：①比特交替，0/1 交替重传；②回退重传；③选择重传。读者可查阅相关文献对更具体的技术细节进行进一步了解。

2.FEC 前向纠错技术

FEC 技术其前向的含义是无需从输出到输入的反馈，即不需要接收节点提供反馈信息（如 ACK）给发送方，区别于 ARQ 方式。FEC 的原理如下：发射机接收其上层用户的一个数据串或一个数据块，加上适当的冗余，进行编码，并将这个数据发送给接收机。FEC 技术传输中检错由接收方进行验证，利用冗余的程序和结构，即使传输过程中可能有些错误接收机也能纠正一些比特差错。在 FEC 方式中接收端不但能发现差错，而且能确定二进制码元发生错误的位置，从而加以纠正。

在信道差错率适中的情况下，FEC 编码技术有可能获得较好的能量效率。对于差错率非常低的信道，编码的开销被浪费了；对于差错率非常高的信道，其编码开销也被浪费了，原因是实际的编码方法已经没有足够的纠错能力来纠正已经发生错误的信息。

ARQ 方法可以根据信道的状况来决定其开销的大小，对于条件非常好的信道，唯一的开销是确认帧。然而在出现差错时，即使是仅有几个比特出错，标准 ARQ 协议也要重传整个分组。目前，高能效的纠错主要有两种思路。一种是将 FEC 技术和 ARQ 技术以适当的方式相结合。例如，将计算量中等的 FEC 方法应用于所有的分组，并令 ARQ 协议校正残余差错。另一种是考虑根据信道的条件，寻找自适应的方法（adaptive scheme），自动改变差错控制的策略。

3.8　链路质量估计与建模

上层协议尤其是路由协议需要了解邻居节点和这些邻居节点的链路质量情况。上层通信协议（如 MAC 协议和路由协议）和定位算法总是建立在一定的物理层和链路层的基础上，而对信道和链路过于理想化的假设往往会影响协议或算法的可靠性。例如，网络仿真软件中普遍采用的自由空间的信道模型和圆盘式链路模型可能会使仿真结果与真实环境的实验结果相差甚远。分析传感器网络的链路特性，以及对信道和链路的建模可以在仿真中更准确地获得上层通信协议的性能，通过发现网络内部的通信瓶颈或是关键节点，控制可能发生的拥塞，确保网络的鲁棒性。建立更接近实际的链路模型对传感器网络十分重要，因而链路问题成为传感器网络中一个重要的研究方向。

区分链路质量的好坏,必须有一个统一的度量标准。目前使用的度量标准大致有三种:收包率(Packet Reception Rate,PRR)、信号强度指示值(Received Signal Strength Indicator,RSSI)和链路质量指示值(Link Quality Indicator,LQI)。

PRR 是反映链路质量最常用的度量标准,它是指一段时间内接收器成功收到包的个数占发送器已发送包个数的比例,即

$$p = \frac{h}{\mu T} \tag{3.2}$$

式中:μ 为发包速率;h 为 T 时间内实际收到包的个数。

基于链路的不对称性和应用的需求,有时将 PRR 用一组矢量对 (p,q) 描述,其中 p 为正向链路的收包率,q 为反向链路的收包率。用收包率衡量链路质量需要一定长度的时间窗口,在实际操作中,为了节省时间和资源,可以采用窗口移动平均的方法统计。

RSSI 反映了通信链路上的信噪比,因此也能在一定意义上反映链路状态。在 Mica2 平台上,Chipcon CC1000 无线模块提供了信号强度测量值,每个包到达时其 RSSI 输出可以通过相应的程序获得,则有

$$V_{\text{RSSI}} = V_{\text{batt}} \times \text{ADC\_Counts}/1\,024 \tag{3.3}$$

$$\text{RSSI(dBm)} = -50.0 V_{\text{RSSI}} - 45.5 \tag{3.4}$$

式中:V_{RSSI} 为信号强度指示器电压,可以转换成以 dBm 为单位的信号强度值;V_{batt} 为电池电压,Mica2 Motes 的电压为 3 V;RSSI 的获取比 PRR 方便很多,每包到达时就可以得到其瞬时值。

为了研究 PRR 与 RSSI 的内在联系,有学者在室内和室外不同时间段进行实验,如图 3.32 所示,该实验采用一对 Mica2 Motes,一个作为发射器,另一个作为接收器,它们之间的距离从 0.5 m 变化到 40 m,实验共进行 80 轮次。每个距离下,发射器发送 15 组,每组 80 个包,分别计算其 PRR 和 RSSI 均值。

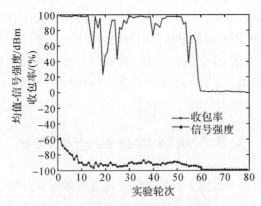

图 3.32　收包率与信号强度的关系

由图 3.32 可以看出,信号强度对收包率变化反应不明显或是不敏感。例如,20 轮左右收包率波动时信号强度的变化很小。通过计算得到图中收包率和信号强度的 Pearson 相关系数为 0.65,说明它们的线性相关程度不高。一般来说,收包率是一个相对稳定的反映链路质量的参数,鉴于信号强度与收包率相关性不大,因此不推荐其单独作为反映链路质量的标准。但

是由于获取接收信号强度简便易行,无需额外的统计过程,所以可以用它作为门限值判定,当链路质量有明显变化或者在通信范围的边缘区域时,收包率作为一个辅助判断标准。

LQI 也是一个衡量链路质量的指标,在 IEEE 802.15.4 中将其定义为"接收器的能量探测(Energy Detection,ED),或是信噪比的估计值,或是两者的综合"。无线模块 Chipcon CC2420 给出了 LQI 的具体实现方法,它是对接收到的每个包前 8 b 的误码率进行采样,由这个采样值得到[50,100]间的相关值,再通过线性变换转换为[0,255]间的数值。因此 LQI 实际是比特水平的量度标准。

有研究提出用收包率表征链路质量,该研究的实验测试表明,无线链路具有以下特征。

(1)对于给定的发射功率,链路质量不是单调递减的。由于信号的反射及多径效应,相距很近的节点有可能收不到包,而相距很远的节点有可能收到。

(2)收包率相近的节点围成的区域不是圆形,而是不规则形状。

(3)非对称链路无处不在。在非对称中,由节点 A 给节点 B 的包大部分都能收到,但是由节点 B 发给节点 A 的包丢失率可能很高。链路非对称的程度随距离的增大而增加。

(4)即使节点处于平衡状态,收包率也是随时间变化的。尽管收包率的均值在给定距离和长时间范围内是稳定的,但短时间的变化可能很显著。

鉴于链路模型同时具有空间和时间上的特性,已有许多在空间和时间上对链路进行估计和建模的方法。

1. 空间特性建模

链路的空间特性主要反映在链路质量随空间距离变化的关系上,最简单的模型是布尔圆模型,模型中圆内的节点能 100% 与圆心的节点通信,圆外节点不能通信。随着对实际链路情况越来越多的了解,布尔圆模型已经远不能满足需求,甚至会对上层协议的设计产生负面影响,于是出现了一些更加精细的模型。

(1)分段模型。分段模型将链路质量按距离分成三个区域:有效区、过渡区和空白区。通信距离很近的链路具有较好的连接质量(PRR>90%),为有效区;通信距离较远的链路通信质量很差(PRR<10%),为空白区;介于两者之间有一片区域,链路的连接质量变化较大,为过渡区。分段模型方法简单,但是这种方法需要预先积累大量的测量数据,适用于具有先验数据、需要精确模拟链路质量的仿真。例如,有学者研究了无线链路的分段空间特性,通过 Mica2 Motes 节点进行实测,以 PRR 为指标研究直线网络的链路质量随距离变化的特性,将传感器节点每隔 0.5 m 直线排列,通过多组实验,得到图 3.33 所示的结果。

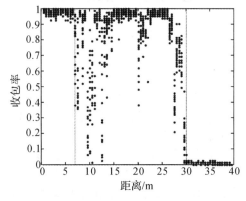

图 3.33　收包率随距离变化的特性(空地,发射功率为 0 dBm)

该研究中将链路连接分为三个等级。在发射功率一定的情况下,7 m 以内的区域中,所有的链路都具有较好的连接质量(PRR>90%),这个区域为有效区;30 m 以外的区域中,几乎所有的节点都不能正常通信(PRR<10%),这个区域为空白区;介于两者之间有一片区域,链路的连接质量变化较大,为过渡区。过渡区在整个通信范围中所占的比例是最大的,而过渡区的链路质量不稳定。从图 3.33 可以看出,7~14 m 链路质量衰减很大,但是 14 m 后又有回升,甚至达到了有效区的通信质量,25 m 后再次衰减。远距离链路质量的回弹可能是由于环境因素,如地面状况或周边障碍物,使无线信号发生反射或散射以致叠加,因而在某一远距离段反而表现出较好的性能,但其机理还有待进一步深入研究。在密集部署的传感器网络中,节点间距较小,大部分邻居节点都处于有效区内,形成的路由拓扑连接性好;如果节点的部署稀疏,大部分邻居节点处于通信范围的空白区,网络就无法建立起来;如果节点的部署密度介于上述两者之间,相邻节点处于过渡区,节点能相互通信但不能保证稳定可靠的连接质量。

(2)概率密度函数(PDF)模型。有学者提出了一种根据一般性的建模方法,即基于一定的测量数据,采用无参数统计方法建立任意距离下 PRR 的 PDF,由这一模型可以推知给定距离下出现某一 PRR 值的概率大小。建模首先进行探索性数据分析,然后采用无参数核密度估计,对所有数据按距离和收包率大小排序,采用三角形核函数计算每个测量距离下,某一收包率值的权重。最后进行拟合和归一化,得到归一化后的概率密度函数 PDF。这种建模方法不属于测量数据的分布函数,有效利用有限的测量数据和无参数统计方法建立了距离与收包率的 PDF 函数。但是这种方法较为复杂,且同样需要预先积累大量测量数据,改变环境和系统参数就需要重新建模,可移植性较弱。

2.时间特性建模

链路的时间特性表征了链路质量随时间变化的规律。在发射功率一定、距离一定的情况下,收包率不是稳定不变的值。有学者研究了通信信道的时间特性。图 3.34 反映的是 PRR 随时间变化的特性,时间窗口为 30 s,即每隔 30 s 计算一次收包率的平均值,共统计了 100 min 内收包率的变化情况。当接收器处于发送器的有效区时,收包率随时间变化很小,几乎可以忽略;当处于发送器的过渡区时,即使没有明显的环境干扰,收包率随时间仍然有 20%~60% 的波动,而且越靠近通信范围的边缘,波动越大。基于无线链路的时间特性,在进行可靠路由的建立和维护中,对链路质量的测量和估计必须是一个周期性不间断的工作。

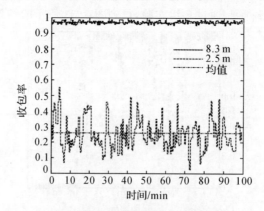

图 3.34 PRR 随时间变化的特性(发射功率-5 dBm)

该研究中采用窗口平均指数加权移动平均（WMEWMA）估计器进行链路质量估计,根据时间窗口内的历史 PRR 数据估计下一时刻的 PRR 值,其核心算法为

$$\hat{p}(t+1) = \alpha \hat{p}(t) + (1-\alpha) \frac{\sum_T R}{\sum_T S} \tag{3.5}$$

式中:$\hat{p}(t)$ 为 t 时刻对链路质量的估计值;α 为调节参数;T 为时间窗口;$\sum_T R$ 和 $\sum_T S$ 分别是 T 时间窗口内成功收到数据包总数和发送包总数。α 和 T 值的大小取决于对估计器的要求是稳定还是敏锐,α 和 T 值越大,估计器低通滤波的效果越好,性能越稳定;反之,估计器性能敏锐,波动较大。

由于无线信号的发送和传输是一个复杂的随机过程,影响其传输质量的因素不可预测,所以直接导致对链路质量的通用性时空建模十分困难。针对实际应用,还需要通过采样、数据分析、统计计算等手段得到特定环境、特定设置下的准确模型。此外,可以根据需求的不同或研究重点的不同,忽略时间或空间其中一种建模,以简化系统设计。

3.9　本章小结

本章在 3.1 节对无线传感器网络数据链路层通信技术进行了概述,介绍了传感器网络 MAC 协议的基本分类。3.2 节介绍了基于竞争的 MAC 层协议,依次介绍了几个比较有代表性的基于竞争的无线传感器网络 MAC 层的协议。3.3 节介绍了基于时分复用的 MAC 层协议,重点介绍了基于分簇网络的 MAC 协议和 DEANA 协议。3.4 节介绍了频分服用协议和码分服用协议。3.5 节详细介绍了 IEEE 802.15.4 标准的 MAC 层功能、数据交互机制、MAC 层结构模型。3.6 节介绍了 Tiny OS MAC 层协议。3.7 节介绍了数据链路层协议。3.8 节介绍了传感器网络的链路质量估计与建模。

第4章　无线传感器网络网络层通信技术

4.1　网络层通信技术概述

在多跳网络中,当数据分组的源节点与目标节点的距离不是1跳时,中间节点将负责转发源节点的数据至目的节点,那么数据分组的传输就需要导航。路由协议负责给数据分组导航,完成将源节点发送的数据分组根据最优的路径在网络中进行转发的任务,网络中的中间节点最终将分组正确的数据传送到目的节点。

4.1.1　路由协议概述

传统的路由协议往往注重于如何使得数据分组在网络中能够最快地到达目的节点,要求尽量缩短传输的路径,得到比较短的传输时延。并且传统的路由还注重于如何提高网络的带宽和公平性等性能。然而在无线传感器网络的背景下,情况将大大不同。无线传感器网络的节点由电池供电,除了较为特殊的节点外,一般没有外部的能量补充,因此怎样延长网络的寿命,使网络尽可能长地处于工作状态是设计的主要目的之一。传统的网络节点一般是有着较强功能的设备,其计算能力、储存能力和通信能力一般比无线传感器网络节点高出许多,因而其路由设计的限制较少;而传感器网络节点除了受到能量的制约外,还需要考虑计算和存储上的限制。传感器网络不能承受大量且复杂的路由计算,节点也难以存储规模庞大的路由表,因此路由表引起的频繁通信是一种严重的负担。

路由协议设计的难题和挑战主要来自以下几个方面。

(1)能量受限。路由协议需要考虑如何节约能量,以延长网络的工作周期。除此之外,网络中能量的均匀消耗也是需要仔细考虑的。

(2)节点部署。在WSN中,节点的部署有随机部署和确定性部署两种方式。在前一种情况下,数据只需要沿着预先设定的方向传输即可;而在后一种情况下,节点需要自组织地建立通信,数据能够以多跳的形式传输。

(3)受限的拓扑信息。WSN中往往采用多跳的传输方式,而由于节点的存储能力有限,节点不可能存储大量的路由信息来建立庞大的路由表,所以如何在周边拓扑信息不足的情况下建立高效的路由机制是一个难题。

(4)以数据为中心。与传统网络不同,无线传感器网络是以数据为中心的网络,网络关心的是数据而不是哪个节点产生了这个数据。因此消息的传输往往是从多个传感节点到少数几个汇聚节点,路由的设计应该考虑这些因素。

(5)应用相关。无线传感器网络是针对应用的网络,当前并没有统一和标准的协议栈可供使用,针对不同的应用场景,对应有不同的协议设计偏重。路由协议的设计也应针对具体的应用场景。

(6)可拓展性。网络中的节点可能随着时间的流逝而失效,或者有新的节点加入已有的网络中来,使网络的拓扑结构发生变化,路由协议应该能够适应这些变化,具有良好的可拓展性。

(7)收敛性和稳定性。路由协议应该能够具有良好的收敛性,数据在网络中能够高效地传输,路由机制能够快速收敛,以适应网络拓扑的变化。同时网络还应具有鲁棒性,当网络中出现节点失效和链路失效的情况时,路由协议还能够正常工作。

当前,在 WSN 领域,研究人员已经提出了多种路由协议,但是仍旧缺乏比较完整的分类方式。由于无线传感器网络是针对应用的网络,所以应根据不同应用对无线传感器网络性能的不同侧重要求进行分类,路由协议主要分为以下几种。

(1)传统路由协议。传统的路由协议主要分为表驱动路由和按需路由,这些思路也可以应用到无线传感器网络中来。设计无线传感器网络路由协议时必须考虑降低能耗这一重要因素。能量感知类路由考虑如何降低节点能量的消耗,根据最小能耗路径选择转发路径,延长网络寿命。

(2)数据中心路由。与传统的针对 ID 的网络相比,无线传感器网络是以数据为中心的网络,源节点访问目的节点,并向目的节点传输数据,目的节点集由能完成任务的节点来隐性地描述。

(3)地理位置路由。在一些诸如移动目标追踪的应用中,往往需要根据目标的位置唤醒距离目标最近的节点,以提高网络的工作效率。这时,就需要知道目的节点的地理位置信息,将节点的地理位置信息作为路由选择的依据。

(4)可靠路由协议。在有些应用场景中,需要保证网络的某些性能,如数据的实时性、可靠性等,可靠路由是专门针对这类应用提出来的,以应对诸如网络拓扑变化、通信质量恶化等情况。

在传统的网络中,通用的路由协议分为以下两种。

(1)表驱动(Table-driven)或先验式(Proactive)路由协议。表驱动或先验式路由协议都是"保守型"协议,它们将确切的信息保存在路由表中。

(2)按需路由协议。按需路由协议并不是一直保存路由协议,只是当目的节点没有路由信息可用时,才建立路由表。

常用的表驱动路由协议包括目的序列距离矢量路由协议(Destination-Sequenced Distance Vector,DSDV)、簇头网关交换协议(Clusterhead Gateway Switch Routing,CGSR)和无线路由协议(Wireless Routing Protocol,WRP)。常用的按需路由协议有动态源路由协议(Dynamic Source Routing,DSR)、Ad-hoc 网络按需平面距离矢量路由协议(Ad-hoc On-demand Distence Vector,AODV)、临时按需路由协议(Temporally Ordered Routing Algorithm,TORA)和基于关联性的路由协议(Associativity-Based Routing,ABR)等。

以经典的 AODV 路由为例,它是按需路由协议,也就是说,当源节点需要向目的节点发送数据包时,源节点才在网络中发起路由查找过程,找到相应的路由。首先,源节点广播一个 RREQ 连接请求帧,如图 4.1(a)所示。其邻居节点接收到后,如果自己不是目的节点,则继续将其向自己的邻居节点转发,如图 4.1(b)(c)所示。如果节点发现了目的节点则向自己上一个节点发送 RREP 路由回复帧,建立相对于源节点的前向传输链路,如图 4.1(d)所示。在链路建立后,路径上的传输节点将忽略随后接收到的其他相同的 RREQ 链路请求帧。

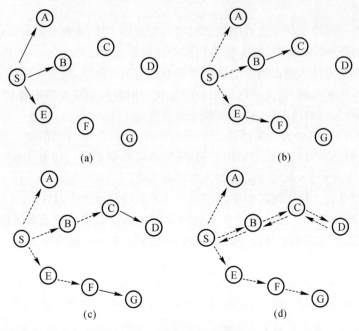

图 4.1　AODV 路由工作模式

上述提到的路由都属于传统路由的范畴,这些研究成果并不都是与无线传感器网络相关的。在 WSN 中,能量是第一议题,如何保持能量的最低消耗以延长网络的寿命是所有 WSN 路由协议不可忽略的部分。在传统的路由协议中,大部分设备是强功能设备,或者有固定的能量来源,不需要过多考虑如何节约能量。而在 WSN 中,节点由电池供电,路由算法的设计需要在保证低能耗的基础上来完成路径发现和选择。因此,低能耗是 WSN 中路由的基本保障,所有 WSN 的路由算法都必须考虑这一点。

无线传感器网络的网络层最核心的功能就是数据的寻址转发,其路由协议负责将数据分组从源节点通过网络转发到目的节点,它主要包括两个方面的功能:①寻找源节点和目的节点间的优化路径;②将数据分组沿着优化路径正确转发。

4.1.2　无线传感器网络的特点

Ad-hoc、无线局域网等传统无线网络的首要目标是提供高服务质量和公平高效地利用网络带宽,这些网络路由协议的主要任务是寻找源节点到目的节点间通信延迟小的路径,同时提高整个网络的利用率,避免产生通信拥塞并均衡网络流量等,而能量消耗问题不是这类网络考虑的重点。因此,传统无线网络的路由协议不适应于无线传感器网络。与传统网络的路由协议相比,无线传感器网络的路由协议具有以下特点。

(1)能量优先。传统路由协议在选择最优路径时,很少考虑节点的能量消耗问题。而无线传感器网络中节点的能量有限,延长整个网络的生存期成为传感器网络路由协议设计的重要目标,因此需要考虑节点的能量消耗以及网络能量均衡使用的问题。

(2)基于局部拓扑信息。无线传感器网络为了节省通信能量,通常采用多跳的通信模式,而节点有限的存储资源和计算资源,使得节点不能存储大量的路由信息,不能进行太复杂的路由计算。在节点只能获取局部拓扑信息和资源有限的情况下,如何实现简单高效的路由机制是无线传感器网络的一个基本问题。

(3)以数据为中心。传统的路由协议通常以地址作为节点的标识和路由的依据,而无线传感器网络中大量节点随机部署,所关注的是监测区域的感知数据,而不是具体哪个节点获取的信息,不依赖于全网唯一的标识。按照对感知数据的需求、数据通信模式和流向等,传感器网络通常包含多个传感器节点到少数汇聚节点的数据流。

(4)应用相关。传感器网络的应用环境千差万别,数据通信模式不同,没有一个路由机制适合所有的应用,这是传感器网络应用相关性的一个体现。设计者需要针对每一个具体应用的需求,设计与之适应的特定路由机制。

4.1.3　无线传感器网络路由机制的设计要求

针对传感器网络路由机制的上述特点,在根据具体应用设计路由机制时,应满足下面的传感器网络路由机制的要求。

(1)能量高效。传感器网络路由协议不仅要选择能量消耗小的消息传输路径,而且要从整个网络的角度考虑,选择使整个网络能量均衡消耗的路由。传感器节点的资源有限,传感器网络的路由机制要能够简单而且高效地实现信息传输。

(2)可扩展性。在无线传感器网络中,检测区域范围或节点密度不同,都会造成网络规模大小不同;节点失败、新节点加入以及节点移动等,都会使得网络拓扑结构动态发生变化,这就要求路由机制具有可扩展性,能够适应网络结构的变化。

(3)鲁棒性。能量用尽或环境因素造成传感器节点的失败,周围环境影响无线链路的通信质量以及无线链路本身的缺点等,这些无线传感器网络的不可靠特性要求路由机制具有一定的容错能力。

(4)快速收敛性。传感器网络的拓扑结构动态变化,节点能量和通信带宽等资源有限,因此要求路由机制能够快速收敛,以适应网络拓扑的动态变化,减少通信协议开销,提高消息传输的效率。

4.2　网络层协议的分类

针对不同的传感器网络应用,学术界提出了不同的路由协议。但到目前为止,仍缺乏一个完整和清晰的路由协议分类。从具体应用的角度出发,根据不同应用对传感器网络各种特性敏感度的不同,学术界将路由协议分为以下五种类型。

(1)能量感知路由协议。高效利用网络能量是传感器网络路由协议的一个显著特征,早期提出的一些传感器网络路由协议往往仅考虑了能量因素。为了强调高效利用能量的重要性,在此将它们划分为能量感知路由协议。能量感知路由协议从数据传输中的能量消耗出发,讨论最优能量消耗路径以及最长网络生存期等问题。

(2)以数据为中心的路由协议。在诸如环境检测、战场评估等应用中,需要不断查询传感器节点采集的数据,汇聚节点(查询节点)发出任务查询命令,传感器节点向查询节点报告采集的数据。在这类应用中,通信流量主要是查询节点和传感器节点之间的命令和数据传输,同时传感器节点的采样信息在传输路径上通常要进行数据融合,通过减少通信流量来节省能量。

(3)地理位置路由协议。在诸如目标跟踪类应用中,往往需要唤醒距离跟踪目标最近的传感器节点,以得到关于目标的更精确位置等相关信息。在这类应用中,通常需要知道目的节点的精确或者大致地理位置。把节点的位置信息作为路由选择的依据,不仅能够完成节点路由功能,还可以降低系统专门维护路由协议的能耗。

(4)可靠的路由协议。无线传感器网络的某些应用对通信的服务质量有较高要求,如可靠性和实时性等。而在无线传感器网络中,链路的稳定性难以保证,通信信道质量比较低,拓扑变化比较频繁,要实现服务质量保证,需要设计相应的、可靠的路由协议。

(5)机会路由协议。机会路由充分利用了无线多跳网络的信道广播特性,通过多个潜在中继节点竞争并自主智能选择下一跳节点,来提高无线网络的传输可靠性和端到端的吞吐率。机会路由的算法研究,目前已成为无线多跳网络路由协议研究的热点方向之一。

而从数据传输方式的角度对路由协议进行分类的话,可将传感器网络的路由协议分为分发和汇聚这两种路由协议。本章将首先从数据传输方式的角度介绍无线传感器网络最基本的两个路由协议——分发协议和汇聚协议,之后从具体应用的角度分别介绍其他几类比较有代表性的无线传感器网络路由协议。

4.3 分 发 协 议

在无线传感器网络中分发数据有什么简单易实施的方案呢?大家通常会认为最简单的分发数据的路由协议当然是洪泛协议。该协议的工作原理非常简单,任意一个节点 A 只要收到了其他节点发送的数据包,并且这个数据包的目的地址不是 A 自身,那么 A 就将这个数据包广播出去即可。但是这个协议用于无线传感器网络中有没有问题呢?答案当然是有问题,洪泛协议存在的最严重的缺陷就是数据包的转发没有目的性,导致所消耗的能量较高。因此,出现了专为无线传感器网络设计的分发协议,它改进了洪泛协议的缺陷,使之更适用于能量有限的无线传感器网络。

数据分发协议通常是传感网通信协议栈提供的一种服务,主要用于实现基于共享变量的网络一致性。网络中的每个节点都有该变量的一个副本,当该变量值改变时,数据分发协议会通知节点上层应用,同时通过广播通知其他节点以达到整个网络的一致性。这种机制最常见的使用场景包括网络参数重配置和网络重编程。数据分发协议对于传感网应用而言是重要的组成部分。它允许管理员向网络中插入小段程序、命令或配置参数。例如,全网的数据采样周期的改变,周期的值可以作为分发协议所维护的共享变量,这个变量在网络中的一致性就由分发协议保证,一旦改变了这个变量值,就可以保证全网所有节点上的该变量都会改变为最新的值。

Drip 协议是无线传感器网络操作系统 TinyOS 2.x 中自带的分发协议之一。它适用于分发小数据,如采样间隔和睡眠周期之类的配置参数。下面将详细阐述 Drip 协议的总体架构、涉及的基本概念和工作流程。

Drip 协议的核心是 Trickle 算法,它的基本思想是节点间通过周期性地广播元数据来监听网络参数的一致性。元数据可以用来唯一标识节点当前程序的版本。当某节点监听到网络中有新版本的参数时,它通过"文明的流言"策略来通知其邻居节点,并保证自己的邻居都更新到新版本的参数。

如果网络中存在某一参数的多个版本,消息分发协议将保证只更新最新版本的参数。为了防止广播元数据可能造成的洪泛,消息分发协议通过定义"逻辑组"来抑制包的传输范围。

Trickle 算法要求在一个时间片内节点向邻居周期性地广播代码概要,如果它们近期听到过类似的代码概要,则保持沉默。若节点听到的概要比其自身的要旧,它就发起一个更新广播,具体过程如下。

(1)当一个节点发现其邻居的代码版本较旧时,它将向自己所有的邻居广播包含需要更新的代码片段的消息;

(2)当一个节点发现自己的代码版本较旧时,它将向自己的邻居广播自己的元数据;

(3)由于第(2)步中节点广播的元数据较旧,将触发第(1)步,新版本的节点将需要更新的代码片段广播出去。

下面介绍一下基于 TinyOS 的消息分发协议的实现过程。

在 TinyOS 中,节点应用程序是由组件和接口构成的,高层组件调用下层组件,通过接口连接,完成特定功能。图 4.2 中的分发协议组件调用关系描述了消息分发协议的大致过程。

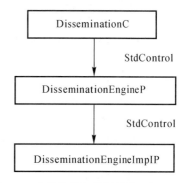

图 4.2　分发协议组件调用关系概要

最高层组件 DisseminationC 通过 StdControl 接口调用 DisseminationEngineP. nc 组件,同时 DisseminationEngineP. nc 组件从 DisseminatorP 组件中获取来自汇聚节点的更新数据,并调用 DisseminarionEngineImplP. nc 实现具体的数据分发,即将更新数据分发出去。

在无线传感器网络实际运行过程中,实现数据分发、更新传感器节点程序版本信息,并不像上面所描述的那么简单,需要考虑到整个网络的协调一致,特别是要保证严格的时间同步,图 4.3 描述了一个实际的调用关系。

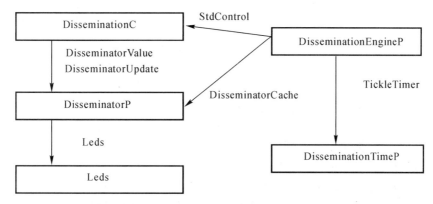

图 4.3　分发协议组件间的具体调用关系

应用层发出消息分发命令,最高层组件通过 DisseminatorValue 接口获取网络中唯一的共享程序参数,并且能够在该参数改变时被通知,同时 DisseminatorUpdate 为高层组件提供更新这一网络唯一共享程序参数的能力,其他组件可通过该接口获得高层组件发出的更新信息。DisseminatorP. nc 组件负责保持并同步从 DisseminatorC 获得的更新信息的唯一性,它与 Leds 组件之间通过 Leds 接口来连接。DisseminationEngineP. nc。组件通过 DisseminatorP. nc 组件获取唯一的更新信息,并在网络中实现这个唯一更新信息的分发。DisseminationTimerP. nc 控制整个分发过程中的时间同步。

Drip 协议调用的组件见表 4.1。

表 4.1 Drip 协议调用的组件

组　件	说　明
DisseminationC	分发协议的最高层组件,实现分发协议
DisseminatorC	同步变量值,保持其唯一性
DisseminationEngineImplP. nc	分发协议的具体实现
DisseminationEngineP. nc	从 DisseminatorP 组件中获取数据并通过无线射频芯片分发获取的数据
DisseminationTimerP. nc	维护一组 Trickle Timers
DisseminatorP. nc	保持并同步变量值的唯一性

消息分发协议的接口见表 4.2。

表 4.2 消息分发协议的接口

接　口	说　明
StdControl	TinyOS 标准控制接口
DisseminatorCache	连接 DisseminatorC 组件与 DisseminationEngineC 组件,提供数据通道
DisseminatorValue	获取网络中共享(需要保持唯一性)的值,并在该值发生变化时被告知
DisseminatorUpdate	更新全网络共享(network shared)的值,其他组件可以调用该接口来获取这些全网络共享的值

4.4 汇 聚 协 议

汇聚数据到基站是传感网应用程序的常见需求。常用的方法是建立至少一棵汇聚树,树根节点作为基站。当节点产生的数据要汇聚到根节点时,它沿着汇聚树往上发,当节点收到数据时,则将它转发给其他节点。汇聚协议的数据流与一对多的分发协议相反,它提供了一种多对一、尽力、多跳将数据包发送到根节点的方法。

有时汇聚协议需要根据汇聚数据的形式检查过往的数据包,以便获取统计信息,计算聚合度并抑制重复的传输。当网络中具有不止一个根节点时,就形成了一片森林。汇聚协议通过选择父节点隐式地让节点加入其中一棵汇聚树中。由于节点的存储空间有限并且建树的算法要求是分布式的,所以汇聚协议的实现面临许多挑战,主要包括以下几点。

(1)路由环路检测:检测节点是否选择了子孙节点作为父节点。

(2)重复抑制:检测并处理网络中重复的包,避免浪费带宽。

(3)链路估计:估计单跳的链路质量。

（4）自干扰：防止转发的包干扰自己产生的包的发送。

本节以 TinyOS 中的汇聚树协议（Collection Tree Protocol，CTP）为例具体介绍一下汇聚协议。CTP 是 TinyOS 2.x 中自带的汇聚协议，也是实际应用中最常用的汇聚协议之一。下面将详细阐述 CTP 的总体架构、涉及的基本概念和工作流程。

CTP 可以分为链路估计器、路由引擎和转发引擎三部分实现。这三部分的关系如图 4.4 所示。

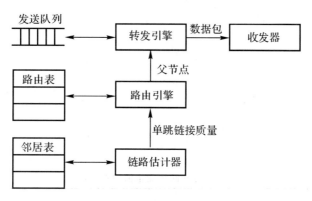

图 4.4　CTP 协议的实现原理

其中链路估计器位于最底层，负责估计两个相邻节点间的通信质量，以供路由引擎计算路由。路由引擎位于中间层，使用链路估计器提供的信息选择到根节点传输代价最小的节点作为父节点。转发引擎维护本地包和转发包的发送队列，选择适当的时机把队头的包发送给父节点。

4.4.1　链路估计器

TinyOS 2.x 中 CTP 的链路质量估计由链路估计交换子协议（Link Estimation Exchange Protocol，LEEP）来完成。节点使用 LEEP 来估计和交换其与邻居节点间的链路质量信息。当其度量一个链路质量时，通常采用三种链路质量来度量，分别是图 4.5 中的入站链路质量、出站链路质量和双向链路质量。

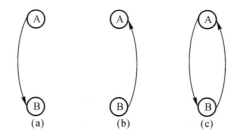

图 4.5　三种链路质量

(a)入站链路质量；(b)出站链路质量；(c)双向链路质量

入站链路质量如图 4.5(a)所示，有节点对(A,B)，以 B 作为参考节点，A 向 B 发送的总帧数为 total_{in}，其中 B 成功接收到的帧数为 $\text{success}_{\text{in}}$，从而有

$$入站链路质量 = \frac{\text{success}_{\text{in}}}{\text{total}_{\text{in}}} \tag{4.1}$$

其中，$total_{in}$ 的值可以通过 A 节点广播的 LEEP 帧中的顺序号间接计算而得。LEEP 帧中设有顺序号字段，节点 A 每广播一次 LEEP 帧，会将该字段加 1，B 节点只需要计算连续收到的 LEEP 帧顺序号的差值就可以得到 A 总共发送的 LEEP 帧数。

入站链路质量也可以通过其他途径得到，如 LQI 或 RSSI 之类的链路质量指示器，不过这需要无线模块支持这类功能。

出站链路质量如图 4.5(b)所示，有节点对（A，B），以 B 作为参考点，B 向 A 发送帧数为 $total_{out}$，其中 A 成功接收到帧数为 $success_{out}$，从而有

$$出站链路质量 = \frac{success_{out}}{total_{out}} \tag{4.2}$$

由于 LEEP 帧是通过广播方式发送的，节点 B 无法得知节点 A 是否收到，从而无法计算 $success_{out}$。但 B 到 A 的出站链路质量即 A 到 B 的入站链路质量可解决该问题，只要让 A 把它与 B 之间的入站链路质量回馈给 B 即可，这也是 LEEP 帧的主要功能之一。TinyOS 2. x 中用 8 b 无符号整数表示出站或入站链路质量。为了减少精度损失和充分利用 8 b 的空间，TinyOS 2. x 在实际存储该值时对它扩大了 255 倍。

双向链路质量如图 4.5(c)所示，对于有向节点对（A，B），双向链路质量定义如下：

$$双向链路质量 = 入站链路质量 \times 出站链路质量 \tag{4.3}$$

本地干扰或噪声可以引起 A 到 B 与 B 到 A 的链路质量的不同，定义双向链路质量就是为了将这种情况考虑在内。TinyOS 2. x 中使用 EETX(Extra Expected number of Transmission)值表示双向链路质量的估计值。

在 LEEP 中使用的有两种 EETX 值分别是窗口 EETX 值和累积 EETX 值。窗口 EETX 值是当接收到的 LEEP 帧数或发送的数据包数达到一个固定的窗口值大小时，根据窗口中的收发成功率计算出的 EETX 值。而累积 EETX 值则是本次窗口 EETX 值和上次累积 EETX 值加权相加得到的。权值的设定可根据指数移动平均的原理让旧值的权重逐渐减少，以适应链路质量的变化。这是一种比较符合实际的统计方法。

LEEP 对数据链路层有以下 3 个要求：①有单跳源地址；②提供广播地址；③提供 LEEP 帧长度。其中，有单跳源地址的要求是为了让收到广播 LEEP 帧的节点确定更新邻居表中哪一项的出站链路质量。现有节点的数据链路层一般都可以满足这 3 个要求。

根据以上分析可知，LEEP 帧至少应具备一个顺序号和与邻居节点间的入站链路质量。TinyOS 2. x 中实现的 LEEP 帧结构如图 4.6 所示。

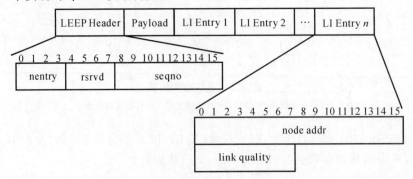

图 4.6　TinyOS 中的 LEEP 帧结构

其中 LEEP 帧头结构各字段定义如下：

(1)nentry：尾部的链路信息项(LI)个数；

(2)rsrvd：保留字段必须设为 0；

(3)seqno：LEEP 帧顺序号。

链路信息项(LI)中各字段定义如下：

(1)node addr：邻居节点的链路层地址；

(2)link quality：从与 node id 对应的节点到本节点的入站链路质量。

TinyOS 中可选的链路估计器有两种：标准链路估计器和 4 b 链路估计器。可以通过更改应用程序 Makefile 中对应的路径选择使用哪一个链路估计器。本书重点介绍标准链路估计器，标准链路估计器的实现代码在 tos/lib/net/le 目录下，其中 LinkEstimator. h 头文件包含了邻居表大小、邻居表项结构、LEEP 帧头尾结构以及 LEEP 协议中用到的常数的定义。

LinkEstimator. nc 包含了其他组件可以从 LinkEstimator 中调用的方法。这些方法可以分三类：一类用于获取链路质量，一类用于操作邻居表，还有一类用于数据包估计。

LinkEstimatorC. nc 组件用于说明链路估计器提供的接口。LinkEstimatorP. nc 组件是 LEEP 协议的具体实现。

设计 LEEP 协议的目的是得到本节点到邻居节点间的双向链路质量。在 LEEP 协议的实现中使用两种策略相结合来计算 EETX 值(双向链路质量)，一种是 L 估计，另一种是 D 估计。根据 LEEP 帧的估计称为 L 估计，它通过 LEEP 帧的信息来估计 EETX 值。根据数据包的估计称为 D 估计，D 估计通过发送数据包的成功率来估计 EETX 值。LEEP 协议最终是将 L 估计和 D 估计计算的 EETX 值进行指数移动平均获得到的综合 EETX 值作为其计算的依据的，两者间的关系如图 4.7 所示。具体的 L 估计和 D 估计的计算原理将在后文详细介绍。其中指数移动平均也叫加权移动平均，而常用的平均方法通常称为简单移动平均方法。

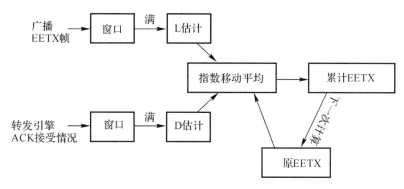

图 4.7　LEEP 协议的实现原理

1. L 估计的计算原理

TinyOS 中 LEEP 协议发送 LEEP 帧的过程中使用了 Send. send()方法，它调用 addLinkEstHeaderAndFooter()函数添加 LEEP 帧的帧头和帧尾。帧尾部存放的是本节点到邻居节点的链路质量表，如果 LEEP 帧中一次放不下这个表，则在下次发 LEEP 帧时从首个上次放不下的表项放起，以保证每个表项有平等的发送机会。每发一个包都将帧中的顺序号字段加 1。发送的时机由链路估计器(LinkEstimator)的使用者决定。

LEEP 协议中每当收到一个 LEEP 帧,会触发 SubReceive.receive() 函数对 LEEP 帧进行处理。处理程序根据 LEEP 的帧头和帧尾信息更新邻居表。这些操作集中在函数 processReceiveMessage() 中进行,该函数找到这个 LEEP 帧发送者对应的邻居表项,调用 updateNeighborEntryIdx() 函数更新收到包数的计数值和丢包数的计数值。其中的丢包数由本次与上次 LEEP 帧中顺序号字段的差值计算获得。

当收到的包数达到一个固定窗口的大小时,调用 updateNeighborTableEstn() 函数计算该窗口中的入站链路质量 $\text{inquality}_{\text{win}}$:

$$\text{inquality}_{\text{win}} = 255 \times \frac{\text{接收到 LEEP 帧数}}{\text{总帧数}} \tag{4.4}$$

根据加权移动平均原理更新入站链路质量:

$$\text{inquality} = \frac{\alpha \times \text{inquality}_{\text{orig}} + (10 - \alpha) \times \text{inquality}_{\text{win}}}{10} \tag{4.5}$$

TinyOS 2.x 中设衰减系数 α 为 9,因此每次更新时,旧值占 9/10 的权重,而新值占 1/10 的权重。此时入站链路质量发生了变化,因此也需要相应地计算双向链路质量。首先计算窗口 EETX 值 EETX_{win},其计算公式如下:

$$\text{EETX}_{\text{win}} = \left(\frac{255^2}{\text{inquality} \times \text{outquality}} - 1 \right) \times 10 \tag{4.6}$$

为了提高存储精度,EETX 值都是扩大 10 倍后存储的。接着更新累积 EETX 值,计算公式如下:

$$\text{EETX} = \frac{\alpha \times \text{EETX}_{\text{orig}} + (10 - \alpha) \times \text{EETX}_{\text{win}}}{10} \tag{4.7}$$

2. D 估计的计算原理

再看一下 D 估计的计算原理,由于链路估计器并不能得知上层的数据包是否发送成功,所以它提供了两个命令 txAck() 和 txNoAck() 让上层组件调用。txAck() 用于告知链路估计器数据包发送成功,它将对应通信邻居的成功传输数据包计数值和总传输包计数值加 1。当总传输包数达到一个固定窗口的大小时,调用 updateDEETX() 函数计算窗口 EETX 值 $\text{DEETX}_{\text{win}}$,具体计算公式如下:

$$\text{DEETX}_{\text{win}} = \left(\frac{\text{总包数}}{\text{成功包数}} - 1 \right) \times 10 \tag{4.8}$$

接着更新累积 EETX 值:

$$\text{EETX} = \frac{\alpha \times \text{EETX}_{\text{orig}} + (10 - \alpha) \times \text{EETX}_{\text{win}}}{10} \tag{4.9}$$

4.4.2 路由引擎

路由引擎的责任是选择传输的下一跳。一个理想的路由引擎应当可以选择到根节点跳数尽量少而连接质量尽量好的传输路径,这样可以减少转发次数和丢包率,从而降低传感器网络的能量消耗,延长网络的生存期。但由于节点的存储容量和处理能力一般都非常有限,难以存储大量的路由信息和使用复杂的路由算法,所以有线网络中常用的路由协议(如 TCP/IP 中的 OSPF 和 RIP 协议)在这里是不适用的。传感器网络的路由设计注重简单有效,使用有限的资源达到最好的效果。

TinyOS 2.x 中 CTP 实现的路由引擎可以较好地实现这个目标。它用于建立到根节点的汇聚树,利用链路质量估计器提供的信息合理地选择下一跳节点,使采样节点到根节点的传输次数尽可能的少,如图 4.8 所示。

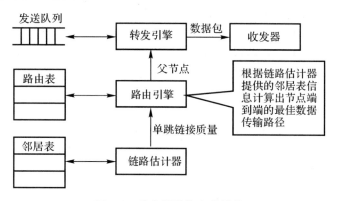

图 4.8　路由引擎的实现原理

1. ETX 值

路径 ETX 定义:汇聚树协议(CTP)中所用的路由度量,称为路径 ETX(Expected number of Transmission),它是父节点到根节点的 ETX 与本节点和父节点间的单跳 ETX 之和。

如图 4.9 所示,单跳 ETX 与链路估计器提供的 EETX 值关系为 ETX= EETX+1。路径 ETX 的大小可以反映出到根节点的跳数。在一般情况下,路径 ETX 越小

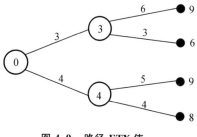

图 4.9　路径 ETX 值

说明离根节点越近,路由引擎正是根据这一事实选择 ETX 最小的邻居作为父节点,以期获得根节点的最少传输次数。

2. 路由表

路由表是路由引擎的核心数据结构。汇聚树协议(CTP)中使用的路由表结构如图 4.10 所示,它存储了邻居节点信息,主要是邻居的路径 ETX 值。

路由表的大小取决于链路估计器邻居表的大小,因为不在链路估计器邻居表的节点无法作为邻居节点进入路由表。

邻居节点地址	路由信息		
	父节点地址	ETX	拥塞
0			
1			
2	…	…	…

图 4.10　路由表结构

3.汇聚树协议(CTP)路由帧

路由引擎用广播的形式发送汇聚树协议(CTP)的路由帧(又称信标帧),以便在节点间交换路由信息。路由帧格式如图 4.11 所示。

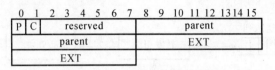

图 4.11 CTP 路由帧格式

各字段意义如下:

(1)P:是取路由位。如果节点收到一个 P 位置位的包,它应当尽快传输一个路由帧。什么叫置位? 置位(Set)是指使变量的某一位为 1;复位(Reset)是指使变量的某一位为 0。

(2)C:是拥塞标识。如果节点丢弃了一个汇聚树协议(CTP)的数据帧,则必须将下一个传输路由帧的 C 位置位。

(3)reserved:是保留位,无实际意义。

(4)parent:节点的当前父节点的地址(16 b 占了两个 8 b)。

(5)ETX:节点的当前 ETX 值。当节点接收到一个路由帧时,它必须更新路由表相应地址的 ETX 值。如果节点的 ETX 值变动很大,那么汇聚树协议(CTP)必须传输一个广播帧以通知其他节点更新它们的路由。与汇聚树协议(CTP)的数据帧相比,路由帧用父节点地址代替了源节点地址。父节点可能发现子节点的 ETX 值远低于自己的 ETX 值,这时它需要准备尽快传输一个路由帧。当前路由信息表中记录了当前使用的父节点的信息,如它的父节点地址、路径 ETX 等。

TinyOS 中路由引擎的实现在 tos/lib/net/ctp 目录的下列文件中:①CtpRoutingEngineP. nc 组件,它是路由引擎的具体实现;②CtpRoutingEngineP 是一个通用组件,可以通过参数设定路由表大小、信标帧发送的最小和最大间隔,它使用了链路估计器、两个定时器和一些包收发处理接口;③提供的接口主要是 Routing 路由接口,它包含了一个最重要的命令 nexthop(),用于为上层组件提供下一跳的信息;④TreeLouting. h 定义了路由引擎中使用的一些结构和常数;⑤Ctp. h 定义了路由帧的结构。

下面讲一下两个定时器的功能。

首先,看一下信标帧定时器(BeaconTimer),信标帧定时器主要用于周期性地发送信标帧。其发送间隔是指数级增长的。初始的间隔是一个常数 minInterval(其值为 128),在每更新一次路由信息后,将间隔加倍。因此随着网络的逐渐稳定,将很少看到节点广播信标帧。定时器间隔在使用指数级增长的基础上还加上随机数,以错开发送信标帧的时机,避免节点同时发送信标帧导致信道冲突。此外,定时器可以重置为初始值,这主要用于处理一些特殊情况,比如节点收到一个 P 位置位的包要求尽快发信标帧,或者提供给上层使用者重置间隔的功能。

其次,看一下路由定时器(RouteTimer),路由定时器用于周期性地启动更新路由任务。其更新间隔固定为一个常数 BEACON-INTERVAL,其值为 8 192。该定时器触发后将启动更新路由选择任务。发送信标帧任务由信标帧定时器触发。以广播的方式告知其他节点本节点的 ETX 值、当前父节点和拥塞信息。

　　更新路由选择任务一般由路由定时器触发,但也可以在其他条件(如信标帧定时器到期、重新计算路由、剔除了某个邻居等需要更新路由选择的情况)下触发。更新路由选择任务通过遍历路由表找出路径 ETX 值最小的节点作为父节点,并且该节点不能是拥塞的或是本节点的父节点。

　　信标帧接收事件,即 BeaconReceive. receiveU 事件会在收到其他节点的信标帧时触发。它将根据信标帧的发送者和 ETX 值更新相应的路由表项。如果收到的是根节点的信标帧,则调用链路估计器将它固定在邻居表中。如果信标帧的 P 位置位,则重设信标帧定时器,以便尽快广播本节点的信标帧让请求者收到。

　　路由引擎工作流程如图 4.12 所示,主要包括以下几个环节。

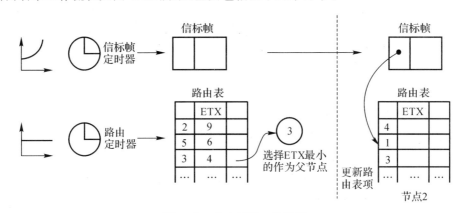

图 4.12　路由引擎工作流程

　　(1)初始化路由引擎。节点启动时将初始化路由引擎。路由引擎通过将 Init 接口接到 MainC 的 SoftwareInit 接口来实现节点启动时自动初始化路由引擎。初始化的工作有初始化当前路由信息、初始化路由表为空、初始化路由帧消息缓冲区以及一些状态变量等。

　　(2)正式启动路由引擎。应用程序通过 StdControl 接口的 start()方法正式启动路由引擎,这将启动两个定时器 RouteTimer 和 BeaconTimer。其中 RouteTimer 的时间间隔设为 BEACON-INTERVAL(8 192),BeaconTimer 的下一次发送时间初始值设为 minInterval (128)。

　　(3)发信息。由于 BeaconTimer 的触发时间间隔值设置的比 RouteTimer 的触发间隔小得多,所以 BeaconTimer 将率先触发,并投递 updateRouteTask()任务以更新路由选择,接着投递 sendBeaconTask()任务发送信标帧。此后,RouteTimer 以恒定的时间间隔触发并投递 updateRouteTask(),而 BeaconTimer 触发后会将下次触发的时间间隔加倍。

　　(4)收信息。除了定时器在不断地触发以投递任务外,路由引擎还需要处理其他节点的信标帧。当接收到一个广播的信标帧时,会触发 BeaconReceive. receive()事件,并根据信标帧中的发送者和它的 ETX 值更新相应的路由表项。

　　(5)更新信息。如果链路估计器剔除了一个候选邻居,则路由引擎也要相应地从路由表把该邻居移除,并更新路由选择,从而保证路由表和邻居表的一致性。

4.4.3　转发引擎

　　如图 4.13 所示,转发引擎主要负责 5 项工作:①向下一跳传递包,在需要时重传,同时根据是否收到 ACK,向链路估计器传递相应信息;②决定何时向下一跳传递包;③检测路由中的不一致性,并通知路由引擎;④维护需要传输的包队列,它混杂了本地产生的包和需要转发的包;⑤检测由于丢失 ACK 引起的单跳重复传输。

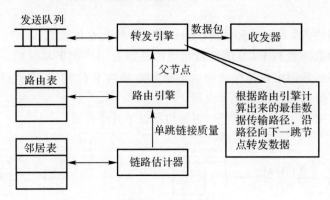

图 4.13 转发引擎

在介绍转发引擎前,先介绍几个相关概念。

(1)路由环路。路由环路是指某个节点将数据包转发给下一跳,而下一跳节点是它的子孙节点或者它本身,从而造成了数据包在该环路中不断循环传递。如图 4.14 所示,由于节点 E 在某个时刻错误地选择了 H 节点作为父节点,从而造成了路由环路。

(2)包重复。包重复是指节点多次收到具有相同内容的包。这主要是由于包重传引起的。例如发送者发送了一个数据包,接收者成功地收到了该数据包并回复 ACK,但 ACK 在中途丢失,因此发送者会将该包再一次发送,从而在接收者处造成了包重复现象。

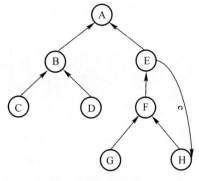

图 4.14 路由环路

下面介绍转发引擎的工作原理,首先介绍一下 CTP 数据帧。CTP 数据帧是转发引擎在发送本地数据包时所使用的格式。它在数据包头增加一些字段用于抑制包重复和路由循环。CTP 数据帧格式如图 4.15 所示。

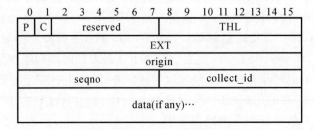

图 4.15 CTP 数据帧格式

CTP 数据帧中各字段的定义如下:

(1)P:取路由位。P 位允许节点从其他节点请求路由信息。如果节点收到一个 P 位置位的包,它应当传输一个路由帧。

（2）C：拥塞标志位。如果节点丢弃了一个 CTP 数据帧，它必须在下一个传输的数据帧中置 C 位。

（3）THL：已存活时间（Time Have Lived），它主要用于解决路由循环问题。当节点产生一个 CTP 数据帧时，它必须设 THL 为 0。当节点接收到一个 CTP 数据帧时，它必须增加 THL 值。如果节点接收到的数据包 THL 为 255，则将它回绕为 0。该字段主要用于解决数据包在环路中停留太久的问题，但在当前版本的 CTP 中暂时还没有实现这一功能。

（4）ETX：单跳发送者存储的有关单跳接收者的一个 ETX 值。当节点发送一个 CTP 数据帧时，它必须将自己存储的到单跳目的节点的路由 ETX 值填入 ETX 字段。如果单跳目的节点接收到的路由 ETX 值比自己的小，则它必须准备发送一个路由帧。

（5）origin：包的源地址。转发的节点不可修改这个字段。

（6）seqno：源顺序号。源节点设置了这个字段，转发节点不可修改它。

（7）collect_id：高层协议标识。源节点设置了这个字段，转发节点不可修改它。

（8）data：数据负载。0 个或多个字节。转发节点不可修改这个字段。

origin、seqno、collec_id 合起来标识了一个唯一的源数据包，而 origin、seqno、collect_id、THL 合起来标识了网络中唯一一个数据包实例。

下面再介绍一下转发引擎中消息发送队列结构的概念，消息发送队列结构是转发引擎的核心结构。其中队列项（Queue Entry，QE）中存放了对应消息的指针、对应的发送者和可重传次数。本地包与转发包的队列项分配方法有所不同：转发包的队列项是通过缓冲池分配的，而本地包的队列项是编译期间静态分配的。缓冲池是操作系统中用于统一管理缓冲区分配的一个设施。应用程序可以使用缓冲池提供的接口方便地获取和释放缓冲区。对于不能动态分配存储空间的 TinyOS 来说，这一点非常有价值，因为它可以重复利用一段静态存储空间。

转发引擎中使用了两个缓冲池：队列项缓冲池（QEntryPool）和消息缓冲池（Message-Pool）。

队列项缓冲池用于为队列项分配空间，如图 4.16 所示。当转发引擎收到一个需要转发的消息时，它会从队列项缓冲区中取出一个空闲的队列项，作相应的初始化之后把队列项的指针放入消息队列队尾。在成功地发送了一个消息并收到 ACK 确认消息或消息重发次数过多被丢弃时，转发引擎会从队列项缓冲池中释放这个消息对应的队列项，使它变为空闲，因此队列缓冲池就可以把这块空间分配给后续的消息。

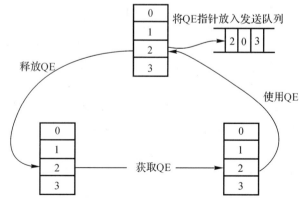

图 4.16　从缓冲池分配和释放队列项

消息缓冲池的工作原理与队列项缓冲池类似,只不过它存的是消息结构。在 TinyOS 2.x 中,消息缓冲池的初始大小设定为一个常数 FORWARD_COUNT(值为 12)。队列项缓冲池的初始大小为 CLIENT_COUNT+FORWARD_COUNT,其中 CLIENT_COUNT 是 CollectionSenderC 组件使用者的个数。

下面再介绍一下缓冲区交换技术,缓冲区交换是转发过程中一个比较微妙的环节。如图 4.17 所示,从缓冲池中获得的消息结构并不是直接用于存储当前接收到的消息,而是用于存储下一次接收到的消息。

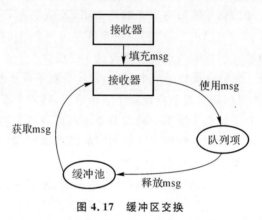

图 4.17 缓冲区交换

由于当前接收到的消息必定已经有了它自己的存储空间,所以只要让相应的队列项指向它就可以找到这个消息的实体。但是下一个接收到的消息就不应该存储在这一块空间,而缓冲区交换正是用于为下一次收到的消息分配另外一块空闲的存储空间。传统的做法通常是设置一个消息结构用于接收消息,每当收到一个消息后将它整个复制到空闲存储空间中。相比之下,缓冲区交换可以省去一次复制的开销。

转发引擎具体实现过程主要是通过 4 个关键函数实现的,分别为包接收函数 SubReceive. receive()、包转发函数 forward()、包传输函数 SendTask()和包传完之后的善后工作处理函数 SubSend. sendDone()。

SubReceive. receive()函数决定节点是否转发一个包。它有一个缓冲区缓存了最近收到的包,通过检查这个缓冲区可以确定它是否是重复的。如果不是,则调用 forward()函数进行转发。

forward()函数格式化需要转发的包。它检查收到的包是否有路由循环,使用的方法是判断包头中的 ETX 值是否比本节点的路径 ETX 小。接着检查发送队列中是否有足够的空间,如果没有,则丢弃该包并置 C 位。如果传输队列为空,则投递 SendTask()任务函数准备发送。

SendTask()任务函数检查位于发送队列队头的包,请求路由引擎的路由信息,为到下一跳的传输做好准备,并将消息提交到 AM 层(由于会出现多个服务利用同一个无线信道通信的情况,TinyOS 提供了 AM 层来多元访问无线信道)。

当发送结束时,SubSend,sendDone()事件处理程序会检查发送的结果。如果包被确认,则将包从传输队列中取出。如果包是本地产生的,则将 sendDone 信号向上传。如果包是转发的,则将该消息结构释放到消息缓冲池。如果队列中还有剩余的包(比如没有被确认的),它启动一个随机定时器以重新投递这个任务。

转发引擎也负责本地数据包的发送。应用程序通过使用 CollectionSenderC 组件发送本地包。nesC 编译器会根据 CollectionSenderC 组件使用者的个数为每个使用者静态地分配一个队列项,并用一个指针数组指向各自的队列项。如果某个使用者需要发送数据包,则先检查它对应的指针是否为空。若为空,则说明该使用者发送的前一个数据尚未处理完毕,返回发送失败;若不为空,则说明它指向的队列项可用,用数据包的内容填充队列项并把它放入发送队列等待发送。

4.5　能量感知路由协议

无线传感器网络中,节点一般可以根据一定设备或算法获取自己的剩余能量信息。路由选择时,节点根据这些信息估算出每条路由的能耗,决定数据最优转发策略,使节点能耗最少或负载最均衡,从而达到延长网络寿命的目的。可以说这些策略是基于能量感知的。现对能量感知的路由进行简单说明。假设网络中有节点 A 和 H 进行通信,但两个节点并不是邻居节点,必须进行多跳通信,如图 4.18 所示。

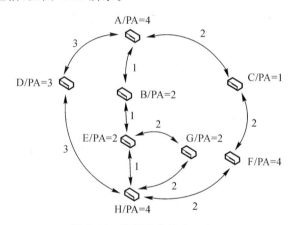

图 4.18　能量路由算法示意图

图 4.18 中,大写字母表示节点编号,PA 表示节点的剩余电量(Power Available,PA),每条链路上的数字表示该链路的传输消耗。假定 A 节点有数据分组要发送给 H 节点。根据不同的能量策略,将会有以下多种路由可供选择。

(1)最小能耗路由。一种最直接的方法是选择所有路径中总的路径传输能耗最小的路径。由图 4.18 可以看出路径 A—B—E—H 是总的路径能耗最小的路径。

(2)最大可用电量路由。从所有路径中选择可用能量最大的路径,观察图 4.18,可知路径 A—B—E—G—H 的总的可用电量之和最大,但又因为 G 是多余的节点,并不是真正需要的,选择 G 会增大能量的消耗,所以最终的路径是 A—B—E—H。

(3)最小跳数路由。选择路径上跳数最小的路径,由图 4.18 可知 A—D—H 只需要 2 跳,因此选择路径 A—D—H。

(4)最大最小能量路由。一条路径中,如果某个节点的能量提前消耗完毕,那么该条路径则不再起作用,因此一种策略是考虑路径上剩余能量最小的节点,并将其作为该路径的能耗代价。为了保护剩余能量最小的路径,最大最小能量路由再据此选择路径代价最大的路由。

上述路由策略的缺点是必须知道网络的全部信息,然而这在无线传感器网络中按照现有技术条件是不可取的,由于硬件上的限制,节点只能拥有局部网络信息或者没有相关的信息,所以上述讨论往往只存在于理论高度,但随着硬件性能的提升以及价格的不断降低,该方案还是有一定产业应用前景的。

4.6 以数据为中心的路由协议

无线传感器网络中经典的以数据为中心的路由协议是定向扩散(Directed Diffusion,DD)协议和信息协商传感器协议(Sensor Protocol for Information via Negotiation,SPIN)。

定向扩散协议是一种基于查询的路由机制。汇聚节点接到查询任务后,将兴趣消息通过泛洪的方式广播出去,并且在传播的过程中建立从数据源到汇聚节点的传输梯度。区域内的节点从兴趣消息中接到查询任务后,沿着传输梯度方向即可将数据传输到汇聚节点。

定向扩散路由机制分为三个阶段:兴趣传播、梯度建立和路径加强,如图 4.19 所示。

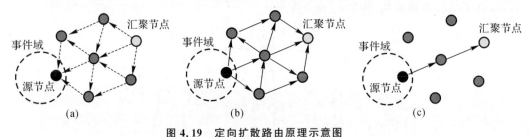

图 4.19 定向扩散路由原理示意图

(a)兴趣传播;(b)梯度建立;(c)路径加强

汇聚节点周期性地向邻居节点广播兴趣消息。每个节点在本地保存的兴趣列表中记录并管理每个兴趣的来源邻居节点、数据发送速率等相关信息,以建立梯度关系。当节点采集到与兴趣消息相匹配的数据时,节点就根据梯度将数据发送到指定的邻居节点。中间节点收到转发数据时需要检查兴趣列表与对应的数据缓存,如果存在相匹配的数据,说明该数据已经被转发过,为防止出现不良路径需要抛弃当前数据。数据刚开始发送时以较低的速率发送,当汇聚节点接收到从源节点发送来的数据后,则依照一定的标准选择加强路径(如选择一定时间内发送数据最多的或传输最稳定的节点)。启动加强路径后,数据则可以沿着加强路径以较高的速率进行传输。当加强路径的下一跳节点失效时,系统需要重新启用路径加强机制选择新的加强路径。

定向扩散路由是一种经典的以数据为中心的路由协议,能按照路径优化的标准动态选择数据传输路径,能动态地适应节点失效、网络结构变化等情况。但其在建立兴趣扩散时需要广播兴趣消息,能量和时间的开销都比较大。

SPIN 的应用背景是网络的数据源节点认为网络中的其他节点都是数据的潜在接收方,因此需要向全网传播数据。为了避免泛洪式转发的缺点,SPIN 规定节点只转发其自身没有的数据。

当采用简单的泛洪式协议转发数据时,会存在诸多的缺点,如内爆(lmplosion)和重叠(o-verlap),即处于同一区域的相邻节点观测了同一个现象,并且各自独立地、重复地向全网络报告这些信息,这是十分低效和耗能的。为了应对这类情况,SPIN 赋予每种数据分组一个独特的种类名,但是其前提是数据本身相对于名字信息来说是很大的。SPIN 使用这些数据的种类标签来协商哪些数据该向哪些节点转发。

SPIN 中包含了 ADV 广告帧、REQ 请求帧和 DATA 数据帧三种类型的帧。协议工作流程如下。

(1)当节点有数据需要广播出去时,其首先使用 ADV 广告帧向其周边的节点通告,表示其有数据需要转发。ADV 广告帧中包含了需要转发的数据帧的种类,即该种数据的标签。

(2)邻居节点接收到 ADV 广告帧后,查询本地的信息表,如果发现已经有了此种数据,则丢弃该数据;如果发现没有该类数据,则接收节点向发送节点发送一个 REQ 请求帧请求数据。

(3)发送节点接收到接收节点的 REQ 请求帧后,开始真正地把数据发送给其邻居节点。

SPIN 的工作流程图如图 4.20 所示。

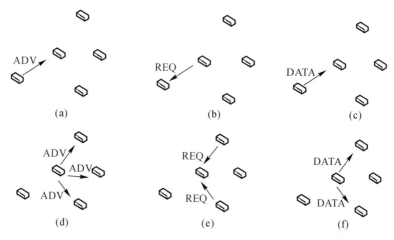

图 4.20　SPIN 的工作流程图

SPIN 的前提是对数据种类进行描述的信息需要比数据本身小得多,否则采用 ADV 广告帧这种通告的方式就没有意义了,达不到节能的效果。SPIN 相对于泛洪协议更加节能,其消除了冗余的数据发送,能够适当延长网络的寿命。

4.7　地理位置路由协议

无线传感器网络应用中,很多情况下是需要指出事件的发生区域的,源节点需要报告自己的位置,或者汇聚节点需要查询指定区域内的节点的数据。在这一类路由中,节点可能根据现有的设备(如 GPS)得到自己的地理位置信息,还可能知道网络中其他节点的信息。当地理位置已知时,路由算法得到简化,节点会利用地理位置信息进行路径的选择。

下面介绍一些简单的地理位置路由算法。假设网络中的节点都知道自己和其他节点的地理位置,那么当源节点有数据向目的节点转发时,可以采用以下一些简单的策略。

(1)在通信范围内向最远处转发。节点采用一种简单的贪婪算法,在其通信范围内,根据地理位置信息,选择离目的节点最近的邻居节点转发数据。节点把目的节点的地理信息包含在数据中,以便下一跳节点继续进行判断。但是这种算法忽视了网络的拓扑结构信息,因此往往不是最优的,单纯根据地理位置转发信息,传输路径的跳数往往也不是最少的。一个简单的最远距离位置转发示意图如图 4.21 所示。

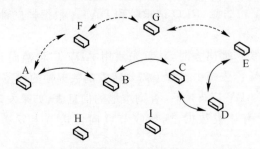

图 4.21　简单的最远距离位置转发示意图

(2)定向转发。另外一种简单的贪婪算法就是选择离数据传输方向最近的邻居节点进行转发。当源节点知道自己位置和目的节点的位置之后,其将这些信息放入其数据内一并转发。节点选择在源节点和目的节点连线上最近的邻居节点进行转发。此外,还可选择发送角度最接近传输方向的邻居节点进行数据转发。

(3)受限泛洪转发。根据地理位置信息,节点选择所有的离目的节点更近的邻居节点进行转发。这种做法稍微区别于简单的泛洪。

4.7.1　GEAR 路由

在数据查询类的应用中,地理位置路由协议(Geographic and Energy Aware Routing, GEAR)采用了基于位置信息和能量信息的启发式算法,来将查询命令路由到事件区域。其主要思想是根据地理位置信息,建立一条从汇聚节点到事件区域的优化路径,避免采用简单泛洪的查询方法来降低通信能耗。协议规定,网络中的节点都知道自身的位置信息和剩余能量信息,并且通过周期性地交换 Hello 消息获知邻居节点的位置信息和剩余能量信息。每一个节点保存着一个代价信息,这个代价信息表示从自身到事件区域的传输代价。代价信息分为两种:实际代价(learning cost)和估计代价(estimate cost)。估计代价为节点根据自身到目的区域的距离和自身的剩余能量两部分归一化后的数值,其计算公式为

$$c(N,R) = \alpha d(N,R) + (1-\alpha)e(N) \qquad (4.10)$$

式中:$c(N,R)$ 为节点 N 到事件区域 R 的估计代价;$d(N,R)$ 为节点 N 到事件区域 R 的距离;$e(N)$ 为节点 N 的剩余能量;α 为归一化比例参数。

汇聚节点发送查询命令后,节点运用贪婪算法在邻居节点中选择代价信息值最小的节点作为下一跳节点,并且将自己的路由代价设定为下一跳节点代价加上自身一跳通信的代价。通过选定最小代价邻居节点,查询命令被转发到事件区域。但是可能会发生一种特殊情况,即路由空洞(routing viod),如图 4.22 所示。

图 4.22 中,源节点 S 发送数据到 A 节点。但是 A 节点发现其周围的邻居节点 B、F、G、I、J(其中 F、G、I 为失效节点)的代价值都比其自身大。这样,节点 A 将找不到可以转发的下一跳节点。解决这个问题的方法是采用代价信息最小的邻居节点进行转发,走出空洞,然后陷入空洞的节点 A 修改其自身的代价信息值,即节点 B 的信息值加上 A 和 B 的通信消耗,并通告

给其上一跳节点 S。

查询命令到了事件区域后,区域内的节点沿着反向路径转发监测数据。数据中携带有每一跳到监测区域的代价信息。反向路径上的节点收到检测数据后,首先提取出代价信息,加上该次通信的代价,然后更新转发数据里的该值阈的值。接着节点用这个值替换掉 $d(N,R)$,然后和剩余能量一齐重新计算节点的代价值,即实际代价值。等下一次查询命令到来时,节点根据实际代价选择下一跳路径。

查询命令到了事件区域后,节点可以在事件区域内采取递归地理转发方式或者受限泛洪转发方式。当

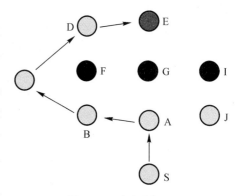

图 4.22 路由空洞

区域内节点的部署密度不大时,适合采用受限泛洪方式;当节点密度较大时,递归地理转发方式更加节能高效。在递归地理转发的情况下,区域被粗分为 4 个子区域;然后查询命令被转发给 4 个子区域的中心节点。然后每个子区域的中心节点再采用相同的策略划分自己的区域,并转发查询命令,直到子区域内只有 1 个节点。

4.7.2 THVR 路由算法

对于保证多跳网络的实时性应对路由空洞等问题,有学者提出了基于 2-hop 邻居信息的地理位置实时路由协议 THVR。THVR 将贪婪距离和剩余能量都转化为虚拟速率,并基于两跳范围内邻居节点的虚拟速率选择转发节点。协议假设节点可以通过 GPS 模块获得地理位置信息,或者通过提前部署的位置得知位置信息,节点在得知自己及邻居节点位置后,采用贪婪策略转发数据。

实时地理位置路由中要求数据具有一定的截止期,数据包从源节点到汇聚节点小于一定的时限,否则数据将失去价值。一般贪婪地理位置路由的核心思想都是将截止时间要求转化为数据转发的速率要求。传统的分布式路由算法为简单起见,大多依赖于 1-hop 邻居信息。然而,研究表明,基于 2-hop 或 k-hop($k>2$)邻居信息的路由策略可以获得更好的性能。研究者探讨了基于 k-hop($k \geqslant 1$)邻居信息的地理位置路由的性能增益,通过仿真证实了利用 2-hop 邻居信息比仅利用 1-hop 信息的地理位置路由在性能上有较大提升,而进一步利用 3-hop 信息乃至 ∞-hop 信息的性能增益越来越小。考虑到 k-hop 路由在性能上的增益,以及权衡算法复杂度,研究者提出了基于 2-hop 邻居信息的实时路由协议 THVR。

THVR 的设计方案如下:对于任意节点 i,$N(i)$ 表示其 1-hop 邻居集。源节点和汇聚节点分别用 S 和 D 表示。节点 i 和 j 之间的距离为 $d(i,j)$,如图 4.23 所示。这样,对于给定的数据传输截止期 t_{set},其端到端给定速率定义为

$$S_{set} = \frac{d(S,D)}{t_{set}} \tag{4.11}$$

$F(i)$ 表示节点 i 的 1-hop 转发节点集,定义为

$$F(i) = \{j \mid d(i,D) - d(j,D) > 0, j \in N(i)\} \tag{4.12}$$

$F_2(i,j)$ 表示节点 i 的 2-hop 转发节点集,定义为

$$F_2(i,j) = \{k \mid d(j,D) - d(k,D) > 0, j \in F(i), k \in N(j)\} \tag{4.13}$$

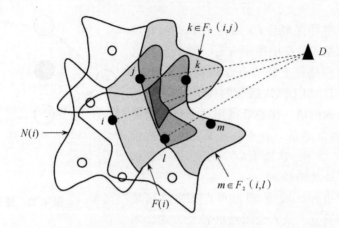

图 4.23　节点 i 的邻居集、1-hop 及 2-hop 转发节点集示意图

在 SPEED 中,其转发策略是当收到数据包时,节点 i 计算 $F(i)$ 中所有节点能提供的速率,大小为

$$S_i^j = \frac{d(i,D) - d(j,D)}{\mathrm{Delay}_i^j} \qquad (4.14)$$

式中:$j \in F(i)$;Delay_i^j 为节点 i 和 j 之间的 1-hop 延迟估计值。如果存在 j 使得 S_i^j 大于 S_{set},那么 j 被选为转发节点的概率 $P(j)$ 服从以下离散指数分布,即

$$P(j) = \frac{(S_i^j)^k}{\sum\limits_{j=1}^{N} (S_i^j)^k} \qquad (4.15)$$

式中:N 表示 $F(i)$ 中的节点个数;k 用来权衡负载和延迟的权重系数,当 k 取值较大时,选择的转发节点能提供较大速率,因而端到端延迟有可能降低,当 k 取值较小时,转发节点的选择范围更广,网络负载和能耗可能更加均衡。在提出的 THVR 中,节点 i 根据 2-hop 邻居信息,计算 2-hop 转发节点对$\{F(i), F_2(i,j)\}$能提供的速率,即

$$S_i^{j \to k} = \frac{d(i,D) - d(k,D)}{\mathrm{Delay}_i^j + \mathrm{Delay}_j^k} \qquad (4.16)$$

式中:$j \in F(i)$,$k \in F_2(i,j)$。如果存在节点对(j,k)使 $S_i^{j \to k}$ 大于 S_{set},则令这些节点对的集合为 S。THVR 不仅比较 2-hop 转发节点对能提供的速率,还考虑 1-hop 节点的剩余能量,并将剩余能量也转化为虚拟速率,因而定义虚拟转发速率为

$$\mathrm{ve}_i^{j \to k} = C \frac{S_i^{j \to k}}{\sum\limits_{k \in S} S_i^{j \to k}} + (1 - C) \frac{E_j / E_j^0}{\sum\limits_{j} (E_j / E_j^0)} \qquad (4.17)$$

式中:E_j 和 E_j^0 分别为节点 j 的剩余能量和初始能量;$C \in [0,1]$为权衡能量和延迟考虑的系数。较大的 C 值倾向于提高端到端的延迟性能;当 C 值较小时,转发任务将更多地由剩余能量较多的节点承担,网络能耗更加均衡。当截止期较长时,C 的取值可相对较小。根据式(4.17)定义的转发策略,$F(i)$ 中能提供最大 ve 值的节点(如 j)将成为转发节点。节点 j 将继续按照这个策略选择 1-hop,如此迭代。THVR 在 2-hop 邻居内寻找能提供最大速率的节点对,本质上比 SPEED 有多 1-hop 的预知能力,因此其选择的转发节点在任意 2-hop 范围内

优于 SPEED 决策。由于 THVR 的预知能力，网络中的拓扑空洞和拥塞能提前一步被预测到，所以不需要采用返回上级父节点重选路径的方法，减少了由于重复选路带来的延迟。TH-VR 在每一次选择转发节点时都相当于采用了一个"望远镜"观察了 2 - hop 范围内的链路状况，避免将包传送到拓扑空洞和拥塞区域的边缘。

与基于 1 - hop 邻居信息的实时路由相比，采用了两跳内节点信息的 THVR 路由可以获得更低的截止期错失率和更高的能量效率。同时 THVR 将节点剩余能量转化为虚拟转发速率，以缓解某些关键点被频繁选为转发节点的情况，使网络中能耗平衡，延长网络寿命。

4.8　可靠路由协议

在无线传感器网络中，某些应用可能对数据传输的可靠性具有较高的要求，要求网络能够满足一些特定的性能需求（如链路稳定性、时延、能耗、带宽等）。然而网络存在的节点失效、链路不稳定甚至失效、拓扑改变等问题，对满足上述性能要求提出了挑战，为此提出了可靠路由协议来应对这些问题。

在无线传感器网络中，如果一直采用某一条单一的路径传播数据，那么就会造成这条路径上的节点因为频繁地进入工作状态而能量消耗过大。当这条路径上的某一个节点因为电池耗尽而失效时，那么该路径也就随之失效了。当多条路径失效时，网络的拓扑结构会改变，网络可能被划分成很多个互不相连的孤立区域，这是人们不愿意看到的。为了防止网络出现这种状况，需要协调网络能量的均匀消耗，防止某些链路被频繁地使用，而导致网络中出现过快死亡的节点。均匀地消耗整个网络的能量，使网络的寿命得到延长是设计的目标，有学者提出了一种能量多路径路由来解决上述问题。所谓多路径路由就是在源节点和目的节点间建立起不止一条的传输路径，并且节点能够分散地使用这些路径，使得网络的能量得到均匀地消耗。节点赋予每一条路径一个特定的被选中概率，所有的路径的概率之和是 1，不同的路径根据路径上节点的能耗状况而具有不同的选中概率。

具体能量多路径路由包括路径建立、数据传输和路径维护 3 个步骤，其中最主要的是路由建立阶段。在路由建立阶段，目的节点或汇聚节点向其邻居节点广播路由建立消息，这个路由建立消息中包含着一个代价域，表示当前发送该消息的节点到达汇聚节点的路径上的能量消耗信息。在汇聚节点发送该消息时，这个值被设置为零。每一个节点保存一个通信代价值，$\text{Cost}(N_i)$ 表示节点 i 自身到汇聚节点的通信代价值，这个值是其多跳通信路径代价的一个加权平均值。当邻居节点收到该消息时，进行判断，只有当其自身距离源节点更近并且距离汇聚节点更远时，才会转发该路由建立消息，否则丢弃该消息。如果节点决定转发该消息，则表示一条从汇聚节点到其自身的新的路径被建立起来，因此其自身通信代价值需要被重新计算，需要考虑新的路径通信代价。假设节点 i 转播该消息给节点 j，则这条新路径的通信代价为

$$C_{N_j,N_i} = \text{Cost}(N_i) + \text{Metric}(N_j,N_i) \tag{4.18}$$

式中：$\text{Metric}(N_j,N_i)$ 为节点 i 转播该消息给节点 j 的能量消耗。同时节点放弃能量代价太大的路径，只有满足条件 $FT_j = \{i \mid C_{N_j,N_i} \leqslant \alpha(\min_k(C_{N_j,N_k}))\}$ 的路径才会被节点 j 接受，成为新的路径。

节点 j 路由表中的每一个下一跳节点 i 的被选择概率与 i 的能量消耗成反比，选择概率为

$$P_{N_j,N_i} = \frac{1/C_{N_j,N_i}}{\sum_{k \in \mathrm{FT}_j} 1/C_{N_j,N_k}} \tag{4.19}$$

当节点 j 添加了自 i 到 j 的新路径后,其自身到汇聚节点的能量代价为

$$\mathrm{Cost}(N_i) = \sum_{k \in \mathrm{FT}_j} P_{N_j,N_k} C_{N_j,N_k} \tag{4.20}$$

然后节点 j 用计算出来的新的代价值取代原来的代价值,并将这个路由建立消息广播出去。

在数据传输阶段,节点以概率选择不同的传输路径,每一条路径都有可能被选择,从而均匀地消耗网络的能量。目的节点或汇聚节点周期性地发送泛洪查询信息来维护所有路径的活动性,应对网络拓扑的变化。能量多路径路由让节点不再每次发送数据都选择单一的路径,而是概率性地在多跳可行路径中选择,分散网络的能耗,延长了网络的寿命。

此外还有学者提出了另一种多路径路由来应对路径失效的问题,以保证数据传输的可靠。网络中从源节点到汇聚节点建立了多条路径,其中有一条主路径,其余为备用路径。当传输主路径失效时,节点能够选择备用路径进行切换,保证传输的通畅。这么做的另外一个好处是,多路径的使用使得网络的能量能够被均匀地消耗。

一种比较简单的多路径方式是在网络中建立起多条互不相交的路径,但是这种做法存在许多不合理之处。除了最优路径之外,强迫选择互不相交的路径可能导致其余的备选路径与主路径相去甚远,甚至可能绕了很大的弯路,比主路径长得多。维护和使用这些不合理的备选路径是十分低效的。不相关路径示意图如图 4.24 所示。

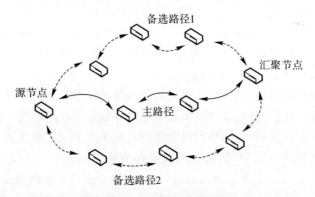

图 4.24　不相关路径示意图

为此,还有学者提出了另外一种方法,即采用缠绕路径。缠绕路径并不要求所有路径没有相交的节点,这些缠绕路径附属于主路径,作为主路径上某些节点或一段节点的冗余支路和备份。主路径上的每一个节点都要有一条相对应的缠绕路径作为备选路径。

如图 4.25 所示,缠绕路径的建立过程如下:主路径上的每一节点(除了源节点)都要发送一种备用路径增强信息来建立备用路径,节点选择一个不在主路径上的一个最优节点发送路径增强信息,然后这个最优节点再向其邻居发送路径增强信息,并选择一个最优邻居节点作为下一跳节点,但是要避免使用主路径上的下一个上行节点作为备用路径的终点,除了这个节点外,可以使用主路径上后面的其余上行节点作为备用路径的终点。

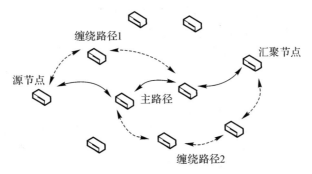

图 4.25　缠绕路径示意图

4.9　机　会　路　由

传统的有线网络路由采用"先选路,后转发"的思想,即首先确定传输最佳路径,再进行数据交换。传统的无线自组织网络和传感器网络的路由协议也采用这种思想,如 AODV 和 Directed Diffusion。然而,无线多跳网络(无线自组织网络、无线 Mesh 网络和无线传感器网络)的一些特性要求在借鉴传统路由思想的基础上,设计出适合于无线多跳网络自身的路由方法。例如,无线多跳网络具有链路动态变化和丢失率高的特性,这个特性导致无线链路质量较差且稳定性较低。传统的提高链路可靠性的方法是链路层重传,然而,频繁的链路层数据重传将消耗大量的带宽资源,会大大降低网络的吞吐量。另外,节点能量、计算能力和存储空间的限制也给无线多跳网络的路由设计带来了挑战。

针对无线多跳路由的特性和确定性路由的不足,麻省理工学院的 Biswas 等人于 2004 年率先提出了机会路由(opportunistic routing)的概念。下面具体介绍一下无线传感器网络中比较有代表性的机会路由协议。

1.机会路由算法

无线多跳网络中,节点广播数据包后,多个节点会收到数据包。距离较长的链路丢包率较高,需要多次重发实现成功传输;距离较短的链路丢包率较低,但是路径的跳数较大。如图 4.26 所示,A、B、C、D 四个节点可以两两直接通信,但是数据包的送达率不同。考虑从节点 A 发送数据到节点 D 的情形,如果选用 A—D 这条路,那么一跳就可以到达,但是低的送达率使得 A 必须多次重发数据方能保证正确接收。如果选用 A—B—C—D 这条路径,尽管重发次数少了,但是需要更多的跳数。

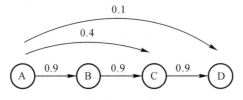

图 4.26　无线多跳网络拓扑结构

机会路由算法并不选择某一固定的发送路径,而是在源节点广播数据包后,按照接收节点和目的节点之间的"距离"排序,把多个可能的接收节点地址依次记录在广播包的包头里。收到包的优先级最高的节点向前转发数据,每一跳重复相同的转发机制,直至数据包到达目的节点。这种转发机制是基于每个包在接收端竞争传输介质,多个收包节点之间通过协同机制选择当时"最适宜"的节点转发数据,避免重发。这和传统的"先选路,后转发"的路由思想存在本质区别。

ExOR(Extremely Opportunistic Routing)是最早提出的机会路由方案,这是一个以端到端的最短路径的 ETX(指从候选节点到目的节点发送一个数据包所需要的平均传输次数)值为基准的机会路由算法。ExOR 在每跳传输时不是事先决定下一跳,而是先广播,然后再将成功得到分组的节点归为一组,在这个组中寻找下一跳节点,使用这个算法可以得到一条很长但是丢包率较低的链路。ExOR 算法的基本步骤如下。

(1)源节点根据期望传输次数度量,从全局节点中选择一个集节点作为候选(下一跳)接收节点(Candidate Next-hop Set,CNS);源节点把包含候选节点集信息的数据包广播出去。

(2)收到这些包的接收节点,根据其是否为候选节点及其优先级次序,或丢弃该包,或广播 ACK 信息;收包节点达成共识,让其中的"即时"最优的节点转发数据。目的是协同(coordination)多收包节点就"最优"转发节点达成共识。

重复这两步,直至数据包发送到目的节点。

概括地说,以 ExOR 为代表的机会路由算法的每一跳选择可分为以下两步。

(1)源节点根据某种度量,从全局节点中选择节点集为候选(下一跳)接收节点(CNS);源节点把包含 CNS 信息的数据包广播出去。

(2)多个收包节点就最优转发节点达成共识,让最优节点转发数据。

机会路由的算法框图如图 4.27 所示。

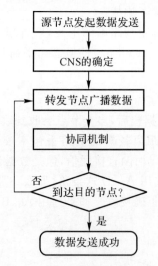

图 4.27 机会路由的算法框图

2.影响机会路由性能的主要因素

从上面的讨论可以看出,影响机会路由性能的因素包括如何选择备选转发节点、如何为各备选节点分配转发优先级,以及如何避免或抑制数据重复发送。下面将对这些问题分别加以阐述。

(1)备选转发节点选择。如何选择备选转发节点集是影响路由协议性能的关键因素,选择合适的转发节点集可以获得较高的协议性能提升。在现有机会路由协议中,存在多种路由测度(Metrics)可以用来选择备选转发节点集,其中主要包括跳数(如 SOAR、OPRAH)、ETX (Expected Transmission Count,如 ExOR、MORE)、地理距离(如 GeRaF、HARBINGER)等。基于不同测度的代价计算方法包括端到端最短路径方式、迭代方式。端到端最短路径方式是在数据包发送之前计算出每个备选转发节点到目的端最短路径的 ETX 值、跳数或地理距离,以此来确定不同备选转发节点的优先级,这种方式实现比较简单。同时,结合节点出行链路质量、各备选转发节点自身状态(如缓存队列占用情况)等其他因素,对端到端方法进行进一步优化,也是一种常见方法。但由于数据的转发是机会的,而不是按照固定最短路转发的,所以端到端最短路径方式难以保证所选的备选转发节点集是最优的。端到端迭代法首先通过对每个转发节点到目的节点使用同样的机会转发策略,执行端到端的逐跳迭代运算,然后得出每个邻居节点到目的节点的平均代价,这一代价与实际的转发过程较为接近。但是,这一方法常常涉及较多的网络知识和运算量。

无论采用何种测度,都需要一种机制来得到邻居节点的状态。这些状态可以是邻接链路状态,也可以是邻居节点到目的节点的距离。例如,ExOR 协议是基于 ETX 工作的,它需要以 ETX 的全网链路状态信息为基础,这将给网络引入一些额外能量开销。GeRaF 协议以地理距离为测度,数据包发送节点只需要知道邻居节点和目的节点的位置,就可以将每个邻居节点到目的节点的距离作为测度来选择转发节点集,并确定每个备选转发节点的优先级。

此外,备选转发集中节点的数量也是影响转发效率的一个重要因素。较多的备选转发节点可以提高机会转发的成功率,减少重传的概率。但是较多的备选转发节点也会给转发节点之间的协调带来困难,增加了控制开销。另外,剔除质量较差的备选节点也能够有效地提高机会转发的性能。

(2)备选转发节点协调机制。在选择了备选转发节点并为各节点确定优先级之后,需要一种机制使各转发节点之间能够相互协调,以有效避免或抑制不必要的重复发送。现有的机会路由协议所使用的协调机制可以分为控制包应答模式、数据包应答模式和无协调模式。

控制包应答模式存在两种具体实现方式,包括基于 RTS-CTS(Request To Send-Clear To Send)控制分组或 ACK 分组,备选转发节点按照当前发送节点事先设定好的优先级按次序应答。

在基于 RTS-CTS 的机会协议中,在数据包发送之前首先发送 RTS,该 RTS 中包含各备选转发节点地址;备选转发节点按优先级依次回送 CTS;一旦数据包发送节点收到第 1 个 CTS 后,它就会选择发送 CTS 的节点作为转发节点,同时为数据包的转发预约了无线信道;其他备选转发节点侦听到数据发送后停止发送 CTS。该方案在很大程度上避免了各备选转发节点由于相互侦听不到而可能发生的重传现象,但需要在 MAC 层进行一定改动,对协议实现复杂度有所增加。另外,在信道预约以后,并不能确保数据包成功传输,这可能为数据包转发率带来了一些负面的影响。

在 ACK 控制包应答模式中,数据包发送节点发出数据后,每个备选转发节点按照预先设定的优先级顺序回送 ACK,当较低优先级的备选转发节点侦听到较高优先级的节点发出的 ACK 时,就获知该高优先级节点已经收到此数据包,随即将已收到的数据包丢弃。发送节点在一段时间内收不到 ACK,则重发数据包。此应答模式用少量的 ACK 开销换来的转发的可靠性,在很大程度上提高了端到端的转发率。为了抑制重复发送,基于 ACK 的应答模式需要各备选转发节点之间具有相互的直接相邻性。

数据包应答模式省去了数据发出后的各种 MAC 层控制分组应答过程,备选转发节点收到数据包后按优先级顺序转发数据,优先级较高的备选转发节点先于优先级较低的转发节点发送数据包,低优先级备选转发节点侦听到数据发送后,丢弃存于本地的相应数据包。此方案由于没有控制包的应答过程,降低了控制开销,但同时也增加了数据包重传和碰撞的概率,所以适用于链路状态较好的网络环境。

在无协调模式中,转发节点之间没有任何直接的协调动作。各备选转发节点收到数据后,可以根据自身转发所带来的增益、编码机会、从本节点到目的节点的剩余路径长度等因素,以一定概率或一定条件进行分组转发,目的节点收到数据包后,可以选择向信源发送 ACK,也可以不作任何确认。这种模式中,分组通常以广播方式发送,无控制开销。但是,如果备选转发节点集选择不当或中间节点转发概率确定不当,那么这种方案常常会导致目的节点收到较多的重复分组。

3.机会路由展望

上述已介绍了机会路由的基本思想、算法及影响机会路由性能的主要因素。从中可以看到,机会路由对无线多跳网络的性能有显著的提升作用。这对于大规模多跳无线传感器网络中数据的有效传输有着重要意义。但作为一项无线网络领域的新技术,机会路由在结合无线传感器网络应用时,很多问题仍然有待深入研究。

(1)新型路由测度。路由测度对机会转发节点集的选择、优先级设定及路由协议的性能会有重大的影响。已有机会路由协议主要以跳数、ETX、地理距离、编码机会等作为主要测度来设计路由协议。引入新的路由度量有可能孕育着突破。有学者提出了基于效益(utility)的机会路由协议。该协议以每个分组的效益作为路由度量,即一个分组的端到端成功发送所带来的效益等于该分组的价值减去端到端传输代价。

(2)跨层设计。很多已有机会路由协议主要着重 MAC 层和路由层的联合设计。除此之外,MAC 层的前向纠错机制、组大小、发送功率、信道选择及调度也是影响机会路由性能的重要因素。综合考虑上述因素及其应用的特点进行机会路由研究,对跨层机会路由将起到较好的促进作用。在机会路由协议中,MAC 协议的设计对于数据包发送节点与备选转发节点、备选转发节点与备选转发节点之间的协调起着重要的作用。一个好的 MAC 协议可以有效地提高机会路由的转发效率,降低碰撞,减少重传。

除此之外,节能机会路由、机会拓扑控制、基于编码的机会路由等都值得深入研究。

4.10 本章小结

本章在 4.1 节介绍了网络层通信技术的概述。4.2 节根据不同应用对传感器网络各种特性敏感度的不同,介绍了无线传感器网络网络层协议的分类。4.3 节介绍了无线传感器网络分发协议的相关知识。4.4 节介绍了无线传感器网汇聚协议的相关知识。4.5 节介绍了无线传感器网络的能量感知路由协议。4.6 节介绍了无线传感器网络以数据为中心的路由协议。4.7 节介绍了无线传感器网络基于地理位置的路由协议。4.8 节介绍了无线传感器网络的可靠路由协议。4.9 节介绍了无线传感器网络的的机会路由协议。

第5章　无线传感器网络传输层通信技术

5.1　传输层通信技术概述

在感知节点与根节点之间进行可靠的数据传输是许多传感网应用所共有的需求。然而，在无线多跳、节点资源受限的条件下实现数据的可靠传输是具有挑战性的。前几章已经论述了物理层、数据链路层和网络层如何提供可靠的无线信号调制机制、介质访问机制、链路纠错机制和路由机制。本章将详细讲述传感网的传输层所面临的挑战及其解决方法。

传感网传输层协议主要解决以下 3 个问题。

(1)拥塞控制。如果数据流量超过了转发节点的存储和转发能力，那么就会产生拥塞，从而造成数据包丢失。因此，拥塞控制机制将调整源节点的数据包发送速率，以减轻或避免网络拥塞，从而提高可靠性。

(2)可靠数据传输。部分应用需要保证数据传输的可靠性，例如二进制代码、重要命令或请求等必须被可靠地传输，不能发生丝毫差错。传感网传输层就负责提供这一部分功能。

(3)复用与解复用。传输层协议需要能够承载多种上层应用，这些应用的数据包可以在同一条通路上传输，因此传输层需要标记每个数据包属于哪个应用，并在数据包到达对端时递交给相应的应用。

目前已存在的多种无线网络的传输层协议在传感网中不能很好地解决这些问题，原因在于以下几点。

(1)它们更多地关注于新的方法是否会造成拥塞的误判、是否符合 TCP 的语义、能否适应接入点的变化等状况。

(2)传统的方法一般采用应答和重传机制来保证端到端的可靠性，由于传感网中的节点通常具有十分有限的存储空间以及较低的处理能力，若使用该机制会造成较大的开销，所以是否在传感网中采用这种机制至今仍然存在争议。

(3)传感网中的数据之间往往存在相关性，从能量有效性角度考虑，没有必要对每个数据包都采用严格的端到端可靠性保证机制。

(4)已发出的数据包在收到应答前必须留在缓冲区中以备重传，这对内存受限的邻网节点来说也是一笔不小的开销。

传感网节点所固有的能量、处理能力和硬件资源的限制使传输协议的设计具有挑战性。

在考虑这些限制的同时,还需要兼顾特定的应用需求。传输层的主要设计原则如下。

(1)端到端的可靠性保证。传统的传输层协议(如 TCP)通常采用端到端的重传机制以解决数据包丢失的问题,采用 AIMD 拥塞控制机制避免拥塞。

这些机制的操作都是在源端和目的端完成的,并不需要网络中间节点的参与,并且每个数据流都是自主控制,并不会互相干扰。然而,传感网中通常需要在每个节点中使用可靠性保证和拥塞控制机制,以提高传输层的能量有效性。

另外,传统传输协议中使用的端到端控制机制在感网会造成不必要的资源浪费,因为传感网通常需要从成组的传感网节点中采集数据。当从多个传感器中收集相同的数据时,没有必要保证每个数据包的可靠性,只需要控制这组传感器数据的可靠性。

(2)应用相关。除了资源受限以外,传感网的另一特征是特定于应用。例如,传感网可用于采集温湿度等环境数据,也可以用于事件检测和识别以及感知的定位等。各种应用对可靠性的需求不同,监测类应用中可靠性是最主要的指标,而事件检测类应用最关键的指标是实时性,因此,传感网传输层协议需要可以根据应用需求的不同进行调整和裁剪。

(3)能耗。传感网软硬件设计中最重要的是能量有效性,传输层的设计也将能量有效性作为主要目标。例如,纠错和拥塞控制机制。

(4)数据流的方向。传感网中数据流的特性会因流向的不同而不同。传感器到汇聚节点,数据流往往要求实时性并且允许一定程度的丢包。汇聚节点到传感器,数据流则需要保证较高的投递率。因此,传输层协议的设计需要考虑不同方向数据流的特性。

(5)受限于路由和编址方式。与 TCP 不同,传感网节点不一定具有唯一的地址,因此传感网传输层协议设计时不能假设节点存在唯一的端到端全局地址。例如,当传感网使用基于属性的命名方式或以数据为中心的路由时,传输层就无法使用端到端地址,而需要设计另外的机制以保证传输的可靠性。

目前已出现了多种感网传输协议以解决上述问题,下面将详细介绍无线传感器网络中几个有代表性的传输层协议。

5.2 可靠多段传输协议

可靠多段传输(Reliable Multi-Segment Transport,RMST)协议是传感网中最早开发的传输层协议。RMST 协议的主要目标是提供端到端的可靠性。RMST 协议提供了传输层协议三种功能中的两种:可靠传输和多路复用。数据包的复用和解复用分别在源节点和汇聚节点中进行。RMST 协议同时也提供了整条通路上的错误处理机制。

RMST 协议采用网内缓存,并对事件流所产生的数据包保证传输的可靠性。RMST 协议依赖于定向扩散路由机制提供的源到目节点的路径。因此,这里有一个隐含的假设就是同一个数据流的数据包使用相同的路径,除非该路径中的节点出现了故障。在这个假设下,RMST协议有以下两种操作模式。

(1)无缓冲模式。该模式与传统的传输层协议十分相似,只有源节点和目的节点在保证可靠性中起作用。数据包是否丢失由汇聚节点检测,如果发现丢失,则汇聚节点向源节点发送端到端的未确认帧(NACK),以再次请求丢失的数据包。其优点是它不需要多跳网络中间节点的参与。

(2)缓冲模式。在该模式中,位于已固定的路径中的中间节点会缓存数据包以减少端到端的重传开销。每个数据流中的数据包都用唯一的顺序号标记,因此,当接收到的数据包顺序号不连续时,就说明有数据包丢失了。当检测到数据包丢失时,汇聚节点通过反向路径向源节点发送未确认帧(NACK)以请求重传。反向路径在无缓冲模式和缓冲模式中有所不同,下面举例说明这个问题。

例 5.1　无缓冲模式下的错误恢复如图 5.1 所示,左上角的节点试图通过某条多跳路径向汇聚节点发送一系列数据包。汇聚节点最后收到的数据包顺序号已经在图 5.1 中标出。无缓存模式下,使用端到端的重传保证数据传输的可靠性。数据包 4 在到达汇聚节点前丢失了[见图 5.1(a)],而汇聚节点在收到数据包 5 的时候才意识到数据包 4 已丢失[见图 5.1(b)]。此时,汇聚节点给源节点发送未确认帧 NACK 请求重传数据包 4,最终源节点重传数据包 4并到达汇聚节点[见图 5.1(d)]。

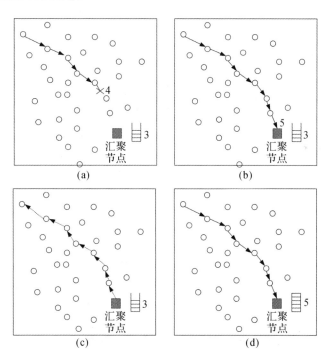

图 5.1　无缓冲模式下 RMST 的工作原理

(a)数据发送和错误;(b)汇聚节点接受无序数据包并检测数据包丢失;
(c)NACK 传输;(d)重传

例 5.2　缓冲模式中,固定路径上的某些传感器节点标记为缓存节点。该模式下的错误恢复如图 5.2 所示,图中的黑色圆点标识缓存节点。在该模式中,缓存节点也参与丢包检测。如图 5.2(a)(b)所示,数据包 3 丢失时可以被最近的缓存节点检测到,该缓存节点就会向源节点发送未确认帧 NACK 以请求重传数据包 3[见图 5.2(c)],然而,该 NACK 并不用发送到源节点,只要反向路径上缓存了数据包 3 的节点收到该 NACK,就会重传数据包 3。

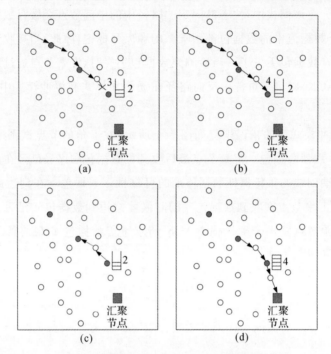

图 5.2　缓冲模式下 RMST 的工作原理
(a)数据发送和错误;(b)缓存节点收到无序数据包并检测数据包丢失;
(c)NACK 传输到上游缓存节点;(d)重传

缓冲模式的优点:RMST 协议本质上保证了两个最近的缓存节点间通信的可靠性,重传也只须在它们之间进行而不必在整条路径上重传,从而将重传的开销降到最低。

缓冲模式的缺点:这种机制在缓存节点中引入了额外的处理和存储开销,这有可能增加网络的整体复杂性和能耗。大多数事件检测和跟踪应用并不需要 100% 的可靠性,因为每个数据流的数据是相关的,并且允许一定程度的丢包,但 RMST 协议将它们作为多个流处理,这很可能导致传感网资源的浪费,并造成拥塞和丢包。

5.3　慢存入快取出协议

慢存入快取出(Pump Slowly, Fetch Quickly, PSFQ)协议用于处理从汇聚节点到传感器节点的路径。由于该路径常用于网络管理任务以及节点的重编程,所以保证它的可靠性也是十分有必要的。PSFQ 协议提供以下三种功能。

(1)存入操作。汇聚节点到传感器节点之间的路径上,数据的可靠性往往比实时性重要,因此 PSFQ 协议采用了慢存入机制。路径上的每个节点在转发数据包前都会等待一段时间。存入操作是 PSFQ 协议中用于从汇聚节点向传感器节点分发信息的默认策略。

（2）取出操作。为了防止数据包丢失,每个节点都使用逐步恢复的方法从邻居节点获取丢失的数据包。

（3）状态报告。PSFQ 协议提供状态报告功能以建立在传感器节点和汇聚节点之间的闭环通信。汇聚节点通过该功能可以收集到与存入和取出操作有关的信息。

下面分别举例介绍一下这三种功能。

例 5.3　PSFQ 协议的存入操作如图 5.3 所示,某传感器节点将数据包传给邻居 A,接着邻居 A 再将数据包转发给 B 节点。数据包从汇聚节点传到传感器节点的过程中,需要用到两个定时器 T_{min} 和 T_{max} 这两个定时器用于调度节点的传输时间。传感器节点每隔 T_{min} 广播数据包。

当邻居节点收到该数据包时,会在 T_{min} 和 T_{max} 之间随机等待一段时间后再转发该数据包。因此,节点的两次传输之间至少等待 T_{min},在这段时间内允许节点恢复丢失的数据包。另外,随机的延时有利于减少同一数据包重复广播的次数。如果数据包已被某个节点转发,其他节点就会停止发送该数据包。

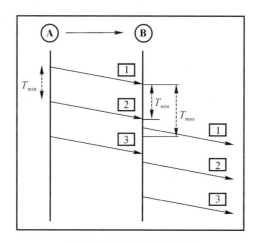

图 5.3　PSFQ 的存入操作

传感器节点将待传输的消息用多个具有连续顺序号的数据包发送。当传输路径上的节点检测到数据包的顺序号不连续时,就会进行取出操作。在取出操作中,节点发送 NACK 以便通过邻居节点快速恢复丢失的数据包。

例 5.4　具体的取出操作如图 5.4 所示,当节点 A 检测到数据包 2 丢失时,它会广播一个 NACK。如果发送 NACK 后在 $T_r(T_r < T_{max})$ 时间内没有收到回应,那么它会每隔 T_r 持续发送 NACK。如果 A 的某个邻居的缓存中拥有 NACK 所请求的数据包 2,那么它会在 $T_r/4$ 和 $T_r/2$ 的时间间隔内发送该数据包。取出操作通过在数据包传输间隔中持续发送 NACK 来进行错误恢复。然而,为了避免消息内爆,NACK 消息只向一跳邻居传输。

PSFQ 协议的丢包检测机制依赖于数据流中的数据包的顺序号,当数据包丢失时,该机制可以有效地检测出丢包。然而,当数据流中的最后一个数据包丢失或者所有数据包全部丢失时,就无法检测丢包了。为此,PSFQ 协议引入了前摄取出操作,在这种操作中,接收者使用基于定时器的取出操作。

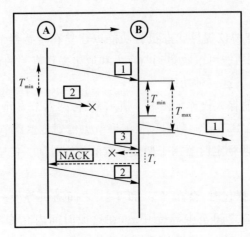

图 5.4　PSFQ 的取出操作

例 5.5　如图 5.5 所示,如果节点在 T_{pro} 的时间内没有接收到数据包,那么它向邻居发送 NACK。等待的时间 T_{pro} 与最后收到的顺序号 S_{last} 和最大的顺序号 S_{max} 之差成比例关系,即 $T_{pro}=a(S_{max}-S_{last})T_{max}$,此处 $a \geqslant 1$。然后,该节点在消息即将发送结束之前主动发送 NACK。如果缓冲区的大小是有限的,那么等待时间 $T_{pro}=anT_{max}$,此处 n 是缓冲区的长度。

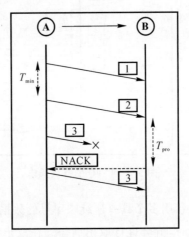

图 5.5　PSFQ 的前摄取出操作

PSFQ 协议的另一个部分是状态报告操作,它允许汇聚节点向传感器节点请求回馈。状态报告操作由汇聚节点发起,设置数据包头的 report 位。然后,该数据包通过网络发送到指定的节点。当传感器节点收到这个报告请求时,它会立即回复一个状态报告消息。当这个消息向汇聚节点传输时,沿途的节点会在这个消息中捎带上自己的状态信息。如果上游节点在 T_{report} 的时间内没有收到报告回应,那么它会自己创建报告数据包并发送给汇聚节点。PSFQ 协议使用的几种操作并不需要端到端可靠性保证,因此它可以很好地适应网络规模的变化。另外,汇聚节点到传感器节点方向的数据流的特征与传感器节点到汇聚节点的数据流不大相同,而 PSFQ 协议能够以分布式的方法保证该方向传输的可靠性。

PSFQ 协议的慢存入操作可以有效避免拥塞的产生。但是随着网络中数据源的增加,发生拥塞的可能性还是存在的。PSFQ 协议只处理无线网络受干扰所造成的丢包,而对拥塞丢包没有作处理。与保证端到端的可靠性不同,PSFQ 协议保证的是逐跳的可靠性。但是即使逐跳的可靠性得到了保证,也无法保证端到端的可靠性。慢存入操作也会在每跳中引入不必要的延时。随着网络规模的增大,延时也会不断累积。当数据包丢失时,接收节点会在接收到重传的数据包前一直保留非顺序到达的数据包,增加了节点存储空间的消耗。

5.4　拥塞检测和避免协议

拥塞检测和避免(Congestion Detection and Avoidance,CODA)协议的目标是检测和避免拥塞。首先考虑一下发生拥塞的几种场景。第一种场景,源节点以较快的速率发送数据,由于多个节点竞争信道,就有可能在源节点附近发生拥塞。第二种场景是单个数据流并不大,但在多个数据流交汇的地方可能临时性地发生拥塞。

为了处理不同的场景所造成的拥塞,CODA 协议提供了 3 种机制:①基于接收者的拥塞检测;②开环逐跳回压信号向源节点报告拥塞;③闭环多源调节以避免大规模和长期的拥塞。

由于拥塞控制机制往往会引入额外的处理和通信开销,所以需要准确地检测拥塞以减少这种开销。拥塞产生的原因是缓冲区被完全占用从而后续的数据包只能被丢弃。因此,缓冲区使用的程度可以作为衡量拥塞的标准。然而在多节点环境中,无线信道中可能发生数据包传输出错和冲突,从而使缓冲区使用程度并不能准确地反映拥塞程度。当网络中某个区域拥塞程度增加时,这个区域节点的缓冲区占用程度并不一定受影响。因此,CODA 协议综合缓冲区的占用程度和信道的负载判断当前的拥塞状况。

基于接收者的拥塞检测机制就依赖于缓冲区占用程度和信道负载。信道负载通过监听信道中是否有节点在发数据包来确定。当信道负载高于阈值时,CODA 协议就认为接收者处发生了拥塞。

图 5.6 中给出了 CODA 协议拥塞抑制的机制,某个传感器节点试图穿过拥塞区域向汇聚节点发送数据包。当拥塞区域中的一个节点检测到拥塞时,它会沿着反向路径向源节点广播后压消息。后压消息用于通知上游节点此处发生了拥塞。当上游节点接收到该消息时,它会降低发送速率并丢弃部分数据包以减轻这条路径上的拥塞。后压消息会一直广播,直到有未拥塞的节点接收到该消息为止。这种类型的拥塞控制称为开环逐跳回压。

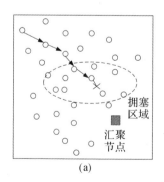
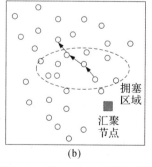
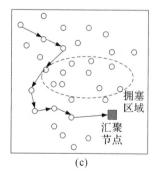

图 5.6　CODA 协议拥塞抑制机制

(a)数据传输和拥塞检测;(b)后压消息传输;(c)拥塞减轻和(可选)重新计算路由

网络的动态变化可能会导致局部拥塞,而源节点发送速度过快会导致全网拥塞。如果源节点产生的数据流超出了整个网络的处理能力,那么局部拥塞控制机制就无法减轻这种拥塞。

因此,CODA 协议使用闭环多源调节机制,如图 5.7 所示,该机制类似于传统的端到端拥塞控制机制。每个源节点会检测自己的发送速率 r,如果源速率超出了阈值($r \geqslant v S_{max}$),源节点就会进入闭环控制状态。在这种状况下,数据包头中会设置一个调节位以便告知汇聚节点。接着汇聚节点每接收到 n 个数据包都会发送 ACK 消息。如果源节点没有接收到 ACK 消息,那么它就认为网络产生了拥塞,从而调低数据包发送速率。

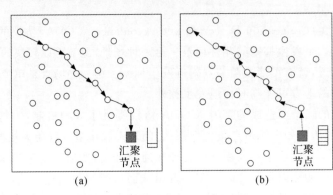

图 5.7　CODA 协议闭环多源调节机制

(a)如果源速率超出了阈值($r \geqslant v S_{max}$),源节点就会进入闭环控制状态;

(b)汇聚节点每接收到 n 个数据包都会发送 ACK 消息

传感网中进行精确拥塞控制的关键是准确地检测拥塞。CODA 协议综合了缓冲区的占用程度和信道的负载情况进行拥塞检测。CODA 协议对局部拥塞和端到端的拥塞这两种情况都进行了处理,提供了完整的拥塞控制机制。虽然 CODA 协议通过避免拥塞提高了网络的性能,然而它并没有保证可靠性,这是它固有的缺陷。另外,闭环多源调节机制在网络数据流较大时会引入较大的延时。

5.5　事件汇聚可靠传输协议

事件汇聚可靠传输(ESRT)协议与保证端到端可靠性的传统传输层协议不同,它保证的是事件到汇聚节点的可靠性,提供可靠的事件检测,并且不需要中间节点作缓存。ESRT 协议同时处理传感网的可靠性和拥塞问题。

传感网信息处理的显著特性是以数据为中心。对于某些用户来说,从多个传感器中获得信息并检测出发生的事件比从单个节点中获取孤立的信息更有意义。因此,从源到目的流的概念不再适用,取而代之应使用事件到汇聚节点的事件信息流,它是由一组与同一事件相关的传感器节点的数据流所组成的。ESRT 协议为事件信息流提供了可靠性保证和拥塞控制机制。此外,ESRT 协议主要在汇聚节点上运行,从而降低了对传感器节点的资源占用。ESRT 协议的事件信息流基于这种事实:时空上相近的传感器所采集到的数据往往具有相关性。

ESRT 协议让汇聚节点每隔 τ 的时间间隔测量可靠性,这段时间称为决定间隔。可靠性用所有节点产生的与某事件有关的数据的总个数来度量。为此,需要作以下定义。

(1)观测事件可靠性 η_i:第 i 个决定间隔内汇聚节点所接收到的数据包个数。

(2)期望事件可靠性 η:可靠事件检测所需的数据包数,它由应用确定。

ESRT 协议的目标是得到源节点合适的上报频率 f,以便在汇聚节点处保证事件检测的可靠性。

例 5.6　图 5.8 中将传感网的可靠性认为是上报频率 f 的一个函数。可以看到,可靠性 η 随着上报频率 f 的增大线性增长(注意横坐标是对数规模),直到 $f=f_{max}$ 时可靠性达到最大值,然后开始下降。这是由于网络无法处理不断增加的数据包,所以一部分数据包会因为拥塞而丢失。当 $f>f_{max}$ 时,可靠性曲线波动较大并且一直低于 $f=f_{max}$ 时的水平。

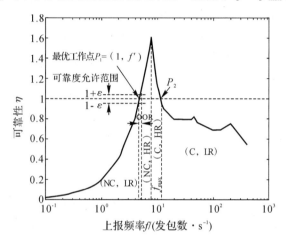

图 5.8　传感网的可靠性函数

拥塞和可靠性之间的关系可以在例 5.6 中清楚地看到。因此,ESRT 协议定义了 5 种操作区域以达到控制拥塞、保证可靠性的目的。这 5 种操作区域基于表 5.1 中拥塞和可靠性的级别划分。

表 5.1　基于拥塞和可靠性的网络操作区域

状　态	范　围	定　义
(NC,LR)	$f<f_{max}$ 且 $\eta>1+\varepsilon$	无拥塞,低可靠性
(NC,HR)	$f\leqslant f_{max}$ 且 $\eta<1-\varepsilon$	无拥塞,高可靠性
(C,HR)	$f>f_{max}$ 且 $\eta<1$	拥塞,高可靠性
(C,LR)	$f\leqslant f_{max}$ 且 $\eta\geqslant1$	拥塞,低可靠性
OOR	$f\leqslant f_{max}$ 且 $1-\varepsilon\leqslant\eta\leqslant1+\varepsilon$	最优操作区域

为了控制网络中的拥塞,汇聚节点需要确定网络当前处于何种操作区域。操作区域的确定取决于以下两个因素:网络中是否有拥塞发生以及需要的可靠性是否达到。ESRT 协议提供了两种机制估计网络的拥塞和可靠性状态。在每个决定间隔内,汇聚节点根据在这个时间段内收到的数据包数判断网络是在低可靠区域还是高可靠区域。网络中的每个节点都需要进行拥塞检测。接着,汇聚节点就可以确定网络当前所处的操作区域,然后控制传感器节点的上报速率使网络达到最优操作区域(OOR)。

每个传感器节点根据本地的缓冲区使用程度检测拥塞。假设在两个连续的决定间隔内，上报速率和源节点的数量不会有太大的变化，在每个上报周期结束时缓冲区占用的增量可以认为是一个常量。

设 b_k 和 b_{k-1} 为第 k 个和第 $k-1$ 个上报周期末的缓冲区占用程度，B 为缓冲区的大小。Δb 是每个上报周期末缓冲区长度的增量，即 $\Delta b = b_k - b_{k-1}$。如果第 k 个上报周期中缓冲区的长度与缓冲区增量之和超过了缓冲区大小，即 $b_k + \Delta b > B$ 时，传感器节点认为下个上报周期就会发生拥塞。当传感器节点检测到拥塞时，它会在上报的数据包中捎带拥塞通告。汇聚节点就可以知道下个上报周期网络中会发生拥塞。

每个决定间隔中网络的状态由可靠性检测和拥塞通告确定。汇聚节点通过广播更新所有传感器节点的上报频率。将第 i 个决定间隔的上报频率记为 f_i，可靠性程度记为 η_i，汇聚节点用以下方法确定 f_{i+1}：如果网络处于(NC,LR)区域，那么需要增加上报频率以达到更高的可靠性，因此上报频率调整为 $f_{i+1} = f_i/\eta_i$。在(NC,HR)区域时，网络已经超出了需要的可靠性，可以降低上报频率以节省网络资源，因此，上报频率调整为 $f_{i+1} = f_i/[2(1+1/\eta_i)]$。在(C,HR)区域时，网络发生了拥塞，此时应降低上报频率以减轻拥塞，因此使用乘法递减策略，$f_{i+1} = f_i/\eta_i$。最后，当网络处于(C,LR)区域时，上报频率使用指数递减策略以提高可靠性并减轻拥塞，$f_{i+1} = f_i/(\eta_i/k)$。当网络已处于最优操作区 OOR 时，上报频率保持不变。

ESRT 协议引入了事件到汇聚节点可靠性的概念，适用于传感网事件的可靠传输。ESRT 协议根据这个概念引入了一种新的可靠传输机制，它将拥塞控制和可靠性保证的决策权转移到了资源较丰富的汇聚节点，从而减少了资源受限的传感器节点上需要做的工作，对于节省能耗、延长网络生存时间有较大的意义。

ESRT 协议的主要目标是使网络尽量接近最优操作状态，此时既保证了可靠性、避免了拥塞，又使能耗尽可能低。通过分布式的更新机制，ESRT 协议可以在任意初始网络状态下最终达到最优操作状态。

然而，ESRT 协议依赖于基站到所有传感器节点只有一跳的假设，即汇聚节点的更新广播可以被所有的传感器节点收到。虽然该假设对于一部分应用是成立的，但是随着网络规模的增大，从汇聚节点到传感器节点必须使用多跳的数据传输机制。此外，ESRT 协议在每个决定间隔末会为每个节点计算相同的上报频率 f，然而当事件由众多节点感知到时，网内节点不一定要使用相同的频率上报数据。

5.6 本 章 小 结

本章在 5.1 节介绍了传输层通信技术的概述，介绍了传输层协议主要解决的问题及设计原则。5.2 节介绍了可靠多段传输协议的两种工作模式，包括无缓冲模式和缓冲模式的工作原理和优、缺点。5.3 节介绍了慢存入快取出协议，并且举例说明了三种功能。5.4 节介绍了拥塞检测和避免协议，并且详细解读了 CODA 拥塞抑制机制和闭环多源调节机制。5.5 节介绍了事件汇聚可靠传输协议的基本原理，以及其解决传感网中的可靠性和拥塞问题的机制。

第6章　无线传感器网络与IPv6互连技术

无线传感器网络被称为"无所不在的网络",被广泛应用于环境监测、国防军事、工业控制、智能家居和医疗监护等各个领域。在这些应用中,传感器网络通常并不是孤立存在的,而是通过某种方式接入现有的网络,以方便用户远程访问、控制和使用传感器网络资源。通过与其他网络的互连,传感器网络的应用领域也更加广阔。TCP/IP作为目前有线网络应用最成功、最频繁的协议标准,其应用领域已经逐渐拓展到无线网络。随着IP从v4升级到v6,如何实现WSN和IPv6网络的互连已经成为学术界的热点研究方向之一。在传感网研究的早期,学术界认为传感网中的设备资源有限,无法使用庞大的IP协议架构,只能使用专为应用而设计的协议,从而导致了不同传感网之间、传感网与互联网之间无法便利地交互,往往需要通过网关进行协议转换。然而随着研究的深入,IP协议已开始逐渐应用于传感网中,大大提高了传感网与其他IP网络的互操作性。下一代IP协议IPv6更是以其地址空间充足等特性十分适合传感网。但是事实上并不能直接将IPv6用于传感网设备,还存在不少需要解决的问题。本章主要讨论WSN与IPv6网络互连的可能性,列举了两者互连的主要方式,提出了实现互连需要解决的问题。

6.1　WSN与IPv6网络互连的可能性

近年来,随着Internet的飞速发展,IP技术逐渐趋于成熟,IP网络协议作为一个开放性的协议,不存在复杂的产权问题,其协议架构受到了广泛的认可。除此之外,IPv6作为下一代网络协议,还具有以下优点。

(1)地址资源丰富。IPv6协议采用长度为128 b的IP地址,提供了非常大的地址空间,被形容为可以为地球上的每一粒沙子都分配一个地址。这个特点恰恰满足了部署规模庞大的WSN的需求,能够应用于智能家居等网络场景中。

(2)移动性好。对于一个通过有线或无线方式连接到网络的设备,无论设备移动到何处,其他设备都可以通过同一个IP地址对其进行访问,实时监控和记录该设备的相关情况。这个特点使其能够应用于远程医疗和车载移动监控等对移动性能要求较高的场合。

(3)安全性高。IP协议除了根据不同用户名进行身份验证并加以访问控制来提供安全服务外,还提出了关于一致性的强制安全措施。例如,数据包接收者可以要求发送者进行认证登录后再接收数据包,以防"黑客"攻击。用于国防和商业领域保密级别较高的工业控制WSN,安全性显得极为重要。

(4)无状态地址自动配置。IPv6地址配置可以分为手动地址配置和自动地址配置,其中自动地址配置方式又可以分为无状态地址自动配置和有状态地址自动配置。有状态地址自动配置如 DHCP，则需要安装和管理 DHCP 服务器，不够灵活。采用无状态地址自动配置方式，节点首先需要确定自己的链路本地地址，接着验证该链路本地地址在该链路上的唯一性，最后确定需要配置的地址信息。这个特点符合传感器网络节点自组织、自配置的设计目标。

由此可见，IPv6 技术满足了 WSN 在地址空间和安全性等方面的要求，在 WSN 应用方面具有广阔的发展空间。

6.2 WSN 与 IPv6 网络互连的方式

当前，实现 WSN 与 IPv6 互连的方式主要包括 Peer to Peer 方式、重叠方式及全 IP 方式，其中，全 IP 方式是目前学术界的讨论焦点。

1. Peer to Peer 方式

Peer to Peer 方式通过设置特定的网关节点，在 WSN 和 IPv6 的相同协议层次之间进行协议转换，实现两者的互连。按照网关节点所工作的协议层次的不同，可进一步细分为应用网关和网络地址转换（Net work Address Translation，NAT）网关两种方式。

（1）应用网关方式。应用网关方式的核心是由设置在 WSN 和 IPv6 之间的网关在应用层进行协议转换，实现数据转发功能。该方式的优点在于只有网关节点需要支持 IPv6 协议，WSN 网络可以根据自身的特点设计相应的通信协议；缺点在于用户透明度低，WSN 提供的服务使用困难。应用网关方式下的协议栈结构示意图如图 6.1 所示。

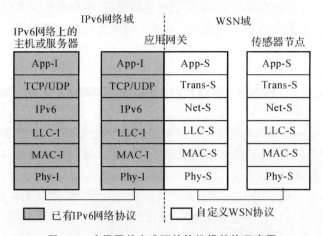

图 6.1 应用网关方式下的协议栈结构示意图

（2）网络地址转换网关方式。该方式的核心在于由 NAT 网关在网络层进行地址和协议的转换。该方式假定 WSN 采用以地址为中心的网络协议，外部网络采用标准的 IPv6 网络层协议。图 6.2 实现的 low-PAN 与外网互连的方式就是一种典型的 NAT 方式。NAT 网关方式能够有效降低数据分组在内网中传输所带来的控制开销及能量消耗。该方式下各类节点协议栈结构示意图如图 6.2 所示。

2. 重叠方式

重叠方式通过协议承载而不是协议转换实现 WSN 和 IPv6 之间的互连，可细分为 WSN

over TCP/IP 和 IPv6 over WSN 两种方式。

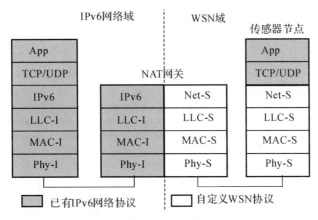

图 6.2　NAT 网关方式各类节点协议栈结构示意图

（1）WSN over TCP/IP。在该方式下，IPv6 网络中所有需要与 WSN 通信的节点及网关节点称为 WSN 的虚节点（virtual node），它们所组成的网络称为 WSN 的虚网络（virtual network）。在 WSN 部分，每个 WSN 节点都运行适应 WSN 特点的私有协议，节点之间的通信基于私有协议进行；在虚网络部分，WSN 的私有协议被作为网络层应用承载在 TCP/UDP/IP 上，TCP/UDP/IP 以隧道的形式实现虚节点之间的数据传输功能。WSN over TCP/IP 方式下各类节点的协议栈结构示意图如图 6.3 所示。

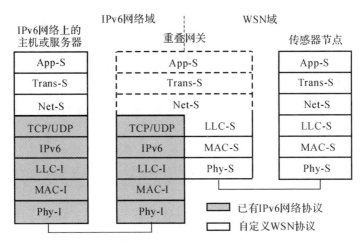

图 6.3　WSN over TCP/IP 方式下各类节点的协议栈结构示意图

（2）IPv6 over WSN。IPv6 over WSN 通过在已有的 WSN 协议上实现隧道功能，完成了数据发送和接收，满足了用户直接访问和控制 WSN 内部的某些特殊节点的要求。在该方式下，WSN 的主体部分仍采用私有通信协议，IPv6 协议只被延伸到一些特殊节点。该方式下各类节点的协议栈示意结构，以及特殊节点产生和接收的数据在各类节点处的处理流程如图 6.4 所示。

3. 全 IP 方式

无论采用 Peer to Peer 网关方式还是重叠方式实现 WSN 与 IPv6 网络的互连,都必须经过某些特定节点进行内外网之间的协议转换或协议承载功能。全 IP 互连方式是 WSN 与 IPv6 网络之间的一种无缝结合方式,它要求每个传感器节点都支持 IPv6 协议,通过采用统一的网络层协议(IPv6)实现彼此之间的互连,更为充分地利用 IPv6 协议的一些新的特征。当前,学术界对全 IP 方式存有争议,需要进一步深入探讨。

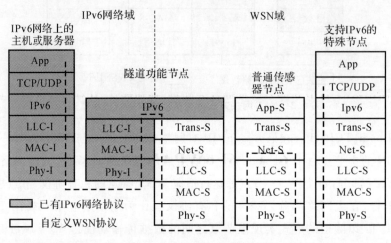

图 6.4 IPv6 over WSN 方式

互联网工程任务组(Internet Engineering Task Force,IETF)于 2004 年 11 月正式成立了 6LoWPAN 工作组,着手制定基于 IPv6 的低速无线个域网标准,旨在将 IPv6 引入以 IEEE 802.15.4 作为底层标准的无线个域网中,本章后续将进一步的介绍该方案。

6.3 WSN 与 IPv6 网络互连需要解决的问题

从上述可以看出,无线传感网络与 IPv6 网络的互连具有广阔的应用前景,然而,IPv6 协议毕竟不是专门面向传感器网络设计的通信协议,因此在实现基于 IPv6 的传感器网络的过程中仍然需要进一步解决一系列问题。

(1)WSN 节点支持 IPv6 的程度。由于大多数的 WSN 都是多跳无线网络,所以网络中的部分或全部节点都具备路由转发能力。这个特点使得网络中的节点是只支持主机侧的 IPv6 协议,还是同时支持主机侧和路由侧的 IPv6 协议成为一个需要深入研究的问题。由于该问题与 WSN 的网络结构和寻址方式等因素密切相关,所以解决这个问题需要综合考虑具体的组网模式和寻址机制。

(2)IPv6 报头压缩。WSN 一般具有比较小的通信业务量(约几个字节)和数据率,而 IPv6 协议本身具有较大的分组头开销,因此采用标准的 IPv6 封装格式将带来很大的分组头开销,如标准 IPv6、TCP、UDP 封装分别需要增加 40 B、40 B、8 B 的头开销。这些开销在以收集数据为目的、资源有限的 WSN 网络中不容忽视。因此,如何对 IPv6、TCP 和 UDP 头部的某些字段进行压缩,以降低分组头开销成为了一个研究热点。目前,该方面的工作已经取得了一定的进展,然而仍然需要深入研究针对 WSN 特点的头压缩方式。

(3)IPv6 地址自动配置。地址自动配置是 IPv6 的重要特色,吻合 WSN 自组织、自配置的特点。然而,现有的 IPv6 地址自动配置在 WSN 网络中仍然存在一些问题,例如中心控制的特点带来大量的控制消息开销、根据 MAC 地址生成的 IPv6 地址对于 WSN 节点间的路由寻址没有带来任何方便等。因此,这方面的问题仍需要进一步探讨解决。

(4)如何承载以数据为中心的业务。WSN 是一个以数据为中心的网络,而 IPv6 是以地址为中心的网络,采用 IPv6 解决 WSN 的通信问题将使工作效率降低。因此,IPv6 如何高效地承载以数据为中心的业务,成为急需解决的问题。

此外,TCP/IP 协议栈剪裁以及无线 TCP 节能机制等方面的问题都需要进一步解决。由于 WSN 计算和存储能力有限,所以必须合理裁剪 TCP/IP 协议栈,以满足 WSN 对协议栈大小的要求。在 WSN 中引入 TCP 机制可以为 WSN 节点配置、管理和控制过程提供可靠的端到端传输,然而传统的 TCP 机制会降低网络吞吐量、增加能耗,从延长网络寿命和增加吞吐量的角度来说,需要进一步研究解决方案。

6.4　6LoWPAN 简介

6LoWPAN 中 LoWPAN(Low power Wireless Personal Area Network)的本意是指低功耗无线个域网,是由 IETF 组织制定的。然而随着近年来研究的深入,LoWPAN 所涵盖的范围已远远超出了个域网的范畴,包括了所有的无缘低功耗网络,传感网即是其中最典型的一种 LoWPAN 网络。而 6LoWPAN (IPv6 over LoWPAN)技术是旨将 LoWPAN 中的微小设备用 IPv6 技术连接起来形成一个比互联网覆盖范围更广的物联网世界。

传感网本身与传统 IP 网络存在显著的差别。传感网中设备的资源都极其受限。在通信带宽方面,IEEE 802.15.4 的带宽为 250 kb/s、40 kb/s 和 20 kb/s(分别对应 2.4 GHz、915 MHz 和 868 MHz 的频段)。在能量供应方面,传感网中的设备一般都使用电池供电,因此使用的网络协议都需要优先考虑能量有效性。设备一般是长期睡眠状态以省电,在这段时间内不能与它通信。

传感网设备的部署数量一般都较多,要求低成本、生命期长,不能像手持设备那样经常充电,而要长期在无人工干预的情况下工作。设备位置是不确定的,可以任意摆放,并且可能会移动。有时候,设备甚至会布设在人不能轻易到达的地方。设备本身及其工作环境也不稳定,需要考虑有时设备会因为失效而访问不到,或者因为无线通信的不确定性失去连接,设备电池会漏电,设备本身会被捕获等各种现实中存在的问题。

由于传感网的这些特性,导致了长期以来传感网设备上使用的网络通信协议通常针对应用优先,而没有一个统一的标准。虽然目前绝大多数传感网平台都使用 IEEE 802.15.4 作为物理层和 MAC 层的标准,但是通信协议栈的上层仍然是私有的或是由企业联盟把持,如 ZigBee 和 Z-Wave。各种各样的解决方案导致了传感网间的交互颇为困难。各协议间的区别也使传感网与现存 IP 网络间的无缝整合成为不可能的任务。学术界一度认为 IP 协议太大而不适合内存受限设备。

随着硬件技术的发展以及 IPv6 技术的普及,传感网也逐渐可使用 IP 架构。首先,这是因为 IP 网络已存在多年,表现良好,可以沿用这个现成的架构。其次,IP 技术是开放的,其规范是可以自由获取的,与专有的技术相比,IP 更容易被大众所接受。另外,目前已存在不少 IP 网络分析、管理的工具可供使用。IP 架构还可以轻易地与其他 IP 网络无缝连接,不需要中间做协议转换的网关和代理。

目前,将现有 IP 架构沿用到传感网上还存在一些技术问题。传感网设备众多,需要极大的地址空间,并且对每个设备逐个配置是不现实的,需要网络具有自动配置能力,而 IPv6 已有了这些方面的解决方法,使得它成为了适用于大规模传感网部署的协议。然而,传感网中的数据包大小受限,需要添加适配层以承载长度较大的 IPv6 数据包,并且 IPv6 地址格式需要与 IEEE 802.15.4 地址作一一对应。另外,在传感网中传输的 IPv6 包有大量冗余信息,可以对它进行压缩。传感网设备一般都没有输入和显示设备,所布设的位置可能也不容易预测。因此传感网使用的协议应当自配置、自启动,并能在不可靠的环境中自愈合。网络管理协议的通信量应当尽可能少,但要足以控制密集的设备部署。另外,需要有简单的服务发现协议用于发现、控制和维护设备提供的服务。传感网所有协议设计的共同目标是减少数据包开销、带宽开销、处理开销和能量开销。

为了解决这些问题,IETF 成立了 6LoWPAN 工作组负责制定相应的标准。目前该工作组已完成了"6LoWPAN 概述""IPv6 在 IEEE 802.15.4 上传输的数据包格式"和"IPv6 报头压缩规范"三个征求修正意见书(Request For Comments,RFC)。

目前较为常用的几种 6LoWPAN 协议栈的实现是 TinyOS 中的 Blip 和 Contiki 中的 uIPv6。现有的大部分 6LoWPAN 协议栈实现比较见表 6.1。

表 6.1　现有 6LoWPAN 协议栈比较

协　议	RAM/KB	ROM/KB	操作系统	路　由	许　可
Blip	5	16	TinyOS	TinyRPL	BSD
uIPv6	2	11.5	Contiki	CotikiRPL	BSD
ArchRock6	2	10	TinyOS	—	私有
OSIAN	—	—	TinyOS		BSD
Msrlab6	4	60	—	MSNRP6	私有
Nanostack	2	10	FreeRTOS	NanoMesh	GPL
TinyV6	6	15	TinyOS	RPL	BSD

Blip 协议是 TinyOS 自带的 6LoWPAN 协议栈,完整地实现了 IPV6 的主要功能以及 RPL 路由。但是 Blip 目前只支持硬件为 MSP430+CC2420 结构的节点。Contiki 操作系统中自带的 uIPv6 协议是由 Cisco、Atmel 和 SICS 共同发布的 6LoWPAN 协议栈,是通过了所有 IPv6 Ready Phase-1 测试的第一个协议栈,也是目前为止最小的 IPv6 Ready 协议栈。

6.5　6LoWPAN 协议栈体系结构

6LoWPAN 协议栈结构与传统 IP 协议栈类似,如图 6.5 所示,其中包括以下结构。

(1)LoWPAN 适配层。IPv6 对链路能传输的最小数据包要求为 1 280 B,而 IEEE 802.15.4 协议单个数据包最大只能发送 127 B。因此需要 LoWPAN 适配层负责将数据包分片重组,以便让 IPv6 的数据包可以在 IEEE 802.15.4 设备上传输。另外,LoWPAN 层也负责对数据包头进行压缩以减少通信开销。

(2)链路接口。传感网中的汇聚节点一般具备多个接口,通常使用串口与上位机进行点对点通信,而 IEEE 802.15.4 接口通过无线信号与传感网中的节点通信。链路接口部分就负责维护各个网络接口的接口类型、收发速率和 MTU 等参数,便于上层协议根据这些参数作相应的优化以提高网络性能。

(3)网络层。网络层负责数据包的编址和路由等功能。其中地址配置部分用于管理与配置节点的本地链路地址和全局地址。ICMPv6 用于报告 IPv6 节点数据包处理过程中的错误消息并完成网络诊断功能。邻居发现用于发现同一链路上邻居的存在、配置和解析本地链路地址、寻找默认路由和决定邻居可达性。路由协议负责为收到的数据包寻找下一跳路由。

(4)传输层。传输层负责主机间端到端的通信。其中 UDP 用于不可靠的数据报通信,TCP 用于可靠数据流通信。然而,由于资源的限制,传感网节点上无法完整实现流量控制、拥塞控制等功能。

(5)Socket 接口。Socket 接口用于为应用程序提供协议栈的网络编程接口,包含建立连接、数据收发和错误检测等功能。

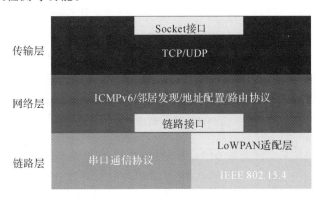

图 6.5　6LoWPAN 协议栈结构

采用了 6LoWPAN 协议栈的传感网系统结构如图 6.6 所示。在这种结构下,互联网主机上的应用层程序只须知道感知节点的 IP 地址即可与它进行端到端的通信,而无须知道网关和汇聚节点的存在,从而极大地简化了传感网系统的网络编程模型。

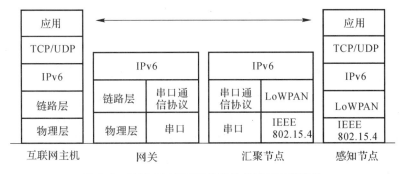

图 6.6　采用 6LoWPAN 协议的传感网系统结构

6.6　6LoWPAN 适配层

传感网通常采用能耗极低的 IEEE 802.15.4 协议作为底层通信协议,它的最大负载长度为 127 B,然而 RFC2460 规定 IPv6 链路的最小的最大传输单元(MTU)为 1 280 B。为了在 IEEE 802.15.4 链路上传输 IPv6 数据包,必须在 IP 层以下提供一个分片和重组层。RFC4944 定义的 LoWPAN 适配层指定了分片和重组的方式。

由于 IEEE 802.15.4 物理层最大包长为 127 B,MAC 层最大帧长为 102 B,若加上安全机制(如 AES-CCM-128 须占用 21 B),数据包长度只有 81 B,再除去 IPv6 头包 40 B、UDP 包头 8 B(TCP 包头 20 B),所以在最坏的情况下,有效数据只有 33 B(TCP 为 21 B)。若再加上分片头,则可携带的实际数据量将更少。由于数据包头中有不少冗余数据,所以 LoWPAN 适配层中定义了一系列包头压缩方式对数据包头进行压缩。

引入适配层的另一个原因是 IEEE 802.15.4 的帧类型。它定义了四种帧类型:beacon 帧、MAC 层命令帧、AKC 确认帧、数据帧。前三种类型的帧帮助 IEEE 802.15.4 更好地完成网络的建立与管理,而不参与封装实时业务数据,因此,IPv6 只须封装数据帧便可满足要求,而如果 IPv6 数据包过长,则需要进行分片操作。再者,路由协议处于二层的位置,并不需要进行 IPv6 封装,由此可见,迫切需要在 IP 层之下引入新的一层,以满足上述需求。如图 6.7 所示,IPv6 数据包首先被适配层头部封装,然后才被 IEEE 802.15.4 头部封装。

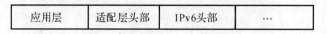

图 6.7　IPv6 数据帧结构

此外,IEEE 802.15.4 支持两种 MAC 地址格式:16 b 短地址和 64 bIEEE EUI 地址(64-bit Extended Unique Identifier)。传感网 IPv6 需要能同时支持这两种地址格式,以满足不同应用的需求。LoWPAN 适配层支持这两种地址的无状态地址自动配置方式,以减少通信开销。

6.7　6LoWPAN 路由协议

6LoWPAN 协议设计中的一个核心问题是使用 mesh-under 架构还是 route-over 架构。

在 mesh-under 架构中,路由是在网络层以下实现的,网络层中的主机可以认为传感网中的所有节点都可以一跳到达。这种方式将整个传感网认作一个子网以便于网络层协议的实现,但这样的效率并不高,数据包传输的开销较大,并且会导致不必要的冗余。

在 route-over 架构中,路由在网络层实现,因此 IP 协议层中可以知道下层的拓扑结构,从而减少不必要的开销,并且便于使用一些传统调试工具(如 traceroute)调试网络。

现存的支持 IPv6 的路由协议已为数不少,如 OSPFv3、RIPng 和 BGP4+等,但这些路由协议都只适用于有线网络。用于无线网络的路由协议,如 AODV 的开销过大,包头就占用了 48 B,并不适用于设备资源受限的传感网。

传感网路由协议要求数据包大小和开销要尽可能小,最好与跳数无关,控制包应当在一个

IEEE 802.15.4 帧中就能放下。因为设备是资源受限的,路由协议的计算和存储开销要尽量小,所以传感网节点中的路由表的大小有限,不能使用复杂的路由协议。传感网路由协议的设计需要权衡路由协议的开销、网络拓扑的变化、能耗三者。

TinyOS 中的 DYMO 和 S4 路由协议可以作为 IPv6 的路由协议,而分发协议 CTP 和汇聚协议 Drip 就不能直接在 IPv6 架构下使用,因为它们是没有地址的。

目前专门为 LoWPAN 设计的路由协议 RPL 协议,很有可能成为 6LoWPAN 中使用的标准路由协议。

6.8 6LoWPAN 传输层

1. UDP

在传感网中使用 UDP 具有很多优势。首先,UDP 的开销非常小,协议简单,因此数据包发送和接收所消耗的能量较少,并且可以携带更多的应用层数据。协议简单就意味着实现 UDP 所占用的 RAM 空间和代码空间较小,这对资源受限的传感网节点来说是十分有利的。当传感器节点需要周期性发送采集到的数据并且数据包丢失的影响并不大时,十分适合使用 UDP 来传输数据。此外,路由协议和多播通信机制都使用 UDP 实现。

UDP 的缺点是没有丢包检测,没有可靠的恢复机制,因此需要应用层程序保证可靠性。另外,UDP 本身也不会去根据 MTU/MSS 调整单个数据包的大小,当 UDP 下发一个较大的数据包时,就需要 IP 层分片。然而实现 IP 数据包分片在传感网中十分消耗内存资源。上述几个缺点都需要 TCP 来弥补。

2. TCP

TCP 提供了可靠的字节流传输机制,其可靠性由应答和数据包重传机制保证。由于传感网使用无线通信,容易受到干扰而丢失数据包,所以保证数据传输的可靠性是很有必要的。尽管 TCP 在高带宽的无线网络通信中存在着不少效率方面的问题,但是传感网一般不要求太高的吞吐量,只需要保证数据传输的可靠性。为了与现有的互联网不通过网关直接互联,必须在传感网节点上实现 TCP。

尽管 TCP 是个相当复杂的协议,但在资源受限的设备上仍然足以容纳其核心功能。使用 TCP 建立多个连接时需要为每个连接维护当前状态信息,但传感网节点上显然没有足够多的资源保存太多的连接状态,因此 TCP 的连接数量受到了限制。

TCP 原本是为通用计算机设计,采用了众多措施以提高吞吐量。但对于传感网来说,吞吐量通常不是系统设计的主要目标,因此传感网 TCP 的实现需要在内存占用和吞吐量之间作权衡。资源受限设备上通常无法实现 TCP 中的滑动窗口和拥塞控制机制,因为这些机制所需要的缓冲区空间远远超出了一般传感网节点所具有的内存资源。这就意味着在一个 TCP 连接中发送者最多只能一次发送一个数据包。这就导致 TCP 中的延迟 ACK 会降低系统的吞吐量。延迟 ACK 原本用于减少 ACK 包的数量,它在接收到数据包后作适当的延时,并选择合适的时机一次性应答所有未应答的数据。但传感网节点的每个连接中至多只有一个数据包,发送者必须收到前一个数据包的 ACK 才能发送下一个数据包,因此接收方的延迟 ACK 会严重降低网络的吞吐量,必须在实现中禁用该机制。

3. 接口 API

接口 API 是协议栈与应用层交互的接口。传统 IP 协议栈最常用的接口 API 是 Berkeley Socket API,它原本在 UNIX 系统中使用,但其他操作系统中的网络编程接口也通常与它类似,如 Windows 中的 WinSock。Socket API 是为多线程编程模型设计的,然而传感网操作系统并不一定支持多线程机制,即使支持也需要消耗更多的存储空间。例如,TinyOS 是事件触发的操作系统,因此 TinyOS 的 IPv6 协议 Blip 使用类似于传统的 Socket API 的事件驱动 API。事件驱动 API 的好处是内存开销小,应用层不需要额外的缓冲区,执行的效率更高,程序能更快地响应和处理发往节点的数据和连接请求。

6.9 6LoWPAN 应用层

本节介绍一下 6LoWPAN 应用层经常会用到的协议,主要包括约束应用协议(Constrained Application Protocol,CoAP)、消息队列遥测传输(Message Queuing Telemetry Transport,MQTT)协议以及 LWM2M(Lightweight Machine to Machine)协议,如图 6.8 所示。

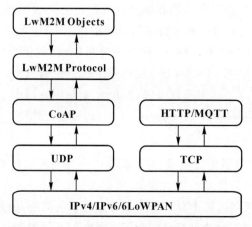

图 6.8　6LoWPAN 应用层经常会用到的协议

1. CoAP

CoAP 是一种专用于受限设备的 Internet 应用协议,如 RFC 7252 所定义,它使那些被称为"节点"的受约束设备能够使用类似的协议与更广泛的 Internet 进行通信。CoAP 被设计用于同一受限网络(如低功耗、有损网络)上的设备之间、设备和因特网上的一般节点之间以及由因特网连接的不同受限网络上的设备之间使用。CoAP 也被用于其他机制,如移动通信网络上的 SMS。

CoAP 有以下特点:①基于消息模型定义了 4 个消息类型,以消息为数据通信载体,通过交换网络消息来实现设备间数据通信。②基于请求/响应模型,对 CoAP Server 云端设备资源操作都是通过请求与响应机制来完成,类似 HTTP 设备端可通过 4 个请求方法(GET、PUT、POST、DELETE)对服务器端资源进行操作。请求与响应的数据包都放在 CoAP 消息里面进行传输。③基于消息的双向通信(M2M),CoAP Client 与 CoAP server 双方都可以独立向对方发送请求,双方都可当 client 或者 server 角色。④轻量级,最小长度仅为 4 B。⑤支持可靠传输、数据重传以及块传输,以确保数据能够可靠到达。⑥支持 IP 多播,可以同时向多个设备发送请求(比如 CoAP client 搜索 CoAP Server 时)。⑦低功耗,其采用了非长连接通信。⑧支持受限设备,可部署于传感器网络的节点中使用。⑨支持观察模式。⑩支持异步通信。

2. MQTT 协议

MQTT 协议是一种基于发布/订阅(publish/subscribe)模式的"轻量级"通信协议,该协议构建于 TCP/IP 协议上,由 IBM 在 1999 年发布。其基于客户端到服务器的连接,提供两者之间的一个有序的、无损的、基于字节流的双向传输。MQTT 协议的最大优点在于可以以极少的代码和有限的带宽,为连接远程设备提供实时可靠的消息服务。作为一种低开销、低带宽占用的即时通信协议,其在物联网、小型设备、移动应用等方面有较广泛的应用。

MQTT 协议的特点包括:①使用发布/订阅消息模式,提供一对多的消息发布,解除应用程序耦合。这一点类似于 XMPP,但是 MQTT 协议的信息冗余远小于 XMPP,因为 XMPP 使用 XML 格式文本来传递数据。②MQTT 协议使用的是一种对负载内容屏蔽的消息传输机制。③MQTT 协议使用 TCP/IP 提供网络连接。主流的 MQTT 协议是基于 TCP 连接进行数据推送的,但是同样有基于 UDP 的版本,叫作 MQTT-SN。④MQTT 协议有三种消息发布服务质量。第一种是"至多一次"的方式,该方式消息发布完全依赖底层 TCP/IP 网络,会发生消息丢失或重复。第二种是"至少一次"的方式,该方式可确保消息到达,但消息重复可能会发生。第三种是"只有一次"的方式,该方式确保消息到达一次,在一些要求比较严格的计费系统中,可以使用此级别。⑤MQTT 协议采用小型传输,开销很小。其固定长度的头部是 2 B,且协议交换实现了最小化,以降低网络流量。⑥MQTT 协议采用通知客户端异常中断的机制,使用遗言机制(last will)和遗嘱机制(testament)通知。

3. LWM2M 协议

LWM2M 协议是一种物联网协议,主要可以使用在资源受限(包括存储、功耗等)的嵌入式设备上,传感器节点上也可以部署该协议。它定义了一些逻辑操作,如 Read、Write、Execute、Create 和 Delete。

LWM2M 协议中有一个 LWM2M 对象(objects)的概念,每个对象对应客户端的某个特定功能实体。LWM2M 规范定义了标准对象,每个对象可以有很多资源(resource)。例如 Firmware 对象可以有 Firmware 版本号、尺寸(size)等资源。

LWM2M 的特点是其定义了 4 个逻辑实体,其中服务器(LWM2M server)负责客户端的管理;客户端(LWM2M client)负责执行服务器的命令和上报执行结果;引导服务器(bootstrap server)负责配置 LWM2M 客户端;智能卡(smartCard)负责对客户端完成初始的引导。在这 4 个逻辑实体之间有 4 个逻辑接口:①设备发现和注册接口(device discovery and registration),这个接口让客户端注册到服务器并通知服务器客户端所支持的能力,简单说就是支持哪些资源(如传感器温度)和对象。②引导服务器接口,通过这个接口来配置客户端,比如说 LWM2M server 的 URL 地址。③设备管理和服务启动接口(device management and service enablement),这个是最主要的业务接口。LWM2M Server 通过该接口发送指令给 client 并收到回应。④信息报告接口(information reporting),这个接口是 LWM2M client 用来上报其资源信息(如传感器温度)的。上报方式可以是事件触发的方式,也可以是周期性的上报。

6.10 本 章 小 结

　　本章在 6.1 节介绍了 WSN 与 IPv6 网络互连的可能性,提出了 IPv6 的优点。6.2 节介绍了 WSN 与 IPv6 网络互连的三种方式,包括 Peer to Peer 方式、重叠方式和全 IP 方式。6.3 节介绍了 WSN 与 IPv6 网络互连需要解决的问题。6.4 节主要介绍了 6LoWPAN 的概念,并且针对现有 6LoWPAN 协议栈进行了比较。6.5 节介绍了 6LoWPAN 协议栈体系结构,包括 LoWPAN 适配层、链路接口、网络层、传输层和 Socket 接口。6.6 节介绍了 6LoWPAN 适配层相关知识。6.7 节介绍了 6LoWPAN 路由协议。6.8 节介绍了 6LoWPAN 传输层协议。6.9 节介绍了 6LoWPAN 应用层常用的几个协议。

第 7 章　ZigBee 协议规范

7.1　ZigBee 协议概述

ZigBee 技术是一种近距离、低复杂度、低功耗、低数据速率、低成本的双向无线通信技术或无线网络技术,是由 ZigBee 联盟制定的无线通信标准,该联盟成立于 2001 年 8 月。2002 年下半年,英国 Invensys 公司、日本三菱电气公司、美国摩托罗拉公司以及荷兰飞利浦半导体公司共同宣布加入 ZigBee 联盟,研发了名为 ZigBee 的下一代无线通信标准,这一事件成为该技术发展过程中的里程碑。ZigBee 联盟现有的理事公司包括 IBM Group、Ember、飞思卡尔半导体、Honeywell、三菱电机、摩托罗拉、飞利浦、三星电子、西门子及德州仪器。ZigBee 联盟的目的是在全球统一标准上实现简单可靠、价格低廉、功耗低、无线连接的监测和控制产品,并于 2004 年 12 月发布了第一个正式标准。

ZigBee 是基于 IEEE 批准的 802.15.4 无线标准研制开发的有关组网、安全和应用软件方面的技术,主要适合于承载数据流量较小的业务,可嵌入各种设备中,同时支持地理定位功能。其目标市场包括商业楼宇管理、消费类电子产品、能源管理、医疗保健及健身、小区管理、零售管理和电子通信等。

ZigBee 技术并不是完全独有、全新的标准,它的物理层、MAC 层和链路层采用了 IEEE 802.15.4(无线个人区域网)协议标准,但在此基础上进行了完善和扩展,其网络层、应用会聚层和高层应用规范(API)由 ZigBee 联盟制定。网络功能是 ZigBee 最重要的特点,也是与其他无线局域网(WPAN)标准的区别。在网络层方面,其主要工作在于负责网络机制的建立与管理,并具有自我组网与自我修复功能,无须人工干预,网络节点能够感知其他节点的存在,并确定连接关系,组成结构化的网络;若增加或者删除一个节点、节点位置发生变动、节点发生故障等,网络都能够自我修复,并对网络拓扑结构进行相应的调整,无须人工干预,保证整个系统仍然能正常工作。

在无线网络的安全性方面,ZigBee 为其提供了一套基于 128 b AES 算法的安全类和软件,并集成了 IEEE 802.15.4 的安全元素。为了提供灵活性和支持简单器件,ZigBee 提供了三级安全模式,包括无安全设定、使用接入控制清单(ACL)防止非法获取数据,以及采用高级加密标准(AES128)的对称密码,以灵活确定其安全属性。

应用层主要有三个部分,包括与网络层连接的应用子层支持(Application Sub-layer Support,ASS)、ZigBee 设备对象(ZigBee Device Object,ZDO)及设备应用 Pro-file。基于 ZigBee 的应用产品不仅提供 RF 的无线信道解决方案,同时其内置的协议栈将 ZigBee 的通信、组网等无线沟通方面的功能已完全实现,用户只需要根据协议提供的标准接口进行应用软件编程即可。

ZigBee 技术提供了一种面向自动化和无线控制的低速率、低功耗、低价格的无线传感器网络的解决方案。ZigBee 协议是由 ZigBee 联盟和 IEEE 802.15.4 工作组合作共同制定的一种通信协议标准,于 2004 年 12 月发布了第一个正式标准。ZigBee 技术在无线通信技术应用中的定位如图 7.1 所示,其定位于短距离、低传输速率、低功耗的无线应用领域。

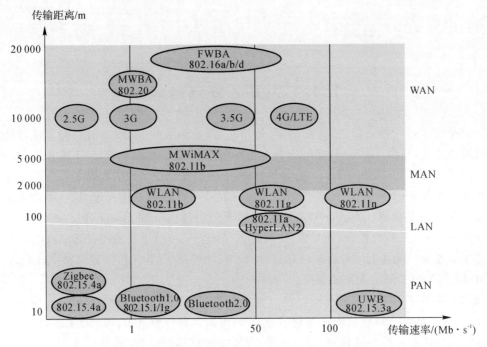

图 7.1　ZigBee 技术在无线通信技术应用中的定位

1. ZigBee 协议的技术特点

(1)省电。ZigBee 网络节点设备工作周期较短、收发信息功率低,并且采用了休眠模式(当不传送数据时处于休眠状态,当需要接收数据时由 ZigBee 网络中称作"协调器"的设备负责唤醒它们),因此 ZigBee 技术特别省电,避免了频繁更换电池或充电,从而减轻了网络维护的负担。

(2)可靠。由于采用了碰撞避免机制并为需要固定带宽的通信业务预留了专用时隙,避免了发送数据时的竞争和冲突,而且 MAC 层采用了完全确认的数据传输机制,每个发送的数据包都必须等待接收方的确认信息,所以从根本上保证了数据传输的可靠性。

(3)廉价。由于 ZigBee 协议栈设计简练,所以它的研发和生产成本相对较低。普通网络节点硬件上只需 8 b 微处理器(如 80c51),最小 4 KB、最大 32 KB 的 ROM;软件实现上也较为简单。随着产品产业化,ZigBee 通信模块价格预计能降到 1.5～2.5 美元。

(4)短时延。由 ZigBee 技术与蓝牙技术的时延对比可知,ZigBee 的各项时延指标都非常短。ZigBee 节点休眠和工作状态转换只需 3.5 ms,入网约 80 ms,而蓝牙为 3～10 s。

(5)大网络容量。1 个 ZigBee 网络最多可以容纳 254 个从设备和 1 个主设备,1 个区域内最多可以同时存在 100 个 ZigBee 网络。

(6)安全。ZigBee 技术提供了数据完整性检查和鉴权功能,加密算法采用 AES-128,并且各应用可以灵活地确定其安全属性,使网络安全能够得到有效的保障。

2.ZigBee 协议框架

完整的 ZigBee 协议栈自上而下由应用层、应用汇聚层、网络层、数据链路层和物理层组成,如图 7.2 所示。

(1)物理层。ZigBee 协议栈的物理层沿用了 IEEE 802.15.4 标准,为传输数据所需的物理链路创建、维持、拆除,提供具有机械、电子、功能和规范的特性。其主要功能包括激活和休眠射频收发器、信道能量检测、检测接收数据包的链路质量、空闲信道评估、收发数据、信道频率的选择、信息调制解调、发射机和接收机之间的时间同步、发射机和接收机之间的数据包同步。采用直接序列扩频技术(Direct Sequence Spread Spectrum,DSSS),定义了三种流量等级:当频率采用 2.4 GHz 时,使用 16 个信道,能够提供 250 kb/s 的传输速率;当采用

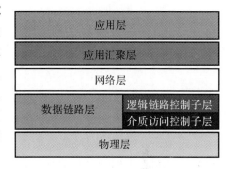

图 7.2　ZigBee 协议栈

915 MHz 时,使用 10 个信道,能够提供 40 kb/s 的传输速率;当采用 868 MHz 时,使用单信道,能够提供 20 kb/s 的传输速率。

(2)数据链路层。ZigBee 协议栈的数据链路层仍然沿用了 IEEE 802.15.4 标准,可分为逻辑链路控制子层(LLC)和介质访问控制子层(MAC)。逻辑链路控制子层(LLC)的功能包括传输可靠性保障、数据包的分段与重组、数据包的顺序传输。介质访问控制子层(MAC)的功能包括设备间无线链路的建立、维护和拆除,确认模式的帧传送与接收,信道接入控制,帧校验,预留时隙管理和广播信息管理。通过特定服务汇聚子层(Service-Specific Convergence Sublayer,SSCS)协议能支持多种 LLC 标准。

(3)网络层。ZigBee 协议栈中网络层的构建目标是实现两个端系统之间的数据透明传送,具体功能包括网络的寻址,路由选择,连接的建立、保持和终止等。其主要功能包括网络拓扑管理、MAC 管理、路由管理和安全管理。

(4)应用汇聚层。ZigBee 协议栈中的应用汇聚层负责把不同的应用映射到 ZigBee 网络层上,包括安全与鉴权、多个业务数据流的汇聚、设备发现和业务发现。

(5)应用层。ZigBee 协议栈中的应用层定义了各种类型的应用业务,是协议栈的最上层用户。

7.2　ZigBee 协议栈的网络层

1.ZigBee 协议规范支持的网络拓扑

ZigBee 协议规范提供了 3 种有效的网络结构(树型、网状、星型)和 3 种器件工作模式(协调器、全功能模式和简化功能模式),如图 7.3 所示。其中:简化功能模式只能作为终端无线传感器节点;全功能模式既可以作为终端传感器节点,也可以作为路由节点;协调器只能作为路

由节点。

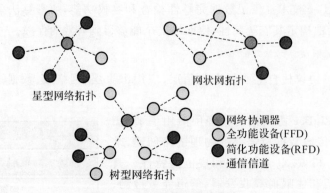

图 7.3 ZigBee 协议网络结构

星型拓扑优点：组网简单、成本低和电池使用寿命长；

星型拓扑缺点：网络覆盖范围有限，可靠性不及网状拓扑结构，一旦中心节点发生故障，所有与之相连的网络节点的通信都将中断。

网状拓扑优点：可靠性高、覆盖范围大；

网状拓扑缺点：电池使用寿命短、管理复杂。

树型拓扑综合了以上两种拓扑的特点，这种组网通常会使 ZigBee 网络更加灵活、高效、可靠。

2.ZigBee 协议网络层数据帧的格式

网络层的帧是由网络层帧头和网络负载组成的。帧头部分域的顺序是固定的，但是根据具体情况，不一定要包含所有域，如图 7.4 所示。

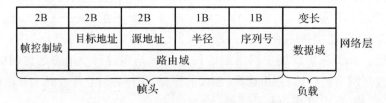

图 7.4 ZigBee 协议网络层数据帧的格式

每个域的说明如下。

（1）帧控制域。由 16 b 组成，内容包括帧种类、寻址和排序域以及其他的控制标志位。

（2）目标地址域。该域是必备的，有两个 8 b 字节长，用来存放目标设备的 16 b 网络地址或者广播地址（0xffff）。

（3）源地址域。该域是必备的，有两个 8 b 字节长，用来存放发送帧设备自己的 16 b 网络地址。

（4）半径域。该域是必备的，有一个 8 b 字节长，用来设定传输半径。

（5）序列号域。该域是必备的，有一个 8 b 字节长，每次发送帧时自加 1。

（6）帧负载域。该域长度可变，内容由具体情况决定。

3. 网络层服务规范

如图 7.5 所示,网络层必须从功能上为 IEEE 802.15.4MAC 子层提供支持,并为应用层提供合适的服务接口。为了实现与应用层的接口,网络层被从逻辑上分为两个具备不同功能的服务实体,它们分别是网络层数据实体(Network Layer Data Entity,NLDE)和网络层管理实体(Network Layer Manager Entity,NLME)。NLDE 通过与它相连的服务存取点(Service Access Point,SAP),即 NLDE-SAP,提供数据传输服务;而 NLME 则通过与它相连的 SAP,即 NLME-SAP,提供管理服务。NLME 利用 NLDE 完成一些管理任务,并且维护一个被称为"网络信息库(Network Information Base,NIB)"的数据库对象。

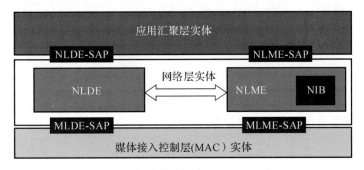

图 7.5　网络层设计实现的服务规范

NLDE 提供以下服务:

(1)生网络层协议数据单元(NPDU);

(2)分拓扑结构的路由策略。

NLME 提供以下服务:

(1)配置新设备;

(2)建立网络;

(3)加入和离开网络;

(4)寻址;

(5)邻居发现;

(6)路由发现;

(7)接收控制。

NLDE-SAP 能够在对等应用实体间传输应用协议数据单元(APDU)。NLDE-SAP 包含以下原语。

(1)NLDE-DATA. request。该原语用于请求从本地 APS 子层实体向一个或者多个对等 APS 子层实体发送数据 PDU(NSDU)。其语义表示如下:

NLDE-DADA. request{

DstAddr,

NsduLength,

Nsdu,

NsduHandle,

Radiusa,

DiscoverRoute,

SecurityEnable

}

每当要向对等 APS 子层实体发送 PDU(NSDU)时,本地 APS 子层实体就会产生该原语。接收到这条原语后,网络层和链路层会开始发送工作。

(2)NLDE-DATA. confirm。该原语用于报告请求从本地 APS 子层实体向对等 APS 子层实体发送数据 PDU(NSDU)的结果。其语义表示如下:

NLDE-DATA. confirm(NsduHandle,Status)

该原语是作为接收到 NLDE-DATA. request 的反应,是由本地 NLDE 产生的。状态域将反映对应的请求的状态。收到该原语后,APS 子层将被告知处理的结果。

(3)NLDE-DATA. indication。该原语指示网络层有数据 PDU(NSDU)要传给本地 APS 子层实体。其语义表示如下:

NLDE-DATA. indication{

SrcAddress,

Nsduhandle,

Nsdu,

LinkQuality

}

当收到来自本地 MAC 子层实体的恰当的地址数据帧时,NLDE 将产生该原语并发送给 APS 子层。收到该原语后,APS 子层就知道将会有数据发给本设备了。

NLME-SAP 能够在 NLME 和更高一层协议间传输管理命令。表 7.1 总结了 NLME 通过 NLME-SAP 接口支持的所有原语。具体参数和语义请参考 ZigBee 协议规范。

表 7.1　NLME 通过 NLME-SAP 接口支持的所有原语

序　号	NLME-SAP 原语	Request	Indication	Response	Confirm
1	NLME-NETWORK-DISCOVERY	～request		～response	～confirm
2	NLME-NETWORK-FORMATION	～request			～confirm
3	NLME-START-ROUTER	～request			confirm
4	NLME-JOIN	～request			～confirm
5	NLME-DIRECT-JOIN	～request	～indication		～confirm
6	NLME-LEAVE	～request			confirm
7	NLME-RESET	～request			～confirm
8	NLME-SYNC	～request			～confirm
9	NLME-GET	～request			～confirm
10	NLME-SET	～request			confirm

4. ZigBee 网络层主要支持的路由算法

ZigBee 网络层的主要功能是路由,路由算法是它的核心。目前,ZigBee 网络层主要支持三种路由算法:树路由、网状网路由及星型路由。

(1)树路由。树路由采用一种特殊的算法,它把整个网络看作以协调器为根的一棵树,因为整个网络是由协调器所建立的,而协调器的子节点可以是路由器或者是末端节点,路由器的子节点也可以是路由器或者末端节点,而末端节点没有子节点,相当于树的叶子。这种结构与蜂群的组织有许多类似之处,协调器相当于唯一的蜂后,路由器相当于数目不多的雄蜂,而末端节点则相当于数量最多的工蜂。

树路由利用了一种特殊的地址分配算法,使用 4 个参数(深度、最大深度、最大子节点数和最大子路由器数)来计算新节点的地址,于是寻址时根据地址就能计算出路径,而路由只有两个方向(向子节点发送或者向父节点发送)。

树路由不需要路由表,节省存储资源,但缺点是不灵活,浪费了大量的地址空间,并且路由效率低。

(2)网状网路由。ZigBee 中还有一种路由方法是网状网路由,这种方法实际上是 AODV 路由算法的一个简化版本,非常适合于低成本的无线自组织网络的路由。

当一个节点需要给网络中的其他节点传送信息时,如果没有到达目标节点的路由,则必须先以多播的形式发出 RREQ(路由请求)报文。RREQ 报文中记录着发起节点和目标节点的网络层地址。

邻近节点收到 RREQ,首先判断目标节点是否为自己。如果是,则向发起节点发送 RREP(路由回应);如果不是,则首先在路由表中查找是否有到达目标节点的路由,如果有,则向源节点单播 RREP,否则继续转发 RREQ 进行查找。

此时发现目的节点。

将路由信息返回给源节点。

源节点根据路由信息发送数据给目的节点。

它可以用于较大规模的网络,需要节点维护一个路由表,耗费一定的存储资源,但往往能达到最优的路由效率,而且使用灵活。

(3)星型路由。星型路由的路由方式是根据邻居表进行路由的,邻居表可以看作特殊的路由表,只不过只需要一跳就可以发送到目的节点。

7.3 ZigBee 协议栈的应用层

ZigBee 协议是一套完整的网络协议栈,它使用了 IEEE 802.15.4 标准中的物理层和 MAC 层作为通信基础。在这之上是 ZigBee 标准层,包括网络层、应用层、安全服务提供层和设备管理层。图 7.6 中给出了这些组件的层次关系。

浅蓝色这部分物理层和媒体接入控制层的功能使用的是 IEEE 802.15.4 标准。黄色这部分网络层和应用层的功能使用的是 ZigBee 联盟制定的标准。浅绿色这部分描述了不同层的核心功能。深绿色这部分是在 ZigBee 协议栈提供的应用框架下实现的具体应用,这部分由终端生产商根据不同需求自己实现。紫色这部分定义了不同协议层之间的接口,共分三类:第一类是数据信息访问接口,第二类是管理信息访问接口,第三类是 ZigBee 设备对象的公共信息接口。

应用层包括应用支持子层(APS)、应用程序框架(AF)、ZigBee 设备对象(ZDO)、安全服务模块、设备对象管理平台几部分,主要规定了一些和应用相关的功能。

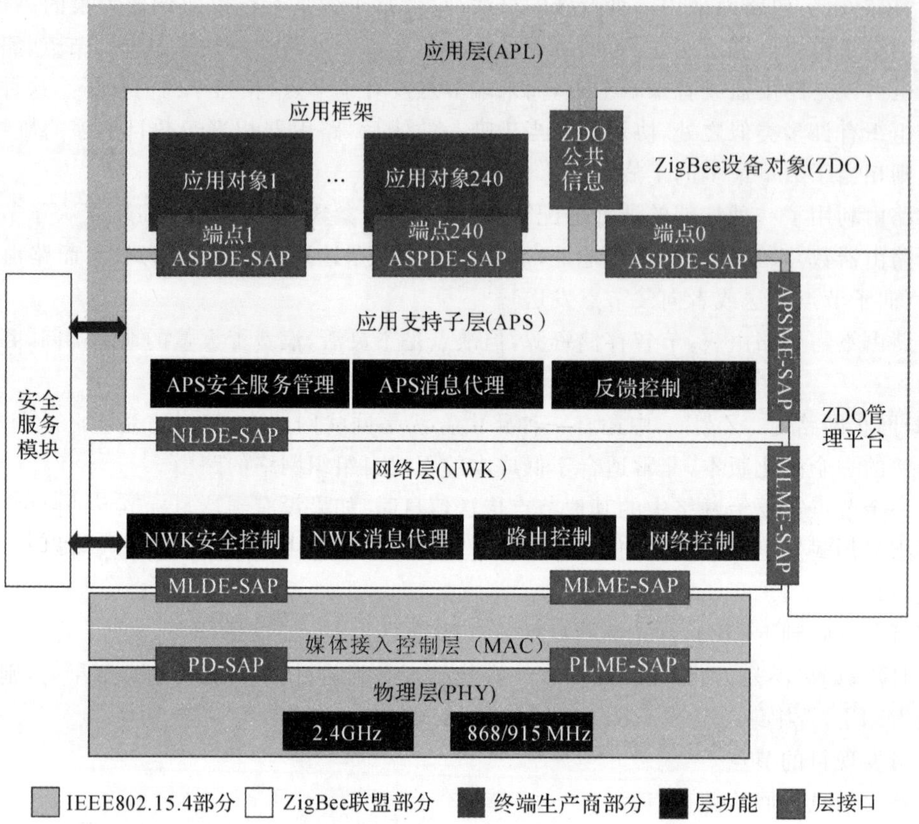

图 7.6 ZigBee 协议栈架构

1. 应用支持子层(APS)

应用支持子层(APS)是网络层(NWK)和应用层(APL)之间的接口。该接口包括一系列可以被 ZDO 和用户自定义应用对象调用的服务。这些服务由两个实体提供,分别是 APS 数据实体(APSDE)和 APS 管理实体(APSME)。

APSDE 通过 APSDE 服务接入点(APSDE-SAP)提供服务,APSDE 为同一个网络中的两个和多个设备提供传输应用 PDU 的数据传输服务。

APSDE-SAP 提供的数据服务包括数据传输的请求、确认、回应和指示原语。请求原语支持对等应用对象实体间的数据传输;确认原语可以报告所有请求原语调用结果;指示原语用于提醒有数据要从应用支持子层传输到应用对象实体。

APSME 通过 APSME 服务接入点(APSME-SAP)提供服务。APSME 提供设备发现和设备绑定服务,并维护一个管理对象的数据库,也就是 APS 信息库(AIB)。

2. ZigBee 应用框架

ZigBee 应用框架就是 ZigBee 设备上应用对象存在之处。在应用层框架之内,应用对象通过 APSDE-SAP 发送和接收数据。由 ZDO 公共接口对应用对象进行控制和管理。

ZigBee 应用框架上最多可以定义 240 个不同的应用对象,每个对象通过 1~240 个端点中的一个被访问。

　　另外还有两个端点用于 APSDE-SAP：端点 0 被保留用来作为 ZDO 的数据接入端口，端点 255 被保留用于向其他应用对象进行数据广播，端点 241～254 被保留用于将来的扩展。

　　端点（endpoint）是应用对象存在的地方，端点是一个节点上真正的数据目标。

　　节点（device 或 radio unit）：节点从本质是上来讲就是一块电路板。在这块电路板上运行 ZigBee 的协议，可按照协议规范的射频频段和无线数据封包格式在多个这样的电路板之间实现无线通信。

　　一个节点的体系结构如图 7.7 所示。

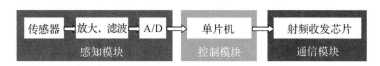

图 7.7　单节点体系结构

　　在一个节点上可以实现多个端点（见图 7.8）。当进行无线数据收发时，数据包里面就必须包含节点信息（设备的短地址）和端点信息（destination endpoint number）。也就是说，一个节点在接收到一个数据包后，会在协议栈的底层进行解析，比对应该把这个数据包发给哪个端点，如果找不到，这个包将被丢弃。

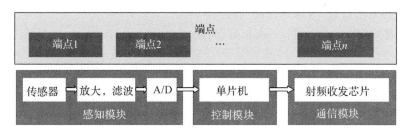

图 7.8　多端点体系结构

　　ZigBee 允许多个应用同时位于一个节点上（见图 7.9），例如一个节点既具有控制灯光的功能，又具有感应温度的功能，还具有收发文本消息的功能，这种设计有利于复杂 ZigBee 设备的出现。

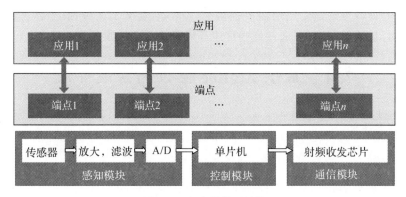

图 7.9　多应用体系结构

　　通过 APSDE-SAP 提供的服务,应用层接口(应用支持子层)为应用对象提供了两种数据服务:键值对服务和一般消息服务。

　　(1)键值对(KVP)服务将应用对象定义的属性(attribute)与某一操作(如"获取""获取回复""设置""时间"等)一起传输。这一机制为小型设备提供了一个命令/控制体系。

　　(2)许多 ZigBee 应用场合会用到私有协议,这时 KVP 可能不适用。这时就可以使用一般消息(MSG)服务。

　　ZDO 的定义为:ZDO 是一种通过调用网络层和应用支持子层原语来实现 ZigBee 规范中规定的 ZigBee 终端设备、ZigBee 路由器以及 ZigBee 协调器的应用。

　　ZDO 的任务包括界定设备在网络中的作用(例如是 ZigBee 协调器还是终端设备),发现网络中的设备并检查它们能够提供哪些应用服务,产生或者回应绑定请求,并在网络设备间建立安全的通信。

　　在 ZDO 工作过程中包括几个核心功能:设备和服务发现、终端设备绑定请求、绑定和解除绑定过程、网络管理。这些功能的实现离不开 ZigBee 设备协定(device profile)的支持。

　　如图 7.6 所示,在 ZigBee 协议栈结构中,ZDO 是处在应用层中,高于应用支持子层(APS)的应用模块。

　　安全服务模块:ZigBee 还提供了安全服务功能,采用了 128 b 的非对称加密(AES)算法对网络层和应用层的数据进行加密保护,另外还规定了信任中心的角色(全网有一个信任中心,用于管理密钥和管理设备,可以执行设置的安全策略)。

　　应用相关的功能,包括端点(endpoint)的规定以及绑定(binding),服务发现和设备发现等。

　　ZigBee 本身只是一种协议规范,落实到具体目标上通常是一个具有 2.4 GHz 射频发射接收功能和单片机功能的一块电路板(TI 的 2530、2430,意法半导体的 STM32W108 处理器都在一块芯片上集成了这两个部分,Ember 和飞思卡尔有集成的方案,也有一些非集成的方案),绑定是用于把两个"互补的"应用联系在一起,如开关应用和灯的应用。更通俗的理解是,"绑定"可以说是通信的一方了解另一方的通信信息的方法,比如开关需要控制"灯",但它一开始并不知道"灯"这个应用所在的设备地址,也不知道其端点号,于是它可以广播一个消息,当"灯"接收到之后给出响应,于是开关就可以记录下"灯"的通信信息,以后就可以根据记录的通信信息直接发送控制信息了。

　　服务发现和设备发现是应用层需要提供的,ZigBee 定义了几种描述符,可以对设备以及提供的服务进行描述,于是可以通过这些描述符来寻找合适的服务或者设备。

7.4　基于 ZigBee 协议的系统开发

7.4.1　开发条件

1.ZigBee 协议栈

ZigBee 系统软件的开发是在厂商提供的 ZigBee 协议栈的 MAC 层和物理层进行的,这涉及与传感器的配合以及网络架构等方面的问题。

协议栈分有偿和无偿两种。无偿的协议栈能够满足简单应用开发的需求,但不能提供

ZigBee 规范定义的所有服务,需要用户自己开发。例如,Microchip 公司为其 PICDEMO Z 开发套件提供了免费的 MP ZigBee 协议栈;Freescale 公司为其 13192DSK 套件提供了 Smac 协议栈。有偿的协议栈能够完全满足 ZigBee 规范,而且提供了丰富的应用层软件实例、强大的协议栈配置工具和应用开发工具。一般的开发板都提供有偿协议栈的有限使用权,如购买 Freescare 公司的 13192DSK 和 TI 公司的 chipcon 开发套件,可以获得 F8 的 Z-Stack 和 Z-Trace 等工具的 90 天使用权。单独购买有偿的协议栈及开发工具比较昂贵。

2. ZigBee 芯片

现在芯片厂商提供的主流 ZigBee 控制芯片在性能上大同小异。比较流行的有 Freescale 公司的 MC13192 和 Chipcon 公司的 CC2420。它们在性能上基本相同,而两家公司提供的免费协议栈 MC13192_802.15 和 MpZBee v1.0～v3.3 都可以实现树型网、星型网和 MESH 网。这里的问题主要在于 ZigBee 芯片和微处理器(MCU)之间的配合,每个协议栈都是在某个型号或者序列的微处理器和 ZigBee 芯片配合的基础上编写的。如果要把协议栈移植到其他微处理器上运行,需要对协议的 PHY 和 MAC 层进行修改,在开发初期这将非常复杂。因此芯片型号的选择应保持与厂商的开发板一致。

对于集成了射频部分、协议控制和微处理器的 ZigBee 单芯片和 ZigBee 协议控制与微处理器分离的两种结构,从软件开发角度来看,并没有什么区别。以 CC2430 为例,它是 CC2420 和增强型 51 单片机的结合。因此对开发者来说,选择 CC2430 或者选择 CC2420 加增强型 51 单片机,软件设计是没有什么区别的。

3. 硬件制作

ZigBee 应用大多采用四层板结构,需要满足良好的 EMC 性能要求。天线分为 PCB 天线和外置增益天线。多数开发板都使用 PCB 天线。在实际应用中,外置增益天线可以大幅度提高网络性能,包括传输距离、可靠性等,但同时也会增大体积,需要均衡考虑。制版和天线的设计都可以参考主要芯片厂商提供的参考设计。

4. 必备条件

以下是开发一种基于 ZigBee 产品所经历的几个步骤和必备条件:

(1)申请 OUI(见 EUI-64);

(2)根据各地公共频段和数据率选择合适的频段;

(3)选择一种 MCU 和射频 IC 的组合,例如 PIC18+CC2420;

(4)在某个协议栈的基础之上开发应用层代码;

(5)进行无线射频认证;

(6)进行 ZigBee 认证。

7.4.2　软件开发

1. 建立设备协定(profile)

设备协定是关于逻辑器件(device)以及它们的接口的定义。设备协定文件约定了节点间进行通信时的应用层消息。ZigBee 设备生产厂家之间通过共用设备协定实现良好的互操作性。研发一种新的应用可以使用已经发布的设备协定,也可以自己建立设备协定。自己建立的设备协定需要经过 ZigBee 联盟认证和发布,相应的应用才有可能是 ZigBee 应用。目前官方发布的设备协定有 Home Control Lighting。器件间交互的信息称作属性(attribute)。簇(cluster)是一组属性的组合,簇和属性描述了设备的接口。设备协定同时还会定义哪些簇和属性是必需的,哪些是可以选择的。在开发 ZigBee 应用时,可以任意编写代码,只要支持相应的簇和属性就行。

2.初始化

这里包括 ZigBee 协议栈的初始化和外围设备的初始化。在初始化协议栈之前需要先进行硬件初始化。首先要对 CC2420 和单片机之间的 SPI 接口进行初始化。然后对连接硬件的端口进行初始化,例如连接 LED、按键、AD/DA 等的接口。

硬件初始化完成后,就要对 ZigBee 协议栈进行初始化了。这一步骤决定了设备类型、网络拓扑结构、通信信道、设备上 endpoint 结构等重要 ZigBee 特性。一些公司的协议栈提供专用的工具对这些参数进行设置,如 Microchip 公司的 ZENA a Chipcon 公司的 SmartRF 等。如果没有这些工具,就需要参考 ZigBee Specification 在程序中进行人工设置。

以上初始化完成后,开启中断。然后程序将进入循环检测,等待某个事件触发协议栈状态改变并作相应处理。每次处理完该事件,协议栈又重新进入循环检测状态。

3.编写应用层代码

ZigBee 设备都需要设置一个变量来保存协议栈当前执行的原语。不同的应用代码通过 ZigBee 和 IEEE 802.15.4 定义的原语与协议栈进行交互。也就是说,应用层代码通过改变当前执行的原语,使协议栈进行某些工作;而协议栈也可以通过改变当前执行的原语,告诉应用层需要做哪些工作。

协议栈将通过 ZigBee 任务处理函数的调用而被触发改变状态,并对某条原语进行操作。这时程序将连续执行完整条原语的操作,或者响应一个应用层原语。协议栈一次只能处理一条原语,因此所有原语用一个集合表示。每次执行完一条原语后必须设置下一条原语为当前执行的原语,或者将当前执行的原语设置为空,以确保协议栈保持工作。

因此应用层代码需要做的就是改变原语,或者应对原语的改变做相应动作。

7.4.3 硬件开发

设计一个基于 ZigBee 协议栈的无线传感器网络节点硬件时需要具备以下条件:
(1)带有 SPI 接口或其他接口的控制器;
(2)支持 ZigBee 协议 RF 射频芯片;
(3)天线、PCB 天线或者单极天线均可。

如图 7.10 所示,RF 芯片和控制器通过 SPI 和一些控制信号线相连接。其中控制器作为 SPI 主设备,RF 射频芯片为从设备。控制器负责 IEEE 802.15.4 MAC 层和 ZigBee 部分的工作,以及应用逻辑。它通过 SPI 总线与 RF 芯片进行交互。协议栈集成了完善的 RF 芯片的驱动功能,用户无须处理这些问题,而是通过非 SPI 控制信号驱动所需要的其他硬件(如烟雾、温度传感器和伺服器等)。

微控制器可以选用任何一款低功耗单片机,但程序和内存空间应满足协议栈要求。射频芯片可以选用任何一款满足 IEEE 802.15.4 要求的芯片,通常可以使用 Chipcon 公司的 CC2420 射频芯片。硬件在开发初期可以厂家提供的开发板为基础进行制作,在能够实现基本功能后再进行设备精简或者扩充。

通常为微控制器和 RF 芯片提供 3.3 V 电源,根据不同的情况,可以使用电池或者市电供电。一般来说,ZigBee 协调器和路由器需要市电供电,端点设备可以使用电池供电。电池供电时,要注意 RF 射频芯片工作电压范围的设置。

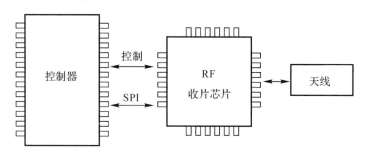

图 7.10　ZigBee 节点硬件示意图

7.4.4　基于 ZigBee 协议的无线传感器网络

下面介绍一种基于 ZigBee 的无线传感器网络的实现方案。该系统是一种燃气表数据无线传输系统,其无线通信部分使用 ZigBee 协议栈。

7.4.4.1　无线传感器的构建

利用 ZigBee 技术和 IEEE 1451.2 协议来构建的无线传感器的结构包括以下几部分:感知模块部分包括传感器、放大和滤波电路、A/D 转换;控制模块部分主要由控制单元组成;通信模块负责通信。"燃气表数据无线传输系统"项目中实现了无线燃气表传感器的设计:感知模块选用"CG-L-J2.5/4D 型号"的燃气表;控制模块选用 Atmel 公司的 80C51,8 bCPU;通信模块选用赫立讯公司 IP·Link 1000 − B 无线模块。在此方案中,燃气表的数据为已经处理好的数据。由于燃气表数据为一个月抄一次,所以在设计的过程中不用考虑数据的实时性问题。IP·Link 1000 − B 模块是赫立讯公司为 ZigBee 技术而开发的一款无线通信模块。其主要特点如下:①支持多达 40 个网络节点的链接方式;②300~1 000 MHz 的无线收发器;③高效率发射、高灵敏度接收;④高达 76.8 kb/s 的无线数据速率;⑤IEEE 802.15.4 标准兼容产品;⑥内置高性能微处理器;⑦具有 2 个 UART 接口;⑧10 b、23 K 采样率 ADC 接口;⑨微功耗待机模式。这样为无线传感器网络中降低功率损耗提供了一种灵活的电源管理方案。

存储芯片选用有 64 KB 存储空间的 Atmel 公司 24C512 EEPROM 芯片。按一户需要 8 B 的信息量计算,可以存储 8 000 多个用户的海量信息,对一个小区完全够用。

所有芯片选用 3.3 V 的低压芯片,可以降低设备的能源消耗。

在无线传输中,数据结构的表示是一个关键的部分,它往往可以决定设备的主要使用性能。这里把它设计成如图 7.11 所示的结构。

数据头	命令字	数据长度	数据	CRC校验

图 7.11　无线传输数据结构图

(1)数据头:3 B,固定为"AAAAAA"。

（2）命令字：1 B，具体的命令。01 为发送数据，02 为接收数据，03 为进入休眠，04 为唤醒休眠。

（3）数据长度：1 B，为后面"数据"长度的字节数。

（4）数据：0～20 B，为具体的有效数据。

（5）CRC 校检：2 B，可对从命令字到数据的所有数据进行校检。

在完整接收到以上格式的数据后，通过 CRC 校检对数据是否正确进行判读。这在无线通信中是十分必要的。

7.4.4.2　无线传感器网络的构建

IEEE 802.15.4 提供了 3 种有效的网络结构（树型、网状、星型）和 3 种器件工作模式（协调器、全功能模式、简化功能模式）。简化功能模式只能作为终端无线传感器节点；全功能模式既可以作为终端传感器节点，也可以作为路由节点；协调器只能作为路由节点。

这样无线传感器网络可以大致组成以下三种基本的拓扑结构。

（1）基于星型的拓扑结构。它具有天然的分布式处理能力，星型中的路由节点就是分布式处理中心，即它具有路由功能，也有一定的数据处理和融合的能力，每个终端无线传感器节点都把数据传给其所在拓扑的路由节点，在路由节点完成数据简单、有效的融合，然后对处理后的数据进行转发。相对于终端节点，路由节点功能更多，通信也更频繁，一般其功耗也较高，因此其电源容量也较终端传感器节点电源的容量更大，可考虑为大容量电池或太阳能电源。

（2）基于网状的拓扑结构。这种结构的无线传感器网络连成一张网，网络非常健壮，伸缩性好，在个别链路和传感器节点失效时，不会引起网络分立。可以同时通过多条路由通道传输数据，传输可靠性非常高。

（3）基于树型的拓扑结构。在这种结构下，传感器节点被串联在一条或多条链上，链尾与终端传感器节点相连。这种方案在中间节点失效的情况下，会使其某些终端节点失去连接。

"燃气表数据无线传输系统"项目中采用的是星型拓扑结构，主要因为其结构简单，实现方便，不需要大量的协调器节点，且可降低成本。每个终端无线传感器节点为每家的气表（平时无线通信模块为掉电方式，通过路由节点来激活），手持式接收机为移动的路由节点。

整个网络的建立是随机的、临时的。当手持接收机在小区里移动时，通过发出激活命令来激活所有能激活的节点，临时建立一个星型的网络。其网络建立及数据流的传输过程如下：

（1）路由节点发出激活命令；

（2）终端无线传感器节点被激活；

（3）在每个终端无线传感器节点分别延长某固定时间段的随机倍数后，节点通知路由节点自己被激活；

（4）路由节点建立激活终端无线传感器节点表；

（5）路由节点通过此表对激活节点进行点名通信，直到表中的节点数据全部下载完成；

（6）重复（1）～（5），直到小区中所有终端节点数据下载完毕。

这样当一个移动接收机在小区里移动时，可以通过动态组网把小区里用户燃气信息下载到接收机中，再把接收机中的数据拿到处理中心去集中处理。通过以上步骤建立的通信，在小区实际无线抄表系统中得到了很好的应用。

7.4.4.3　基于 ZigBee 的无线传感器网络与 RFID 技术的融合

当前，一些公司正在试用被动无线电频率身份识别（Radio Frequency Identification，

RFID)标签,这种标签只能存储一个唯一的身份识别号码。RFID 抗干扰性较差,而且有效距离一般小于 10 m,这对它的应用是个限制。如果将 ZigBee 的无线传感器网络 WSN 与 RFID 结合起来,利用前者高达 100 m 的有效半径,可形成无线传感身份识别(WSID)网络,该方案具有一定的应用前景。ZigBee 可以感知更复杂的信息并自觉分发这些信息。就目前情况而言,被动 RFID 标签对大部分公司来说仍然略显昂贵,以致他们不愿考虑使用它;不过在未来的几年里,价格有望降低。另外,尽管 ZigBee 产品的主要用途并不是用来代替被动 RFID 的,但利用更多的传感器和更少的网关,它们可以降低主动 RFID 的成本。

西北工业大学提出了一种融合 WSN 和 RFID 技术的超级 RFID 系统。超级 RFID 系统采用层次型组成结构,如图 7.12 所示,分为末梢节点、网关节点及上层用户三个层次。这样,在结合了 RFID 之后,其大大拓展了基于 ZigBee 的无线传感器网络的功能。

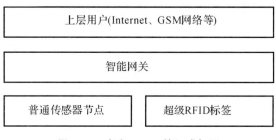

图 7.12 超级 RFID 的组成框图

7.5 本 章 小 结

本章在 7.1 节介绍了 ZigBee 协议的概述,介绍了 ZigBee 协议的起源和发展,针对 ZigBee 协议的技术特点和协议框架做了讲解。7.2 节介绍了 ZigBee 协议栈的网络层,包括网络拓扑结构、数据帧格式、网络路由算法和主要功能。7.3 节介绍了 ZigBee 协议栈的应用层,包括相关概念和体系结构框架。7.4 节介绍了基于 ZigBee 协议的系统开发,针对 ZigBee 协议栈、ZigBee 芯片和硬件制作等开发环境做了讲解,介绍了软件开发和硬件开发的流程,从无线传感器构建、无线传感器网络构建到基于 ZigBee 的无线传感器网络与 RFID 技术的融合方面,介绍了基于 ZigBee 协议的无线传感器网络。

第 8 章　无线传感器网络数据管理技术

8.1　数据管理技术概述

传感网是一种以数据为中心的网络,其运行过程会产生大量的数据。由于传感器网络中各个节点的能量和存储空间非常有限,与传统的网络有本质的区别,所以需要专门的数据管理技术对传感器网络中的数据进行管理。与传统的数据管理一样,传感器网络的数据管理的目的是将传感器网络上的数据操作与传感器网络的物理存储分离,使得使用传感器网络的用户和应用程序专注于数据逻辑操作,而不必与传感器网络的具体网络节点进行交互。本章主要介绍传感器网络数据管理系统的系统结构,数据模型,数据查询、索引技术,数据操作以及常用的传感器网络数据管理系统。

由于传感器网络能量、通信和计算能力有限,所以传感器网络数据管理系统在一般情况下不会把数据都发送到汇聚节点进行处理,而是尽可能在传感器网络中进行处理,这可以最大限度地降低传感器网络的能量消耗和通信开销,延长传感器网络的生命周期。此时,可以把传感器网络看作一个分布式感知数据库,可以借鉴成熟的传统分布式数据库技术对传感器网络中的数据进行管理。虽然传感器网络的数据管理系统与传统分布式数据库具有相似性,但是在有些方面也有着比较大的差异,主要表现在以下几个方面。

(1)所遵循的原则不同。传感器网络中各个节点的能量有限,为了延长传感器网络的生命周期以及保证服务质量,传感器网络的数据管理系统必须要尽量地减少能量消耗。在传感器网络中,节点间通信的能量消耗远大于自身计算的能量消耗,因此数据管理系统应该尽可能地减少数据传输量和缩短数据传输时间。分布式数据库则不需要考虑能耗问题,只要保证数据的完整性和一致性即可。

(2)所管理的数据特征不同。传感器网络的数据管理系统所面对的是大量的分布式无限数据流,并且数据分布的统计特征往往是未知的,无法使用传统的数据库技术来管理,需要新的数据查询和分析技术,利用具有能量、计算和存储有限的大量传感器节点来协作完成分布式无限数据流上的查询和分析任务。传统的分布式数据库系统所面对的数据通常是确定和有限的,并且数据分布的统计特征是已知的。

(3)提供服务所采用的方式不同。在传感器网络中,节点能量、计算能力和存储容量都非常有限,因此支撑传感器网络数据管理系统的传感器网络节点随时都有可能会失效,从而导致该节点无法正常提供服务。在传感器网络数据管理系统中,用户对感知数据查询请求的处理过程与传感器网络本身是紧密结合的,需要传感器网络中的各个节点相互配合才能够完成一次有效的查询过程。而在传统的分布式数据库系统中,数据的管理和查询不依赖于网络,网络仅仅是数据和查询结果的一个传输通道。

(4)数据的可靠性不同。通常情况下,传感器网络中的感知节点所感知的数据具有一定的误差,为了向用户尽可能地提供可靠的感知数据,传感器网络数据管理系统必须要有能力处理感知数据的误差。传统的分布式数据库系统获得的是比较准确的数据,数据可靠性比较高。

(5)数据产生源不同。传统的分布式数据库管理系统管理的数据是由稳定可靠的数据源产生的,而传感器网络的数据是由不可靠的传感器节点产生的。这些传感器节点具有有限的能量资源,它们可能处于无法补充能量的危珍地域,因此随时可能停止产生数据。另外,传感器节点的数量规模和分布密度可能会发生很大的变化。当某些节点停止工作后,节点数量和分布密度显著下降;然而,当补充一些节点后,节点数量和分布密度明显上升。相应地,节点传输数据时产生的网络拓扑结构会明显地发生动态变化。

(6)处理查询所采用的方式不同。传感器网络数据管理系统主要处理两种类型的查询:连续查询和近似查询。连续查询在用户给定的一段时间内持续不断地对传感器网络进行检测,它被分解为一系列子查询并分配到节点上执行,节点产生的结果经过全局处理后形成最终结果返回给用户。近似查询利用已有的信息和模型,在满足用户的查询精度的前提下减少不必要的数据采集和传输过程,提高查询效率。传统的分布式数据库系统不具备处理这两种查询的能力。

8.2　数据管理系统结构

传感网数据管理系统通常是按照一定的体系结构构建的,并且基于不同体系结构构建的数据管理系统各有优势,目前主要有集中式结构、半分布式结构、分布式结构和层次结构 4 种。

8.2.1　集中式结构

在集中式结构中,所有的数据均被传送到中心服务器上,感知数据的查询和传感网的访问是相互独立的。集中式结构如图 8.1 所示。所有感知数据都存储在基站数据库中。

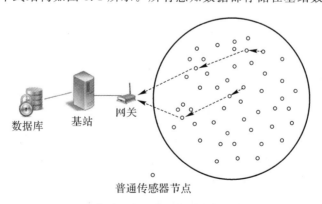

图 8.1　传感网数据管理系统的集中式结构

在集中式结构中,感知数据从普通节点通过无线多跳传送到网关节点,再通过网关节点传送到基站节点,最后由基站将感知数据保存到中心服务器上的感知数据库中。

在集中式结构中,由于基站的能源充足、存储和计算能力较强,所以可以在基站上对这些已经存储的感知数据进行比较复杂的查询处理,并且可以利用传统的本地数据库查询技术。

集中式结构的优点:在集中式结构中,感知数据的处理和查询访问相对独立,可以在指定的传感器节点上定制长期的感知任务,让数据周期性地传回基站处理,复杂的数据管理决策则完全在基站端执行,这样可以使得传感网内部处理更简单,适合查询内容稳定不变并且需要原始感知数据的应用系统。对于实时查询来说,如果查询数据量不是很大,则查询的时效性比较好。

集中式结构的缺点:在集中式结构中,由于传感网的节点一般都是大规模分布,大量冗余信息传输可能会造成大量的能耗损失,并且容易引起通信瓶颈,造成很大的传输延迟,所以集中式结构在现实中很少应用。

8.2.2 半分布式结构

半分布式结构(见图8.2)中有两类传感器节点:第一类是普通节点,第二类是簇头节点。普通节点的能量和资源有限,但是数量较大;簇头节点的能量和资源比较充足,用于管理簇内的节点和数据。簇头之间可以对等通信。基站节点是簇头节点的根节点,其他簇头节点都作为它的子节点处理。

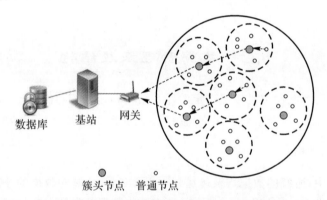

簇头节点　　普通节点

图8.2 传感网数据管理系统的半分布式结构

在半分布式结构中,原始的感知数据存放在普通节点上,在簇头节点上处理簇内节点的数据融合和数据摘要,在根节点上形成一个对网内数据的整体视图。什么是视图?视图是从一个或多个表(或视图)导出的表。视图与表不同,视图是一个虚表,即视图所对应的数据不进行实际存储,数据库中只存储视图的定义,在对视图的数据进行操作时,系统根据视图的定义去操作与视图相关联的基本表。

在半分布式结构中执行查询时,利用根节点的全局数据摘要决定查询在哪些簇上执行,在簇头节点接收到根节点传来的查询任务后,根据簇内数据视图决定融合哪些节点上的数据。美国康纳尔大学计算机系的 Cougar 查询系统采用了这种存储和查询方案。

半分布式结构的优点:查询时效好、数据存储的可靠性高。

半分布式结构的缺点:必须采用特殊的固定簇头节点或者采用有效的簇头轮换算法来保证簇头稳定运行,靠近簇头处也存在一定程度的通信集中现象,有一定的应用局限性。

8.2.3　分布式结构

分布式结构假设每个传感器都有很强的存储、计算和通信能力,数据源节点将其获取到的感知数据就地存储。

如图8.3所示,基站发出查询后向网内广播查询请求,所有的节点都可以接收到请求,并且满足查询条件的普通节点沿着融合路由树将数据送回到根节点(即与基站相连的网关节点)。美国加州大学伯克利分校的 TinyDB 数据库系统采用这种分布式结构。

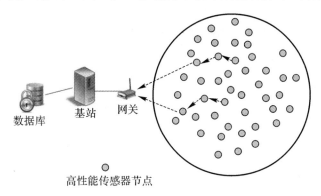

图 8.3　传感网数据管理系统的分布式结构

分布式结构的优点:分布式结构数据没有集中化存储,确保了网内不会出现严重的通信集中现象,并且充分利用了网内节点的存储资源,存储几乎不耗费资源和时间,将查询结果数据沿着路由树向基站传送的过程中由于经过网中处理,使数据量在传送过程中不断压缩,所需的数据传输成本会大大下降。

分布式结构的缺点:执行查询时需要将查询请求广播到所有的节点,耗能较大;回送过程中复杂的网内查询优化处理使得这种结构的查询时效性稍差。

8.2.4　层次结构

如图8.4所示,层次结构包含传感网层和代理网络层两个层次,并集成了网内数据处理、自适应查询处理和基于内容的查询处理等多项技术。

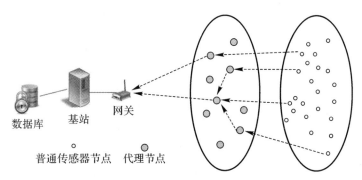

图 8.4　传感网数据管理系统的层次结构

在传感网层,每个传感器节点具有一定的计算和存储能力。每个传感器节点完成3项任务:从代理接收命令、进行本地计算、将数据传送到代理。传感器节点收到的命令包括采样率、传送率和需要执行的操作。代理网络层的节点具有更强的存储、计算和通信能力。每个代理完成5项任务:从用户接受查询、向传感器节点发送控制命令或者其他信息、从传感器节点接收数据、处理查询、将查询结果返回给用户。

在代理节点收到来自用户的数据查询请求后,多个代理节点分布地处理查询,分别向底层传感器节点发出查询请求,并将查询结果汇总后返回给用户。这种方法将计算和通信任务分布到各个代理节点上。

8.3 数据模型和查询语言

8.3.1 数据模型

在具体介绍无线传感器网络的数据模型之前,先学习一下数据模型的概念,数据模型是对数据特征的抽象。无线传感器网络中为什么要引入数据模型呢?原因在于感知网数据管理系统需要一种具体的数据模型来表示各个节点产生的数据,这样才能有效地组织和管理数据。

目前,现有的传感网的数据模型主要是在传统的关系模型、对象关系模型或者时间序列模型上进行了扩展。一些研究将感知数据视为分布在多个节点上的关系,并将传感器网络看成一个分布式数据库;另外一些研究将整个网络视为由多个分布式数据流组成的分布式数据库系统。还有一些研究采用时间序列和概率模型表示感知数据的时间特性和不确定性。下面列举几个具体实例来分别介绍无线传感器网络中不同类型的数据模型。

首先看一下美国加州大学伯克利分校开发的 TinyDB 系统,TinyDB 系统的数据模型是对传统的关系模型的简单扩展。它把传感器网络数据定义为一个单一的、无限长的虚拟关系表。该表具有两类属性。第一类属性是感知数据属性,如电压值、温度值;第二类属性是描述感知数据的属性,如传感器节点的 ID、感知数据获得的时间、感知数据的数据类型(光、声、电压、温度、湿度等)、感知数据的度量单位等。网络中每个传感器节点产生的每一个读数都对应关系表中的一行。因此,这个虚拟关系表被看成一个无限的数据流。对传感器网络数据的查询就是对这个无限虚拟关系表的查询。表 8.1 是一个 TinyDB 关系表的实例。无限虚拟关系表上的操作集合是传统的关系代数操作到无限集合的扩展。

表 8.1 一个 TinyDB 关系表实例

传感器号	查询周期	时 间	湿度/RH	光强/lx	温度/°F	水平加速度/(m·s⁻²)	垂直加速度/(m·s⁻²)	水平磁感应/Gs	垂直磁感应/Gs	噪声/dB	音调/kHz	原始声音/dB	原始音调/kHz
1	1	2003-05-01	56.2	598	23.5	4.21	8.55	0.74	1.54	42.5	0.2	5.24	0.6
2	1	2003-05-01	45.7	237	52.4	6.35	5.89	0.52	3.21	65.2	0.5	2.56	0.4
3	1	2003-05-01	58.6	256	45.8	3.65	6.52	0.29	4.56	25.6	0.3	6.52	0.6
1	2	2003-05-02	56.2	235	46.2	6.52	4.25	0.35	4.58	15.2	0.5	4.56	0.2
2	2	2003-05-02	45.9	263	65.2	3.54	5.62	0.45	4.85	26.3	148	3.68	0.2
3	2	2003-05-02	58.7	266	45.4	3.65	6.52	0.29	4.56	25.6	0.3	6.52	0.6

美国斯坦福大学针对 WSN 开发的 STREAM 系统采用的也是基于关系的数据模式。它把数据流建模为无边界的、只能进行添加操作的元组对(tuple,timestamp)组成的数据流,把关系作为支持更新、插入和删除操作并随时间变化的元组包。其语义建立在 3 组抽象操作基础之上,即关系-关系操作、数据流-关系操作和关系-数据流操作。

美国康奈尔大学开发的 Cougar 系统把传感器网络看成一个大型分布式数据库系统,每个传感器对应于该分布式数据库的一个节点,存储部分数据。Cougar 系统通常不再将每一个传感器上的数据都集中到中心节点进行存储和处理,而是尽可能地在传感器网络内部进行分布式处理,因此能够有效地减少通信资源的消耗,延长传感器网络的生命周期。Cougar 系统的数据模型支持两种类型的数据,即存储数据和传感器实时产生的感知数据。存储数据用传统关系来表示,而感知数据用时间序列来表示。Cougar 系统数据模型包括关系代数操作和时间序列操作。关系代数操作的输入是基关系或者是另一个关系操作的输出。时间序列操作的输入是基序列或者另一个时间序列操作的输出。数据模型中提供了以下定义在关系与时间序列上的三类操作:①关系投影操作。把一个时间序列转换为一个关系。②积操作。输入是一个关系和一个时间序列,输出是一个新的时间序列。③聚集操作。输入是时间序列,输出是一个关系。Cougar 系统的查询包括对存储数据和感知数据的查询,也就是对关系和时间序列的查询。每个连续查询定义为给定时间间隔内保持不变的一个永久视图。在 Cougar 系统的连续查询过程中,被查询的关系和时间序列可以被更新。对一个关系的更新是向该关系插入、删除或修改元组。对时间序列的更新是插入一个新时间序列元素。

针对传感器测量数据的不确定性,PSRA 将传统的关系模型扩展为概率数据流关系(Probabilistic Stream Relation)模型,并扩展传统关系模型的操作,在概率数据流模型上定义了 Stream Union、Stream Intersection、Stream Select、Stream project、Stream Join 等操作。PSRA 通过概率数据流模型有效地解决了 WSN 的数据不确定性及数据的相互关系等一些特征,并提供了能量高效的操作。

传感器网络的有些应用(如对森林防火监控,用温度传感器对周围的环境进行监控)并不需要精确的测量数据,只须把测量数据划分为低、较低、中、较高、高、极高几个等级。根据这一类应用的特征,Dai 等人提出一种基于粗糙集(Rough Set)理论的数据建模方法。利用粗糙集对数据建模,可以很好地实现数据融合操作,从而减小数据存储量及网络传输量,达到节约能量延长网络寿命的目的。

8.3.2　查询语言

传感器网络中的感知数据具有许多显著的特性,如感知数据的实时性、周期性、不确定性等。目前已提出的查询模式主要有快照查询、连续查询、基于事件的查询、基于生命周期的查询以及基于准确率的查询等。针对查询类型和感知数据的这些特性,设计出通用、简单、高效、可扩展且表达能力强的查询语言对传感器网络是至关重要的。

1. TinyDB 系统的查询语言

TinyDB 系统的查询语言是基于 SQL 的查询语言,称为 TinySQL。该查询语言支持选择、投影、设定采样频率、分组聚集、用户自定义聚集函数、事件触发、生命周期查询、设定存储点和简单的连接操作。

TinyDB 查询语言的语法如下：

SELECT select-list

[FROM sensors] / * [xxx]表示 xxx 是可选项 * /

WHERE predicate

[GROUP BY gb-list

[HAVING predicate]]

[TRIGGER ACTION command-name[(param)]]

[EPOCH DURATION time]

其中：select-list 是无限虚拟关系表中的属性表，可以具有聚集函数；predicate 是条件谓词；gb-list 是属性表；command-name 是命令；param 是命令的参数；time 是时间值；查询语句的 TRIGGER ACTION 是触发器定义从句，指定当 WHERE 从句的条件满足时需要执行的命令；EPOCH DURATION 定义了查询执行的周期；其他从句的语义与 SQL 相同。下边是一个 TinySQL 查询实例：

SELECT room_no，AVERAGE(light)，AVERAGE(volume)

FROM sensors

GROUP BY room_no

HAVING AVERAGE(light)>l AND AVERAGECvolume)>v

EPOCH DURATION 5min

这个查询表示每 5 min 检查一次平均亮度超过阈值 1 且平均温度超过阈值 v 的房间，并返回房间号码以及亮度和温度的平均值。

目前 TinySQL 的功能还比较有限。在 WHERE 和 HAVING 子句中只支持简单的比较连接词、字符串比较（如 SQL 中的 LIKE 和 SIMILAR），以及列和常量的简单算术运算表达式（算术运算符只能是加、减、乘、除），不支持子查询，也不支持布尔操作（OR 和 NOT）以及列的重命名（即 SQL 的 AS 从句）。

TinyDB 支持简单的触发器。目前的触发器只能对满足条件的传感器读数做出反应。当传感器读数满足查询语句 WHERE 子句中的触发条件时，触发器即动作，完成相应的操作。下边是一个带有触发器的查询语句实例：

SELECT temperature

FROM sensors

WHERE temperature > thresh

TRIGGER ACTION SetSnd(512)

EPOCH DURATION 512

此语句表示当温度 temperature 超过阈值 thresh 时，产生声音报警并返回温度值 temperature。下面的例子是表 8.1 所示的无限虚拟关系上的查询：

SELECT nodeid，light

FROM sensors

WHERE light>200

查询结果见表 8.2。

表 8.2　节点号与光强对照表

节点号	光强/lx
1	598
1	235
2	237
2	263
3	256
3	266

2. Cougar 系统的查询语言

Cougar 系统提供了一种类似于 SQL 的查询语言。在很多传感器网络应用中,对环境进行连续周期性地监测特别重要。因此,Cougar 系统的查询语言提供了对连续周期性查询的支持。Cougar 系统查询语言的语法如下:

SELECT select-list FROM [Sensordata S]

[WHERE predicate]

[GROUP BY attributes]

[HAVING predicate]

DURATION time-interval

EVERY time-span

其中:DURATION 子句指定查询的生命期;EVERY 子句用来确定执行周期,即每 time-span 秒执行该查询一次;其他子句与 Tiny SQL 相同。从查询语句的定义不难看出,Cougar 系统不支持触发器。下边是一个查询语句实例:

SELECT AVG(R. concentration)

FROM ChemicalSensor R

WHERE R. loc IN region

HAVING AVG(R. concentration)>0.6

DURATION (now,now+3600)

EVERY 10

这个查询用来监测指定区域内的化学物质的平均浓度是否高于规定的指标。该查询的生命期是从提交执行时间开始的 3 600 s,每 10 s 检测一次指定区域内的化学物质的平均浓度是否高于 0.6。

8.4 数据存储与索引技术

8.4.1 数据存储方式的分类

无线传感器网络的存储方式概括起来讲,可分为三类,分别是外部存储方式、本地存储方式及以数据为中心的存储方式。

1. 外部存储

定义:外部存储又称为集中式存储,它的存储方式是,节点产生的感知数据都发送到汇聚节点,然后通过该汇聚节点把数据保存在传感网外的计算机节点上进行存储。

优点:这种方式可以使得数据能够完整地保存,并且由于数据在传感网外存储,所以可以进行复杂的查询和处理,对于用户的查询也可以做出实时的响应。

缺点:由于汇聚节点需要频繁地转发数据,所以很容易造成能量耗尽。

因此这种存储方式适合于传感器节点比较少的网络。

2. 本地存储

定义:本地存储,即采集的感知数据全部存储于产生该数据的传感器节点内。

优点:这样可以节省数据传输的通信开销。

缺点:当用户进行数据查询时须进行洪泛式查询,这就必然会导致查询效率低下,同时对于查询请求也很难做出即时的响应,而且当用户查询操作频繁时,可能反而会增加通信的开销。

3. 以数据为中心的存储

定义:以数据为中心的存储方式中,感知数据存储到网络中的节点上,存储节点可以是除感知节点自身以外的其他节点。通常以数据为中心的存储方式中使用数据名字来存储和查询数据,它根据一定的映射算法,将感知数据根据对应的数据名映射到网络中指定的传感器节点上,来实现数据的存储,数据名直接决定了数据存储的位置。

例如:以感知数据的类型作为数据名,那么类型相同的数据都存储在同一个节点上,或者把值的范围作为数据名,比如采用"8～16℃"作为在 8℃ 和 16℃ 之间的所有温度值的数据名,那么在 8℃ 和 16℃ 之间的所有温度值都会存储于相同的传感器节点上。

优点:与外部存储相比,以数据为中心的存储不仅能支持复合查询和连续查询,同时也降低了数据传输的能量开销。和本地存储相比,它除了能够降低通信开销外,还可以支持复合查询以及连续查询。可以说,以数据为中心的存储兼顾了本地存储以及外部存储的优势,是一种折中的方法。

缺点:它依赖于节点定位的路由算法,即每个传感器节点的数据对应存储在哪个节点需要特定的算法进行匹配,这就给整个传感网增加了处理难度。

接下来分析这三种不同存储方式的能量消耗(见表 8.3,其中:n 表示传感节点个数;D_t 表示监测到的感知数据的总个数;Q 为查询个数;D_Q 为 Q 个查询返回的数据个数)。由表 8.3 可知,如果感知数据的访问频率远高于产生这些数据的频率,外部存储方法是可用的。而随着网络规模的扩大,当感知数据的产生频率高于查询频率时,外部存储因会产生存储热点而不再适用,另外,以数据为中心的数据存储方式的性能远高于本地存储方式。从表中可以看出,随着网络规模的扩大或感知数据增加的速度高于查询的速度,以数据为中心的数据存储方法的性能会高于本地存储方法。因此,以数据为中心的数据存储方法更适用于传感器网络。

表 8.3　三种存储方式下的节点能耗表

通信量	外部存储	本地存储	以数据为中心存储	
			无聚合	聚　合
总通信量	$D_t\sqrt{n}$	$Qn+D_Q\sqrt{n}$	$Q\sqrt{n}+D_t\sqrt{n}+D_Q\sqrt{n}$	$Q\sqrt{n}+D_t\sqrt{n}+Q\sqrt{n}$
单个节点最大通信量	Q_t	$Q+D_Q$	$Q+D_Q$	$2Q$

以数据为中心是传感器网络的重要特点。人们已经提出了很多以数据为中心的传感器网络路由算法和通信协议。除了以数据为中心的路由算法和通信协议以外,传感器网络还需要提供灵活有效的以数据为中心的数据存储方法。在以数据为中心的存储系统中,每个传感器节点产生的数据按照数据名存储在网络的某个或某些传感器节点上。根据数据项的名字,可以很容易地在传感器网络中找到相应的数据项。本章后续将集中介绍以数据为中心的传感器网络存储方法和索引技术。

8.4.2　数据命名方法

以数据为中心的数据存储方法的基础是数据命名。数据命名的方法有很多,可以根据具体应用采用不同的命名方法。一种简单的数据命名方法是层次式命名方法。例如,一个摄像传感器产生的数据可以如下命名:

USA/Universities/USC/CS/cameral.

这个名字分为五个层次。名字的前四层说明摄像传感器的位置,第一层说明摄像传感器是在美国,第二层说明摄像传感器在大学,第三层说明摄像传感器在南加州大学,第四层说明摄像传感器在南加州大学的计算机系。总之,这四层给出了摄像传感器是在美国南加州大学的计算机系。最底层的 cameral 指出数据类型为摄像数据。

另一种命名方法是"属性-值"命名方法。在这种方法中,上面的摄像传感器产生的数据可以命名为

type＝camera

value＝image. jpg

location＝"CS Dept,University of Southern California,USA"

数据的命名方法隐含地定义了数据能够被存取的方式。上述摄像传感器数据的层次命名方法隐含地定义了很多数据存取方法:

(1)存取所有美国大学的摄像传感器数据;

(2)存取美国某所大学的摄像传感器数据;

(3)存取美国某所大学计算机系的摄像传感器数据。

8.4.3　以数据为中心的存储方法

以数据为中心的存储方法使用数据名字来存储和查询数据。这类方法通过一个数据名到

传感器节点的映射算法实现数据存储。图 8.5 描述了一种以数据为中心的存储算法。假设传感器节点 A 和 B 要插入一个名字为 bird-sighting 的感知数据。数据名 bird-sighting 被映射到传感器节点 C。于是，这些感知数据被路由到传感器节点 C。类似地，查询也可以通过数据名获得感知数据所在的传感器节点，并通过向该传感器节点发送查询请求来得到感知数据。

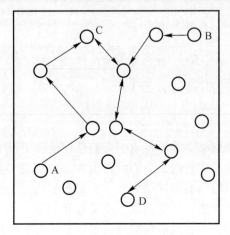

图 8.5　以数据为中心存储算法

下面介绍一种有效的以数据为中心的数据存储方法，称为基于地理散列函数方法。本节介绍地理散列函数、与地理散列方法相关的地理路由协议（Greedy Perimeter Stateless Routing，GPSR）、地理散列方法如何利用 GPSR、增强地理散列方法的鲁棒性以及地理散列方法的结构复制技术。

1. 地理散列函数

存储系统是否以数据为中心可以从它的应用界面看出。以数据为中心的数据存储系统的应用界面一般包括 put() 和 get() 操作。put() 操作按名字在网络中存储数据；get() 操作按名字从网络获取数据。下边的讨论使用关键字来表示一个完整数据名字或数据名的一部分。

地理散列方法是实现上述以数据为中心的存储系统的有效方法。使用地理散列方法，一个数据的关键字被一个散列函数随机地映射为一个地理位置，即地理位置坐标 (x, y)。这种映射可以是多对一的。put() 操作把一个感知数据存储在距离其关键字散列位置最近的传感器节点上。get() 操作使用相同的散列函数从传感器节点获得所需要的感知数据。

散列函数隐含地说明了它所支持的查询类型。散列函数支持的最简单查询是枚举查询，即要求传感器网络回答与给定关键字匹配的所有感知数据。散列函数也支持在与给定关键字匹配的感知数据集合上的统计查询，如计数（count）、求和（sum）、均值（average）等。选择感知数据名的哪一部分作为散列函数的输入关键字取决于具体的应用。关键字的选择对系统的性能有很大的影响，也决定了地理散列方法所支持的查询类型。例如，如果使用传感器类型来散列感知数据，那么所有温度传感器的数据都将被存储在同一个传感器节点上。也可以选择不同的关键字把感知数据散列到不同的位置，使得不同温度值的感知数据被存储在不同的传感器节点上，如温度为 10℃ 的数据和温度为 20℃ 的数据被存储在两个不同的传感器节点上。

2. 地理路由协议 GPSR

GPSR 是为移动 Ad-hoc 网络设计的一种路由协议。给定一个节点的位置坐标，GPSR 仅根据节点的位置信息就可以把数据包路由到该节点。为了实现这种功能,GPSR 提供了两个算法:贪心转递(greedy forwarding)算法和周界转递(perimeter forwarding)算法。

贪心转递算法假设网络中每个节点都知道自己的位置以及它的邻节点的位置。当一个节点接收到发送到位置 D 的信息时,它将该信息发送给邻居节点中离 D 最近的节点。如果所有邻居节点到 D 的距离都比自己大,GPSR 使用周界转递算法寻找下一个路由节点。下边介绍周界转递算法。

当一个节点接收到需要转递的数据包,且发现没有邻居节点比它距离目的节点更近时,则认为该数据包遇到了一个空洞(void)。图 8.6 描述了这种情况。目的节点为 D 的数据包到达节点 A 时,A 没有邻居节点距离 D 比 A 更近,因此该数据包遇到了一个空洞。数据包遇到空洞的原因通常是网络部署不规则、节点失效或者无线通信障碍。周界转递算法采用右手规则围绕空洞寻找比 A 更接近于 D 的节点,如图 8.6 所示。由于在一个仅由节点间连通形成的图上,使用右手规则并不一定总生效,所以 GPSR 分布式地计算围绕空洞的一个平面子图,在这个子图上应用右手规则。当找到比节点 A 距离 D 更近的节点时,继续使用贪心转递算法。

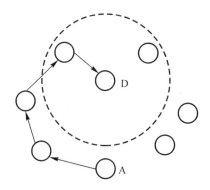

图 8.6　使用右手规则环绕穿过一个网络空洞

3. 地理散列方法如何利用 GPSR

由上述讨论可以看出:①GPSR 提供了向某一特定位置节点发送数据包的功能;②地理散列方法需要在距离某一特定位置最近的节点上存储感知数据。存储某个感知数据的传感器节点称为该数据的主节点(home node)。GPSR 的功能与地理散列方法的要求稍有差别。在 GPSR 中,如果数据包的头信息中指定的目的位置上没有节点,则放弃该数据包。地理散列方法在这种情况下则要把数据存储到最接近目的位置的节点上,而不是放弃该数据包。

假设地理散列函数把一个感知数据散列到目的位置 a。不失一般性,假定位置 a 没有传感器节点,如图 8.7 所示。当 GPSR 路由包含该数据的数据包到达节点 A 时,节点 A 将发现没有邻居节点距离目的节点比它本身更近,进而调用周界转递算法。由于在 a 的周界上没有比 A 距离 a 更近的节点,于是数据包沿着周界返回到 A。地理散列方法可以利用 GPSR 的这一特性发现感知数据的主节点,并将数据存储在主节点上,即当数据包以连续的周界转递模式返回到最先启用周界转

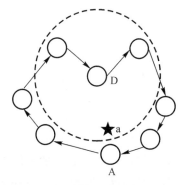

图 8.7　表示地理散列方法使用
周界转递模式寻找主节点

模式的节点时,最先启用周界转递模式的节点即为存放该数据的主节点。

4.增强地理散列方法的鲁棒性

上述地理散列方法存在两个问题:一是主节点失效会导致感知数据的丢失;二是如果有新传感器节点加入,主节点可能会改变。

为了解决这两个问题并增强地理散列方法的鲁棒性,令地理散列方法采用简单的周界更新协议(perimeter refresh protocol)来保持主节点与周界上传感器节点的联系。这些节点称为该主节点的盟友节点。对于一个给定的感知数据,主节点周期性地向该数据的地理散列位置发送更新信息。这个信息将遍历这个位置的周界。当更新信息经过周界各个盟友节点时,每个盟友节点备份该感知数据,并设置该数据的定时器。当接收到更新信息时,定时器设置为0。如果定时器超过给定的界限,盟友节点则认为主节点失效,需要确定新的主节点。

当更新信息遍历周界时,可能遇到距离感知数据地理散列位置更近的节点。由 GPSR 的转递规则,该节点会启动一个新的周界转递,最后成为新的主节点。这个周界转递一定会到达前主节点。前主节点监测到这一情况后,则放弃主节点的地位。这种方法也适应新的节点加入网络的情况。

5.地理散列方法的结构复制

如果很多感知数据都被散列到同一个主节点,这个主节点将成为整个传感器网络的热点,既影响传感器网络的性能,也会缩短整个传感器网络的生命周期。

为了避免一个主节点成为传感器网络的热点,地理散列方法可以采用结构复制技术。结构复制技术逐层分解传感器网络覆盖的地理区域,如图 8.8 所示。在结构复制技术中,覆盖传感器网络的长方形或正方形区域被分解成 4^d 个相等的子区域,d 称为复制的深度。我们来考虑一个主节点为 x 的感知数

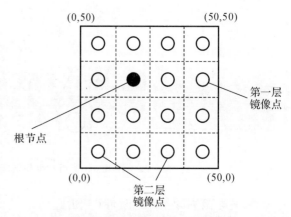

图 8.8 地理散列方法的结构复制

据。x 称为该感知数据的根节点。x 一定位于一个分解的子区域内。我们可以在其他子区域内计算 x 镜像的位置。x 的每个镜像在其所属子区域内的坐标与 x 在其所属子区域内的坐标相同。

这种空间分解用来定义镜像层次,根的一级镜像是当 $d=1$ 时选择的根的镜像。根的一级镜像是根节点的子节点。同理可以递归定义其他各级镜像。由于空间划分是以一个给定的感知数据名来定义的,所以不同的感知数据具有不同的镜像层次。

产生感知数据的传感器节点 A 将数据存储在离它最近的镜像 M 上,而不一定存储在该数据的根节点上。由 d 和传感器网络的边界(即覆盖传感器网络的矩形)不难使用简单的地理计算得到与 A 最近的镜像 M。于是,由于感知数据在整个网络内分布,根节点或主节点将不再是热点。然而,对某一感知数据的查询则需要发送到所有镜像。利用镜像层次可以用如下方式处理查询:查询直接发送给根节点,然后再发送给根节点的子节点,如此下去直到发送到所有镜像。对于查询的回答则以相反的方向返回。在返回信息的过程中可以逐级执行聚集

操作。

　　需要注意的是,结构复制技术不是把感知数据复制到多个节点,而是把一个数据的主节点复制到多个子区域,以解决热点问题。这也就是该技术名字的由来。

8.4.4　数据索引技术

　　传统数据库中索引的定义:索引是对数据库表中一个或多个列的值进行排序的结构。

　　传感网中数据索引的定义:在数据查询中,为了能快速地定位到相关数据的主节点,避免泛洪广播查询请求,需要对数据建立索引机制(即根据查询要求索取数据的方法,其与数据存储的方式有关)。

　　根据数据存储的方式和查询的要求,数据索引主要有层次索引、一维分布式索引和多维分布式索引 3 种结构。

　　1. 层次索引

　　当人们预先并不十分清楚要在传感器网络数据中发现什么的时候,他们往往通过一系列的查询由粗到细地对传感器网络数据进行观察,发现感兴趣的事件,如"哪些区域的温度特别高"。下面是这类用户提交的两个查询实例:

　　(1)区域 X 在 1 h 前的平均温度是多少?

　　(2)区域 X 的子区域 A 在最近 10 min 的平均温度是多少?

　　支持这类用户查询的传感器网络一般可以采用近似的方法。DIMENSIONS 系统是一个支持上述查询的以数据为中心的传感器网络数据管理系统。该系统利用数据的小波系数来处理大规模数据集上的近似查询。支持给定时间和空间范围的多分辨率查询。其基本思想为:对于一个给定的分辨率级别 d,系统把传感器网络覆盖的地理区域(0 层)递归划分为 d 个层次,划分满足第 i 层具有 $4i$ 个子区域,即每一级分成 4 个子区域,并在每个子区域选择一个节点作为簇头节点。0 层子区域所对应的数据集合的散列位置所对应的主节点是层次结构的根节点,被称为顶点。以此类推,最终构造出层次结构的所有 d 个层次。该方法的缺陷是簇头节点能量消耗过快,易造成通信瓶颈问题。

　　有关小波的理论已经超出本书的范围。下面简单地介绍一下数据集合的小波编码方法,使读者对于 DIMENSIONS 有一个直观的理解。设向量 $V=[5,6,4,4]$。对向量 V 的最简单小波变换是递归地对成对元素计算平均值。表 8.4 描述了这一处理过程。每一级平均值计算构成了不同的分辨率。显然,每一步计算都会丢失一些信息,丢失的信息可以由表 8.4 中给出的详细系数获得。一个详细系数是平均值与确定该平均值的元素对的第二个数之间的差值。例如向量 V 具有两对元素 $(5,6)$ 和 $(4,4)$,计算所得的平均值为 $[(5+6)/2]=5.5$ 和 $[(4+4)/2]=4$,因此详细系数为 -0.5 和 0。总体平均值和按照分辨率递增排序的详细系数确定了向量 V 的小波系数。

表 8.4　小波变换处理过程实例

分辨率	平均值	详细系数
2	$[5,6,4,4]$	—
1	$[5.5,4]$	$[-0.5,0]$
0	$[4.75]$	$[0.75]$

上述小波编码技术具有一些重要的特性。首先,根据小波系数可以重构原始数据,也可以利用小波系数有效地计算出原始向量 $\mathbf{V}$ 的任一子序列的平均值;其次,可以利用 $(i+1)$ 级小波系数计算出 i 级小波系数;最后,如果详细系数很小,在计算平均值时可以忽略这些误差。

小波变换是一种多分辨率的编码技术。可以利用小波编码技术来支持时空查询。考虑一个传感器网络,其中的每一个节点都周期性地对温度进行采样。可以把整个传感器网络采集的温度样本表示为一个二维数组,位置和时间是数组索引。如果所有数据都可以收集到一个中心位置,则可以在这些数据上计算小波系数,有效地支持前面例子的时空查询。然而,DIMENSIONS 系统可以更有效地以分布式方式计算和存储感知数据的小波系数,而不要求所

有感知数据都集中于一个中心位置。DIMENSIONS 系统的这种性能依赖于以下两个特性:①不同大小的感知区域对应于空间维度(dimension)的不同分辨率;②低层小波系数可以通过高层小波系数计算得到。DIMEN-SIONS 系统采用以数据为中心的存储概念,构建存储层次,在高层存储较低分辨率的小波系数。给定一个分辨率级别 d,DIMENSIONS 系统把传感器网络覆盖的地理区域递归地划分为 d 个层次。第 0 层只有一个子区域,即传感器网络覆盖的地理区域。第 i 层具有 4^i 个子区域。第 i 层每个子区域的大小是第 $(i+1)$ 层子区域大小的 4 倍。为了从第 0 层的子区域构建层次结构的第 1 层子区域,系统首先把第 0 层子区域所对应的数据集合的名字散列为第 0 层子区域的一个位置,与该位置对应的

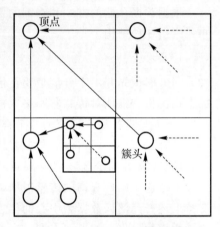

图 8.9 $d=0,1,2,3$ 时的层次索引

主节点是层次结构的根节点,称为顶点(apex);然后,系统把第 0 层的子区域等分为 4 个子区域,形成层次结构的第 1 层,并在每个子区域选择一个传感器节点作为簇头节点;最后,系统把所有簇头节点作为第 0 层顶点的子节点。为了从第 1 层构造第 2 层,系统首先把第 1 层的每个子区域的簇头节点作为该子区域的顶点;然后把第 1 层的每个子区域等分为 4 个子区域,形成结构的第 2 层,并在每个子区域选择一个传感器节点作为簇头节点;最后系统把第 2 层每个子区域的簇头节点作为第 1 层对应区域的顶点的子节点。如此递归下去,最终构造出层次结构的所有 d 个层次。层次结构的构造过程如图 8.9 所示。

2.一维分布式索引

传感器网络用户除了时空聚集和精确匹配查询外,也需要进行区域查询。如"列出温度值在 50～60℃之间的所有感知数据"。在这类查询中还可以加上地理限制,如"列出地区 A 中温度值在 50～60℃之间的所有感知数据"。

DIFS(Distributed Index for Features in Sensor networks)是一种支持区域查询的一维索引结构,它综合利用了 GHT 技术和空间分解技术,构造了多根层次结构树。该索引方法具有两个特点:第一,层次结构树具有多个根,解决了 DIMENSIONS 的单根造成的通信瓶颈问题;第二,数据沿层次结构树向上传播聚集,减少了不必要的数据发送。

DIFS 系统采用了一个能够有效地处理区域查询的方法。类似于 DIMENSIONS 系统,DIFS 系统通过使用感知数据的键属性(由数据名和数据值范围构成),采用地理散列方法的散

列函数和空间分解技术构造多根层次结构树,即一维索引。这个一维索引具有两个特点。首先,层次结构树具有多个根,解决了 DIMENSIONS 系统的层次结构中单一树根所造成的通信瓶颈问题;其次,它有效地沿层次结构树向上传播聚集数据,可以实现在层次树的高层防止不必要的树遍历。

下面以温度属性为例,介绍 DIFS 系统如何构造一维索引。假定温度的取值范围在 0～100 之间。图 8.10 说明了构造一维索引的过程。类似于 DIMENSIONS 系统,DIFS 系统等分传感器网络所覆盖的地理区域形成具有 d 个层次的层次树。与 DIMENSIONS 系统的层次结构不同的是,层次树具有多个根,而不是一个根。设网络中的某个传感器节点产生了温度值为 26 的感知数据。这个数据按如下过程存储在 DIFS 层次的一个逻辑叶节点:①把数据名字(如"温度")和数据值的范围的文字表示(如"0：100")作为地理散列函数的输入;②得到一个 DIFS 层次的逻辑叶节点;③把感知数据存储到这个逻辑叶节点。于是,每个 DIFS 的逻辑叶节点负责存储它所对应的子区域的所有监测到的感知数据。

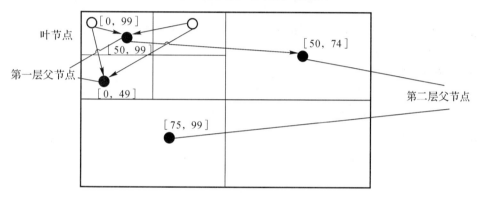

图 8.10 DIFS 多根层次结构

3.多维分布式索引

DIFS 系统支持的区域查询仅在两个属性(即地理区域和数值范围)上具有区域约束条件。这种查询称为二维区域查询。本节介绍支持多维区域查询的多维索引结构。多维区域查询是在多个属性上具有区域约束条件的区域查询。例如,科学家研究微生物的增长时,可能对温度在 50～60 之间且亮度在 10～20 之间的微生物增长率感兴趣。他们可能提交查询"返回地区 A、温度在 50～60 之间、亮度在 10～20 之间的所有微生物的增长率"。在这个例子中,科学家感兴趣的是地理区域、温度、亮度三者对海洋微生物生长的影响。

在传统的数据库系统中,多维区域查询经常由具有预计算信息的多维索引来支持。这样的索引在处理查询时可以减少计算开销,获得很高的查询处理效率。下面介绍传感器网络中支持多维查询处理的分布式索引结构(Distributed Index for Multidimensional data,DIM)。

有效处理多维查询的关键是数据存储的局域性,即将属性值相近的感知数据存储在邻近节点上。DIM 的基本思想是使用保持局域性的地理散列函数来实现数据存储的局域性。这个散列函数利用 k-d 树将多维空间保持局域性地映射到二维地理空间。传感器网络中的每个节点都为自己分配一个子空间,称为这个节点的域(zone)。属于一个域的感知数据存储在该域所属的节点上。传感器网络的域界限如图 8.11 所示。

下面给出域的构造性定义。令 x-y 平面上的矩形 R 是传感器网络的边界,即 R 覆盖了整个传感器网络。如果 Z 是使用具有下列性质的过程、经过 $k(k \geqslant 0)$ 次划分尺得到的区域,称 R 的子矩形 Z 是一个域:

(1)对于 $0 \leqslant i \leqslant k$,第 i 次划分将矩形 R 划分成 $2i$ 个大小相等的矩形;

(2)如果 i 是偶数,则第 i 次划分平行于 y 轴,否则,平行于 x 轴。

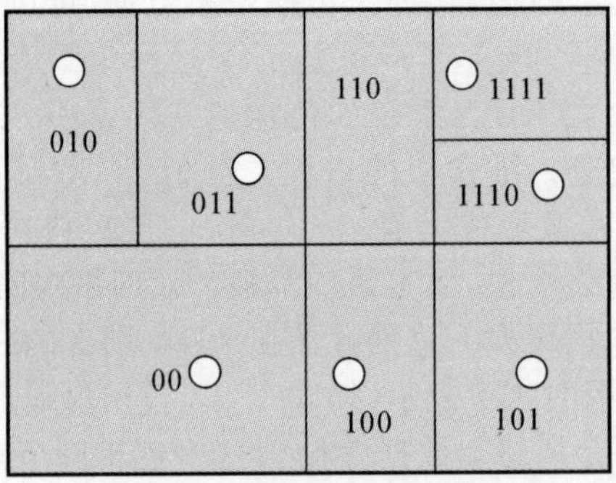

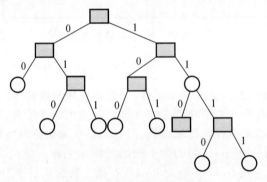

图 8.11 传感器网络的域界限

域的划分过程如下:用垂直线将 R 等分成两个 0 层的域,每个域再用水平线等分成两个 1 层域,以此类推。作为划分过程的结果,每个域被赋予一个二进制位串,称为域编码。一个域的域编码表示它的层次位置。划分过程可以表示成一棵二叉树,称为域树。

在 DIM 中,每个传感器节点对应一个唯一的域。如果传感器网络具有网格形状,则存在一个 k 使得每个节点对应一个 k 层的域。传感器网络一般不会像网格那样规则。因此,对于一个给定的 k,有些域不包含任何节点,而有些域包含多个节点。在 DIM 中,节点的域大小不同,每个节点自动发现自己的域,图 8.11 所示的例子对应的域树如图 8.12 所示。

图 8.12 传感器网络的 zone

DIM 按照下述方法把一个感知数据散列到一个域,使之存储到该域。设 DIM 支持 m 个不同属性 $A_1, \cdots, A_m$。为了易于描述,假设传感器网络中每个域的深度都为 k 位二进制数,m 为 k 的一个因子,而且每个节点都知道这个 k 值,所有属性的取值范围都为 0~1。DIM 按如下规则为感知数据分配 k 位域编码:对于 $1 \leqslant i \leqslant m$,如果 $A_i < 0.5$,则第 i 层编码为 0,否则为 1。对于 $m+1 \leqslant i \leqslant 2m$,如果 $A_{i-m} < 0.25$ 或 $0.5 \leqslant A_{i-m} < 0.75$,则第 i 层编码为 0,否则为 1。重复以上过程直到所有 k 位都已赋值。例如,二维感知数据<0.3, 0.8>的 5 位域编码为 01110。

DIM 系统的剩余部分比较容易。为了插入一个感知数据 e,DIM 首先计算 e 的域编码;然后利用 GPSR 路由算法,把 e 路由到一个域的域编码与 e 的域编码具有最长匹配前缀。由于 e

的域编码可以映射为地理位置,所以目标域与该地理位置最近。现在来考虑二维区域查询"列出[0.3~0.5,0.4~0.8]范围内的所有感知数据"。由于区域条件[0.3~0.5,0.4~0.8]与一组域相交,所以可以把这个查询路由到拥有这些域的传感器节点进行处理。

　　下面再给出一个实例加深一下大家的理解。例如:①列出具有属性 A 和 B 的所有感知数据;②列出区域 X 内温度值在 $10~20℃$,且压力测量值在 $20~30$ N 的所有感知数据。多维分布式索引关键是保持数据存储的局域性,即将属性值相近的测量数据存储在临近的节点内。以温度属性 $T(0<T<1)$、压力属性 $p(0<p<1)$ 为例,间隔地采用水平或垂直分割将监测区域划分为多个域,每个域内的节点存储具有多种属性的测量数据,以此类推,划分为不同属性组合的区域,图 8.13 为划分的过程。

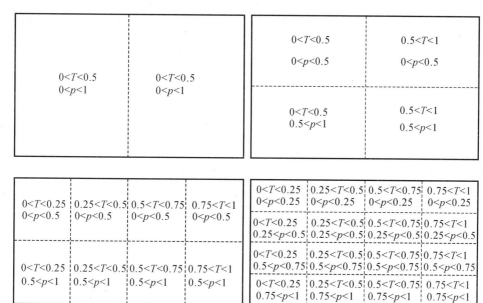

图 8.13　多维分布式索引划分域的过程

　　在进行区域查询时,可以根据这种划分方法找到满足多种属性要求的感知数据所在的区域,然后从这些区域内的节点输出查询结果。

8.5　数据查询技术

　　传感网数据查询可以分为两大类:历史数据查询和动态数据查询。历史数据查询是指对传感网历史数据的查询,例如,"2010 年区域 X 的平均温度是多少?"。动态数据查询包括快照查询和连续查询。快照查询指的是对给定时间点的查询,例如,"区域 Y 当前 CO_2 浓度是多少?"连续查询则关注一段时间间隔内数据的变化情况,例如,"列出从现在开始 5 h 内,区域 Z 每 20 min 的平均温度是多少?"下面分别从数据查询处理方法、查询语言、聚集技术、连续查询处理技术和查询优化技术等方面,结合目前传感网中典型的数据管理系统 TinyDB,介绍和讲解数据查询有关的主要内容和关键技术。

1. 数据查询处理方法

传感网数据查询处理方法分为集中式查询处理和分布式查询处理两种。

(1)集中式查询处理方法。集中式查询处理方法中数据的查询和感知数据的获取是相互独立的,首先传感网周期性地将数据集中存储于一个中心数据库中,然后所有的数据查询都在该中心数据库上完成。这样的处理方法简单且易于实施,适合于频繁查询,特别是对历史数据的查询。但是由于传感网需要周期性地向数据处理中心发送数据,这是一个很大的通信开销,极大地影响了网络的寿命。当然向数据中心存储数据的周期适当的增长可以在一定程度上延长网络的寿命,但是,这样的办法无法保证获得查询要求所需的完整数据,例如,存储周期为2 h,而对于"列出区域 A 每 10 min 的平均温度"这类的查询就无法正确处理。

(2)分布式查询处理方法。分布式查询处理方法考虑到节点本身具有一定存储以及处理能力,节点将采集的感知数据进行本地存储。当查询请求被分发到各个节点时,只有那些满足用户查询的节点才进行数据传输。不同的查询请求获取不同的数据,也就是说,传感网传输的只是和查询相关的数据。显然,这极大地减少了网络的数据传送,可以有效地延长网络的寿命。就目前而言,分布式结构是传感网数据查询中的研究重点。

2. 查询语言

传感网数据查询语言大都延续了传统的 SQL 语言形式,并对 SQL 语言进行了扩展。TinyDB 的查询语言是传感网中一种具有代表性的查询语言,其语法结构表述如下:

```
SELECT    select-list
[FROM    sensors]
WHERE    predicate
[GROUP   BY   gb-list[HAVING having predicate]]
[TRIGGERACTION    command-name[(param)]]
[EPOCH   DURATION   time]
```

其中:select-list 是数据属性或与属性相关的聚集函数;predicate 是条件谓词;gb-list 是数据属性表;command-name 是命令;param 是命令的参数;time 是时间值;EPOCH DURATION 定义了查询执行的周期;其他从句的语义与 SQL 的定义相同。其中,方括号内的内容是可选项。GROUP BY 语句是指按什么分组;WHERE 语句在 GROUP BY 语句之前;SQL 会在分组之前计算 WHERE 语句。HAVING 语句在 GROUP BY 语句之后;SQL 会在分组之后计算 HAVING 语句。WHERE 语句和 HAVING 语句的区别在于其作用的对象不同。WHERE 子句作用于表和视图,HAVING 子句作用于组。TRIGGERACTION 表示:满足 TRIGGER 的条件,就执行 ACTION 对应的动作。下面结合一个具体的查询实例来说明其语法使用。例如,查询"每 10 min 平均温度高于 10℃的区域,并返回区域号码和温度的最小值。"

```
SELECT Region_on,Min(Temperature)
FROM sensors
GROUP BY   Region_no HAVING Average(Temperature)>10
EPOCHDURATION   10 min
```

3. 聚集技术

聚集操作是查询中常用的操作,传感器节点可以采用两种数据聚集技术:逐级的聚集技术和流水线聚集技术。

(1)逐级的聚集技术。逐级的聚集技术从最底层的叶节点开始向最顶层的根节点逐级进行聚集。中间的节点首先等待来自子节点的经过聚集处理的数据,接着与这些数据进行聚集,再发送到上一层的节点,这是一种网内的数据聚集技术。

采用这种聚集技术可能会出于节点移动、通信故障等原因,导致中间节点接收不到来自下层节点的数据,因此很难保证计算结果的正确性。当然,可以通过多次重复计算来检验结果的准确性,但是这样就需要重复地发送聚集请求,而每次聚集计算都需要等待一个完整的聚集周期,势必造成极大的通信开销和能量耗费,同时延长了查询响应时间。

(2)流水线聚集技术。流水线聚集技术与逐级的聚集技术不同,该技术将查询时间分成多个小段,在每个时间小段内,节点将收到的来自下层节点的数据与自身的数据进行聚集,然后将得到的聚集结果向上层节点传送。

通过这样的处理,聚集数据就会源源不断地流向根节点。这种流水线聚集技术可以根据网络的变化动态地改变聚集结果,而且通常这种连续结果比单一的聚集结果更有意义。为了获取所有节点的第一个聚集结果,需要额外地传送大量信息,增大了通信负载。

(3)两种聚集技术的优化方法。这两种聚集技术都可以通过采用优化技术来减少通信量,例如采用共享无线通道的形式进行通信。信息以广播方式发送,通信范围内的每个节点都可以通过共享通道的方式监听周围节点的通信情况,仅传送能够影响最终聚集结果的数据,利用这样的优化方法来减少通信量,增加通信失败时聚集结果的准确性。例如,聚集结果是 MIN时,如果节点监听到的聚集数据比本地数据还小,则不发送数据。

4. 连续查询处理技术

由于传感器网络查询处理技术是一种分布式处理技术,所以一般由全局查询处理器和在每个传感器节点上的局部查询处理器构成。讨论传感器网络的查询处理技术必须从传感器节点上的局部查询处理器谈起。这里介绍一种适用于传感器节点的局部查询处理器的连续查询处理技术。在传感器网络中,传感器节点一般都产生无限的实时数据流。因此,在传感器网络系统中,用户的查询对象是大量的无限实时数据流,而且连续查询是用户经常使用的查询。当一个用户提交一个连续查询以后,全局处理器需要把查询分解为一系列的子查询提交到相关传感器节点上由局部查询处理器执行。这些子查询也是连续查询,需要扫描、过滤(即选择)和综合相关无限实时数据流,产生连续的部分查询结果流,返回给全局查询处理器,经过进一步全局综合处理,最终返回给用户。传感器节点上的局部查询处理器是连续查询处理的关键。与全局连续查询一样,传感器节点上各个连续子查询也需要执行很长时间。在连续子查询的长期执行过程中,传感器节点及其产生数据的特性、传感器节点的工作负载等情况都在不断地发生改变。因此,局部处理器必须具有适应环境变化的自适应性。

下面介绍一种在无限实时感知数据流上处理连续查询的自适应技术(Continuously Adaptive Continuous Queries over streams, CACQ)。CACQ 是用于局部处理器的处理连续查询的自适应技术。CACQ 建立了一个缓冲池来存放等待查询操作的数据流,当缓冲池为空时,CACQ 启动扫描操作获取感知数据存入缓冲池内。CACQ 技术可以用于传感器节点上的局部查询处理器。下面针对单连续查询、多连续查询两种情况,分别介绍 CACQ 技术。为了便于理解,假设查询中不包含连接操作。

(1)单连续查询处理。对于不需要被分解为多个连续子查询的单连续查询,CACQ 把该查询分解为一个操作序列,并为每个操作建立一个输入数据队列来存放待处理的数据。在相关感知数据到达后,它首先被排列到操作序列中第一个操作所属的输入数据队列中等待该操作处理。当该数据被第 i 个操作处理完后,处理结果会插入操作队列中第($i+1$)个操作的输入数据队列中等待处理。当每个数据都被操作序列中的所有操作按顺序处理完后,能够得到一个中间查询结果,该结果将继续传送到全局查询处理器,进行最后的综合处理。

(2)多连续查询的处理。当节点同时执行 N 个连续子查询时,CACQ 轮流地把每个感知数据传递到 N 个子查询的操作序列,完成处理,而不用每次都复制数据。这样做可以节省复制数据消耗的计算资源和存储资源。该处理技术的关键是从多个子查询中提取出公共操作,使得这些公共操作只执行一次,从而避免了重复计算。

下面举例说明 CACQ 如何处理多个查询。假设用户提交了 3 个查询 Q1,Q2,Q3,表 8.5 中列出了 3 个查询的选择谓词,其中 A 和 B 是感知数据的两个属性。这里,CACQ 定义了两组过滤器,它们分别是与属性 A 相关的{H1,H2,H3}和与属性 B 相关的{H4,H5,H6}。在一个感知数据到达后,CACQ 首先将该数据分别传送到这两组过滤器执行相应的选择操作,然后把结果返回给全局查询处理器,进行最后的处理。由此可见,处理同一个感知数据流的多个查询只须扫描一次该数据流即可。

表 8.5　3 个查询的选择谓词

查询	选择谓词
Q1	H1(A)和 H4(B)
Q2	H2(A)和 H5(B)
Q3	H3(A)和 H6(B)

5.查询优化技术

现有的传感网数据库管理系统一般都采用了一些查询优化策略。查询优化的主要目标是降低传感网的能量消耗。其中 TinyDB 系统的查询优化技术具有很强的代表性。TinyDB 采用查询代价的优化技术来降低执行查询时的能量消耗。查询的代价是指传感器节点数据采集和查询结果传输所消耗的能耗。在传感网中,数据采集是一种比较耗能的操作,如果能够合理地安排查询谓词的顺序,可以避免许多不必要的数据采样,从而节省能量。因此,TinyDB 优化技术主要集中于如何合理地调配数据采集和谓词操作的执行次序,并且确定可以共享的数据采集操作,删除不必要的数据采集操作。下面举例说明 TinyDB 通过优化执行顺序来减少查询代价。如有以下查询:

SELECT Light,Temperature

FROM sensors

WHERE Light>L AND Temperature>T

EPOCH DURATION10s

该查询语句的语义是每 10 s 返回一对光照值和温度值,要求光照值大于 L,温度值大于T。考虑到温度计和光照计采样的代价是不同的,并根据不同的采样操作和选择操作顺序,做出如图 8.14 所示的三种执行计划。

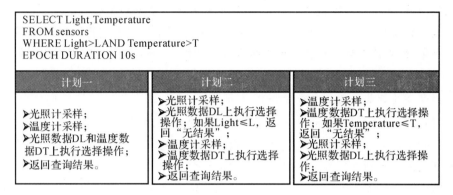

```
SELECT Light,Temperature
FROM sensors
WHERE Light>LAND Temperature>T
EPOCH DURATION 10s
```

计划一	计划二	计划三
➤光照计采样； ➤温度计采样； ➤光照数据DL和温度数据DT上执行选择操作； ➤返回查询结果。	➤光照计采样； ➤光照数据DL上执行选择操作；如果Light≤L，返回"无结果"； ➤温度计采样； ➤温度数据DT上执行选择操作； ➤返回查询结果。	➤温度计采样； ➤温度数据DT上执行选择操作；如果Temperature≤T，返回"无结果"； ➤光照计采样； ➤光照数据DL上执行选择操作； ➤返回查询结果。

图 8.14　执行计划图

显而易见，后两种计划的代价比第一种计划代价要小得多。而当 DL 比 DT 选择性更高时，计划二比计划三代价更小；反之当 DT 比 DL 选择性更高时，计划三比计划二代价更小。这里的"选择性高"是指满足条件的结果少。

8.6　数据融合技术

随着传感器硬件制作工艺的不断发展，传感器节点也变得更加廉价，这使得在监测区域内部署成千上万个传感器节点组网成为可能。传感器节点数量增加的最大好处在于可以使监测数据的精准度得到极大的提升，然而与此同时也带来了一些新的问题。例如，在覆盖度较高的传感网中，对同一事物或地点的同一属性进行监测的传感器可能会有很多个，这些传感器同时传输大量数据会浪费整个网络的通信带宽，过多的冗余信息传输还浪费传感器节点的能量，以致缩短整个传感网的生存时间。此外，由于传感网自身存在的不稳定性，大量冗余信息传输到聚合节点很有可能会影响到网络传输信息的效率。

为了解决上述问题，在传感网中引用了数据聚合(data aggregation /fusion)技术。

传统的数据聚合是指利用计算机技术对按时序获得的若干观察信息在一定准则下加以自动分析和综合，以完成所需的决策和估计任务而进行信息处理的过程。

传感网中的数据聚合是指将来自多个传感器节点的同一性质的数据和信息进行综合处理，得出更为准确、完整的信息的过程。例如，对危险化学品进行监测通常是对多个传感器测得的数据经过综合处理而得到的。

在传感网中应用数据聚合技术具有以下优点。

(1)降低能耗。由于传感器转发一个数据包所消耗的能量要远远大于执行若干条指令所消耗的能量，所以当大量传感器进行监测以及传送数据时，能耗过大成为一个很重要的问题。数据聚合技术在数据收集和传输过程中，利用节点的计算资源和存储资源，对数据进行综合处理，减少了传输数据包的数量，从而达到了降低能耗的效果。

(2)提高精准度和可信度。在传感网中对某一属性监测的数据是由大量传感器共同测量的，数据在网内聚合后，去除了部分误差较大的值，使得最终数据更加贴近实际值。同时数据冗余度的增加使测量误差以及错误对最终结果的影响变小，因而增加了数据的可信度。

(3)提高收集效率。数据聚合技术减少了传输的数据包数量,减轻了网络的传输拥塞,降低了数据的传输延迟,提高了信道的利用率,因此提高了数据的收集效率。

在无线传感器网络中,可以从 3 个不同的角度对数据聚合技术进行分类:依据聚合前后数据的信息含量分类、依据聚合操作的层次级别分类和依据数据聚合与应用层数据语义的关系分类。

1.依据聚合前后数据的信息含量分类

(1)无损失聚合(lossless aggregation)。无损失聚合中,所有的细节信息均被保留。此类聚合的常见做法是去除信息中的冗余部分。根据信息理论,在无损失聚合中,信息整体缩减的大小受到其熵值的限制。将多个数据分组打包成一个数据分组,而不改变各个分组所携带的数据内容的方法属于无损失聚合。这种方法只是缩减了分布头部的数据和为传输多个分组而需要的传输控制开销,而保留了全部数据信息。时间戳聚合是无损失聚合的另外一个例子。在远程监控应用中,传感器节点汇报的内容可能在时间属性上有一定的联系,可以使用一种更有效的表示手段聚合多次汇报。例如,节点以一个短时间间隔进行了多次汇报,每次汇报中除时间戳不同外,其他内容均相同;收到这些汇报的中间节点可以只传送时间戳更新的一次汇报,以表示在此时刻之前,被监测的事物都具有相同的属性。

(2)有损失聚合(lossy aggregation)。有损失聚合通常会省略一些细节信息或降低数据的质量,从而减少需要存储或传输的数据量,以达到节省存储资源或能量资源的目的。有损失聚合中,信息损失的上限是要保留应用所需要的全部信息量。很多有损失聚合都是针对数据收集的需求而进行网内处理的必然结果。例如,在温度监测应用中,需要查询某一区域范围内的平均温度或最低/最高温度时,网内处理将对各个传感器节点所报告的数据进行运算,并只将结果数据报告给查询者。从信息含量角度看,这份结果数据相对于传感器节点所报告的原始数据来说,损失了绝大部分的信息,仅能满足数据收集者的要求。

2.依据聚合操作的层次级别分类

(1)数据级聚合。数据级聚合是最底层的聚合,是直接在采集到的原始数据层上进行的聚合,在传感器采集的原始数据未经处理之前就对数据进行分析和综合,因此是面向数据的聚合。这种聚合的主要优点是能保持尽可能多的原始现场数据,提供更多其他聚合层次不能提供的细节信息。由于这种聚合是在最底层进行的,传感器的原始信息存在不确定性、不完全性和不稳定性,所以要求数据聚合时应有较高的纠错能力,传感器应有较高的准确精度。例如,在目标识别的应用中,数据级聚合即为像素级聚合,进行的操作包括对像素数据进行分类或组合,去除图像中的冗余信息等。

(2)特征级聚合。特征级聚合是中间层的聚合,它先对来自传感器的原始数据提取特征信息,以反映事物的属性,然后按其特征信息对数据进行分类、汇集和综合,因此这是面向监测对象特征的聚合。这种聚合的好处在于实现了可观的信息压缩,有利于实时处理,并且由于所提取的特征信息直接与决策分析有关,所以聚合结果能最大限度地给出决策分析所需要的特征信息。例如,在温度监测应用中,特征级聚合可以对温度传感器数据进行综合,表示成(地区范围,最高温度,最低温度)的形式,在目标监测应用中,特征级聚合可以将图像的颜色特征表示成 RGB 值。

(3)决策级聚合。决策级聚合是最高层的聚合,在聚合前,每种传感器的信号处理装置已完成决策或分类任务。数据聚合只是根据一定的准则和决策的可信度做最优决策,对监测对象进行判别分类,并通过简单的逻辑运算执行满足应用需求的决策,因此它是面向应用的聚合。这种聚合的主要优点有灵活性高,对信息传输的带宽要求低,容错性好,通信量小,抗干扰能力强,对传感器依赖小。例如,在灾难监测应用中,决策级聚合可能需要综合多种类型的传感器信息,包括温度、湿度或震动等,进而对是否发生了灾难事故进行判断;在目标监测应用中,决策级养合需要综合监测目标的颜色特征和轮廓特征,对目标进行识别,最终只传输识别结果。

在实际应用中,这 3 种技术应根据具体情况来使用。例如,有的应用场合传感器数据的形式比较简单,不需要进行较低层的数据级聚合,而需要提供灵活的特征级聚合方法;而在需要处理大量的原始数据的情况下,需要有强大的数据级聚合来实现。

3. 依据数据聚合与应用层数据语义的关系分类

数据聚合技术可以与传感网的多个协议层进行结合,既可以在 MAC 协议中实现,也可以在路由协议或应用层协议中实现。根据是否基于应用层数据的语义划分,可以将数据聚合分成 3 类:依赖于应用的数据聚合(Application Dependent Data Aggregation,ADDA)、独立于应用的数据聚合((Application Independent Data Aggregation,AIDA)和结合以上两种技术的数据聚合。

(1)应用层中的数据聚合。通常数据聚合都是对应用层数据进行的,即数据聚合需要了解应用数据的语义。从实现角度看,数据聚合如果在应用层实现,则与应用数据之间没有语义间隔,可以直接对应用数据进行聚合;如果在网络层实现,则需要跨协议层理解应用层数据的含义。

在设计和实现传感网的过程中,分布式数据库技术常被应用于数据收集、聚合的过程,应用层接口也采用类似 SQL 的风格。在传感网应用中,SQL 聚合操作一般包括 5 个基本操作符:COUNT、MIN、MAX、SUM 和 AVERAGE。与传统的数据库的 SQL 应用类似,COUNT 用于计算一个集合中元素的个数;MIN 和 MAX 分别计算最小值和最大值;SUM 计算所有数值的和;AVERAGE 用于计算所有数值的平均值。例如,下面的简单语句可以用于返回光照指数(Light)大于 10 的传感器节点的平均温度(Temp)和最高温度的查询请求:

SELECT AVERAGE(Temp),MAX(Temp)

FROM Sensors

WHERE Light>10

对于不同的传感网应用,可以扩展不同的操作符以增强查询和聚合的能力。例如,可以加入 GROUP 和 HAVING 两个常用的操作符,或者一些较为复杂的统计运算符,如直方图等。GROUP 可以根据某一属性将数据分组,即可以返回一组数据,而不是只返回一个数值。HAVING 用于对参与运算的数据的属性值进行限制。

在应用层使用分布式数据库的技术,虽然带来了易用性以及较高的聚合度等好处,但可能会损失一定的数据收集效率。虽然分布式数据库技术已经比较成熟,但针对传感网的应用场合,还有很多需要研究的地方。例如,由于传感器节点的计算资源和存储资源有限,如何控制本地计算的复杂度是需要考虑的问题。此外,有些数据查询操作要求节点间时间同步,且知道自己的位置信息,这给传感网增加了实现难度。

(2)网络层中的数据聚合。鉴于依赖于应用的数据聚合(ADDA)的语义相关性问题,有人提出独立于应用的数据聚合。这种聚合技术不需要了解应用层数据的语义,而是直接对数据链路层的数据包进行聚合。例如,将多个数据包拼接成一个数据包进行转发。

这种技术把数据聚合作为独立的层次实现,简化了各层之间的关系。通常独立于应用的数据聚合(AIDA)作为一个独立的层次处于网络层和 MAC 层之间。独立于应用的数据聚合(AIDA)保持了网络协议层的独立性,不对应用层数据进行处理,从而不会导致信息丢失,但是数据聚合效率没有依赖于应用的数据聚合(ADDA)高。

在网络层中,很多路由协议均结合了数据聚合机制,以减少数据传输量。传感网中的路由方式可以根据是否考虑数据聚合分为以下两类。

1)地址为中心的路由(Address-Centric Routing,AC 路由):每个普通节点沿着到聚合节点的最短路径转发数据,是不考虑数据聚合的路由,如图 8.15(a)所示。

2)数据为中心的路由(Data-Centric Routing,DC 路由):数据在转发的路径中,中间节点根据数据的内容,对来自多个数据源的数据进行聚合操作。如图 8.15(b)所示,普通节点并未各自寻找最短路径,而是在中间节点 B 处对数据进行聚合,然后再继续转发。

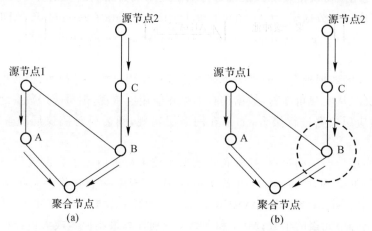

图 8.15 地址为中心的路由与数据为中心的路由的对比
(a)AC 路由; (b)DC 路由

AC 路由与 DC 路由对能量消耗的影响与数据的可聚合程度有关。如果原始数据信息存在冗余度,由于 DC 路由可以减少网络中转发的数据量,所以将表现出很好的节能效果。在所有原始数据完全相同的极端情况下,AC 路由可以通过简单修改达到 DC 路由的效果甚至更节省能量。例如,在重复数据的产生要维持一段时间的情况下,修改 AC 路由使得当聚合节点收到第一份数据时,就立即通知其他数据源和正在转发数据的中间节点停止发送数据。如果不对 AC 路由进行修改,那么两种路由对能量消耗的差距最大,即 DC 路由节能优势最明显。在所有数据源的数据之间没有任何冗余信息的情况下,DC 路由无法进行数据聚合,不能发挥节省能量的作用,反而可能由于选择了非最短路径而比 AC 路由多消耗一些能量。

传感网中,将路由技术与数据聚合技术相结合是一个重要的问题。数据聚合可以减少数据量,减轻数据聚合过程中的网络拥塞,协助路由协议延长网络的生存时间。

(3)独立的数据聚合协议层。这种方式结合了上面两种技术的优点,同时保留了独立于应用层的数据聚合和其他协议层内的数据融合技术,因此可以综合使用多种机制得到更符合应用需求的聚合效果。这种独立于应用层的数据聚合机制（Application Independent Data Aggregation，AIDA）的基本思想是不关心数据的内容，而是根据下一跳地址进行多个数据单元的合并，通过减少数据封装头部的开销及 MAC 层的发送冲突来达到节省能量的效果。

提出 AIDA 的目的除了要避免依赖于应用的聚合方案（ADDA）的弊端外，还将增强数据聚合对网络负载状况的适应性。当网络负载较轻时，不进行聚合或进行低程度的聚合；而当网络负载较重、MAC 层发送冲突较严重时，进行较高程度的聚合。

AIDA 协议层位于网络层和 MAC 层之间，对上、下协议层透明，其基本组件如图 8.16 所示。AIDA 可以划分为两个功能单元：聚合功能单元和聚合控制单元。聚合功能单元负责对数据包进行聚合或解聚合操作；聚合控制单元负责根据链路的忙闲状态控制聚合操作的进行，调整聚合的粒度（合并的最大分组数）。

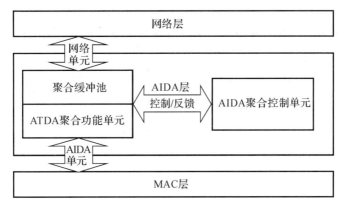

图 8.16　AIDA 的基本组件

如图 8.16 所示，AIDA 的工作过程可以分别从发送和接收两个方向进行说明。

发送方向（从网络层到 MAC 层）：从网络层发来的数据分组（网络单元）被放入聚合缓冲池，AIDA 聚合功能单元根据设定的聚合粒度，将下一跳地址相同的网络单元合并成一个 AIDA 单元，并递交给 MAC 层进行传输；聚合粒度的确定以及何时调用聚合功能则由 AIDA 聚合控制单元决定。

接收方向（从 MAC 层到网络层）：聚合功能单元将 MAC 层递交上来的 AIDA 单元拆散为原来的网络层分组传递给网络层；这样做虽然会在一定程度上降低效率，但其目的是保证协议层的模块性，并且允许网络层对每个数据分组重新路由。

AIDA 提出的出发点并不是将网络的生存时间最大化，而是要构建一个能够适应网络负载变化、独立于其他协议层的数据聚合协议层；能够在保证不降低信息的完整性和不降低网络端到端延迟的前提下，以数据聚合为手段，减轻 MAC 层拥塞冲突，降低能量的消耗。

8.7　TinyDB 数据管理系统

传感网数据管理系统是一个提取、存储和管理传感网数据的系统，核心是传感网数据查询的优化与处理。TinyDB 系统是一个比较有代表性的传感网数据管理系统。TinyDB 系统是加州大学伯克利分校在其研制的操作系统 TinyOS 的基础上开发的一个传感器数据管理系统。该系统为用户提供了一个简洁、易用和类 SQL 的应用程序接口,用户可以像使用传统关系数据库系统一样使用 TinyDB 查询传感网数据,无须了解传感网的细节,使得传感网的体系结构对用户透明。当接收到用户提交的查询时,TinyDB 系统从传感网的各个节点收集相关数据,调度各个传感器节点对查询进行分布式处理,将查询结果通过基站节点返回给用户。TinyDB 系统的主要特征如下。

(1)提供元数据管理。TinyDB 提供了丰富的元数据和元数据管理功能以及一系列管理元数据的命令。TinyDB 具有一个元数据目录,用以描述传感网的属性,包括读数类型、内部的软/硬件参数等。

(2)支持说明性查询语言。TinyDB 提供了类似于 SQL 的说明性查询语言。用户可以使用这个语言描述获取数据查询请求,而不需要指明获取数据的具体方法。这种说明性查询语言使得用户容易编写应用程序,并保证应用程序在传感网发生改变时能够继续有效地运行。

(3)提供有效的网络拓扑管理。TinyDB 通过跟踪节点的变化来管理底层无线网络、维护路由表,并确保网络中的每一个节点高效、可靠地将数据传递给用户。

(4)支持多查询。TinyDB 支持在相同节点集上同时进行多个查询。每个查询都可以具有不同的采样率、访问不同类型的感知属性。TinyDB 还能够在多个查询中有效地共享操作,提高查询处理的速度和效率。

(5)可扩展性强。如果需要扩展传感网,只需要简单地将标准的 TinyDB 代码安装到新加入的节点上,该节点就可以自动加入 TinyDB 系统。

8.7.1 TinyDB 的系统结构

TinyDB 系统主要由客户端、服务器和传感网三部分组成,如图 8.17 所示。

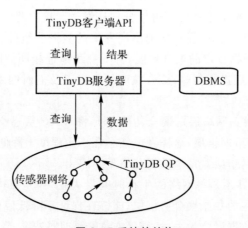

图 8.17 系统的结构

TinyDB 软件可以分为两大部分:第一部分是传感网软件;第二部分是客户端软件。传感网软件是 TinyDB 的核心,在每个传感器节点上运行。

TinyDB 的客户端软件包括两部分:①类似于 SQL 语言的查询语言 TinySQL,供终端用户使用;②基于 Java 的应用程序界面,支持用户使用 TinyDB 编写应用程序。TinyDB 基于 Java 的应用程序界面由一些 Java 类和一些应用程序构成,主要包括以下内容:①发出查询和监听结果类;②构造和传送查询类;③接收和解析查询结果类;④提取设备属性和性能信息类;

⑤查询界面的图形用户接口(GUI);⑥显示单独的传感器结果的 GUI 图和表;⑦可视化动态网络拓扑结构的 GUI。

8.7.2　TinyDB 传感网软件系统组成

TinyDB 传感网软件包括传感器节点目录和模式管理器、查询处理器、存储管理器和网络拓扑管理器等 4 个构件。

1. 传感器节点目录和模式管理器

传感器节点目录负责记录每个节点的属性,如感知数据类型和节点 ID 等。通常情况下,每个节点的目录并不相同,因为网络可以由异构的节点组成,而且每个节点可以具有不同的属性。

传感器模式管理器负责管理 TinyDB 的传感器模式。TinyDB 把传感器模型化为虚拟"数据库表"。模式是对传感器表的形式描述,同时还包含系统可用的命令以及更新和查询表的子程序。表既包含各种类型的属性,也包含与查询执行器可执行命令集合对应的一组句柄。这组句柄类似于关系对象数据库系统中扩展 SQL 的"方法"。

传感器模式管理器包含 Attr、Command、TinyDBAttr、TinyDBCommand、Tuple 和 QueryResult 共 6 个组件。Attr 组件完成属性值的获取和设置,并为之提供了使用界面。Command 组件包含实现模式中的各种命令的代码,还提供了调用命令的机制。TinyDBAttr 组件是 TinyDB 所有固有特性的集中器,把所有实现 TinyDB 固有特性的组件连接在一起。当增加实现 TinyDB 新特性的组件时,TinyDBAttr 需要被更新。TinyDBCommand 组件包含 TinyDB 的所有固有命令,把所有实现 TinyDB 的命令连接在一起。当为 TinyDB 增加新命令时,需要更新 TinyDBCommand 组件。Tuple 组件包含了管理 TinyDB 的数据结构的各种程序。QueryResult 组件实现元组、QueryResult 数据结构与字节串之间的转换。每个元组都是一个值向量,类似于关系表中的一行。一个 QueryResult 数据结构包含一个元组和一些元数据,如查询 ID、对于结果集合的索引等。

2. 查询处理器

TinyDB 的查询处理器负责完成查询的处理工作,使用传感器目录存储的信息获得传感器节点的属性,接收邻居节点的感知数据,聚集组合这些数据,过滤掉不需要的数据,将部分查询处理结果传给父节点。

它主要包括 TupleRouter、SelOperator 和 AggOperator3 个组件。TupleRouter 组件提供了传感器节点上的主要查询处理功能。它在传感器节点的各种查询处理构件之间传递元组,因此被称为"路由器"。需要注意的是,TupleRouter 并不负责网络路由,TinyDB 中有其他组件负责网络路由。TupleRouter 在单个传感器节点上运行,具体功能包括处理新查询的信息、结果的计算和传播、处理子树结果信息。SelOperator 组件主要的作用是负责关系选择,测试元组是否与谓词相匹配。AggOperator 组件完成 SQL 的两个功能:GROUP BY 和聚集。GROUP BY 是把数据值按照不同的属性来分开,聚集函数作用在所有不在 GROUP BY 子句内的属性。如果没有 GROUP BY 函数,那么聚集函数会对所有的元组进行相应的聚集操作。

3. 存储管理器

TinyDB 对 TinyOS 的内存管理进行了扩展,使用了一个小型、基于句柄的动态内存管理器进行内存管理。存储管理器完成存储器分配和数据的压缩存储。存储管理器中数据存储地址的改变不影响该数据的引用。

4. 网络拓扑管理器

网络拓扑管理器为 TinyDB 处理所有传感器节点到传感器节点和传感器节点到基站的通信,主要完成三个工作:树结构的维护,向下传递查询命令,向上传递查询结果。

网络拓扑管理器的大部分程序代码用来管理网络拓扑结构。TinyDB 的网络拓扑结构是一个路由树。ID 编号为 0 的传感器节点是树根节点。查询请求由树根节点向下传播。数据从叶节点向上传播直至树根节点。树根节点负责把查询结果传送到前端用户或者应用程序。

为了实现上述路由树通信规则,网络拓扑管理器使用了一个简单的树维护算法。这个算法使每个传感器节点保存了一个邻居节点表,并在这些邻居节点中选择一个节点作为它在路由树中的父节点。

8.7.3 查询语言

TinyDB 系统的查询语言是基于 SQL 的查询语言,称为 TinySQL。该查询语言支持选择、投影、设定采样频率、分组聚集、用户自定义聚集函数、事件触发、生命周期查询、设定存储点和简单的连接操作。其查询语言的基本语法如下:

SELECT select-list
[FROM sensors]
WHERE predicate
[GROUP BY gb-list]
[HAVING predicate]
[TRIGGAER ACTION command-name[(param)]]
[EPOCH DURATION time]

其中:select-list 是无限虚拟关系表中的属性表,可以对属性使用聚集函数;predicate 是条件位置;gb-list 是属性表;command-name 是命令;param 是命令的参数;time 是时间值;查询语句的 TRIGGER ACTION 是触发器的定义从句,指定当 WHERE 从句的条件满足时需要执行的命令;EPOCH DURATION 定义了查询执行的周期。

目前 TinySQL 的功能还比较有限。在 WHERE 和 HAVING 子句中只支持简单的比较连接词、字符串比较,以及对属性列和常量的简单算术运算表达式,不支持子查询,也不支持布尔操作及属性列的重命名。

8.8 本 章 小 结

本章在 8.1 节介绍了数据管理技术的概述,从遵循原则、管理的数据特征、提供服务采用的方式、数据的可靠性、数据产生源和处理查询所采用的方式等六个方面介绍了传感器网络的数据管理系统与传统分布式数据库的差异性。8.2 节介绍了数据管理系统结构,主要讲解了集中式结构、半分布式结构、分布式结构和层次结构。8.3 节介绍了数据模型和查询语言,通过 TinyDB 系统、STREAM 系统和 Cougar 系统介绍了无线传感器网络中不同类型的数据模型,通过介绍 TinyDB 系统的查询语言和 Cougar 系统的查询语言,突出无线传感器网络查询语言的通用、简单、高效、可扩展而且表达能力强的特点。8.4 节介绍了数据存储与索引技术，介绍了外部存储方式、本地存储方式及以数据为中心的存储方式三种存储方式的概念和优缺点，介绍了层次式命名方法和"属性-值"命名方法，说明了基于地理散列函数方法，讲解了层次索引、一维分布式索引和多维分布式索引三种数据索引技术。8.5 节介绍了数据查询技术，从数据查询处理方法、查询语言、聚集技术、连续查询处理技术和查询优化技术等方面做了详细讲解。8.6 节介绍了数据融合技术，从依据聚合前后数据的信息含量分类、依据聚合操作的层次级别分类和依据数据聚合与应用层数据语义的关系三个不同的角度进行了分类。8.7 节介绍了 TinyDB 数据管理系统，从系统结构、传感网软件系统组成和查询语言等方面做了讲解。

第9章 无线传感器网络关键技术

9.1 拓扑控制技术

在无线传感器网络中,节点的部署可能很密集,如果节点采用比较大的发射功率进行数据的收发,那么节点将存在很多的邻居节点,这会带来很多问题。首先,高发射功率需要消耗大量的能量,在一定的区域内,众多邻居节点的接入对 MAC 层来说是很大的一个负担,很可能使得每个节点的可用信道资源降低。其次,当节点失效或者移动时,过多的连接会导致网络拓扑的巨大改变,这会严重影响到路由层的工作。为了解决上述问题,可以采用拓扑控制技术,限定给定节点的邻居节点数目。良好的拓扑结构能够有效提高路由协议和 MAC 协议的效率,为网络的多方面工作提供有效支持。

9.1.1 拓扑控制概述

对于无线传感器网络而言,网络拓扑结构的优化有着十分重要的意义,影响着网络的多方面性能。经过优化的拓扑结构可以高效地利用网络的能量,延长网络的寿命;减少节点间的通信干扰,提高网络的通信效率;为路由协议提供良好的基础,提高路由效率;方便数据融合和解决节点失效。

无线传感器网络中,拓扑控制在满足网络的连通和覆盖的前提下,通过多种手段和算法舍弃节点之间冗余和不必要的通信链路,形成一个数据转发的优化网络,如图 9.1 所示。

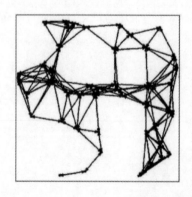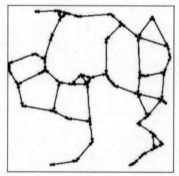

图 9.1 网络链路优化

拓扑控制的方法主要有两类:①平面网络的节点功率控制;②层次性网络的拓扑结构

控制。

在平面网络拓扑结构中,通过控制节点的发射范围来简化节点集,目前已出现多种算法,如 COMPOW 分布式公共协议、LMA 和 LMN 基于节点度的算法,以及 CBTC、LMST 和基于邻近图的算法等。基于层次控制方面,也有许多成果,如经典的 LEACH 和 HEED 自组织成簇算法、GAF 的虚拟网格分簇算法及采用最小支配问题经典算法的 TopDisc 成簇算法。可以采用以下几个基本的评价指标来判断拓扑结构控制算法的有效性和质量。

1. 连通性

拓扑控制不能使连通图变成非连通图。换句话说,如果原来的连通图 G 中的节点 u 和 v 之间有一条(多条)路径,那么在经过拓扑控制后的图 T 中也应该有这样一条路径。

2. 拓展因子

从图中剪去连接可能会增加任意节点 u 和 v 之间路径的长度。原始图 G 和拓扑控制图 T 之间,任意节点 u 和 v 之间路径长度的跳拓展因子(hop stretch factor)可定义为

$$\text{跳拓展因子} = \max_{u,v \in V} \frac{|(u,v)_T|}{|(u,v)_G|} \tag{9.1}$$

式中:$(u,v)_G$ 是图 G 中的最短路径,$|(u,v)|$ 是其长度。同样,能量拓展因子(energy stretch factor)可以定义为

$$\text{能量拓展因子} = \max_{u,v \in V} \frac{E_T(u,v)}{E_G(u,v)} \tag{9.2}$$

式中:$E_G(u,v)$ 是在图 G 中能量最高效的路径上消耗的能量。显然,拓扑控制算法的拓展因子越小越好。

3. 吞吐量

简化后的网络拓扑结构应该能够支持与原始网络相似的通信量。

4. 可移动性的鲁棒性

当在原始图 G 中的邻近关系发生变化时,一些其他节点可能会变换它们的拓扑信息。具有高鲁棒性的拓扑结构只需要进行少量的调整,这样可以避免对本地节点重新组织而造成整个网络的波动。

5. 算法总开销

算法的总开销,如附加信息、计算量应尽可能小。

9.1.2　功率控制

节点通过动态地调整自身的发射功率来调整其邻居节点集,减少不必要的连接,在保证网络的连通性、双向连通和多连通的基础上,使得网络能耗最小,进而延长网络的寿命。

1. 最优邻节点集(魔数)

通过调整节点的邻居节点集可优化网络能耗,延长网络寿命。但是,怎样才能设计一种实际的算法,通过调整节点的邻居节点集来达到优化网络能耗的目的呢?最直接的方法就是,每个节点只与离它最近的 K 个邻节点通信,并且最理想的情况是可以在保证网络吞吐量和连通性的前提下确定一个不依赖于实际网络的 K 值,这样的常数 K 称为魔数。

19世纪70年代以来,不少文献都试图证明这样一个数字的存在。其中最著名的可能是 Kleinrock 和 Silvester 的论文。他们研究了节点均匀分布在一个正方形内的问题,并假设使用时隙 ALOHA MAC 协议,几个数据分组同时发出,尝试使数据分组传送到目的节点的每一跳的距离最大。他们提出当 $K=6$ 时,确实可以使每一跳的前进距离最大。然而,这篇文献提到的优化仅局限于吞吐量,并没有说明连通性的问题。因此,当使用文献中提到的魔数时,实际的网络极有可能是非连通的。而基于节点度的算法则能够简单并且有效地解决上述问题。

2.基于节点度的算法

节点度是指一个节点一跳内的所有邻居节点的数目。Xue 和 Kumar 已经证明,连通的网络中一个节点的期望节点度应该按照对数规律增长。该结论说明,若要保证网络的连通性,实际上并不存在最优节点度,而是需要将节点度控制在给定的范围内。基于节点度的算法即通过控制节点发射功率,调整节点的通信范围,进而控制网络中每一个节点的节点度,使得每个节点的节点度被控制在一定的范围内,最好处在一个最小值和最大值之间,既保证了网络的连通,又保证了链路具有一定的冗余性和可拓展性。下面主要介绍本地平均算法(Local Mean Algorithm,LMA)和本地邻居平均算法(Local Mean of Neighbors Algorithm,LMN)。

LMA 包含以下步骤:

(1)初始时,网络中所有节点都具有相同的发射功率,并且定期广播一种包含自己 ID 的 LifeMSG;

(2)节点接收到其他节点的 LifeMSG 后回馈给发送节点一个应答消息;

(3)节点在下一次发送 LifeMSG 时,检查已经收到的 LifeMSG,判断出自己的邻居节点数目。

(4)如果邻居节点数目小于邻居节点数目的下限 NodeminThresh,那么节点在这一轮的发送中增大发射功率。如果大于邻居节点数上限,则降低发射功率。每次功率的增大不能超过 B_{max} 倍,功率的降低不能超过 B_{min} 倍。功率的计算如下:

$$\text{TransPower} = \min[B_{max} \times \text{TransPower}, A_{inc} \times (\text{NodeMinThresh} - \text{NodeResp}) \times \text{TransPower}] \tag{9.3}$$

$$\text{TransPower} = \max\{B_{min} \times \text{TransPower}, A_{dec} \times [1 - (\text{NodeResp} - \text{NodeMaxThresh})] \times \text{TransPower}\} \tag{9.4}$$

LMN 与 LMA 类似,唯一的区别就是邻居节点数目的计算方式。在 LMN 中,每个节点发送 LifeMSG 时,将自己的邻居数放入消息中发送出去。在收集完所有的邻居节点的 LifeMSG 后,计算出平均值作为自己的平均节点数。

3.α-圆锥角控制算法

如果节点的功能足够强大,能够获得距离和方向信息时,那么就可以进行更加强大的拓扑控制。Wattenhofer 等研究人员提出了一种基于圆锥的拓扑控制方法,这种方法通过寻找最小功率路径来获得功耗最小的连接图。Wattenhofer 等研究人员提出的基于圆锥的拓扑控制方法包含生成连接图和删除冗余边两个步骤。

(1)生成连接图。网络中的一个节点 u 不断地广播 Hello 消息来寻找相邻节点,并且不断地增大发送的功率。相邻的节点如果收到了节点 u 的 Hello 消息,则进行应答并回复节点 u,节点 u 把每个被发现的相邻节点都记录在邻居表中。网络中的所有节点持续这个过程,直到节点的每个圆锥角为 α 的圆锥内都有一个邻居节点 v,或者节点已经达到了最大功率。每个被发现的邻居节点 v 覆盖了它周围一个锥角为 α 的圆锥,当这些圆锥加起来达到 2π 时,这个过程终止。

(2)删除冗余边。如果节点 u 和节点 v 有一个共同的邻居节点 y,并且节点 u 通过节点 y 传送信息比直接传送所使用的能量更少,这样当节约的能量达到了给定的常数时,节点 u 删除其邻居节点 v。

这种算法的关键问题就是如何确定圆锥角 α 的值。Wattenhofer 等研究人员证明了当 $\alpha = 2\pi/3$ 时,所有节点都使用最大功率通信时获得的图是连通的,那么使用上述算法得出的网络也是连通的。还有其他的学者证明了 $\alpha = 5\pi/6$ 是保持连通性的充要条件,或者说,如果选取 $\alpha > 5\pi/6$,那么就不能够保证网络的连通性了。

9.1.3　层次型拓扑控制

层次型的拓扑把网络中的节点分为两类,分别是骨干节点和普通节点。一般来说,普通节点把数据发送给骨干节点,骨干节点负责协调其区域内的普通节点的通信和进行数据融合等工作。这样的话,骨干节点的能量消耗相对较大,因此需要经常更换骨干节点。分层型算法又称为分簇算法,网络由若干个簇组成,一个簇是一个节点集,包含了簇头和簇内的普通子节点,簇头管辖一个簇的工作。

采用层次型的拓扑结构具有很多优点。普通节点只与簇头进行通信,簇头再与汇聚节点通信,这种做法极大地简化了路由;普通节点由簇头协调工作,只需要与簇头通信时才打开射频模块,而在空闲时关闭射频模块,这样就降低了能量开销。簇头负责数据融合的工作,减少了网络的通信量,并且分层的结构有利于分布式算法的实现,适用于组建大规模的网络。

1. LEACH 算法

LEACH 是一种经典的基于聚类的自适应分簇的拓扑算法,这是第一个提出数据聚合的层次算法。为平衡网络各个节点的能耗,簇头是周期性按轮随机选举的。LEACH 协议定义了"轮"的概念,一轮分为两个阶段,即簇形成阶段和稳定工作阶段,两个阶段所持续时间的总和称为一轮。在簇形成阶段,随机选择一个节点作为簇头,随机性确保簇头与基站之间数据传输的高能耗成本均匀地分摊到所有的传感节点。子节点与簇头通信而不是与基站通信,否则离基站最远的节点将首先因能量耗尽而失效。

簇头选举的具体算法如下:各节点产生一个 $[0,1]$ 区间的随机数,如果该数小于阈值 $T(n)$,则该节点宣布自己是簇头,则有

$$T(n) = \begin{cases} \dfrac{P}{1 - P \times [r \bmod (1/P)]}, & n \in G \\ 0, & \text{其他} \end{cases} \tag{9.5}$$

式中:P 为节点中成为簇头的的概率;r 为当前的轮数;$r \bmod (1/P)$ 为这一轮循环中当选过簇头的节点的个数;G 为这一轮循环中未当选过簇头的节点集。对于没有当选过簇头的节点来说,每一轮其成为簇头的概率是 $T(n)$,并且随着轮数的增多,$T(n)$ 会不断地增大;如果某一个节点已经当选过簇头,那么它在余下的轮次中都设定 $T(n)$ 为零。因此对于那些没有当选过簇头的节点来说,每一轮过后其成为簇头的概率增大,并最终有一次当选为簇头。

LEACH 协议的网络模型如图 9.2 所示。在节点被选为簇头后,就向外发送广播信息,其

他节点根据收到的广播信息的信号强度选择要加入的簇,并向簇头发送加入簇的请求。簇头收到请求后将节点加入自己的路由表,并为每个节点设定一个 TDMA 时间表,并为自己新成立的簇选定一种本簇所使用的 CDMA 编码,以抑制相邻簇之间的通信干扰,再将所选的编码信息和 TDMA 时间表发送给所有簇内节点。

此后的簇稳定阶段,节点按照时间表进行活动,子节点在自己的时隙内发送数据。簇头收集子节点的数据,进行数据融合后转发给汇聚节点。每隔一定时间整个网络重新进入簇形成阶段开始新一轮的簇头选举过程。LEACH 算法作为一种经典的分簇拓扑控制算法,在路由发现和数据传输上,建立路径的时间更短,能量消耗更少,利用分簇优化系统资源分配,改进了功率控制,可以将网络的整体生存时间延长 30%。

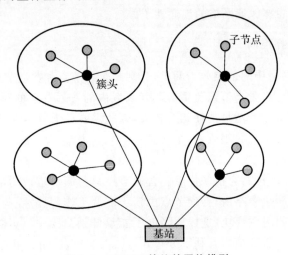

图 9.2 LEACH 协议的网络模型

LEACH 算法有以下优点:随机选择簇头,平均分担路由业务,减小了能耗,提高了网络的生存时间,数据聚合能有效地减少通信量。但 LEACH 算法也存在着以下不足之处:扩展性差,不适合大范围的应用;集群分组方式带来了额外开销及覆盖问题;仅适用于每个节点在单位时间内需要发送的数据量基本相同的场合,而不适用于突发数据的通信;簇头同时承担数据融合、数据发送的"双重"任务,因此能量消耗很快,频繁的簇头选举引发的通信引入了能量消耗。

2.其他算法

(1)加权分簇算法。在以往的一些算法中,设定一些节点的权值,并以此作为选举簇头的依据,这些节点权值相当简单,诸如标号、节点度或节点速率,这些参数中没有一个能够单独地完全表示节点作为簇头的各个方面的特性。设计一个优良的算法往往需要考虑其他系统层强加给拓扑选择的限制。

Chatterjee 等研究人员提出了一种考虑了以下因素来计算节点权值的分簇方法:

1)簇不应该超过一个最大规模 δ;

2)电池能量(成为簇头需要消耗更多的能量,这应该在所有节点间进行权衡);

3)移动性(倾向于移动慢的节点);

4)邻居节点的接近度。

节点 v 的权值可表示为

$$W_v = w_1 |d_v - \delta| + w_2 \left[\sum_{u \in N(v)} \text{dist}(v, u) \right] + w_3 S(v) + w_4 T(v) \tag{9.6}$$

式中: w_1 为非负权值因子; $N(v)$ 为 v 的邻节点集; $S(v)$ 为节点 v 的平均速率; $T(v)$ 为节点 v 已经成为簇头的时间(从系统开始工作时计算)。对应于不同的系统,性能可能有不同的侧重,因此需要调整相应的权值。

(2)建立簇的浮现算法。目前大部分的算法是基于本地信息的分布式算法,还有一种算法,即所谓的浮现算法(emergent algorithms)能够动态地改变簇头节点,算法一直运算到簇在网络中均匀分布时才会终止。

在这个算法中,每个节点有三种状态:未分簇的(还没有加入任何簇)、簇头和追随者。如果在未分簇的节点附近没有簇,它们会自发地成为簇头;这些簇头把它们的邻居节点征召为追随者。若追随者有更好的邻居节点并且与其他簇的重叠部分少,那么簇头就会退位,这个更加优秀的追随者就会成为新的簇头。实际上,这反映为簇头角色节点在网络中动态地移动,并动态地改变网络的拓扑结构,以使簇的分布更加合理。到达预定的时间后,节点会终止这个算法。

9.1.4　结构自适应拓扑控制

自适应机制通过打开或者关闭网络中的某些节点来影响网络的拓扑结构,当没有事件发生时,节点关闭射频模块进入休眠,主要任务是解决节点在休眠和活动状态之间的切换问题。

1. GAF 算法

在传感器网络中,关闭冗余节点,只让一部分节点进行工作是一个节能的途径。从协议的高层来看,冗余节点在以后的网络应用中没有特殊的作用,既不是数据源节点也不是汇聚节点;从路由协议来看,能够通信的邻节点集完全相同,在选路上可以相互替代,可以只使用一部分节点集。因此,关闭等价冗余的节点集来节约能量是必要的。

地理自适应保真(Geographical Adaptive Fidelity,GAF)算法是一种以节点地理位置为依据的自适应分簇算法。节点能够获知自己在网络中的位置,并按照自己的地理位置信息把自己划入网络中相应的单元格,同时节点必须保证相邻的两个单元格(不考虑只有角相邻的单元格)中的任意节点之间能够相互通信。因此,节点的通信范围必须满足一定的条件。

考虑临界的情况,以图 9.3 为例,处于不同单元格顶角的 A 节点和 B 节点进行通信,假设节点的通信半径为 R,单元格的边长为 r,则这个条件为

$$R^2 \geqslant r^2 + (2r)^2 \tag{9.7}$$

GAF 算法认为处于同一个单元格内的节点是等价和相互冗余的,它们采集到的信息是类似的。因此可以只让单元格内的一个节点处于工作状态而关闭其他节点,这样

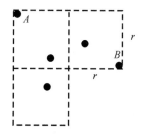

图 9.3　GAF 算法中的单元格示意图

网络的能耗将降低。网络初始化时,节点通过发送 Hello 消息通告自己的位置和 ID,节点通过收集这些信息得知单元格内的其他节点信息。然后节点采用竞争的方式随机或者逐次成为簇头,分担网络的消耗。

2. ASCENT 算法

可变自适应拓扑算法（Adaptive Self-Configuring Sensor Networks Topologies，ASCENT）算法可应对网络的通信需求。网络不再进行类似于簇的组建，而是动态地改变节点的状态来满足通信链路的需求。

网络中数据从源节点到汇聚节点的通信一般需要经过多跳，由于无线链路的高能耗、高误码率等不可靠性，数据链路往往不能保持通畅。在这种情况下，汇聚节点或接收节点就向其邻居节点发送求助信息。邻居节点接收到这些求助信息后会充分考虑加入网络是否能够改善数据传输链路的质量。节点在网络中有许多状态，包括侦听状态、休眠状态、测试状态和活动状态。收到求助信息后，节点会暂时参与数据分组的转发，并观测在其参与数据转发后是否真正改善了链路的状况。如果是的话，那么节点进入活动状态，成为链路的活动节点；如果没有改善链路的状况，那么节点可以关闭自己，但是节点仍会一直处于周期性的侦听状态，来接收可能到来的求助信息。

节点能够根据网络的状况来动态地改变自身的状态，进而动态地改变网络的拓扑结构。节点只依赖于本地信息进行计算，适合分布式网络的应用；但是该算法还有许多有待改进的地方，大量参数需要优化。

9.2 时间同步技术

无线传感器网络的时间同步是指各个独立的节点通过不断与其他节点交换本地时钟信息，最终达到并且保持全局时间协调一致的过程，即以本地通信确保全局同步。无线传感器网络中，节点分布在整个感知区域（area of interest）中，每个节点都有自己的内部时钟，即本地时间。由于不同节点的晶体振荡频率存在偏差，再加上温度差异、电磁波干扰等，即使在某个时间所有的节点时钟一致，一段时间后它们的时间也会再度出现偏差。因此，邻居节点之间必须频繁进行本地时钟的信息交互，才能保证持续稳定的全局时钟同步。针对时钟晶振偏移和漂移，以及传输和处理不确定时延的情况，本地时钟采取的关于时钟信息的编码、交换与处理方式都不同。

9.2.1 时间同步概述

本地时钟同步问题与无线链路传输，是无线网络根本的服务质量要求。一方面，无线传输为本地时钟的同步提供了平台与保障；另一方面，本地时钟的同步反过来又能促进一系列信号处理及通信平台的应用开发。现代无线网络主要分为两类：蜂窝电信网络和分布式无线网络。前者通过构建主从（master-slave）架构由基站向各个节点广播一系列信标/训练信号来得到时间同步，基站的存在使主从间时间同步机制得到很大程度的简化，因此此类应用中的同步问题难点，主要在于基站之间的时间帧同步机制；后者包括无线传感器网络与 Ad-hoc 网络，其特点是各节点资源、能力都较为薄弱，无法通过比对精准外部时间来整定网内各本地时钟，因此这类网络中的时间敏感型信号处理方法、能量谱有效型组网，以及协同传输机制的开发与实现都严重受制于相关同步机制。本节介绍无线传感器网络的时间同步，关注的问题属于后者的范畴。分布式无线网络现有的同步机制从信息交换方式的角度可以大致分为两类：数据包耦合（packet-coupling）及脉冲耦合（pulse-coupling）。数据包耦合是指节点间通过不断双向交换附有本地时钟标签(timestamp)的数据包来彼此牵制并最终达到同步,该方法假设正、反向传输延迟抖动几乎为零,同时要求链路质量可靠稳定,一旦链路存在不对称性,网络立刻失效;脉冲耦合主要是基于物理层锁相环的同步机制,此类方法假设节点的时间检测器分辨率无限高,即每个节点能够完全精确检测到信号序列到达时间,同时对时钟本身晶振质量及信道、传输稳定性要求较高,很难拓展至诸多复杂信道的情况,且欠缺一定的设计自由度。本节主要讨论数据包耦合的时间同步。

作为非传统的复杂任务型网络,信息的实时交互与协同处理是无线传感器网络关键 QoS 保障之一。由于单个节点资源匮乏,所以无线传感器网络涵盖的数据感知、处理与传输均需要通过特定的协同机制完成。而时间同步作为上层协同机制的主要支撑技术,在时间敏感型应用中尤为重要。

以基于无线传感器网络的移动目标追踪问题为例,检测到目标的节点将相关物理信息(如距离、方位、速度等)与时间标签整合成数据包,与其他检测到目标的邻居节点按特定频率交换数据包,得到某一特定时刻下目标的位置及速度信息。这一过程不断重复,最终得到目标在覆盖区域内的移动轨迹。轨迹上每一个点代表某个时刻及目标在该时刻的运动信息,时间的先后决定了轨迹的取向。不难看出,时间同步在应用层和网络层都发挥了关键作用。在应用层,节点间时间同步为数据的精确感知与处理[如事件检测(event detection)与目标定位(target localization)]提供了保障;在网络层,时间同步为数据的实时传输[如数据包调度(packet scheduling)和节点唤醒(sleep scheduling)]奠定了基础。例如,野外生态环境监控中,研究人员只对一种野生动物的某种特定习性感兴趣,而该类动物只在特定一段时间表现出该习性,那么用于监控该生物的传感节点也只需在相应的时间段内,或者在检测到异常事件发生后醒来就可以完成该服务。如何实现长时间休眠后的"一致集体复苏",也是时间同步的前沿问题。

简而言之,时间同步机制对无线传感器网络的节点定位、无线信道时分复用、低功耗睡眠、路由协议、数据融合、传感事件排序等应用及服务,都会产生直接或者间接的重要影响。因此,时间同步机制几乎渗透至每一个与数据相关的环节,其实现的好坏直接决定了以数据为中心的无线传感器网络整体系统性能的优劣。

9.2.2　节点时钟概述

无线传感器网络节点的时钟是由晶体振荡脉冲得到的。硬件时间由时钟变化率的积分得到,节点的时钟可以视为一个连续的系统。

无线传感器网络中,有 n 个节点,它们的时钟为

$$H_i(t) = \int_{t_0}^{t} h_i(\tau)\mathrm{d}\tau + H_i(t_0) + w_i(t), i = 1, 2, \cdots, n \tag{9.8}$$

式中:$H_i(t)$ 为 t 时刻节点 i 的硬件时间;$h_i(t)$ 为 t 时刻节点 i 的硬件时钟变化率;$H_i(t_0)$ 为在 t_0 时刻(初始时刻)节点 i 的硬件时间;$w_i(t)$ 为时钟系统受到的其他干扰。

在任意时刻 t,比较网络中任意两个节点的硬件时钟 $H(t)$,它们之间的偏差称为时钟偏差(offset)。$h_i(t)$ 的大小与节点配备的晶振频率成正比,实际中,由于晶振受到环境、工作时间等因素的影响,其频率不是恒定值,一般可以将 $h_i(t)$ 作为一个随时间变化的有界函数,有

$$h_i(t) = 1 + \rho_i(t) \tag{9.9}$$

式中:$-1 < \rho_i(t) < 1, \rho_i(t)$ 为节点 i 的时钟漂移(skew)。

时钟漂移表现了节点时钟不按实际时间的速率运行的现象,时钟漂移比起时钟偏差更能本质地表现节点时钟晶振的质量。实际中,一般的节点的时钟漂移在 30～100 ppm 之间,即 $3\times10^{-5}<|\rho|<10^{-4}$。

图 9.4 体现了实际中偏快时钟、偏慢时钟、精准时钟相对于世界协调时间(UTC)的变化。在实际情况中,无线节点的时钟都不精准,需要进行时间同步以保持时钟的一致性。

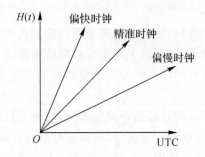

图 9.4　偏快、偏慢、精准时钟的变化

9.2.3　同步信息传输延时分析

在基于数据包耦合的时间同步中,节点直接不断地通过数据包传输交换彼此的时钟信息,但是实际中,无线传感器网络的无线信息传输时延会大于时间同步的精度要求。为了提高同步精度,需要分析并补偿时延,信息传输时延来源主要包含以下几个方面。

(1)发送时间(send time):用于封装信息的时间。取决于操作系统呼叫开销和当前处理器负荷等,发送时间是非确定的,可以高达数百毫秒。

(2)接入时间(acess time):从等待接入传输通道到开始传输的延时。接入时间是无线传感器网络信息传输中最不确定的部分,从几毫秒变化到几秒,取决于当时的网络负载。

(3)传输时间(transmission time):发送节点传输信息花费的时间。时间在数十毫秒数量级,取决于信息的长度和无线电的速率。在一些特殊场景,如水声网络中用声波通信,声音传播速度较慢,传输时间和节点间距离具有很大关联性,即传输时间不确定,但是本文主要考虑陆地使用无线电通信的情形。

(4)传播时间(propagation time):信息一旦离开发送节点,从发送节点传播到接收节点花费的时间。传播时间在无线传感器网络是高度确定的,只取决于两个节点之间的距离。这个时间不到 1 μs(距离在 300 m 以内)。

(5)接收时间(reception time):接收节点接收信息花费的时间。它与传输时间相同。如图 9.5 所示,传输时间和接收时间在无线传感器网络中重叠。

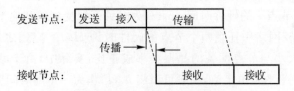

图 9.5　无线线路上信息传输延时的分析

(6)接收时间(receive time):处理收到的信息并告知节点上层应用接收到信息所花费的时间。它的特性与发送时间相似。

为了更加细致地了解信息传输不确定性的构成要素,假设有一个信息传输的理想点,如信息的特殊字节的末尾,然后追踪理想点从发送节点到接收节点的传输过程。首先,这条信息被逐份(通常以逐个字节的方式)传输到无线电芯片。无线电芯片发送信号给单片机通知它准备好获得下一份数据。然后无线电芯片将每一份数据编码并通过天线生成电磁波。电磁波通过空间传播,接收节点无线电芯片把它还原成二进制数据。然后接收节点的无线电芯片发送信号给单片机告知新的一份数据已经接收完毕。因此,理想点有以下信息传输延时。

(1)中断处理时间(lnterrupt handling time):无线电芯片启动到单片机响应中断之间的延时。时间通常低于几微秒(等待单片机完成当前执行指令),如果中断被禁用时这个延时会增大。

(2)编码时间(encoding time):发送节点的无线电芯片从单片机接收到理想点,编码并将数据转换为电磁波所花费的时间。该时间是确定的,且大约为 100 微秒级。

(3)解码时间(decoding time):接收节点的无线电芯片将电磁波信息转换并解码为二进制数据所花费的时间。解码结束时,无线电芯片产生中断表示接收到理想点。该时间通常是确定的,大约为数百微秒。但是信号强度的波动和比特同步错误可能引入抖动。

(4)字节校准时间(byte alignment time):因为发送节点和接收节点字节校准不同而发生的延时。该时间是确定的,可以根据比特偏移和无线电速度计算。

信息传输过程中各种延时的大小和分布见表 9.1。

表 9.1 信息传输过程中各种延时的大小和分布

时 间	大 小	分 布
发送时间/接收时间	$0\sim100$ ms	不确定,取决于处理器负载
接入时间	$10\sim500$ ms	不确定,取决于信道竞争
传输时间/反应时间	$10\sim20$ ms	确定,取决于包的长度
传播时间	在距离 300 m 以内小于 1 μs	确定,取决于发送节点和接收节点之间的距离和传播介质特性
中断处理时间	一般小于 5 μs,但是最高可到 30 μs	不确定,取决于处理器类型、负载,以及是否中断禁用
编码和解码时间	$100\sim200$ μs,小于 2 μs 的方差	确定,取决于信道芯片和装置
字节校准时间	$0\sim400$ μs	确定,可以计算

经典同步协议设计的目的就是消除同步信息传输过程中的不确定性。不同的同步协议用不同的方法消除不确定性,以提高同步精度。

9.2.4 同步算法

本小节首先阐述同步算法机制,然后介绍经典同步协议,并将它们进行比较。

1.同步算法机制

无线传感器网络的时间同步在近几年有了很大的发展,开发出了很多同步协议,根据同步协议的同步事件及其具体应用特点,时间同步算法机制可以分为以下不同的种类。

(1)按同步事件划分。

1)主从模式与平等模式。主从模式下,从节点把主节点的本地时间作为参考时间并与之同步。一般而言,主节点要消耗的资源量与从节点的数量成正比,因此一般选择负荷小能量多的节点为主节点。平等模式下,网络中的每个节点是相互直接通信的,这减小了因主节点失效而导致同步瘫痪的危险性。平等模式更加灵活但难以控制。参考广播时钟同步(Reference Broadcast Synchronization,RBS)协议是采用平等模式的。

2)时钟校正与不链时钟。时钟校正是指通过根据参考时间修改各个节点的时间来达到同步。不链时钟是指没有直接把各个节点的时钟联锁起来,而是通过其他的方式把一个节点的本地时间转换成另一个节点的本地时间,如 RBS 协议是保存了一张对应关系表。

3)内同步与外同步。在内同步中,全球时标即真实时间是不可获得的,它关心的是让网络中各个时钟的最大偏差如何尽量减小。在外同步中,有一个标准时间源(如 UTC)提供参考时间,从而使网络中所有的点都与标准时间源同步,可以提供全球时标。但是,绝大部分的 WSN 同步机制是不提供真实时间的,除非具体应用需要真实时间。内同步需要更多的操作,可用于主从模式和平等模式;外同步提供的参考时间更精确,只能用于主从模式。

4)概率同步与确定同步。概率同步可以在给定失败概率(或概率上限)的情况下,给出某个最大偏差出现的概率。这样可以减少像确定同步情况下那样的重传和额外操作,从而节能。当然,大部分算法是确定的,都是给出了确定的偏差上限而不是出现概率。

5)发送者-接收者与接收者-接收者。传统的发送者-接收者同步方法分为以下三步:

A.发送者周期性地把自己的时间作为时标,用消息的方式发给接收者;

B.接收者把自己的时标和收到的时标同步;

C.计算发送和接收的延时。

接收者-接收者时间同步假设两个接收者大约同时收到发送者的时标信息,然后相互比较它们记录的信息收到时间,达到同步。

(2)按具体应用特点划分。

1)单跳网络与多跳网络。在单跳网络中,所有的节点都能直接通信以交换消息。但是,大部分 WSN 应用都要通过中间节点传送消息,它们规模太大,往往不可能是单跳的。大部分算法都提供了单跳算法,同时又把它扩展到多跳的情形。

2)静态网络与动态网络。在静态网络中,节点是不移动的。例如,监测一个区域内车辆动作的无线传感器网络,这些网络的拓扑结构是不会改变的。RBS 协议等连续时间同步机制针对的网络是静态网络。在动态网络中,节点可以移动,当一个节点进入另一个节点的范围内时,两节点才是连通的。它的拓扑结构是不断改变的。

3)基于 MAC 的机制与标准机制。MAC 有两个功能,即利用物理层的服务向上提供可靠服务和解决传输冲突问题。MAC 协议也有很多类型,不同的类型特性不一样。有一部分同步机制是基于特定的 MAC 协议的,有些是不依赖具体 MAC 协议的,也称为标准机制。

总之,具体应用中,同步协议的设计需要因地制宜。

2.典型时间同步协议

下面具体介绍实际应用的几种典型时间同步协议,并作简要对比分析。

(1)RBS。RBS 协议是典型的接收者-接收者同步。其最大的特点是发送节点广播不包含时间戳的同步包,在广播范围内的接收节点接收同步包,并记录收到包的时间,而接收节点通过比较各自记录的收报时间(需要进行多次的通信)达到时间同步,消除了发送时间和接入时间的不确定性带来的同步偏差。在实际中传播时间是忽略的(考虑到电磁波传播速度等同于光速),因此同步误差主要是由接收时间的不确定性(如果有的话)引起的。RBS 协议之所以能够进行精确地同步,主要是因为经过实验(Motes 实验)验证各个节点接收时间之间的差是服从高斯分布($\mu=0,\sigma=11.1\ \mu\mathrm{s}$,confidence=99.8%)的,所以可以通过发送多个同步包减小同步偏差,以提高同步精度。

RBS 算法示意图如图 9.6 所示。

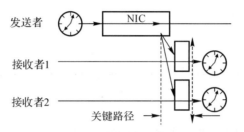

图 9.6　RBS 算法示意图

假设有两个接收者 1 和 2,发送节点每轮同步向它们发送 m 个包,那么可以计算出它们之间的时钟偏差为

$$\mathrm{Offset}[i,j]=\frac{1}{m}\sum_{k=1}^{m}(T_{i,k}-T_{j,k}) \tag{9.10}$$

式中:$T_{i,k}$ 和 $T_{j,k}$ 分别是接收者 1 和 2 记录的收到第 k 个同步包的时间。当接收节点的接收时间之间的差服从高斯分布时,可以通过发送多个同步包的方式来提高同步精度,这在数学上是很容易证明的。

经过多次广播后,可以获得多个点,从而可以用统计的方法估计接收者 1 相对于接收者 2 的漂移(skew),用于进一步的时钟同步。

RBS 协议也能扩展到多跳算法,可以选择两个相邻的广播域的公共节点作为另一次时间同步消息的广播者,这样两个广播域内的节点就可以同步起来,从而实现多跳同步。

RBS 协议的优点如下:使用了广播的方法同步接收节点,同步数据传输过程中最大的不确定性可以从关键路径中消除。这种方法比起计算回路(round-tip)延时的同步协议有更高的精度。利用多次广播的方式可以提高同步精度,因为实验证明回归误差是服从良好分布的,这也可以被用来估计时钟漂移。奇异点及同步包的丢失也可以很好地处理,拟合曲线在缺失某些点的情况下也能得到。RBS 协议允许节点构建本地的时间尺度,这对于很多只需要网内相对同步而非绝对时间同步的应用很重要。

当然,RBS 协议也有它的不足之处:这种同步协议不能用于点到点的网络,因为协议需要广播信道。对于 n 个节点的单跳网络,RBS 协议需要 $O(n^2)$ 次数据交互,这对于无线传感器网络来说是非常高的能量消耗。由于很多次的数据交互,同步的收敛时间很长,在这个协议中参考节点是没有被同步的。如果网络中参考节点需要被同步,那么会导致额外的能量消耗。

(2) TPSN。传感器网络时间同步协议(Timing-sync Protocol for Sensor Networks,TPSN)是较典型的实用算法。TPSN 算法是由加州大学网络和嵌入式系统实验室 Saurabh

Ganeriwal 等人于 2003 年提出的,算法采用发送者与接收者(sender-receiver)之间进行成对同步的工作方式,并将其扩展到全网域(network-wide)的时间同步。算法的实现分两个阶段:层次发现阶段和同步阶段。

在层次发现阶段,网络产生一个分层的拓扑结构,并赋予每个节点一个层次号。同步阶段进行节点间的成对报文交换,图 9.7 给出了 TPSN 一对节点报文交换情况,发送方通过发送同步请求报文,接收方接收到报文记录接收时戳后向发送节点发送响应报文,在发送方可以得到整个交换过程中的时戳 T_1、T_2、T_3 和 T_4,由此可以计算节点间的偏移量和传输延迟为

$$\beta = \frac{(T_2 - T_1) - (T_3 - T_4)}{2} \tag{9.11}$$

$$d = \frac{(T_2 - T_1) + (T_3 - T_4)}{2} \tag{9.12}$$

根据上述公式计算得到它们之间的偏移和传输延迟,并调整自身时间到同步源时间。各节点根据层次发现阶段所形成的层次结构分层逐步同步直至全网同步完成。

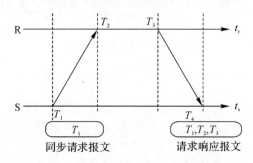

图 9.7　TPSN 一对节点报文交换情况

TSPN 能够实现全网范围内的节点间的时间同步,同步误差与跳数距离成正比关系。

TPSN 的优点如下:该协议是可以扩展的,它的同步精度不会随着网络规模的扩大而急速降低;全网同步的计算量比起 NTP 要小得多。

TPSN 的缺点如下:当节点达到同步时,需要本地修改物理时钟,能量不能有效利用,因为 TPSN 需要一个分级的网络结构,所以该协议不适用于快速移动节点;并且 TPSN 不支持多跳通信。

(3)FTSP。泛洪时间同步协议(Flooding Time Synchronization Protocol,FTSP)利用无线电广播同步信息,将尽可能多的接收节点与发送节点同步。同步信息包含估计的全局时间即发送者的时间。接收节点在收到信息时从各自的本地时钟读取相应的本地时间。因此,一次广播信息提供了一个同步点(全局-本地时间对)给每个接收节点。接收节点根据同步点中全局时间和本地时间的差异来估计自身与发送节点之间的时钟偏移量。FTSP 通过在发送节点和接收节点多次记录时间戳来有效降低中断处理和编码/解码时间的抖动。时间戳是在传输或接收同步信息的边界字节时生成的。中断处理时间的抖动主要是由于单片机上的程序段禁止短时间中断产生的,这个误差不是高斯分布的,但是将时间戳减去一个字节传输时间(即传输一个字节花费的时间)的整数倍数可使其标准化。选取最小的标准化时间戳可基本消除这个误差。编码和解码时间的抖动可以通过取这些标准化时间戳的平均值而减少。接收节点的最终平均时间戳还需要通过可以从传输速度和位偏移量计算得到的字节校准时间进一步

校正。

多跳 FTSP 中的节点利用参考点来实现同步。参考点包含一对全局时间与本地时间戳，节点通过定期发送和接收同步信息获得参考点。网络中，根节点是一个特殊节点，由网络选择并动态重选，它是网络时间参考节点。在根节点的广播半径内的节点可以直接从根节点接收同步信息并获得参考点。在根节点的广播半径之外的节点可以从其他与根节点的距离更近的同步节点接收同步信息并获得参考点。当一个节点收集到足够的参考点后，它通过线性回归估算自身的本地时钟的漂移与偏移以完成同步。

如图 9.8 所示，FTSP 提供多跳同步。网络的根节点保持全局时间，网络中其他节点将它们的时钟与根节点的时钟同步。节点形成一个 Ad-hoc 网络结构来将全局时间从根节点转换到所有的节点。这样可以节省建立树的初始相位，并且对节点、链路故障和动态拓扑改变有更强的鲁棒性。实验显示，使用 FTSP 可以达到很高的同步精度。实际中 FTSP 以其算法的低复杂度、低消耗等优势被广泛应用。

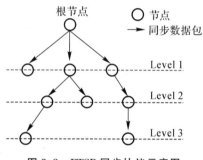

图 9.8　FTSP 同步协议示意图

3. 经典同步协议比较

上述介绍了三种使用较为广泛的经典同步协议，下面比较它们的性能。

(1) 进行定性分析，主要分析各种协议是否达到设计的目标。设计的目标包括能量有效性、精确性、扩展性、总体复杂性和容错能力。定性分析结果见表 9.2。

表 9.2　定性分析三种经典同步协议

协　　议	精 确 性	能量有效性	总体复杂性	扩 展 性	容 错 能 力
RBS	高	高	高	好	无
FTSP	高	高	低	不可用	有
TPSN	高	一般	低	好	有

(2) 进行定量分析，要比较的参数如下。

1) 同步精度。同步精度可以有两种定义方式：绝对精度，即节点的逻辑时钟和标准时间 (如 UTC) 之间的最大偏差；相对精度，即节点间逻辑时钟的值的最大差值。这里使用相对精度。

2) 捎带。在同步期间把回复信息与同步信息相结合，节约了传播的开销。

3) 计算复杂度。传感器网络节点的硬件计算能力有限，对复杂度有特定的约束。

4) 同步花费时间。同步整个网络所用的时间。

5)GUI 服务。包括可以读取时间和调度同步事件。

6)网络尺寸。可以同步的网络的最大节点数。

定量比较结果见表 9.3。

表 9.3　定量比较三种经典同步协议

协　议	同步精度/μs	捎　带	复杂度	同步花费时间	GUI 服务	网络尺寸
RBS	1.85±1.28	不可用	高	不可用	无	2~20
FTSP	1.48	无	低	低	无	不确定
TPSN	16.9	无	低	不确定	无	150~300

(3)通过比较分析，可以看到不同的同步协议各有优劣，在具体应用中，要根据实际情况选择合适的同步协议。

9.2.5　同步模型参数的估计

以上经典同步协议主要面向同步机制进行设计，以消除同步信息通信过程中的不确定性，主要通过设计同步信息传播的路径及合理的打时间戳来减少信息传播的不确定性。下面介绍同步模型参数的估计。

网络中，节点周期性醒来进行时间同步。当节点间存在时钟偏差时，节点不能同时醒来。为了保证数据传输的可靠性，需要提前唤醒节点，使节点的占空比增加。而拉长再同步周期可以降低占空比，但是节点的时钟偏差也变大，节点唤醒的提前量也相应增加。估计同步参数增加了计算的复杂度，但是可以在保持同步精度（唤醒提前量不变）的条件下调节再同步周期（尽量拉长周期），因此降低了占空比，减小了网络的通信能耗。

1. 最小二乘法估计参数

首先，建立节点时钟的多项式模型，来表征节点 A 和节点 B 之间的相关时钟模型：

$$T_B = \sum_{k=0}^{K} (\beta_k T_A^k) + \varepsilon \tag{9.13}$$

式中：T_B 为 T_A 的一个 K 阶多项式。误差 ε 既表征了测量误差也表征了环境对节点时钟的影响而产生的时钟误差。节点测量时间窗包含 n 个观测值 $(T_{A,i}, T_{B,i})(i=1,2,\cdots,n)$，可以利用最小二乘法估计出参数 $\beta_0,\cdots,\beta_k$，则有

$$\text{RSS} = \min_{\beta_k} \sum_{i=1}^{n} \left[T_{B,i} - \left(\sum_{k=0}^{K} \beta_k T_{A,i}^k \right) \right]^2 \tag{9.14}$$

通过式(9.14)可以估算出满足残差二次方和最小约束下的参数估计值 $\hat{\beta}_0,\hat{\beta}_1,\cdots,\hat{\beta}_K$。

同步模型参数估计的目标是采样时间 S（再同步周期）能够随着系统和周围环境的变化而动态调节，并且在保证同步精度的前提下尽量拉长采样周期。在估计中并不使用所有的历史采样，只使用最近的采样值，数量等于时间窗口 W。本书只考虑一步的预测误差，即下一次测量值的预测误差，用 E_p 来表示。

这是一个优化问题，可以表示为：给定时间窗长度为 W 的采样值，搜索时间窗 W，参数的阶次 K 和采样周期 S，优化 $S_{\max}$，给定的约束为 $E_p < E_{\max}$，其中 $E_{\max}$ 是同步误差的最大容忍

边界值。

如上所述,这种用最小二乘的方法可以给定最大同步误差 $E_{\max}$,辨识出节点相对的始终模型,并且找到最大的再同步周期,减小同步通信的能量消耗。

2.卡尔曼滤波方法

在卡尔曼滤波方法中,同步数据的交互本质是对连续时钟的采样过程,建立节点的离散时钟模型为

$$\theta[n] = \sum_{k=1}^{n} \alpha[k]\tau[k] + \theta[0] + w[n] \tag{9.15}$$

式中:k 为采样序列;$[n]$ 为离散序列;$\tau[k]$ 为第 k 次采样的周期;$w[n]$ 为观测、采样过程的噪声,合理假设其服从方差为 σ_w^2 的高斯分布。

使用递归形式,节点的离散模型可以表示为

$$\theta[n] = \theta[n-1] + \alpha[n]\tau[n] + v[n] \tag{9.16}$$

式中:$v[n] = w[n] - w[n-1]$,服从 0 均值、方差为 $2\sigma_w^2$ 的高斯分布。

对于随时间不断变化的时钟漂移 $\alpha[n]$,采用一级马尔可夫模型来描述,时钟漂移满足自回归关系为

$$\alpha[n] = \eta[n] + p\alpha[n-1] \tag{9.17}$$

式中:p 为一个比 1 小但是接近于 1 的正数;$\eta[n]$ 为一个 0 均值、方差为 $\sigma_n^2 = (1-p^2)\sigma_\alpha^2$ 的模型噪声,其中 σ_α^2 为时钟漂移 $\alpha[n]$ 的方差。

自回归参数为

$$p = \frac{r_a(\tau)}{r_a(0)} = \frac{r_a(\tau)}{\sigma_\alpha^2} \tag{9.18}$$

式中:$r_a(\tau) = E\{\alpha(t)\alpha(t+\tau)\}$。

假设采样周期确定,有 $\tau[n] = \tau_0$,采样周期 τ_0 和更新参数 p 都是已知的,从离散时钟模型可得 $\Delta\theta[n] = \theta[n] - \theta[n-1] = \alpha[n]\tau_0 + v[n]$,卡尔曼滤波过程可以表示如下:
预测 MSE 为

$$\sum[n] = p^2 M[n-1] + \sigma_\eta^2 \tag{9.19}$$

更新为

$$\hat{\alpha}[n] = p\hat{\alpha}[n-1] + G[n](\Delta\theta[n] - \tau_0 p\hat{\alpha}[n-1]) \tag{9.20}$$

MMSE 为

$$M[n] = (1 - \tau_0 G[n]\sum[n]) \tag{9.21}$$

卡尔曼增益为

$$G[n] = \frac{\sum[n]\tau_0}{\sigma_v^2 + \sum[n]\tau_0^2} \tag{9.22}$$

卡尔曼滤波器的初始化为

$$\hat{\alpha}[0] = E\{\alpha[n]\}, M[0] = \sigma_\alpha^2, \theta[0] = \theta_0 \tag{9.23}$$

可利用 $\hat{\alpha}[n]$ 来估计时钟偏差,即

$$\hat{\theta}[n+1] = \hat{\theta}[n] + \hat{\alpha}[n]\tau_0 \tag{9.24}$$

如图 9.9 所示,使用卡尔曼滤波器辨识得到了离散时钟模型的偏移和漂移,节点根据离散时钟模型调节本地时钟,在保持精度的条件下拉长同步数据交换的周期。

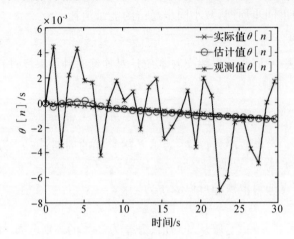

图 9.9　卡尔曼滤波器估计时钟模型效果

9.3　能量管理技术

无线传感器网络中的节点一般由电池供电且不易更换,因此传感器网络中最受关注的问题是如何高效利用有限的能量。本节将对传感器网络的能源管理作以全面的介绍,并系统地分析传感器节点各个部分的能源消耗情况和节能策略。

9.3.1　传感器节点的功耗分布

传感器节点通常具有如图 9.10 所示的体系结构,由电源、感知、计算和通信 4 个子系统组成。

对感知节点各部分的功耗分析有助于定位出系统中的能耗瓶颈,明确传感器网络能量管理策略的设计和优化方向。

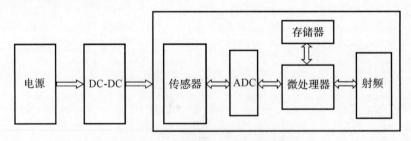

图 9.10　传感器节点的体系结构

实验测量表明,传感器节点的数据通信是一个高能耗操作,相比而言,数据处理(计算)的能耗要低得多。节点传输 1 b 数据所消耗的能量与 MCU 执行 1 000 条指令的能耗大致相当。网络子系统是节点能耗的最主要来源,而计算子系统的能耗通常可以忽略,感知子系统的能耗量则取决于具体的传感器类型,某些传感器的功耗与射频芯片相当。

图 9.11 展示了典型传感器节点中各部件的能耗分布,不难发现,节点网络通信子系统的功耗远大于其他子系统。因此,现有研究中,传感器网络中的能量管理技术主要关心网络通信子系统和感知子系统的能量优化。

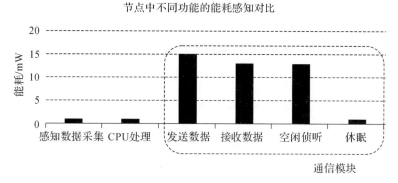

图 9.11　传感器节点的功耗分布

传感器节点的能耗(功耗)特征还取决于节点的硬件类型,在无线传感器网络中,节点的能耗分布具有以下共性:

(1)通信子系统的功耗高于计算子系统。因此,传感器网络节能策略需要在通信与计算之间折中。

(2)射频芯片工作在传输、接收和空闲状态时具有相同数量级的功耗,而睡眠状态的功耗较低。因此,射频芯片无须通信时应尽量置于睡眠状态。

(3)在某些应用中,感知子系统可能成为另一主要的能耗来源。因此,感知子系统也是能量优化的研究对象。

9.3.2　节点基本能耗模型

MCU 芯片主要由 CMOS 电路组成,CMOS 电路的能量消耗主要来自于动态能耗和静态能耗。MCU 的工作功耗可由下式进行计算:

$$P_{\mathrm{p}} = CV_{\mathrm{dd}}^2 f + V_{\mathrm{dd}} I_0 \mathrm{e}^{\frac{\eta_\mu}{\sqrt{T_\mathrm{F}}}} \tag{9.25}$$

式中:C 是负载电容;V_{dd} 是供电电压;f 是 CMOS 是电路的开关切换频率。式中等号右边第二项是漏电电流引起的功耗。

传感器网络中,节点的能量主要消耗于无线通信中。射频芯片的体系结构如图 9.12 所示,其功耗可用下式计算:

$$P_{\mathrm{c}} = N_{\mathrm{T}} \left[P_{\mathrm{T}} (T_{\mathrm{on}} + T_{\mathrm{st}}) + P_{\mathrm{out}} T_{\mathrm{on}} \right] + N_{\mathrm{R}} \left[P_{\mathrm{R}} (R_{\mathrm{on}} + R_{\mathrm{st}}) \right] \tag{9.26}$$

式中:P_{T} 和 P_{R} 分别表示发送器和接收器的功率;P_{out} 是发送器的输出功率,用于驱动天线;T_{on} 和 R_{on} 分别表示发送器和接收器的工作时间;T_{st} 和 R_{st} 分别表示发送器和接收器的启动时间;N_{T} 和 N_{R} 分别表示发送器和接收器在单位时间内的开关切换次数。

无线射频芯片每发送和接收 1 b 数据所消耗的能量可用如下能量模型计算:

$$E_{\mathrm{tx}} = k_1 + k_2 d^r \tag{9.27}$$

$$E_{\mathrm{rx}} = k_3 \tag{9.28}$$

式中:E_{tx} 和 E_{rx} 分别表示声线射频芯片发送与接收 1 b 数据所消耗的能量;k_1、k_2、k_3 和 r 是由无线射频芯片物理硬件及其通信环境所决定的参数,可视为常量;d 为数据的通信距离。

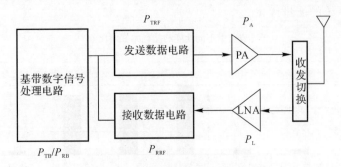

图 9.12　无线射频芯片的体系结构

9.3.3　各类节能策略

如图 9.13 所示,无线传感器网络中的现有能量管理技术大致可以分为节点级能量优化、无线通信级能量优化、网络级能量优化、基于数据的能量优化、基于移动的能量优化和 Energy Harvesting 技术 6 类,它们从不同的层次和角度优化传感器网络的能耗。

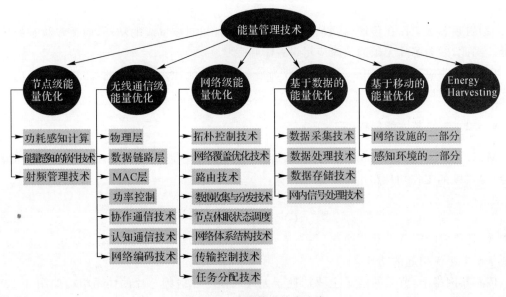

图 9.13　能量管理技术分类

1. 节点级能量优化

节点级能量优化技术旨在使用一系列软硬件技术降低单一节点的能耗,这类能量优化技术基本上全来自于传统的嵌入式系统节能技术。节点级能量优化技术可进一步分为功耗感知计算、能量感知的软件技术和射频管理技术三类。

(1)功耗感知计算。传感器节点大多由低功耗芯片构建而成,这些芯片提供了一些功耗感知的工作方式,DPM 和 DVS 是两种常用的功耗感知计算技术。DPM 技术使传感器节点可以根据系统的工作负载变化,动态地关闭某些处于空闲状态的部件或将它们切换至低功耗工作模式。DPM 的核心问题是决定各部件的状态迁移策略,状态迁移策略需要考虑部件状态切换的时间和能量开销,在保证基本工作性能的前提下,最小化各部件的能量消耗。

DPM 通过关闭空闲部件从而降低节点能耗,DVS 技术可以进一步降低部件处于工作状态时的能耗水平。DVS 根据系统负载情况,动态调整各子部件的工作电压和时钟频率,使部件的工作性能刚好满足负载处理的要求,同时降低部件的工作能耗。DVS 可以在 DPM 基础上进一步降低节点能耗。

(2)能量感知的软件技术。功耗感知计算需要配合以能量感知的软件技术,才能最大地发挥出低功耗芯片的节能效果。传感器网络中能量感知的软件技术包括低功耗操作系统、网络协议和上层应用程序,其中,低功耗操作系统在节点级能量优化中扮演着重要角色。传感器节点的所有部件需要操作系统的统一管理,DPM 和 DVS 技术也需要操作系统的支持。任务调度是操作系统的核心功能,任务调度器需要考虑任务的时间、约束调度不同任务的执行,为任务调度器加入能量感知特性可以更好地优化节点的能耗。主流的传感器网络操作系统的任务调度器都是基于能量感知调度的。

例如:TinyOS 检测到任务队列为空时将 MCU 切换至 Idle 模式,直到接收到中断信号时才返回 Active 状态;Mantis OS 在系统中没有线程等待调度时,将节点切换至低功耗模式。

(3)射频管理技术。数据通信是节点能耗的主要来源,传感器节点对射频芯片的管理有别于其他部件。节点级射频管理的关键在于决定何时关闭射频芯片,以实现既不影响节点的正常通信,又能最小化射频能耗的目的。节点级射频管理与网络级节点休眠调度的最大区别在于前者仅从单一节点的局部视野出发,独立地决定是否关闭本节点的射频。有文献介绍了细粒度和粗粒度两类射频管理策略,细粒度射频管理允许不参与通信的节点在 MAC 帧传输期间关闭其无线射频芯片以节省能量,无线射频芯片工作模式切换的时间粒度是一个 MAC 帧的传输时间间隔。

2.无线通信级能量优化

无线通信级能量优化使用能量高效的无线通信技术,优化节点的单跳通信能量。无线通信级能量优化可进一步分为物理层、数据链路层、MAC 层、功率控制、协作通信技术、认知通信技术和网络编码技术,这些技术是对节点通信子系统的能量优化,本书仅关注前 4 种优化技术。

(1)物理层。物理层完成无线通信信号的调制与解调,调制解调方案会对无线通信的功耗和时延产生重要影响,有文献分析了不同调制解调方案的能耗特征。与 DPM 和 DVS 类似,也可以根据不同数据的通信时延约束,动态调节无线通信中信号调制技术的相关参数,以提高单跳通信的能量有趣性。有文献提出使用 DMCS 作为无线通信系统中的 DVS,根据网络通信流量和无线信道状况,动态调整信号调制和编码参数,完成通信速率(时延)和能耗之间的折中。

(2)数据链路层。数据链路层使用差错控制技术提高单跳通信的可靠性,减少数据帧的重传次数,进而降低数据收发能耗,常用的数据链路层差错控制技术有 FEC 和 BERa MAC 技术,用以决定无线信道的使用方式,在传感器节点之间分配有限的无线通信资源是无线通信级能量优化的研究热点。

(3)MAC 层。MAC 协议主要从减少通信冲突、空闲侦听、串音等因素带来的能量浪费的角度提高无线通信的能量有效性,主流传感器网络的 MAC 协议大多采用"侦听/休眠"交替的无线信道使用策略,如 B-MAC、S-MAC 等。

(4)功率控制。传感器网络中节点通常使用固定的功率通信,然而,传感器节点没必要总是工作于最大通信功率。通信功率控制可在保证网络连接或覆盖的前提下,根据本节点与邻居的实际距离适当调整(减小)射频芯片的传输功率,以达到降低能耗和提高网络通信容量的目的。

3.网络级能量优化

与无线通信级能量优化技术不同,网络级能量优化从网络全局的角度优化、调度各节点的计算和通信任务,强调节点间的相互协作以提高全局网络的生存周期。网络级能量优化可进一步分为拓扑控制技术、网络覆盖优化技术、路由技术、数据收集与分发技术、节点休眠状态调度、网络体系结构技术、传输控制技术和任务分配。下面重点介绍路由技术、节点休眠状态调度和网络体系结构技术。

(1)路由技术。路由技术负责将感知数据从源节点转发到目的节点,能量有效的路由技术在进行路由决策时需要考虑节点的剩余能量以及数据的端到端传输能耗,尽量避开剩余能量较少的节点,减少因传输失败引起的重传次数。有文献将能量有效的路由技术分为多径路由和自适应逐跳路由两类:多径路由技术同时使用多条路径进行数据传输,以避免大量消耗单一路径上的节点的能量;根据所使用的路由决策依据,自适应逐跳路由又可分为以下三类:

1)选择端到端能耗最低的路径;

2)使用剩余能量最多的节点组成的路径;

3)前两类的混合。

(2)节点休眠状态调度。网络级的节点休眠状态调度通过协调各节点的工作状态,在保证网络基本功能的前提下,尽可能使更多节点处于低功耗(休眠)状态,减少节点能量的浪费,提高网络生存期。节点休眠状态调度可以作为一个独立 Sleep/Wakeup 协议运行于 MAC 层之上,有文献将传感器网络中的独立 Sleep/Wakeup 协议分为按需休眠、同步休眠和异步休眠三类。按需休眠协议在无通信活动时将节点(或其无线射频芯片)置于休眠状态,直到有其他节点需要与其通信时才将其唤醒,如何以及何时唤醒节点是这类协议需要解决的核心问题。同步休眠的基本思路是使节点与其邻居同时被唤醒或休眠,这类协议通常需要借助特定的 Sleep/Wakeup 调度策略以完成不同节点工作状态的同步,周期性休眠/唤醒是常用的调度策略。异步休眠协议允许节点独立地决定何时唤醒,同时保证可以成功地与邻居通信,而不需要显式地交换休眠调度信息,RAW、STEM-B 和 PTW 是常用的异步 Sleep/Wakeup 协议。

(3)网络体系结构技术。网络体系结构技术通过使用优化的网络结构提高传感器网络的能量有效性,常见的 WSN 网络体系结构有平面型 WSN 和分簇 WSN(层次型 WSN)。在不同的网络体系结构中需要使用不同的路由技术形成特定的网络拓扑,分簇技术是常用的一种网络体系结构,特别适用于大规模传感器网络,具有很好的可扩展性。网络成簇和簇头选举是分簇技术中的核心问题。

4.基于数据的能量优化

无线传感器网络是以数据为中心的网络,基于数据的能量优化可从数据角度减少网络中不必要的通信和数据操作,提高整个系统的能量有效性。基于数据的能量优化可进一步分为数据采集技术、数据处理技术、数据存储技术和网内信号处理技术。下面重点介绍能量有效的数据采集和处理技术。

(1)数据采集。能量高效的数据采集技术适用于以下两种场景的能量优化。

1)数据冗余场景。传感器网络中感知数据通常具有较强的时间和空间相关性,这会使节点产生无意义的数据采集和通信操作,浪费节点能耗,因此,传感器网络中不需要冗余地采样数据并传输给汇聚节点。

2)感知子系统的功耗不可忽略的场景。在感知子系统的功耗不可忽略的场景中数据采集本身也是一个高能耗操作,需要优化节点的数据采集活动。其中数据预测技术是一个常用的优化手段。

数据预测技术建立被感知对象的数据模型,分别位于汇聚节点和普通的感知节点。用户提出数据查询请求时,汇聚节点直接从模型获取数据,无须与感知节点通信。感知节点利用真实产生的物理数据不断修正本节点和汇聚节点端的数据模型,以保证数据模型的精度满足应用需求。数据预测技术可以有效地减少感知数据的采集次数和通信量,提高网络的能量有效性。常用的数据预测模型有随机模型、时间序列模型和算术模型。

(2)数据处理。数据处理技术的基本思路是"用计算换通信",使用计算手段减少需要通信的数据量,从而降低网络节点的能量开销。传感器网络中常用的数据处理技术有数据压缩技术和数据网内处理技术。应用数据压缩技术时,源节点对感知数据进行压缩编码,降低通信负载,汇聚节点接收到数据分组后,解码获取感知数据。关于可应用于传感器网络的具体数据压缩技术,感兴趣的读者可以阅读相关文献,这里不再赘述。数据网内处理技术使用通信路径(源节点到汇聚节点)的中间节点对感知数据进行数据聚合处理(如求平均值、最大值、最小值等),将用户对感知数据的集中处理分散转移到传感器网络通信路径的中间节点,减少网络中无效数据的传输。

5.基于移动的能量优化

当传感网中引入节点的移动特性后,网络设计者需要考虑如何控制节点的移动以优化网络性能、提高网络的能量有效性。传感器网络中,根据移动产生的原因可分为以下两类:①移动作为网络设施的一部分。节点含有移动模块(如移动机器人、无人机),这类节点的移动模式是可控的。②移动作为感知环境的一部分。节点附于具有移动性的被监测对象(如动物、汽车),这类节点的移动具有随机性,其移动模式是不可控的,但可以通过特定的移动模型对节点的移动进行预测。在静止传感器网络中,节点部署不均、多跳网络通信和网络的数据汇聚特性等可能造成网络中部分节点的工作负载高于其他节点,从而在网络中形成能耗热点,使这些节点过早失效。引入移动节点后,通过适当规划节点的移动策略,可以动态调整网络拓扑,均衡分布网络节点的通信负载。有文献在稀疏网络中引入移动节点作为数据收集器(data-MULE),以提高网络的能量有效性。在稀疏 WSN 中,节点与邻居(或 sink)的直接通信代价较高,文中的做法是控制数据收集器在网络中周期性地移动,当数据收集器靠近普通节点时,普通节点将感知数据以较低的能量开销发送给数据收集器,数据收集器可以有效地降低普通节点的通信能耗,同时保证网络的连接性,提高网络生存周期。

6.能量收割(Energy Harvesting)技术

能量收割技术是近两年 WSN 能量管理技术中的研究热点,它使节点具备从环境中补充能量或再充电的能力。传感器网络中常用的能量收割技术包括太阳能技术和无线充电技术，能量收割为 WSN 的能量管理带来了新的问题：能量可补充的传感器网络中，不再一味地强调能量节省，而是通过适当的能量分配策略，实现节点能量的"收支平衡"，最大化网络的应用性能。

9.4 节点定位技术

对于无线传感器网络的许多应用来说，节点位置信息都是必需的基本信息，因此节点准确地进行自身定位是无线传感器网络应用的重要条件。本节将对无线传感器网络的节点定位机制与算法进行介绍。

9.4.1 概述

1. 节点定位问题

对于大多数应用，不知道网络中传感器节点的位置而感知的数据是没有意义的。传感器节点必须明确自身的位置才能详细指出"在什么位置或区域发生了特定事件"，实现对外部目标的定位和追踪。此外，了解传感器节点的位置信息还可以提高路由效率，为网络提供命名空间，向部署者报告网络的覆盖质量，实现网络的负载均衡、网络的拓扑自动配置以及网络的管理。

由于人工部署和为网络中的所有传感器节点安装 GPS 接收器都会受到成本、功耗、扩展性等问题的限制，甚至在某些场合可能根本无法实现，所以需要采用定位算法与机制解决 WSN 中节点自身定位的问题。

2. 节点定位基本概念

为了理解节点定位的技术和方法，有必要对其中涉及的一些重要基本概念予以介绍。

(1)未知节点：WSN 中需要定位的节点称为未知节点。

(2)锚节点：已知位置，并协助未知节点定位的节点称为锚节点或信标节点，它是未知节点的定位参考点。

锚节点定位通常依赖人工部署或 GPS 实现，人工部署锚节点的方式不仅受网络部署环境的限制，还严重制约了网络和应用的可扩展性。而使用 GPS 定位，锚节点的费用会比普通节点高两个数量级，这就意味着即使网络中仅有 10% 的节点是锚节点，整个网络的价格也将增加 10 倍。

(3)锚节点密度：是指网络中已知位置的节点数占全部节点的比例，它是衡量定位系统能力的一个重要指标。

(4)邻居节点：是指在一个节点通信半径内，可以与其直接通信的节点。

(5)定位精度：是评价定位技术的首要评价指标，一般用误差值与节点无线射程的比例表示。例如，定位精度为 20% 表示定位误差相当于节点无线射程的 20%。

也有部分定位系统将二维网络部署区域划分为网格，其定位结果的精度也就是网格的大小。

(6)节点密度：是指单位面积内包含的节点数量。在 WSN 中，节点密度增大不仅意味着网络部署费用的增加,而且会因为节点间的通信冲突问题带来有限带宽的阻塞。节点密度通常以网络的平均连通度来表示,许多定位算法的精度都受到节点密度的影响,

例如,DV Hop 算法仅可在节点密集部署的情况下才能合理地估算节点位置。

3. 节点定位系统和算法分类

不同的定位系统按照定位结果、参照坐标、实现方式、计算模式、定位次序、定位所需信息的粒度、锚节点是否移动以及是否实际测量节点间的距离分成不同的类型。本节将简要地介绍其中的 8 种分类。

(1)物理定位与符号定位(physical vs. symbolic)。定位系统可提供两种类型的定位结果:物理位置和符号位置。例如,某个节点位于 47°39′17″N,122°18′23″W 就是物理位置;而某个节点在建筑物的 123 号房间就是符号位置。一定条件下,物理定位和符号定位可以相互转换。与物理定位相比,符号定位更适于某些特定的应用场合。例如,在安装监测烟火 WSN 的智能建筑物中,管理者更关心某个房间或区域是否有火警信号,而并不需要知道火警发生地的经、纬度。大多数定位系统和算法都提供物理定位服务,符号定位的典型系统和算法有 Active Badge、微软的 Easy Living 等,麻省理工学院的 Cricket 定位系统则可根据配置实现物理定位与符号定位。

(2)绝对定位与相对定位(absolute vs. relative)。绝对定位将定位结果用一个标准的坐标位置来表示,如经、纬度。而相对定位通常是以网络中部分节点为参考,建立整个网络的相对坐标系。绝对定位可为网络提供唯一的命名空间,受节点移动性影响较小,有更广泛的应用领域。但相对定位由于定位时不需要锚节点,所以更加灵活。在相对定位的基础上能够实现部分的路由协议,特别是基于地理位置的路由(geo-routing)协议。大多数定位系统和算法都可以实现绝对定位服务,典型的相对定位算法和系统有 SPA (Self-Positioning Algorithm)、LPS (Local Positioning System)、SpotON,而 MDS-MAP 定位算法可以根据网络配置的不同分别实现绝对和相对两种定位。

(3)紧密耦合与松散耦合(tightly coupled vs. loosely coupled)。紧密耦合定位系统是指锚节点不仅被仔细地部署在固定的位置,并且通过有线介质连接到中心控制器;而松散耦合定位系统的节点采用无中心控制器的无线协调方式。

典型的紧密耦合定位系统包括 AT&T 的 Active Bat 系统和 Active Badge HiBallTracker 等。它们的特点是适用于室内环境,具有较高的精确性和实时性,时间同步和锚节点间的协调问题容易解决。但这种部署策略限制了系统的可扩展性,代价较大,无法应用于布线工作不可行的室外环境。

典型的松散耦合定位系统有 Cricket AHLos。它们以牺牲紧密耦合系统的精确性为代价而获得了部署的灵活性,依赖节点间的协调和信息交换实现定位。在松散耦合定位系统中,因为网络以 Ad-hoc 方式部署,节点间没有直接的协调,所以节点会竞争信道并相互干扰。这种分类方法与基于基础设施和无需基础设施(infrastructure-based versus infrastructure-free)的分类方法相似,不同之处在于,后者是以除了传感器节点以外整个系统是否还需要其他设施为标准。

(4)集中式与分布式(centralized vs. distributed)。集中式定位是指把所需信息传送到某个中心节点(如一台服务器),并在那里进行节点定位计算的方式;分布式定位是指依赖节点间的信息交换和协调,由节点自行计算的定位方式。集中式定位的优点在于从全局角度统筹规

划,计算量和存储量几乎没有限制,可以获得相对精确的位置估算。其缺点包括与中心节点位置较近的节点会因为通信开销大而过早地消耗完电能,导致整个网络与中心节点信息交流的中断,无法实时定位等。集中式定位包括凸规划(convex optimization)、MDS-MAP 等。分布式定位包括 DV Hop、近似三角形内点测试法(APIT)等。N-hop multil ateration primitive 定位算法可以根据应用需求采用集中和分布两种不同的定位计算模式。

(5)递增式与并发式(incremental vs. concurrent)。依据各节点定位的先后时序不同可将定位算法和系统分为递增式算法和并发式算法。递增式算法通常从锚节点开始,锚节点附近的节点首先开始定位,依次向外延伸,各未知节点逐次定位。AHLos 是典型的递增式定位系统,由于各节点定位是逐次迭代的结果,所以在此过程中存在累积误差的情况。并发式算法中所有节点则是同时进行位置计算。

(6)粗粒度与细粒度(fine-grained vs. coarse-grained)。依据定位所需信息的粒度可将定位算法和系统分为根据信号强度或时间等来度量与锚节点距离的细粒度定位和根据与锚节点的接近度(proximity)来度量的粗粒度定位。其中细粒度定位又可细分为基于距离和基于方向性测量两类。另外,利用信号模式匹配(signal pattern matching)来进行的定位也属于细粒度定位范畴。粗粒度定位是利用某种物理现象来感应是否有目标接近一个已知的位置,例如,Active Badge、凸规划、Xeror 的 ParcTAB 系统、佐治亚理工学院的 Smart Floor 等。

(7)静点定位与动点定位(static vs. mobile)。按照定位过程中锚节点是否移动可将定位系统和算法分为静点定位和动点定位。静点定位就是在定位过程中,一旦节点部署完成,便不再移动节点,现在的 WSN 中大多属于此类。动点定位,顾名思义即在节点部署完成后,移动坐标已知的锚节点,根据锚节点移动的坐标和时间对未知节点定位。静点定位相对于动点定位的优点是实时性要求较低,能耗分布均匀,但是对锚节点的比例有一定要求;动点定位的优势是对锚节点的比例要求较低,但锚节点的能耗过大,此外由于网络的连通性较低时,动点定位信息的传输会有一定的延时,这必然引入一定的定位误差,因此较高的实时性要求也是动点定位需要解决的问题。

(8)测距定位与非测距定位(range-based vs. range-free)。测距定位(range-based)通过测量节点间点到点的距离或角度信息,使用三边测量(trilateration)、三角测量(triangulation)或最大似然估计(multilateration)法计算未知节点位置。非测距定位(range-free)则无需距离和角度信息,仅根据网络连通性等信息即可确定未知节点的位置。

9.4.2 节点位置的基本计算方法

在传感器节点的定位阶段,未知节点在测量或估计出对于邻近锚节点的距离(或与邻近锚节点的相对角度)后,一般会利用以下基本的节点位置计算方法计算自己的位置(或坐标)。

1. 三边测量法

三边测量法是当未知节点获取其到 3 个(或 3 个以上)信标节点的距离时,便可通过距离公式计算出自己的坐标,如图 9.14 所示。

假设 A、B、C 为锚节点,它们的坐标分别为 $(x_a,y_a)(x_b,y_b)(x_c,y_c)$,$D$ 为未知节点,其坐标为 (x,y),D 点到 A、B、C 三点的距离分别为 d_a、d_b、d_c,则它们之间存在以下关系:

$$\left.\begin{array}{l}\sqrt{(x-x_a)^2+(y-y_a)^2}=d_a\\ \sqrt{(x-x_b)^2+(y-y_b)^2}=d_b\\ \sqrt{(x-x_c)^2+(y-y_c)^2}=d_c\end{array}\right\} \quad (9.29)$$

由式(9.29)可得未知节点 D 的坐标为

$$\begin{bmatrix}x\\y\end{bmatrix}=\begin{bmatrix}2(x_a-x_c) & 2(y_a-y_c)\\ 2(x_b-x_c) & 2(y_b-y_c)\end{bmatrix}^{-1}\begin{bmatrix}x_a^2-x_c^2+y_a^2-y_c^2+d_c^2-d_a^2\\ x_b^2-x_c^2+y_b^2-y_c^2+d_c^2-d_a^2\end{bmatrix} \quad (9.30)$$

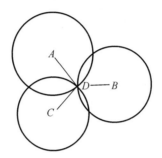

图 9.14　三边测量法图示

2.三角测量法

三角测量法的基本思想是在已知 3 个锚节点的坐标和未知节点相对于锚节点的 3 个角度的情况下,先通过平面几何关系求出 3 个已知角度对应圆的圆心坐标和半径,再利用三边测量法,计算出未知节点坐标,具体如图 9.15 所示。

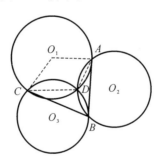

图 9.15　三角测量法图示

已知 3 个锚节点 A、B、C 坐标分别为 $(x_a,y_a)(x_b,y_b)(x_c,y_c)$。$D$ 为未知节点,它与节点 A、B、C 的角度分别为 $\angle ADC$、$\angle ADB$、$\angle BDC$,假设节点 D 的坐标为 (x,y)。对于节点 A、C 和 $\angle ADC$,如果弧段 AC 在 $\triangle ABC$ 内,那么可以唯一确定一个圆,设圆心为 $O_1(x_{o_1},y_{o_1})$,半径为 r_1,则 $\angle AO_1C=(2\pi-2\angle ADC)$,假设 $a=\angle AO_1C$,则存在以下关系:

$$\left.\begin{array}{l}\sqrt{(x_{o_1}-x_a)^2+(y_{o_1}-y_a)^2}=r_1\\ \sqrt{(x_{o_1}-x_b)^2+(y_{o_1}-y_b)^2}=r_1\\ \sqrt{(x_a-x_c)^2+(y_a-y_c)^2}=2r_1^2-2r_1^2\cos\alpha\end{array}\right\} \quad (9.31)$$

由式(9.31)可得 r_1 和圆心 O_1 的坐标。同理可得 r_2、r_3 和圆心 O_2、O_3 的坐标。由此获

得三边测量法的已知量,最后利用三边测量法,由三个圆的圆心坐标 $O_1(x_{o_1}, y_{o_1})$、$O_2(x_{o_2}, y_{o_2})$、$O_3(x_{o_3}, y_{o_3})$ 和半径 r_1、r_2、r_3 计算未知节点 D 的坐标。

3. 最大似然估计法

最大似然估计法(maximum likelihood estimation)类似于三边测量法。

如图 9.16 所示,当已知未知节点 $D(x, y)$ 到锚节点 1 (x_l, y_1), 2 (x_2, y_2),···,n (x_n, y_n) 的距离分别为 $d_1, d_2, \cdots, d_n$ 时,则存在以下关系:

$$\left. \begin{array}{c} (x_1-x)^2+(y_1-y)^2=d_1^2 \\ \vdots \\ (x_n-x)^2+(y_n-y)^2=d_n^2 \end{array} \right\} \tag{9.32}$$

从第一行到倒数第二行减去最后一行,得

$$\left. \begin{array}{c} x_1^2-x_n^2-2(x_1-x_n)x+y_1^2-y_n^2-2(y_1-y_n)y=d_1^2-d_n^2 \\ \vdots \\ x_{n-1}^2-x_n^2-2(x_{n-1}-x_n)x+y_{n-1}^2-y_n^2-2(y_{n-1}-y_n)y=d_{n-1}^2-d_n^2 \end{array} \right\} \tag{9.33}$$

式(9.33)中的线性方程组可用矩阵表示为

$$AX = B$$

其中

$$A = \begin{bmatrix} 2(x_1-x_n) & 2(y_1-y_n) \\ \vdots & \vdots \\ 2(x_{n-1}-x_n) & 2(y_{n-1}-y_n) \end{bmatrix}, B = \begin{bmatrix} x_1^2-x_n^2+y_1^2-y_n^2+d_n^2-d_1^2 \\ \vdots \\ x_{n-1}^2-x_n^2+y_{n-1}^2-y_n^2+d_n^2-d_{n-1}^2 \end{bmatrix}, X = \begin{bmatrix} x \\ y \end{bmatrix} \tag{9.34}$$

使用标准的最小均方差可得到节点 D 的坐标为

$$x = (A^{\mathrm{T}}A)^{-1}A^{\mathrm{T}}B\ddot{y} \tag{9.35}$$

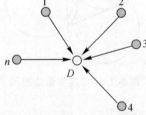

图 9.16 最大似然枯计法图示

9.4.3 测距定位

测距定位需要测量相邻节点间的距离或方向,然后使用 9.4.2 节介绍的位置计算方法计算出未知节点的位置。

测距定位通常分为测距、定位和修正 3 个阶段。

(1)测距阶段首先由未知节点测量到邻居节点的距离或角度,然后进一步计算到邻近的锚节点的距离或方向,可以使用未知节点到锚节点的直线距离,也可以使用未知节点到锚节点的路段数量(跳数)近似表示两者的直线距离。

(2)定位阶段首先由未知节点计算到达 3 个或以上的锚节点的距离或方向角,然后使用 9.4.2 节介绍的 3 种位置计算方法计算未知节点的坐标位置。

(3)修正阶段的目的是提高由前两个阶段得到的位置的精度(例如,可以使用多次测距定位的计算结果求取平均值),减少误差。

测距定位的距离和方向的测量方法包括测量到达时间(TOA)、到达时间差(TDOA)、到达角度(AOA)和接收信号强度指示(RSSI)等。下面分别介绍这些方法。

1. 基于到达时间的定位方法(TOA)

在基于到达时间的定位机制中,已知某一信号的传播速度,只须计算出传播时间便可得到两个节点之间的距离,然后通过三边测量法或者最大似然估计法便可以计算出未知节点的位置。

图 9.17 给出了一种简单的基于到达时间的定位实现方案。在这一方案中,利用伪噪声序列信号作为声波信号,通过计算声波的传播时间测量两个节点间的距离。

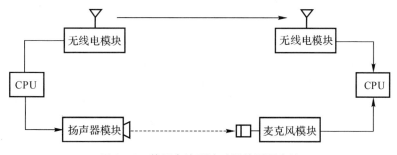

图 9.17　基于声波到达时间的测距方法

节点的定位部分主要由扬声器模块、麦克风模块、无线电模块和 CPU 组成。假设两个节点间的时间已同步,发送节点的扬声器模块在发送伪噪声序列信号的同时,无线电模块通过无线电同步消息通知接收节点伪噪声序列信号发送的时间,接收节点的麦克风模块在检测到伪噪声序列信号后,根据声波信号的传播时间和速度计算发送节点和接收节点之间的距离。节点在计算出到多个临近锚节点的距离后,可以利用三边测量法或者最大似然估计法计算出自己的位置。

与无线射频信号相比,声波频率低、速度慢,对节点硬件的成本和复杂度的要求都低,但是声波的缺点是传播速度容易受到大气条件的影响。

基于到达时间的定位方法精度较高,但是节点间需要保持精确的时间同步。

2. 基于到达时间差的定位方法

在基于到达时间差的定位机制中,发射节点同时发射两种不同传播速度的无线信号,接收节点根据两种信号的到达时间差和两种信号的传播速度,计算两个节点之间的距离,再通过前面介绍的位置计算方法计算节点的位置。

如图 9.18 所示,发射节点同时发射无线射频信号和超声波信号,接收节点记录两种信号到达的时间 T_1、T_2,无线射频信号和超声波信号的传播速度为 c_1、c_2,那么两个节点之间的距离为 $(T_2 - T_1)S$,其中 $S = \dfrac{c_1 c_2}{c_1 - c_2}$。

下面结合 Cricket 系统和 AHLos 系统进一步说明基于到达时间差的定位方法。

(1)Cricket 系统。室内定位系统 Cricket 系统是麻省理工学院的 Oxygen 项目的一部分,用来确定移动或静止节点在大楼内的具体房间位置。在 Cricket 系统中,每个房间都安装有锚节点,锚节点周期性地发射无线射频信号和超声波信号。无线射频信号中含有锚节点的位置信息,而超声波信号仅仅是单纯脉冲信号,没有任何语义。由于无线射频

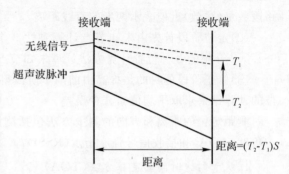

图 9.18　基于到达时间差的定位原理

信号的传播速度要远大于超声波的传播速度,未知节点在收到无线射频信号时,会同时打开超声波信号接收机,根据两种信号到达的时间间隔和各自的传播速度,计算出未知节点到该锚节点的距离。然后通过比较到各个临近锚节点的距离,选择出离自己最近的锚节点,从该锚节点广播的信息中取得自身的房间位置。

(2)AHLos 系统。AHLos 系统是典型的递增式定位系统。定位过程可以如下描述:未知节点首先利用基于到达时间差的方法测量与其邻居节点的距离;当未知节点的邻居节点中锚节点的数量≥3 时,利用最大似然估计法计算该节点自身的位置,随后该节点转变成新的锚节点,并将自身的位置广播给邻居节点,随着系统中锚节点的增多,原来邻居节点中锚节点数量<3 的未知节点将逐渐能够检测到更多的锚节点邻居,进而利用最大似然估计法确定自己的位置。重复这一过程直至所有节点都计算出自身的位置。

在 AHLos 系统中,未知节点根据周围锚节点的不同分布情况分别利用相应的多边(≥3)定位算法计算自身位置。

1)原子多边算法。原子多边算法(atomic multilateration)如图 9.19(a)所示,在未知节点的邻居节点中至少有 3 个原始锚节点(不是由未知节点转化而成的),这个未知节点基于原始锚节点利用最大似然估计法计算自身位置。

2)迭代多边算法。迭代多边算法(iterative multilateration)是指邻居节点中锚节点数量<3,在经过一段时间后,其邻居节点中部分未知节点在计算出自身位置后变成锚节点。当邻居节点中锚节点数量≥3 时,这个未知节点就可以利用最大似然估计法计算自身位置。

3)协作多边算法。协作多边算法(collaborative multilateration)是指在经过多次迭代定位以后,部分未知节点的邻居节点中,锚节点的数量仍然<3,此时必须要通过其他节点的协助才能计算自身位置。如图 9.19(b)所示,在经过多次迭代定位以后,未知节点 2 的邻居节点中只有节点 1 和节点 3 两个锚节点,节点 2 要通过计算到锚节点 5、6 的多跳距离,再利用最大似然估计法计算自身位置。

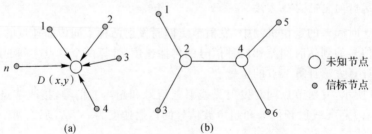

图 9.19　原子多边算法与协作多边算法图示

　　AHLos 算法对信标节点的密度要求高,不适用于规模大的传感器网络,而且迭代过程中存在累积误差。有文献引入了 n 跳多边算法(n-hop multilateration),是对协作多边算法的扩展。在 n 跳多边算法中,未知节点通过计算到信标节点的多跳距离进行定位,减少了非视线关系对定位的影响,对信标节点密度要求也比较低。此外,节点定位之后引入了修正阶段,提高了定位的精度。

　　TDOA 技术对硬件的要求高,成本和能耗使得该种技术对低能耗的传感器网络提出了挑战。但是 TDOA 技术测距误差小,有较高的精度。

　　3. 基于到达角度的定位方法

　　在基于到达角度(AOA)的定位机制中,接收节点通过天线阵列或多个超声波接收机感知发射节点信号的到达方向,计算接收节点和发射节点之间的相对方位或角度,再通过三角测量法计算出节点的位置。

　　如图 9.20 所示,接收节点通过麦克风阵列感知发射节点信号的到达方向。下面以每个节点配有两个接收机为例,简单阐述基于到达角度(AOA)测定方位角和定位的实现过程,定位过程可分为三个阶段。

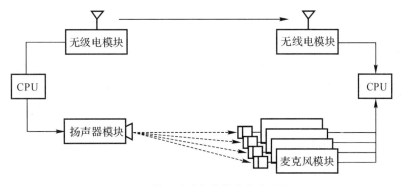

图 9.20　基于到达角度的定位方法图示

　　(1)相邻节点之间方位角的测定。如图 9.21(a)所示,节点 A 的两个接收机 R_1 和 R_2 间的距离是 L,接收机连线中点的位置代表节点 A 的位置。将两个接收机连线的中垂线作为节点 A 的轴线,该轴线作为确定邻居节点方位角度的基准线。

　　在图 9.21(b)中,节点 A、B、C 互为邻居节点,节点 A 的轴线方向为节点 A 处箭头所示方向,节点 B 相对于节点 A 的方位角是 $\angle ab$,节点 C 相对于节点 A 的方位角是 $\angle ac$。

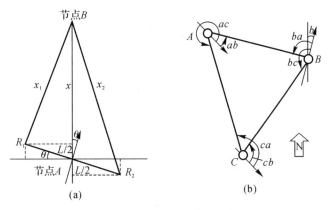

图 9.21　相邻节点之间方位角的测定

(a)节点结构图示;(b)方向角图示

在图 9.21(b)中,节点 A 的两个接收机收到节点 B 的信号后,利用基于到达时间的定位方法(TOA)测量出 R_2 到节点 B 的距离 x_2,再根据几何关系,计算节点 B 到节点 A 的方位角,它所对应的方位角为 $\angle ab$,实际中利用天线阵列可获得精确的角度信息,同理再获得方位角 $\angle ac$,进而有 $\angle CAB = \angle ac - \angle ab$。

(2)相对信标节点的方位角测量。在图 9.22 中,节点 L 是信标节点,节点 A、B、C 互为邻居。利用 9.4.2 节方法计算出 A、B 和 C 之间的方位信息,假定已经测得信标节点 L,节点 B、C 三点之间的相对方位信息,现在需要确定信标节点 L 相对于节点 A 的方位。

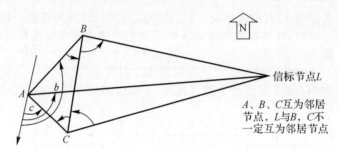

图 9.22　方位角测量

如上所述,$\triangle ABC$、$\triangle LBC$ 的内部角度已经确定,从而能够计算出四边形 $ACLB$ 的角度信息,进而计算出信标节点 L 相对于节点 A 的方位。通过这种方法,与信标节点不相邻的未知节点就可以计算出与各信标节点之间的方位信息。

(3)利用方位信息计算节点的位置。如图 9.23(a)所示,节点 D 是未知节点,在节点 D 计算出 $n(n \geqslant 3)$ 个信标节点相对于自己的方位角度后,从 n 个信标节点中任选 3 个信标节点 A、B、C。$\angle ADB$ 的值是信标节点 A 和 B 相对于节点 D 的方位角度之差,同理可计算出 $\angle ADC$ 和 $\angle BDC$ 的角度值,这样就确定了信标节点 A、B、C 和节点 D 之间的角度。

当信标节点数目 $n = 3$ 时,利用三角测量算法直接计算节点 D 坐标。当信标节点数目 $n > 3$ 时,将三角测量算法转化为最大似然估计算法来提高定位精度,如图 9.23(b)所示,对于节点 A、B、D,能够确定以点 O 为圆心、以 OB 或 OA 为半径的圆,圆上的所有点都满足 $\angle ADB$ 的关系,将点 O 作为新的信标节点,OD 长度就是圆的半径。因此,从 n 个信标节点中任选两个,可以将问题转化为有 $(n-2)$ 个信标节点的最大似然估计算法,从而确定 D 点坐标。

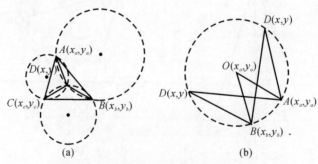

图 9.23　利用方位信息计算节点的位置

(a)三角测量法图示;(b)三角测量法转化为三边测量法

基于到达角度(AOA)定位不仅能确定节点的坐标,还能提供节点的方位信息。但基于到达角度(AOA)测距技术易受外界环境影响,且基于到达角度(AOA)测距技术需要额外硬件,在硬件尺寸和功耗上不适用于大规模的传感器网络。

4. 基于接收信号强度指示的定位方法

在基于接收信号强度指示(RSSI)的定位中,已知发射节点的发射信号强度,接收节点根据收到信号的强度计算出信号的传播损耗,利用理论和经验模型将传输损耗转化为距离,再利用已有的算法计算出节点的位置。

RADAR 是一个基于接收信号强度指示(RSSI)定位技术的室内定位系统,用以确定用户节点在楼层内的位置。如图 9.24 所示,RADAR 系统在监测区域中部署了 BS1、BS2 和 BS3 三个基站,用星号指示所在的位置,覆盖 50 个房间。基站和用户节点均配有无线网卡,接收并测量信号的强度。用户节点定期发射信号分组,且发射信号强度已知,各基站根据接收到的信号强度计算传播损耗,通常使用两种方法计算节点位置:①利用信号传播的经验模型;②利用信号传播的理论模型。

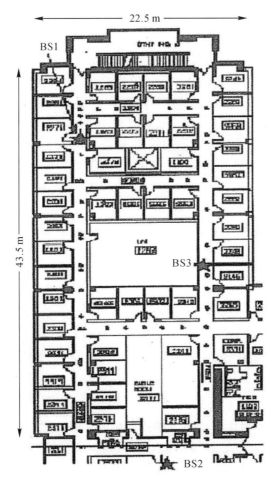

图 9.24　RADAR 系统检测区域平面图

(1)利用信号传播的经验模型。实际定位前,在楼层内选取若干测试点,如图中的小黑点所示,记录在这些点上各基站收到的信号强度,建立各个点上的位置和信号强度关系的离线数据库(x,y,ss_1,ss_2,ss_3)。实际定位时,根据测得的信号强度(ss_1',ss_2',ss_3')和数据库中记录的信号强度进行比较,信号强度均方差 sqrt$[(ss_1-ss_1')^2+(ss_2-ss_2')^2+(ss_3-ss_3')^2]$最小的那个点的坐标作为节点的坐标。

为了提高定位精度,在实际定位时,可以对多次测得的信号强度取平均值。也可以选取均方差最小的几个点,计算这些点的质心作为节点的位置。这种方法有较高的精度,但是要预先建立位置和信号强度关系数据库,当基站移动时要重新建立数据库。

(2)利用信号传播的理论模型。在 RADAR 系统中,主要考虑建筑物的墙壁对信号传播的影响,建立了信号衰减和传播距离间的关系式。根据 3 个基站实际测得的信号强度,利用公式实时计算出节点与 3 个基站间的距离,然后利用三边测量法计算节点位置:

$$P(d)[\mathrm{dBm}]=P(d_0)[\mathrm{dBm}]-10\lg\left(\frac{d}{d_0}\right)-\begin{cases}n_\mathrm{w}\times WAF, n_\mathrm{w}<C\\ C\times WAF, n_\mathrm{w}\geqslant C\end{cases} \tag{9.36}$$

式中:$P(d)$表示基站接收到用户节点的信号强度;$P(d_0)$表示基站接收到在参考点d_0发送信号的强度,假设所有节点的发送信号强度相同;n表示路径长度和路径损耗之间的比例因子,依赖于建筑物的结构和使用的材料;d_0表示参考节点和基站间的距离;d表示需要计算的节点和基站间的距离;n_w表示节点和基站间的墙壁个数;C表示信号穿过墙壁个数的阈值;WAF表示信号穿过墙壁的衰减因子,依赖于建筑物的结构和使用的材料。

这种方法不如上一种方法精确,但可以节省费用,不必提前建立数据库,在基站移动后不必重新计算参数。

虽然在实验环境中 RSSI 表现出良好的特性,但是在现实环境中,温度、障碍物、传播模式等条件往往都是变化的,使得该技术在实际应用中仍然存在困难。

9.4.4　非测距定位

虽然基于距离的定位能够实现精确定位,但往往对无线传感器节点的硬件要求较高。出于硬件成本、能耗等考虑,人们提出了距离无关的定位技术。距离无关的定位技术无须测量节点间的绝对距离或方位,降低了对节点硬件的要求,但定位的误差也相应有所增加。目前提出了两类主要的距离无关的定位方法:①先对未知节点和信标节点之间的距离进行估计,然后利用三边测量法或极大似然估计法进行定位;②通过邻居节点和信标节点确定包含未知节点的区域,然后把这个区域的质心作为未知节点的坐标。距离无关的定位方法精度低,但能满足大多数应用的要求。距离无关的定位方法主要有质心定位、DV-Hop 定位、APIT 定位、Rendered Path 定位等,下面分别介绍它们。

1. 质心定位方法

一多边形的几何中心称为质心,多边形顶点坐标的平均值就是质心节点的坐标。

如图 9.25 所示,多边形 ABCDE 的顶点坐标分别为

$$A(x_1,y_1),B(x_2,y_2),C(x_3,y_3),D(x_4,y_4),E(x_5,y_5)$$

其质心坐标为

$$(x,y)=\left(\frac{x_1+x_2+x_3+x_4+x_5}{5},\frac{y_1+y_2+y_3+y_4+y_5}{5}\right)$$

质心定位算法首先确定包含未知节点的区域,计算这个区域的质心,并将其作为未知节点的位置。在质心算法中,信标节点周期性地向邻近节点广播信标分组,信标分组中包含信标节点的标识号和位置信息。当未知节点接收到来自不同信标节点的信标分组数量超过某一个门限 k 或接收一定时间后,就确定自身位置为这些信标节点所组成的多边形的质心:

$$(X_{est}, Y_{est}) = \left(\frac{X_{i1} + \cdots + X_{ik}, Y_{i1} + \cdots + Y_{ik}}{k} \right)$$

式中:$(X_{i1}, Y_{i1}), \cdots, (X_{ik}, Y_{ik})$ 为未知节点能够接收到其分组的信标节点坐标。

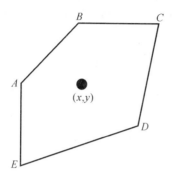

图 9.25　质心定位方法图示

质心算法完全基于网络连通性,无需信标节点和未知节点之间的协调,因此比较简单,容易实现。但质心算法假设节点都拥有理想的球形无线信号传播模型,而实际上无线信号的传播模型并非如此,图 9.26 是实际测量的无线信号传输强度的等高线,可以看到与理想的球形模型有很大差别。

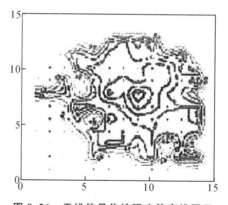

图 9.26　无线信号传输强度等高线图示

另外,用质心作为实际位置本身就是一种估计,这种估计的精确度与信标节点的密度以及分布有很大关系,密度越大,分布越均匀,定位精度越高。有文献对质心算法进行了改进,提出了一种密度自适应 HEAP 算法,通过在信标节点密度低的区域增加信标节点,以提高定位的精度。

2. DV-Hop 定位方法

DV-Hop(Distance Vector-Hop)定位机制非常类似于传统网络中的距离向量路由机制。在距离向量定位机制中,未知节点首先计算与信标节点的最小跳数,然后估算平均每跳的距离,利用最小跳数乘以平均每跳距离,得到未知节点与信标节点之间的估计距离,再利用三边测量法或极大似然估计法计算未知节点的坐标。

（1）DV-Hop 定位过程。DV-Hop 算法的定位过程分为以下三个阶段。

1）计算未知节点与每个信标节点的最小跳数。信标节点向邻居节点广播自身位置信息的分组,其中包括跳数字段,初始化为 0。接收节点记录具有到每个信标节点的最小跳数,忽略来自同一个信标节点的较大跳数的分组。然后将跳数值加 1,并转发给邻居节点。通过这个方法,网络中的所有节点能够记录下到每个信标节点的最小跳数。如图 9.27 所示,信标节点 A 广播的分组以近似于同心圆的方式在网络中逐次传播,图中的数字代表距离信标节点 A 的跳数。

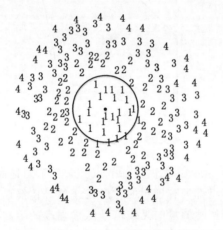

图 9.27　信标节点广播分组的传播过程

2）计算未知节点与信标节点的实际跳段距离。每个信标节点根据第一个阶段中记录的其他信标节点的位置信息和相距跳数,利用所列公式估算平均每跳的实际距离,其中,(x_i,y_i) (x_j,y_j) 是信标节点 i 和 j 的坐标,h_j 是信标节点 i 与 $j(j \neq i)$ 之间的跳段数,则有

$$\text{HopSize}_i = \frac{\sum\limits_{iA}\sqrt{(x_i-x_j)^2+(y_i-y_j)^2}}{\sum\limits_{j=1}h_j} \tag{9.37}$$

然后,信标节点将计算的每跳平均距离用带有生存期字段的分组广播至网络中,未知节点仅记录接收到的第一个每跳平均距离,并转发给邻居节点。这个策略确保了绝大多数节点从最近的信标节点接收每跳平均距离值。未知节点接收到平均每跳距离后,根据记录的跳数,计算到每个信标节点的跳段距离。

3）利用三边测量法或最大似然估计法计算自身位置。未知节点利用第 2）阶段中记录的到各个信标节点的跳段距离,再利用三边测量法或最大似然估计法计算自身坐标。

（2）DV-Hop 定位举例。如图 9.28 所示,经过第 1）阶段和第 2）阶段,能够计算出信标节点 L_1、L_2、L_3 之间的实际距离和跳数。那么信标节点 L_2 计算的每跳平均距离为 $(40+75)/(2+5)$。假设 A 从 L_2 获得每跳平均距离,则节点 A 与 3 个信标节点之间的距离分别为 $L_1=3\times16.42$,$L_2=2\times16.42$,$L_3=3\times16.42$,最后利用三边测量法计算出节点 A 的坐标。

距离向量算法使用平均每跳距离计算实际距离,对节点的硬件要求低,实现简单。其缺点是利用跳段距离代替直线距离,存在一定的误差。

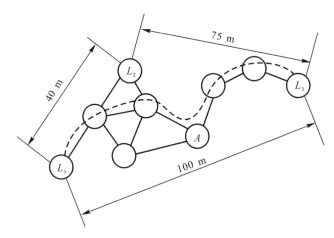

图 9.28　DV Hop 定位方法举例

3. APIT 定位方法

近似三角形内点测试法(Approximate Point-in-triangulahon Test,APIT)首先确定多个包含未知节点的三角形区域,这些三角形区域的交集是一个多边形,它确定了更小的包含未知节点的区域;然后计算这个多边形区域的质心,并将质心作为未知节点的位置。

(1)APIT 定位方法的基本思路。未知节点首先收集其邻近信标节点的信息,然后从这些信标节点组成的集合中任意选取 3 个信标节点。假设集合中有 n 个元素,那么共有 C_n^3 种不同的选取方法,确定 C_n^3 个不同的三角形,逐一测试未知节点是否位于每个三角形内部,直到穷尽所有 C_n^3 种组合或达到定位所需精度;最后计算包含目标节点所有三角形的重叠区域,将重叠区域的质心作为未知节点的位置。如图 9.29 所示,阴影部分区域是包含未知节点的所有三角形的重叠区域,黑点指示的质心位置作为未知节点的位置。

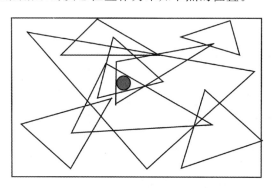

图 9.29　APIT 定位原理图示

(2)APIT 定位方法的理论基础。APIT 算法的理论基础是最佳三角形内点测试法(perfect Point-In-Triangulation test,PIT)。PIT 测试原理如图 9.30 所示,假如存在一个方向节点 M 沿着这个方向移动会同时远离或接近顶点 A、B、C,那么节点 M 位于△ABC 外;否则,

节点 M 位于△ABC 内。

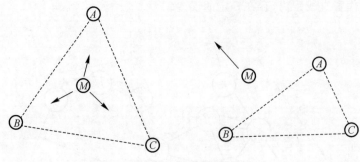

图 9.30　PIT 原理图示

在传感器网络中,节点通常是静止的。为了在静态的环境中实现三角形内点测试,提出了近似的三角形内点测试法:假如在节点 M 的所有邻居节点中,相对于节点 M 没有同时远离或靠近 3 个信标节点 A、B、C,那么节点 M 在△ABC 内;否则,节点 M 在△ABC 外。

近似的三角形内点测试利用网络中相对较高的节点密度来模拟节点移动,利用无线信号的传播特性来判断是否远离或靠近信标节点,通常在给定方向上,一个节点距离另一个节点越远,接收到信号的强度越弱。邻居节点通过交换各自接收到信号的强度,判断距离某一信标节点的远近,从而模仿 PIT 中的节点移动。

(3) APIT 测试举例。如图 9.31(a)所示,节点 M 通过与邻居节点 1 交换信息可知,节点 M 接收到信标节点 B、C 的信号强度大于节点 1 接收到信标节点 B、C 的信号强度,而节点 M 接收到信标节点 A 的信号强度小于节点 1 接收到信标节点 A 的信号强度。那么根据两者接收信标节点的信号强度判断,如果节点 M 运动至节点 1 所在位置,将远离信标节点 B 和C,但会靠近信标节点 A。依次对邻居节点 2、3、4 进行相同的判断,最终确定节点 M 位于△ABC 中。而由图 9.31(b)可知,节点 M 假如运动至邻居节点 2 所在位置,将同时靠近信标节点 A、B、C,那么判定节点 M 在△ABC 外。

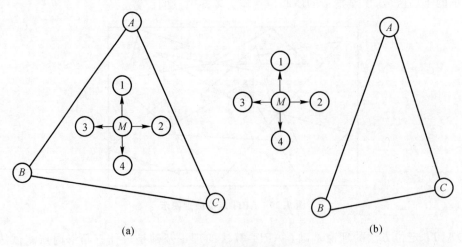

(a)　　　　　　　　　　　　　　　(b)

图 9.31　APIT 测试举例

(a) M 在三角形内;(b) M 在三角形外

（4）APIT 定位方法的具体步骤。

1）收集信息：未知节点收集邻近信标节点的信息，如位置、标识号、接收到的信号强度等，邻居节点之间交换各自接收到的信标节点的信息。

2）APIT 测试：测试未知节点是否在不同的信标节点组合成的三角形内部。

3）计算重叠区域：统计包含未知节点的三角形，计算所有三角形的重叠区域。

4）计算未知节点位置：计算重叠区域的质心位置，作为未知节点的位置。

在无线信号传播模式不规则和传感器节点随机部署的情况下，APIT 算法的定位精度高，性能稳定，但 APIT 测试对网络的连通性提出了较高的要求。相对于计算简单的类似的质心定位算法，APIT 算法精度高，对信标节点的分布要求低。

4. Rendered Path 定位方法

Rendered Path 定位算法着眼于如何解决在非均匀部署的传感器网络中准确确定未知节点的位置。

上述介绍的非测距定位方法中，大都假定网络中节点的部署情况较为均匀，然后由信标节点间的直线距离和跳数估计平均每跳的距离，未知节点则依据每跳距离乘以到达信标节点的跳数得出距离信标节点的距离。然而在实际应用环境中，所有节点的电量消耗并不相同，会导致某一地区出现的节点由于电量枯竭无法通信产生"空洞"，这种情况就说明节点的部署情况很难保证均匀部署。如果信标节点之间有"空洞"，会导致估算的平均每跳的距离不准确，进而影响所有节点的距离估算值，图 9.32 说明了这一情况，其中，由信标节点 s 和 t 之间的直线距离与跳数得出的平均每跳的距离在有"空洞"时误差较大。

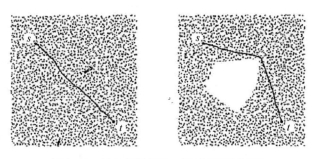

图 9.32　节点部署的某一区域出现"空洞"

Rendered Path 方法借助在"空洞"的边界的点将信标节点的距离用折线段的距离之和取代，而非使用节点间的直线距离，图 9.33 说明了该定位方法的距离计算原理。

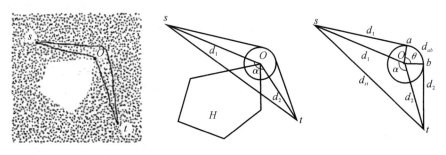

图 9.33　Rendered Path 定位方法的距离计算原理图示

在图 9.33 中,信标节点 s 和 t 之间的距离由折线段 sa、弧线段 ab、折线段 bt 的距离之和得到。图中节点 O 为"空洞"的边界节点,由节点 O 确定一个虚拟的小圆用以排除"空洞"对距离计算的影响。

9.5　网络覆盖技术

网络覆盖是无线传感器网络研究中的基本问题,是指通过网络中传感节点的空间位置分布实现对被监测区域或目标对象物理信息的感知,从根本上反映了网络对物理世界的感知能力。网络中节点的感知能力有限,往往需要多节点的合作才能完成对物理世界的信息采集。节点的感知模型和节点空间位置分布是网络覆盖的基本元素,直接影响着网络的感知质量。单个节点的感知模型是传感器感知函数的服务质量的量度。同样,网络覆盖问题可以认为是基于传感节点空间位置分布的网络服务质量的集成量度。为了研究方便,一般情况下,也将"覆盖"理解为"空间坐标系中的点与传感器网络节点的非负映射"。

9.5.1　覆盖概述

网络覆盖在无线传感器网络设计中与网络连接同样重要,两者均是网络运行必须解决的基本问题。网络连接侧重于节点间的通信能力的连接,使采集的物理信息能够顺利地传送到网络终端;而网络覆盖则从网络感知物理世界的角度,关注通过网络节点的位置分布,完成满足应用需求的被监测区域物理信息的采集。无线传感器网络连接的研究起步较早,主要任务是将传统 Ad-hoc 网络的连接研究引入无线传感器网络中。

9.5.2　覆盖基本概念

网络覆盖包括以下要素。

(1)感知范围。网络中单个传感节点所能感知的物理世界的最大范围,称为节点的感知范围,有时也称为节点的覆盖范围或节点的探测范围。它反映传感节点对物理世界的感知能力,节点的感知范围越大,对物理世界的感知能力越强。实际应用中,节点的感知范围由节点本身的硬件特性决定。在网络覆盖研究中,传感节点的感知范围一般通过节点的感知模型来确定。

(2)邻居节点的传感范围。在节点的传感范围内,一对邻居节点的传感范围一般会相交或相切,即邻居节点的传感范围能够连接起来,这样才能完全覆盖被监测区域。

(3)感知精度。节点的感知精度是指节点采集的被监测对象的信息的准确程度,一般用节点感知数据与物理世界真实数据的比值表示。网络的感知精度是指网络提供的被监测对象信息的准确程度,也可以用网络监测值与物理世界真实值的比值表示,即

$$p = \frac{v_s}{v_t} \tag{9.38}$$

式中:p 为感知精度;v_s 为节点或者网络的监测值;v_t 为物理世界的真实值。

在环境监测应用中,网络的监测精度是指网络的感知精度。有时也用感知误差来表示感知精度,感知误差定义为网络的感知数据与物理世界真实数据的差值。

(4)感知概率。感知概率也称为覆盖概率,一般是指目标被节点或者网络感知的概率。覆盖算法研究中的感知概率,一般和节点或者网络的感知模型密切相关。

（5）漏检率。漏检率和感知概率相对应,是指目标被节点或者网络漏检的概率,其大小和节点本身特性及应用环境密切相关。

（6）覆盖程度。覆盖程度是 Gage 最先提出来的,它一般定义为所有节点覆盖的总面积与目标区域总面积的比值,是网络区域覆盖质量的一个量度。其中节点覆盖的总面积取集合概念中的并集,因此覆盖程度一般是小于或等于 1 的,其计算公式为

$$C = \frac{\bigcup\limits_{i=1,\cdots,N} A_i}{A} \tag{9.39}$$

式中:C 为覆盖程度;A_i 为第 i 个节点的覆盖面积;N 为节点的数目;A 为整个目标区域的面积。

（7）覆盖效率。覆盖效率用于衡量节点覆盖范围的利用率,一方面可以反映覆盖的情况,另一方面可以反映整个网络的能量消耗情况,定义为区域中所有节点的有效覆盖范围的并集与所有节点覆盖范围之和的比值。覆盖效率 CE 的计算公式为

$$CE = \frac{\bigcup\limits_{i=1,\cdots,N} A_i}{\sum\limits_{i=1,\cdots,N} A_i} \tag{9.40}$$

根据覆盖效率的定义,不难发现覆盖效率同时反映了节点的冗余程度,覆盖效率越高,节点冗余度越小,反之节点冗余度越大。

（8）覆盖重数。最近,有学者基于需要较强监测能力或较高容错率的应用环境,提出了多重覆盖的概念,即某一事件是否被 K 个节点覆盖。这与上面的覆盖程度并不矛盾,只是关注的侧重点不同。覆盖程度关注的是对目标区域的整体覆盖情况,覆盖重数则侧重于局部的重点观测。覆盖重数表示某个区域的覆盖冗余程度,如果这个区域在 K 个节点的传感覆盖范围之内,那么它的覆盖重数就是 K,其具体的数学表达式为

$$K_A = \sum_{i=1}^{N} K_i, \quad K_i = \begin{cases} 1, & A \subseteq A_i \\ 0, & A \cap A_i \neq A \end{cases} \tag{9.41}$$

式中:K_A 为 A 区域的覆盖重数;A_i 为第 i 个节点的传感范围;K_i 为第 i 个节点传感范围是否覆盖 A 区域,覆盖时 K_i 为 1,否则为 0。

（9）覆盖均匀性。覆盖均匀性反映了传感节点在被监测区域的分布情况。均匀性一般用节点间距离的标准差来表示,标准差值越小则覆盖均匀性就越好。数学表达式为

$$U = \frac{1}{N} \sum_{i=1}^{N} U_i \tag{9.42}$$

$$U_i = \left[\frac{1}{K_i} \sum_{j=1}^{K_i} (D_{i,j} - M_i)^2 \right]^{\frac{1}{2}} \tag{9.43}$$

式中:U 为均匀性;N 为节点总数目;K_i 为第 i 个节点的邻居节点个数;$D_{i,j}$ 为第 i 个节点与第 j 个节点之间的距离;M_i 为第 i 个节点与和其传感范围相交的所有节点的距离的平均值。

（10）网络使用寿命。网络使用寿命是指能满足应用要求的情况下网络的持续时间,也可以理解为从开始工作到能够维持某一覆盖状态的一组传感节点中最早出现节点失效的时间。

（11）覆盖时间。覆盖时间是指当目标区域被完全覆盖或跟踪时,所有工作节点从启动到就绪所需要的时间(在有移动节点的覆盖中,是指移动节点移动到最终位置所需要的时间)。覆盖时间在营救或者突发事件监测中是一个很重要的节点覆盖衡量指标,可以通过算法优化

和改进硬件设施来缩短覆盖时间。

(12)平均移动距离。平均移动距离是指在移动节点的覆盖方案中,每个节点到达最终位置所移动距离的平均值,这个值越小,系统消耗的总能量就越少。在实际应用中,不仅要缩短节点移动的平均距离,而且要尽量减小节点间能量消耗的差异。因此距离可以用节点移动的平均距离和标准方差来表示更为准确,即每个节点移动的距离与整个网络中节点移动平均距离的偏差来表示。这个标准差越小,则系统中节点能量消耗就越均衡,可避免因某个节点能量耗尽而使整个网络中断。

9.5.3 覆盖模型

覆盖模型主要包括传感节点感知模型和网络覆盖模型两类。

1. 传感节点感知模型

无线传感器网络的覆盖问题,通常与每个节点的感知模型及所有节点的位置部署紧密相关。简而言之,传感节点的感知模型构建了节点物理位置与空间位置的几何关系,可以作为传感器感知函数服务质量的量度。传感节点的感知模型很多,依具体的应用环境又有很多形式。下面将介绍理论研究中常用的几种模型:0-1模型、指数模型、统计模型、障碍模型。

(1)0-1模型。一般而言,传感节点的感知模型通常被简化为0-1模型,即某点被节点覆盖(1)或没有被覆盖(0)。在相关的无线传感器网络文献中,最常用的传感器0-1感知模型是感知圆盘模型——所有处于以某节点为中心、以定长 r 为半径的圆盘范围内的点被认为能够被该节点覆盖。假设在被监测区域的某个节点(i)的坐标为(x_i, y_i),节点的传感半径为r_i,目标节点 j 的坐标为(x_j, y_j),则节点 i 与目标节点 j 的距离 $d_{i,j} = \sqrt{(x_i - x_j)^2 + (y_i - y_j)^2}$。用 $c_{i,j}$ 来表示节点 i 对节点 j 的感知质量,当被关注节点 j 的位置在节点 i 的传感范围 r_i 的圆内时,认为节点 i 对节点 j 的感知质量为1,即节点 i 对节点 j 的感知度为1,否则当节点 j 在节点 i 的传感范围外时,节点 i 对节点 j 的感知度为0,因此数学表达式为

$$c_{i,j} = \begin{cases} 1, & d_{i,j} \leqslant r_i \\ 0, & d_{i,j} > r_i \end{cases} \tag{9.44}$$

在早期无线传感器网络覆盖研究中,使用的节点感知模型一般都是0-1模型,它忽略了一些外界因素的影响,使得问题更为简化,便于人们对问题更深入地研究。

(2)指数模型。尽管二进制的0-1感知模型考虑了距离因素对感知质量的影响,但是这种感知模型得出的传感节点感知能力过于理想化或过于简化。实际上节点采集的信息和对目标的判定,与节点到目标的距离有很大的关系。一般来讲,节点越靠近目标位置,其采集的信息越精确,目标判断越准确可信;离目标位置越远的节点,其采集的信息越粗糙,目标判定越可疑,但是与距离的关系是一个渐变的过程,并不存在一个明确的距离导致感知质量出现突变。因此很多文献修改了以往很多应用中常用的0-1模型,提出了感知质量随节点和目标距离逐渐衰减的指数模型,其数学表达式为

$$c_{i,j} = e^{-ad_{i,j}} \tag{9.45}$$

式中:a 为反映节点对于目标的感知度随两者之间距离衰减情况的参数;$d_{i,j}$ 为传感节点到目标节点的距离。

(3)统计模型。0-1模型和指数模型忽略了传感器本身和物理环境的影响,抽象了节点

本身的感知能力,为理想的节点部署提供了依据。但是在实际的监测中,由于节点本身或环境因素的影响,节点的传感范围不是规则的圆形,而是呈现如图 9.34 所示的不规则形状。离节点越近的地方,节点对于目标的感知能力就越强,一般认为在半径为 r 的范围内节点采集的物理信息的可信度为 1。但是在一个半径 $r-r_e \sim r+r_e$ 范围的圆环内,节点在不同方向的感知能力是有很大差异的。因此有文献提出使用节点感知的统计模型,即某被监测点 P 到传感节点的距离在 $r-r_e \sim r+r_e$ 的范围内,节点对于被监测点的感知质量为两点间距离的指数函数;被监测点到传感节点的距离小于 $r-r_e$,则节点对于该点的感知质量为 1;被监测点到传感节点的距离大于 $r+r_e$,则节点对于该点的感知质量为 0。统计模型的数学表达式为

$$c(i,j)=\begin{cases}0, & r+r_e \leqslant d_{i,j}\\ e^{-\lambda a^{\beta}}, & r-r_e \leqslant d_{i,j} \leqslant r+r_e\\ 1, & r-r_e \geqslant d_{i,j}\end{cases} \tag{9.46}$$

式中:$r_e(r_e<r)$ 为一个监测不确定性的量度;$d_{i,j}$ 为节点被监测地点的距离;α、β 为传感节点监测 $r-r_e$ 与 $r+r_e$ 范围内事物的感知质量的衰减系数。

图 9.34 传感节点的感知范围

(4)障碍模型。应用中如房屋、森林甚至地势都会对监测效果有很大的影响,导致本来在节点感知范围内的被监测点不能被监测,或者感知概率显著降低。这时上述和距离相关的节点感知模型就不能真实反映对目标的感知情况,因此在上述模型的基础上,有文献提出了考虑障碍因素的障碍感知模型。如果障碍物在传感节点与被监测节点的连线上,认为节点对该点的感知能力为 0。如图 9.35 所示,在 7 处的传感节点对于 10 处的目标的感知能力为 0,6 处的目标如果在 4 处传感节点的感知范围内并且达到了应用的需求,则 4 能够感知到 6;而位于 12 处的传感节点对于 6 处目标的感知能力为 0。障碍模型的数学表达式为

$$c'(i,j)=\begin{cases}c(i,j), & \text{节点 } i \text{ 和节点 } j \text{ 间无障碍物}\\ 0, & \text{节点 } i \text{ 和节点 } j \text{ 间有障碍物}\end{cases} \tag{9.47}$$

式中:$c'(i,j)$ 为节点对目标的感知质量;$c(i,j)$ 为节点在没有障碍的情况下对目标的感知能力。

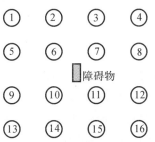

图 9.35 有障碍物的无线传感器网络

2.网络覆盖模型

(1)单节点模型。节点感知模型考虑了节点的监测概率在不同距离处的差异问题,反映了单个节点对某个目标或区域的感知能力。整个网络的覆盖能力依赖于节点的感知能力,需要在节点提供的信息的基础上做出判断。在实际的应用中,由于网络本身和环境的限制,对被监测区域内的每一点的感知概率不可能都能达到100%。根据不同监测的需求,对被监测区域的监测需求往往需要达到某一个最低的概率值,如70%、80%等。一般认为,当单个节点对于目标点的感知概率超过这一最低限度值时,则单个节点对该目标点的覆盖能力为1,即

$$c'(j) = \begin{cases} 1, & c(i,j) \geqslant c_{th} \\ 0, & c(i,j) < c_{th} \end{cases} \tag{9.48}$$

式中:$c'(j)$为单个节点对目标点的覆盖能力;$c(i,j)$为传感节点 i 对于目标 j 的真实感知概率情况,c_{th}为设定的允许最小感知概率。例如,传感节点 1 对于目标区域 A 的感知概率为90%,传感节点 2 对于 A 的监测进度为60%,当允许的最低感知概率 $c_{th}=70\%$ 时,认为传感节点对于 A 点的监测满足状况为100%,而传感节点 2 的监测则不能满足应用的需求,其覆盖满足状况为0。

(2)(k,ε)信息覆盖模型。当单个节点对目标的监测不能满足 c_{th} 的监测要求时,依据节点的指数感知模型,让 k 个对目标漏检率低于 ε 的节点监测目标,以满足应用的需求,有文献提出了 (k,ε) 信息覆盖模型。其算法的示意图如图 9.36 所示。(k,ε) 信息覆盖模型的中心思想是让 k 个传感节点覆盖被监测点,但是规定了参与覆盖的传感节点对目标的漏检率必须低于 ε,即 $0 \leqslant \varepsilon < 1$,但是 k 的取值由应用的实际需求决定,一般认为 $k \geqslant 2$,如果被监测区域中的某一点被 $(5,\varepsilon)$ 覆盖,则它肯定也被 $(4,\varepsilon)(3,\varepsilon)(2,\varepsilon)(1,\varepsilon)$ 覆盖。k,ε 的取值直接影响着该算法的优劣,这依赖于一些实际的应用经验。

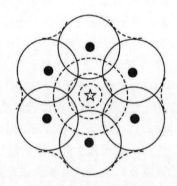

图 9.36　(k,ε)信息覆盖模型算法的示意图

9.5.4　覆盖指标

无线传感器网络覆盖及算法的应用,有助于网络节点能量的有效控制、感知服务质量的提高和整体生存时间的延长,但同时也会带来网络相关传输、管理、存储和计算等代价的提高。因此,无线传感器网络覆盖控制的性能评价标准对于分析一个覆盖控制策略及算法的可用性与有效性至关重要。通过从不同的角度总结出覆盖控制算法所面临的挑战,有助于清楚地比较各种算法之间的优、缺点。这里归纳出以下几点。

（1）感知质量。感知质量是网络覆盖最重要的衡量指标,反映了网络对物理世界的感知能力。在感知质量这个大的范围下,针对不同的应用需求可以包含感知精度、感知概率、漏检率、覆盖程度、覆盖效率、覆盖重数、覆盖均匀性等指标。

（2）连接性。无线传感器网络以数据为中心,大量传感节点协同工作,将采集的环境信息数据通过单跳或多跳的方式及时有效地传送至终端平台,传送链路的可靠性与稳定性也是在设计覆盖控制算法时必须考虑的问题。网络的连接性能有效地保证无线多跳通信的完成,并直接影响着无线传感器网络感知、监测与通信等各种服务质量。图 9.37 表明由传感节点 A、B、C、D、E、F、G、H 组成的无线传感器网络,当节点 D 失效时,将导致整个无线网络的断开,网络的连接性得不到保障,节点 A、B、C 与节点 E、F、G、H 之间无法通信。

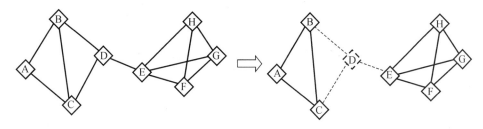

图 9.37　传感节点失效

在网络覆盖研究中,网络的连接性也是必须要考虑的一个重要内容。因为通信连接的程度也和节点的位置有直接的关系,而且会影响系统一些控制命令的传输。尽管已有研究证明,确保区域中的任意一点都能被至少一个节点覆盖到,同时保证网络连接性的充分条件是通信距离是传感距离的两倍以上,但在覆盖算法的设计中仍然要考虑网络的连接性。

（3）能量有效性。能量有效性包括两个方面的内容:一是网络使用寿命,即在满足应用要求的情况下,网络的持续时间;二是网络中能量的优化,即涵盖整个网络和单个节点的能量优化。因为一般应用中,传感节点能量有限,而且大都不能进行人为更换。因此在算法设计中需要通过节点工作状态转换、功率调节、减少数据开销等来改善网络中能量的消耗和节点间能量消耗的平衡,以期获得最好的网络性能。

（4）容错性。容错性是衡量一个覆盖控制策略性能优劣的重要标准之一。无线传感器网络应用中,由于能量消耗或者地理环境等因素的影响会出现节点失效的情况,由此而引起的覆盖盲区,在进行网络覆盖算法设计时应予以充分的考虑,需要通过相应的措施弥补网络覆盖的漏洞,如节点移动或者其他信息处理技术等,以保证网络通信的信息准确可靠。

（5）算法精确性。受实际部署条件、网络资源和覆盖目标特性等多方面的影响,无线传感器网络覆盖在很多情况下是一个 NP 难问题,只能达到近似优化覆盖,势必会造成覆盖算法执行结果产生误差,甚至不能保证算法的有效执行。如何减小误差、提高算法的精确性成为优化覆盖算法的一项重要内容。

（6）算法复杂性。算法的复杂性在无线传感器网络设计中是衡量算法优劣的一个重要指标。无线传感器网络中资源有限,节点的电源能量有限,通信能力有限,计算存储能力有限。这就决定了在网络算法设计过程中必须考虑到资源的限制。在覆盖算法设计中尽量使用简单、计算量小的方法,以适应网络的需求。不同覆盖协议及算法的实现方式不同,将会导致算法复杂程度也有较大差别,因此这里把复杂性作为衡量覆盖算法是否优化的一项重要标准。当然,算法的复杂性通常包括时间复杂度、通信复杂度及实现复杂度等,需要综合考虑。

(7)动态兼容。对于动态性很强的无线传感器网络来讲,覆盖算法的动态性是必不可少的评判指标。与传统 Ad-hoc 网络相比,动态性是无线传感器网络最突出的特点之一。由于网络本身的特点和应用环境的特殊性,网络中经常会出现节点失效、新节点加入等现象。在算法设计中都要涉及兼容网络的动态性因素。当然在一些特殊的应用环境(如运动目标监测覆盖、网络动态覆盖等)需要网络的覆盖协议与算法考虑节点具有运动能力、网络整体或传感目标运动等网络动态特性。这时更需要算法有良好的动态兼容性。

(8)可扩展性。保证网络的可扩展性是无线传感器网络覆盖的另一项关键指标。若设计的覆盖算法没有可扩展性,就难以实现大规模的网络应用。网络的整体性能也可能会随着网络规模的增加而显著降低。而且针对不同的应用需求,无线传感器网络的规模相差较大,设计通用的网络覆盖算法,可扩展性显得尤为重要。

(9)执行复杂度。无线传感器网络节点部署在在监控区域后,需要能够快速完成自定位、时间校准、节点位置的自我调整等,覆盖算法应快速、易操作,执行复杂度低,满足应用的实时性需求。当网络应用环境发生变化、被监测区域的覆盖需求需要调整时,算法的执行复杂度低才能快速适应网络的需求,保证网络的服务质量。

除了上述指标之外,无线传感器网络覆盖协议算法还存在是否需要知道网络节点位置、是否需要专门的覆盖控制消息等差别。

以上是无线传感器网络覆盖设计中经常遇到的几个评价标准,同时也是设计、分析具体协议和算法时要考察的内容。但是应用中算法设计不一定要关注所有的指标,须根据实际应用需求和应用环境进行取舍。

9.5.5 覆盖算法

网络覆盖算法的优劣直接影响网络的感知质量。不同的应用中,网络覆盖算法设计的目标和关注内容不同,通常根据不同的假设条件、环境限制和研究目标而提出具体的覆盖方案。

按照覆盖区域分类,无线传感器网络覆盖可以分为区域覆盖、目标覆盖和栅栏覆盖。不同覆盖类型关注的覆盖效果不同,区域覆盖关注的是节点能否完整地覆盖被监测区域,在网络覆盖设计中需要考虑节点数目较多、分布均匀的放置方式;目标覆盖追求目标感知概率最大化或者完全覆盖,需要考虑在目标覆盖应用中放置较为密集的传感节点;栅栏覆盖与区域覆盖和目标覆盖最大的不同是在部署传感节点之前,被监测目标是未知的。

如图 9.38 所示,图中虚线圆代表节点的感知范围,黑色实心圆代表工作节点,空心圆代表休眠节点,灰色方块代表被监测目标。

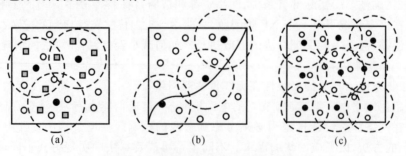

图 9.38 按照覆盖区域分类的覆盖方法

(a)目标覆盖;(b)栅栏覆盖;(c)区域覆盖

1. 目标(点)覆盖

无线传感器网络应用中,需要对被监测区域中位置确定的某些重要的目标点进行数据采集和监测,这类覆盖的研究主要是通过对自由分布节点的调度,完成对目标的监测。目标覆盖的示意图如图 9.38(a)所示,目的是覆盖一些已知位置的离散的点集合。

在确定性传感器部署问题中,考虑简单的完全网格物理覆盖:一个比传感器感知范围间隔小的网格,目的是部署最少的传感器来覆盖所有的网络节点。该部署问题可以建模为一个受限最优化问题。G 表示网格顶点集合,s_i 表示在 i 点是否有传感器部署($s_i=1$ 表示存在传感器部署;$s_i=0$ 表示没有传感器部署)。$X_{i,j}$ 表示网格顶点 j 是否被网格顶点 i 处的传感器覆盖($X_{i,j}=1$ 表示网格顶点 j 被覆盖;反之,$X_{i,j}=0$)。

此部署问题可以规范为整数线性规划问题(ILP):

$$最小化节点数目 \quad \sum_{i \in G} s_i$$
$$满足条件 \sum_{i \in G} X_{i,j} \geqslant 1, \forall j \in G, s_i \in \{0,1\}, i \in G \tag{9.49}$$

通过求解这个简单的优化问题,就能以最少数目的传感器覆盖所有的目标。

在随机部署的传感器网络中,覆盖问题常常被定义为:要求每个目标对象都必须每时每刻至少被一个传感器监控,并且尽量延长整个网络的寿命。最基本的思路为:将散布的传感器划分成若干传感覆盖(SCs),每个传感覆盖(SC)能够覆盖所有的目标对象(完全覆盖目标对象特性),并且这些传感覆盖能够选择性地被激活。显然,为了最大化整个网络的工作寿命,每个传感覆盖(SC)中的传感器数量应该最少。同时应满足若移走任意一个传感覆盖(SC)时,目标对象就无法被完全覆盖。这个完整的不可缩减的传感覆盖(SC)可能由一个或多个独立的传感器组成。在操作时间间隔(OTI)里,只有被选中的传感器才能被激活以完成监视任务。

首先,给定一个固定的值作为活跃状态持续时间,记为 T。因为传感器的能量有限,如果操作时间间隔(OTI)太长,可能导致在该操作时间间隔(OTI)内,被选中的传感覆盖(SC)有一个或多个传感器不能完成其功能。在这种情况下,令选中的 SC 中能量最小的传感器能够持续工作的时间为操作时间间隔,以保证监视任务顺利完成。$E(s)$ 表示传感器 s 在时间间隔内消耗的能量。如果传感器 s 不属于选中的 SC,$E(s)=0$;否则,该传感器将消耗一定能量。合理安排传感器工作时序以最大化网络工作寿命,可用数学表达式表示为

$$最大工作寿命为 \equiv \sum_{i=1}^{L} t_i$$
$$满足条件为 \sum_{i=1}^{L} E(s,t_i) \leqslant E_0(s), \forall s \tag{9.50}$$

式中:L 为时间间隔的数量,给定一个有限的能量和一个最小的时间间隔,L 为有限且未知的。

2. 栅栏(线)覆盖

栅栏覆盖[见图 9.38(b)]是指当移动物体沿一定的轨道穿越区域时,工作节点的传感范围要能够覆盖移动物体的全程移动轨迹。它考察了目标穿越 WSN 时被检测的情况,反映了

给定 WSN 所能提供的传感、监测能力。这类网络覆盖问题的目标是找出连接出发位置和离开位置的一条或多条路径,使这样的路径能够在不同模型定义下提供对目标的不同感知/监测质量。栅栏覆盖问题和目标覆盖问题的区别在于其目标位置不是确定的。根据目标穿越 WSN 时所采用模型的不同,栅栏覆盖又可以具体分为"最坏与最佳情况覆盖"问题和"暴露穿越"问题。

"最坏与最佳情况覆盖"问题中,对于穿越网络的目标而言,最坏的情况是指考察所有穿越路径中不能被网络传感节点检测的概率最小情况;对应的最佳情况是指考察所有穿越路径中被网络传感节点发现的概率最大情况。近几年研究提出了一种采用 Voronoi 图和 Delaunay 三角剖分的集中式算法来寻找此路径。Voronoi 图是在给定部署的传感器网络中建立的,而最大突破路径(MBP)仅限于 Voronoi 图线。Voronoi 边界权重是指任何边界上的任意点和与其最近传感器的最小距离。对此提出路径计算的算法使用二分查找和宽度遍历,返回突破权重作为最大突破路径。Delaunay 三角剖分是用于查找支持路径的,这种查找限制在 Delaunay 三角剖分的线上,Delaunay 三角形的每条线的片段权重为其自身长度值。

与单纯考虑离传感节点距离的"最坏与最佳情况覆盖"不同,"暴露穿越"同时考虑了"目标暴露(rarget exposure)"的时间因素和传感节点对于目标的"感应强度"因素。这种覆盖模型更符合实际环境中运动目标由于穿越无线传感器网络区域的时间增加而导致"感应强度"累加值增大的情况。在"暴露穿越"问题中,传感器 s 在目标节点 p 上暴露的传感强度随距离衰减,关系表达式为

$$S(s,p) = \frac{C}{\| s,p \|^{\alpha}} \tag{9.51}$$

式中:C 为常数,是衰减指数;$\| s,p \|$ 为节点 s 和节点 p 之间的欧几里得距离。

节点 p 的覆盖指示值(称为节点的暴露)能够计算与其邻近的 k 个传感器(或者传感场中所有的传感器)的传感强度总和,即

$$I(p,k) = \text{sum}_{(k=1)}^{(K)} S(p,s_{(k)}) \tag{9.52}$$

路径的暴露可简化为所有在该路径上的节点的覆盖指示值的总和。通过这种方法可以找到最小暴露路径。

k 栅栏覆盖是在带形区域的一个栅栏覆盖问题。如果一条路径与至少 k 个不同的传感器的传感圆盘区域交叉,则称为 k 栅栏覆盖。一个给定的带形区域,如果这个区域中的所有的交叉路径都是 k 栅栏覆盖,其中每条交叉路径是任意地完全穿越这个区域宽度的路径,则称这个地带区域为 k 栅栏覆盖。有学者提出了一种有效算法,来确定一个在随机部属的无线传感器网络中给定的带形区域是否为 k 栅栏覆盖。当传感器为确定性部署时,则有一个最佳的调度模式来实现 k 栅栏覆盖。该方法中还给出了脆弱栅栏覆盖的定义,其具有很高的概率来保证对入侵者的准确监测,例如,当入侵者秘密穿过传感器栅栏,入侵者没有觉察到传感器。同样地,脆弱栅栏覆盖的强大在于它拥有很高概率监测的同时,无需密集的传感器。当传感器随机地部署时,根据临界传感密度,基于概率论的栅栏覆盖问题分为两类——弱栅栏覆盖和强栅栏覆盖,这两种栅栏覆盖的类型比完全区域覆盖需要更少的传感器。

3. 区域(面)覆盖

区域覆盖[见图 9.38(c)]要求工作节点的传感范围完全覆盖整个区域,即区域中的任意一点能够至少被一个工作节点覆盖。在面积覆盖问题中最基本的研究理念是希望使网络区域中的每个点均能够被传感器覆盖,而完全覆盖作为最优覆盖状态被积极关注。

对于正方形区域 R,$\| R \|$ 是有限的。用 $x(z)$ 表示点 z 是否被覆盖:

$$x(z) = \begin{cases} 1, & \text{表示该点不在任意传感圆盘内} \\ 0, & \text{表示该点至少处于一个传感圆盘内} \end{cases} \tag{9.53}$$

区域 R 中的空白区域 V 被定义为未被覆盖的区域面积,即

$$V = V(R) = \int_R x(z) \mathrm{d}z \tag{9.54}$$

当没有空白区域 V 出现[即 $V(R)=0$]时,表明区域 R 被完全覆盖。因此希望给出无空白区域出现的临界概率值以确保 $P_r\{V=0\}$。为获得该变量,首先确定某点无法被覆盖的概率 $P_r\{x(z)=1\}$,然后由区域中某些特殊点限定出基于概率 $P_r\{x(z)=1\}$ 的无空白产生的概率。可以使用圆盘覆盖性质和基于网格的方法这两种方法来限定 $P_r\{V=0\}$ 或 $P_r\{V>0\}$。

定义一个交叉点,该交叉点是任意两个圆盘边界的交叉点,或者是某圆盘与待测区域 R 边界的交叉点。如果该交叉点至少位于一个传感区域圆盘内,则称该交叉点被覆盖。注意:交叉点无法被驱动圆盘覆盖。Hall 认为空白 V 出现的概率可以分为三部分:$P_r\{V>0\}=p_1+p_2+p_3$,其中 p_1 代表没有任何圆盘的圆心在区域 R 中;p_2 代表至少有一个圆盘的圆心在区域 R 中但任意两圆盘均不相交;p_3 代表 R 没有被完全覆盖,但至少有一个圆盘的圆心在区域 R 中,并且至少有一个圆盘与其他圆盘相交。

很容易给出 p_1 和 p_2 的上界值,而 p_3 则需要使用马尔可夫不等式计算。注意到 p_3 是基于圆盘覆盖的性质,通过分解,完全区域覆盖问题仅与一些离散的交叉点有关。Hall 提供了 $P_r\{V>0\}$ 的上限和下限。若一个点至少被 k 个传感器覆盖,则称该点被 k 覆盖,同理,若某一区域中的每一个点均被 k 覆盖,则称该区域被 k 覆盖。

另一种基于网格的方法也能够得到 $P_r\{V>0\}$ 的边界,首先在传感区域构造网格并结合完全区域覆盖完成全部网格点覆盖。用 l 表示任意两网格点间的距离,使用网格方法进行测算的理由如下:如果所有的网格点均能被半径为 R_s 的圆盘覆盖,则采用半径为 $R' \geqslant R_s + l/2$ 的圆盘进行覆盖能够实现完全区域覆盖。网络构造完毕以后,所有网格点均被覆盖的最小概率可通过 Jason 不等式计算出。令 Z 为所有网格点的集合,所有网格点均被覆盖的概率以所有网格点被覆盖的概率乘积为下确界,即

$$P_r\{\hat{z} \wedge Z(x(z)=0)\} \geqslant \prod_{z \in Z} P_r\{x(z)=0\} \tag{9.55}$$

在给出 $P_r\{V>0\}$ 的范围后,使用渐进分析法来求解传感器密度 λ 与传感区域的比例缩放系数之间的关系(如正方形区域的边长 L)。使用渐进分析时必须要注意边界效应。花托规则指出某个圆盘的面会突出而另外一面则会凹陷,此规则能够用于估计边界效应。若不考虑边界效应而实现渐进 k 覆盖,传感节点密度 λ 与区域边长 L 的关系须满足

$$\lambda = \lg(L^2) + (k+1)\lg(L^2) + c(L) \tag{9.56}$$

此时，$\lim\limits_{L \to \infty} c(L) = \infty$。

若考虑边界效应，则传感节点密度 λ 与区域边长 L 的关系须满足

$$\lambda = \lg(L^2) + 2k\lg(L^2) + c(L) \tag{9.57}$$

此时 $\lim\limits_{L \to \infty} c(L) = \infty$。

上述的分析提供了实现完全区域覆盖所需要的传感节点密度。

9.6 本章小结

　　本章在 9.1 节介绍了无线传感器网络的拓扑控制技术，包括拓扑控制的基本概念及几个典型的拓扑控制技术，包括基于功率的拓扑控制技术、层次型拓扑控制技术以及结构自适应的拓扑控制技术。9.2 节首先介绍了无线传感器网络的时间同步和节点时钟的基本概念，并分析了同步信息传输延时的原因，最后介绍了同步算法及同步模型参数估计相关内容。9.3 节介绍了能量管理技术，包括传感器节点的功耗分布、节点基本能耗模型、各类节能策略的介绍。9.4 节介绍了节点定位技术，包括节点位置的基本计算方法、测距定位和非测距定位。9.5 节介绍了网络覆盖技术，包括覆盖的基本概念、覆盖模型、覆盖指标、覆盖算法相关内容的介绍。

第 10 章　无线传感器网络操作系统

10.1　无线传感器网络操作系统需求

这里先对常见的操作系统、嵌入式系统和嵌入式操作系统的概念进行简单的介绍。

通常操作系统(Operating System,OS)是电子计算机系统中负责支撑应用程序运行环境和用户操作环境的系统软件。它是计算机系统的核心与基石,其职责包括对硬件的直接监管、对各种计算资源(如内存、处理器时间等)的管理,以及提供诸如作业管理之类的面向应用程序的服务等。在操作系统的帮助下,用户避免了直接操作计算机系统硬件的麻烦。对计算机系统而言,操作系统是对所有系统资源进行管理的程序的集合;对用户而言,操作系统提供了对系统资源进行有效利用的简单抽象的方法。

嵌入式系统是指用于执行独立功能的专用计算机系统。它由微处理器、定时器、存储器、传感器等一系列微电子芯片与器件以及嵌入在存储器中的微型操作系统和应用软件组成,共同实现诸如实时控制、监视管理、移动计算和数据处理等各种信息处理任务。

嵌入式操作系统是一种支持嵌入式系统应用的操作系统软件,它是嵌入式系统重要的组成部分,通常包括与硬件相关的设备驱动、系统内核、通信协议以及图形界面等。嵌入式操作系统具有通用操作系统的基本特点,能够有效管理复杂的系统资源,并且把硬件虚拟化,使得开发人员从繁忙的驱动程序移植和维护中解脱出来。

传感器网络节点作为一种典型的嵌入式系统,同样需要操作系统来支撑它的运行。微处理器的发展要求软件系统对日益丰富的硬件资源提供有效、合理的管理;应用的多样化决定了传感器节点需要采集并处理多种信息。同时,传感器节点需要处理的任务具有高度并发、异步的特点。无论是在节点硬件的管理方面,还是在程序任务的管理方面,研发一种通用的多任务操作系统是必要的,也是可行的。

当前,有些研究人员认为传感器网络的硬件很简单,没有必要设计一个专门的操作系统,可以直接在硬件上编写应用程序。然而,这种想法在实际应用中会碰到很多问题。首先,基于传感器网络的应用开发难度会大大加大,开发人员不得不直接面对硬件进行编程,无法得到像传统操作系统那样的丰富服务。其次,软件的重用性差,程序员无法继承已有的软件成果,降低了开发效率,增加了开发成本与工程周期。设计传感器网络操作系统的目的是为了有效地管理硬件资源和执行任务,使用户不用直接在硬件上编程,从而使应用程序的开发更为方便。

另外一些研究人员认为,可以直接使用现有的嵌入式操作系统,如 Linux、WinCE、Vxwvrks、QNX 等这些系统中有基于单体内核架构的嵌入式操作系统,如 Linux 等;也有基于微内核架构的嵌入式操作系统,如 VxWorks、QNX 等。由于这些操作系统主要面向嵌入式领域相对复杂的应用,其功能也比较复杂,如内存动态分配、虚拟内存、文件系统等,所以系统代码量也相对较大。然而,当前传感器网络的硬件资源极为有限,尤其是它的能量、内存和接口资源等,因此现有的一些嵌入式操作系统不能很好地适用于传感器网络节点。

在某种程度上,可以将无线传感器网络看作一种由大量微型、廉价、能量有限的多功能传感器节点组成的,可协同工作的,面向分布式自组织网络的计算机系统。传感器网络的特殊性导致传感器网络对操作系统的要求相对传统操作系统有较大的差异。因此,需要针对传感器网络应用的多样性、资源有限、硬件功能有限、节点微型化和分布式任务协作等特点,研究和设计面向无线传感器网络的操作系统。

根据传感器网络的特点,在设计相应的操作系统时通常需要满足以下要求。

(1)由于每个传感器节点只有有限的计算资源和存储资源,所以其操作系统代码量必须尽可能少,复杂度要尽可能低。

(2)节点一般由电池供电,且要求工作周期较长,因此需要系统的能耗管理策略和方案能被操作系统所支持。

(3)由于传感器网络的规模可能很大,网络拓扑动态变化,所以操作系统必须能够适应网络规模和拓扑高度动态变化的应用环境。

(4)观测任务需要操作系统支持实时性,对监测环境发生的事件能快速响应,并迅速执行相关的处理任务。

(5)任务并发性很密集,可能存在多个需要同时执行的逻辑控制,需要操作系统能够有效地满足这种发生频繁、并发程度高、执行过程比较短的逻辑控制流程。

(6)硬件模块化程度很高,要求操作系统能够让应用程序方便地对硬件进行控制,且保证在不影响整体开销的情况下,应用程序中的各个部分能够比较方便地进行重新组合。

正是无线传感器网络的这些特殊要求对设计面向传感器网络的操作系统提出了新的挑战。

10.2 当前主要的无线传感器网络操作系统

无线传感器网络是目前国内外研究的热点领域,操作系统作为其应用的重要支撑技术,近几年来也吸引了众多优秀科研团队参与研究。许多国内外的知名大学和研究机构纷纷开发出自己的无线传感器网络操作系统,具有代表性的有加州大学伯克利分校开发的 TinyOS、加州大学洛杉矶分校开发的 SOS、康奈尔大学开发的 MagnetOS、科罗拉多大学开发的 MOS、首尔大学开发的 SenOS、欧洲 EYES 项目组开发的 PEEROS 和瑞士计算机科学院开发的 Contiki,国内有中国科学院计算技术研究所开发的 GAS 以及浙江大学开发的 SenSpire。下面分别介绍一下几个常见的无线传感器网络操作系统。

10.2.1 TinyOS

TinyOS 是加州大学伯克利分校的 David Culler 领导的研究小组为无线传感器网络量身订制的嵌入式操作系统。TinyOS 的核心代码和数据在 400 B 左右,能够突破传感器存储资源少的限制,这使得操作系统可以有效地运行在无线传感器网络节点上,并负责执行相应的管理工作。TinyOS 目前已经成为无线传感器网络领域事实上的标准平台。尽管有不少无线传感器网络研究小组开发了各具特点的硬件节点，但绝大多数都采用了 TinyOS。TinyOS 的源代码是对外公开的，目前已不再由 UCB 的开发小组单独开发和升级，而成为 SourceForge. net（全球最大的开源软件开发平台和仓库）的一个开放的项目，由众多研究小组共同开发和维护。为了方便讨论和吸收各方面的意见，又成立了 TinyOS 联盟，共同讨论和制订 TinyOS 的发展规划。

　　TinyOS 采用了组件的架构方式，因此能够快速实现各种应用。TinyOS 的组件库包括网络协议、分布式服务、传感器驱动以及数据获取工具等，一个完整的应用系统通过组合不同的组件实现应用，但当前不用的组件不会被编译进来，以实现减少内存需求的目的。TinyOS 采用了事件驱动的运行模型，因此可以处理高并发性的事件，并能够达到节能的目的，因为微处理器不需要主动去寻找感兴趣的事件。此外，TinyOS 还采用了轻量级线程、两层调度、主动消息通信等技术，这有效地提高了传感器节点 CPU 的使用率，有助于省电操作并简化了应用的开发。关于 TinyOS 的进一步介绍请详见 10.3 节。

　　目前，TinyOS 的最新版本是 2.1.1，此版本可以在很多硬件平台上运行。在 TinyOS 网站上公开原理图的硬件平台有 TelosA、TelosB、Mica2 和 Mica2Dot 等，此外还有不少商业和非商业组织的硬件平台也支持运行 TinyOS，如欧洲的 Eyes、MotelV 公司的 Tmote sky、Crossbow 公司的 MicaZ 以及 Intel 公司的 iMote。

　　TinyOS 在实际项目中得到了广泛的应用，其官方网站上列出了数十个采用了 TinyOS 的项目，而且这些数据还在不断的更新中。例如，加州大学洛杉矶分校的 Shahin Farshchi 进行了一项以 TinyOS 为基础的无线神经界面研究，该系统可以在 100 Hz/频道的采样频率下传感、放大、传输神经信号；路易斯安娜州立大学和位于 Baton Rouge 的南方大学的 Nian-Feng Tzeng 博士研究了应用于石油/气体开发和管理的 UcoMS（泛计算和监控系统），用于帮助钻孔、记录操作数据、监控设备、管道管理等；国内清华大学的刘云浩等人在用于森林生态监测的"绿野千传"项目中布置了上千个节点的大规模网络，长期收集温度、湿度、光照和二氧化碳浓度等多种生态信息。

10.2.2　MANTIS

MANTIS OS (Multimod A1 NeTworks of In-situ Sensors OS，MOS)是由美国科罗拉多大学 MANTIS 项目组为无线传感器网络开发的源代码公开的多线程操作系统。它的内核和 API 采用标准 C 语言，提供了人们所熟悉的类 UNIX 的编程环境，易于用户入门和应用。虽然 MOS 是基于多线程的系统，但它的整个内核占用的 RAM 小于 500 B，对 flash 的需求小于 14 KB。而且它提供了多线程抢占机制，能很好地满足无线传感器网络中处理复杂任务（如加密解密、数据融合、定位、时间同步等）的需要。同时，其抢占式的任务调度器采用节点循环休眠策略，可以大大提高能量利用效率。目前，MOS 最新版本为 0.9.5，可支持 Mica 系列（Mica2、MicaZ 等）的节点和 MANTIS 项目组研发的 namph 节点。

　　MOS 是经典的分层式多线程结构，如图 10.1 所示，包括内核/调度器、通信层（COMM）、设备驱动层、网络栈以及命令服务器。应用程序线程和底层操作系统 API 相互独立，因此 MOS 通过提供不同平台的 API 可以实现对多个平台的支持。

　　MOS 使用了一个类似于 UNIX 风格的调度器，它提供了基于优先级的多线程调度和在同一优先级中进行轮转调度的服务。通信层为通信设备的驱动程序定义了统一接口,如串口、无线通信设备等,它实现了异步的 IO 操作。设备驱动层涵盖了同步 IO 设备的驱动程序(如传感器、外部存储器等)和异步通信设备的驱动程序(如无线电、串口等)。MOS 还提供了标准的接口来控制外部设备的能量状态,支持 3 种不同的能量状态:开启、关闭和空闲。微处理器的能量管理与线程调度紧密结合,且支持两个级别的节能。

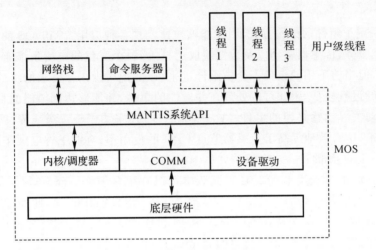

图 10.1　MOS 系统结构

由于 MOS 系统的内核和 API 采用统一的 C 语言接口,所以不仅能够通过快速的应用原型大大缩短开发周期,而且能够对 MOS 内核的添加或者修改进行快速测试与调试。此外,还为传感器网络更高级的研究提供可扩展性,包括无线方式的动态重编程、传感器节点远程调试以及多态原型(包括虚拟的和实际部署的传感器节点)。

另外,MANTIS 项目组提出了一种增强 TinyOS 性能的系统构架 TinyMOS。在这个架构上,TinyOS 作为一个线程运行在 MOS 上。通过 MOS,TinyMOS 在 TinyOS 中增加了优先级和多线程功能,并在 TinyOS 的主线程中引入了从线程的概念,用于处理主线程中大数据量的计算任务。

MOS 也有一些成功的应用案例,一个基于 MOS 的火灾探测网络(FireWxNet)项目曾获得了国际移动系统会议(MobiSys 2006)的最佳论文奖。这个传感器网络部署在美国爱达荷州的比特鲁特国家森林公园,由 3 个采用 MOS 的子网络组成,并且由一个 IEEE 802.11 主干网支撑起来。在一系列严格的测试条件下,MOS 的各个部分,包括内核、网络、任务循环以及应用支持能力等各方面都运行得很好。

10.2.3　SOS

SOS 是由加州大学洛杉矶分校的网络和嵌入式实验室(NESL)为无线传感器网络开发的操作系统。SOS 与 TinyOS 一样,也是一个事件驱动的操作系统。它使用一个通用内核,可以实现消息传递、动态内存管理、模块装载和卸载,以及其他的一些服务功能。其最大的特点就是能够动态地装载软件模块,因此它可以创建一个支持动态添加、修改和删除功能模块的系统。

SOS 在设计时有以下三大主要目标。

（1）实现动态可重配置。在无线传感器网络领域，重配置功能可以使得网络在部署和初始化后，还能对网络进行更新，即在节点上添加新的软件模块以及去除不再需要的软件模块。随着网络规模越来越庞大，应用软件的更新越来越难，可动态配置就显得非常重要。

（2）创建一个能为开发人员提供各种通用服务的快速开发系统。许多无线传感器网络应用往往需要一些通用的服务，如内存数据包的管理等。

（3）吸收传统操作系统的设计思想，并应用到资源非常有限的传感器节点中，便于对系统进行维护。SOS 由可以动态加载的模块和静态的系统内核组成，如图 10.2 所示。静态内核可以先被烧录到节点上，节点运行过程中用户还可以根据任务的需要动态地增删模块。静态内核实现了最基本的服务，包括底层硬件抽象、灵活的优先级消息调度器、动态内存分配等功能。其中简单的动态内存分配机制，减小了编程复杂度，并增加了内存的重用度。模块实现了系统大多数的功能，包括驱动程序、协议和应用程序等。这些模块本身都是独立的代码实体，可实现一项具体的任务和功能，并且对模块的修改不会中断系统的操作。

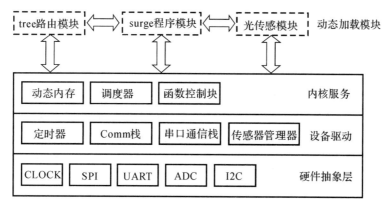

图 10.2　SOS 系统架构

SOS 采用标准 C 语言编写，因此可以使用标准 C 的调试工具，如 gdb 等。SOS 采用真正的模块化开发方式，大部分应用的开发都是基于模块，应用模块在网络被部署后仍然保持着模块化的特性。只有在需要改变底层硬件的资源管理功能时，才会修改 SOS 的静态内核。目前，SOS 的最新版本为 2.0.1，其支持的硬件平台主要有 Crossbow 公司的 Mica2、MicaZ 节点以及耶鲁大学的 XYZ 节点。

10.2.4　Contiki 操作系统

Contiki 是瑞典计算机科学研究所的 Adam Dunkels 等人专为内存资源非常有限的嵌入式系统（如传感器节点）开发的一个多任务操作系统。Contiki 完全采用 C 语言编写，源代码开放，支持网络互联，具有高度的可移植性，代码量非常小，支持 8 b 微控制器构成的嵌入式系统，也支持老式的 8 b 家用台式电脑。自从 2003 年 5 月推出以来，Contiki 已经被移植到了 20 种不同类型的硬件平台。目前，Contiki 的最新版本为 2.5。

Contiki 提供一个简单的事件驱动内核，支持原型进程以及可选的抢占式多任务，通过传递消息来实现任务间通信，具有动态进程结构，支持加载和卸载程序。使用 uIP 协议栈实现本地 TCP/IP 协议，可以在直接相连的终端和通过网络相连的终端（如虚拟网络计算机和 Telnet）上实现图形化界面系统。

当前,Contiki 基本系统(支持多任务、网络和图形界面)在编译后的代码大小为 32 KB,而一个较为完整地支持 Web 服务器、Web 浏览器等功能的系统在编译后代码大小约为 64 KB。目前,能够运行 Contiki 的最小系统只需要一个 2 KB 的 RAM,以其能运行基本系统、Web 服务器、虚拟网络计算机服务器和一个小的虚拟桌面。

10.2.5　MagnetOS

MagnetOS 是由康奈尔大学为无线自组织网络开发的分布式操作系统,其目标是为自组织网络提供一个能量高效、自适应性强并且便于应用开发的操作系统。MagnetOS 最大的特点是采用了虚拟机的思想,针对各种节点构成的自组织网络,提供了一个统一的 Java 虚拟机系统映像。MagnetOS 能够自动地将应用程序分割成各种组件,并且以利于节能、延长网络寿命的方式将这些组件自动放置或迁移到最合适的节点上。目前,MagnetOS 可运行在 x86 笔记本电脑和 StrongARMD 的 PDA 上,如 iPAQ、Axim 和 Jornads 等。

10.3　TinyOS

TinyOS 是一个开源的嵌入式操作系统,有超过 500 个研究小组或者公司在使用这个微型的操作系统。本节将详细介绍该系统。TinyOS 不是传统意义上的操作系统,准确地说,它是一个适用于网络化嵌入式系统的编程框架,通过在这个框架里将用户设计的一些组件和操作系统的必要组件连接起来,就能方便地编译出面向特定应用的操作系统,这对于硬件资源极为有限的系统来说非常重要。

10.3.1　设计理念

由于传感器网络的特殊性,需要操作系统能够高效地使用传感器节点的有限内存、低功耗处理器、低速通信设备、多样的传感器、有限的电源,且能够对各种特定应用提供最大的支持。在面向传感器网络的操作系统支持下,多个应用(如计算、存储和通信等)可以并发地使用系统资源。针对这些要求,研究人员在设计和实现 TinyOS 时,提出了以下几个必须遵循的设计要求。

(1)能在有限的资源上运行,即要求执行模式允许在单一的协议栈上运行。

(2)允许高度的并发性,即要求执行模式能对事件做出快速的直接响应。

(3)适应硬件升级,即要求组件和执行模式能够应对硬件/软件的替换。

(4)支持多样化的应用程序,即要求能够根据实际需要,裁减操作系统的服务。

(5)鲁棒性强,即要求通过组件间有限的交互渠道,就能应对各种复杂情况。

(6)支持一系列平台,即要求操作系统的服务具有可移植性。

为此,在 TinyOS 的设计之初,加州大学的研究人员确定了全组件化、事件驱动、无内核和用户空间区分的设计原则来满足无线传感器网络的特殊需求。应用程序根据需要选配、修改和创建组件,使系统开销最小化。组件与组件之间通过"命令(command)"和"事件(event)"相联系,"命令"向下调用(call down),"事件"则向上调用(callup)。因此,TinyOS 被称为"事件驱动"的操作系统。

截至目前,无线传感器网络还没有一个公认的体系结构,不像传统网络那样有明显的层次划分和明确的功能抽象与定义。在 TinyOS 1.x 中,模糊了这些概念,采用了平面型的设计思想。但研究和应用出现的问题启发人们重新审视无线传感器网络操作系统的设计原则。例如,无线传感器网络要不要层次性的结构,如何抽象和定义各层的功能,如何将无线传感器网络的特殊需要(如分组聚合、数据网内处理、数据查询、分布式存储和时间同步的 MAC 层增强机制等)抽象定义在恰当的功能层中,IP 网络中的地址方案和基于此的路由协议是否适合传感器网络等。对于这些基本问题,有些已经有了倾向性的阶段性结论,有些依旧需要进一步研究和讨论。在 TinyOS 2.0 中,从一些增强的功能和新的特性上可以看出这几年传感器网络研究的新进展。例如,在 TinyOS 1.x 中,因为没有过多考虑异构硬件平台的支持,移植工作难度较大;而 TinyOS 2.0 定义了 3 个层次的硬件抽象结构,提供了独立的硬件边界,强化了对异构平台的支持,同时保持了针对特定硬件进行优化设计的灵活性。为了更好地支持应用开发,TinyOS 2.0 还提供了更加丰富的业务库,允许在最基本的通信机制和最基本的组件(如定时器等)之上进行高层抽象,提高代码的可重用性。TinyOS 2.0 较 1.x 有了本质的变化,但它离理想的无线传感器网络操作系统仍有距离,因为有许多问题依旧没有解决。人们仍然没有找到合理的方案,还不是完全清楚该如何设计。因此,还需要进行大量的研究工作,为无线传感器网络操作系统的设计实现寻找更充分的支撑依据。

10.3.2　技术特点

TinyOS 本身在软件结构上就体现了一些已有的研究成果,如组件化编程方式(component-based programming)、事件驱动(event driven)模式、轻量级线程(light weight thread)技术、主动消息(active message)通信技术等。这些研究成果最初并不是用于面向传感器网络的操作系统的,例如,轻量级线程和主动消息主要用于并行计算中的高性能通信。但经过对传感器网络应用系统的深入研究后发现,上述技术有助于提高传感器网络的性能,在发挥硬件功能的同时能降低其功耗,并且简化了应用程序的开发。

TinyOS 的技术优势主要体现在以下四个方面。

(1)组件化编程。无线传感器网络既具有多样化的上层应用,又强调系统的节能性要求。为此,TinyOS 采用一种基于组件的体系结构,这种体系结构已经被广泛应用于嵌入式操作系统中。组件就是对软、硬件进行功能抽象。整个系统由组件构成,通过组件提高软件重用度和兼容性,程序员只需要关心组件的功能接口和自己的业务逻辑,而不必关心组件的具体实现,从而能够提高编程效率,快速实现各种应用。

同时,TinyOS 程序采用的是模块化设计,只包含必要的组件,提高了操作系统的紧凑性。这样既便于上层应用的开发,也有利于程序的快速执行。这样设计的程序内核往往都很小,其内核代码和数据在 400 B 左右,能够突破传感器存储资源少的限制,使得 TinyOS 可以有效地运行在无线传感器网络节点上,并负责执行相应的管理工作。

(2)事件驱动机制。针对无线传感器网络内节点众多,以及并发操作频繁的工作方式,TinyOS 采用了事件驱动的运行机制。TinyOS 的应用程序都基于事件驱动模式,通过触发事件来唤醒传感器工作。事件相当于不同组件之间传递状态信息的信号。当事件对应的硬件中断发生时,系统能够快速地调用相关的事件处理程序,迅速响应外部事件,并且执行相应的操作任务。因此,事件可称为中断处理线程,常用于时间要求很严格的应用中。

TinyOS 中程序的运行是由一个个事件驱动。数据包收发、传感器采样等操作引发的硬件中断会触发底层组件中的事件处理程序,对该中断作初步处理后再触发上层组件的事件,通知上层组件对该事件作进一步处理。事件驱动机制可以使 CPU 在事件产生时迅速执行相关任务,并在处理完成后进入休眠状态,有效地提高了 CPU 的使用率,并达到节能的目的。

(3)轻量级线程技术及两层调度方式。TinyOS 提供任务和硬件事件处理两级调度体系。轻量级线程,即任务,用在对于时间要求不是很高的应用中。任务之间是平等的,不能相互抢占,按先入先出队列(First Input First Output,FIFO)进行调度。轻线程是针对节点并发操作可能比较频繁,且线程比较短的问题提出的。由于传感器节点的硬件资源有限,短流程的并发任务可能频繁执行,传统的进程或线程调度算法会在无效的进程切换过程中产生大量能耗,故无法应用于传感器网络的操作系统。轻量级线程技术和基于 FIFO 的任务队列调度方法,能够使短流程的并发.任务共享堆栈存储空间,并且快速地进行切换,从而使 TinyOS 适用于并发任务频繁发生的传感器网络应用。当任务队列为空时,CPU 进入休眠状态,外围器件处于工作状态,任何外部中断都能唤醒 CPU,这样可以节省能量。而硬件事件处理线程,即中断处理线程,可以打断用户的轻量级线程和低优先级的中断处理线程,对硬件中断进行快速响应。

(4)基于事件驱动模式的主动消息通信方式。每一个消息都维护一个应用层的处理程序。在目标节点收到这个消息后,就会把消息中的数据作为参数并传递给应用层的处理程序,由其完成消息数据的解析、计算处理或发送响应消息等工作。

这种通信方式已经广泛应用于分布式并行计算。主动消息是并行计算机中的概念。在发送消息的同时,传送处理这个消息的相应处理函数和处理数据,接收方得到消息后可立即进行处理,从而减少通信量。传感器网络的规模可能非常大,导致通信的并行程度很高。传统的通信方式无法适应这样的环境。TinyOS 的系统组件可以快速地响应主动消息通信方式传来的驱动事件,有效提高 CPU 的使用率。

以上这些技术都是为了保证操作系统满足无线传感器网络的特殊要求,使其在处理能力和存储能力有限的情况下具有更强的网络处理和资源收集能力。

10.3.3 体系结构

TinyOS 最初是通过汇编语言和 C 语言编写的。但 C 语言不能有效、方便地支持面向无线传感器网络的应用程序和的开发。为此,科研人员经过研究,对 C 语言进行了一定扩展,提出了支持组件化编程的 nesC(C language for network embedded systems)语言,把组件化/模块化思想和基于事件驱动的执行模式结合起来。TinyOS 本身和基于 TinyOS 的应用程序基本上都采用 nesC 语言编写,这提高了应用开发的便利性和代码的执行效率。即使在只有少量 ROM 的情况下,TinyOS 也能支持高度的并发处理以及复杂的协议和算法,而且能高效地运行在无线传感器网络环境中。

TinyOS 采用了组件的结构。它是一个基于事件的系统。系统本身提供了一系列的组件供用户调用,其中包括主组件、应用组件、执行组件、感知组件、通信组件和硬件抽象组件,其层次结构如图 10.3 所示。组件由下到上通常可以分为 3 类:硬件抽象组件、综合硬件组件和高层软件组件。硬件抽象组件将物理硬件映射到 TinyOs 的组件模型;综合硬件组件模拟高级的硬件行为,如感知组件、通信组件等;高层软件组件实现控制、路由以及数据传输等应用层的功能。高层组件向底层组件发出命令,底层组件向高层组件报告事件。TinyOS 的层次结构就如同一个网络协议栈,底层的组件负责接收和发送最原始的数据位。而高层的组件对这些数据进行编码、解码,更高层的组件则负责数据打包、路由选择以及数据传输。

图 10.3　TinyOS 体系结构

调度器具有两层结构。第 1 层维护着命令和事件,它主要是在硬件中断发生时对组件的状态进行处理;第 2 层维护着任务(负责各种计算),只有在组件状态维护工作完成后,任务才能被调度。由前所述,TinyOS 调度模型主要有以下几个特点。

(1)任务单线程运行到结束,只分配单个任务栈,这对内存受限的系统很有利。

(2)没有进程管理的概念,对任务按简单的 FIFO 队列进行调度。

(3)FIFO 的任务调度策略具有能耗敏感性。当任务队列为空时,处理器进入休眠,随后由外部事件唤醒 CPU 进行任务调度。

(4)两级的调度结构可以实现优先执行少量同事件相关的处理,同时打断长时间运行的任务。

(5)基于事件的调度策略,只需少量空间就可获得并发性,并允许独立的组件共享单个执行上下文。与事件相关的任务可以很快被处理,不允许阻塞,具有高度并发性。

(6)任务之间互相平等。没有优先级的概念。

在 TinyOS 程序模型中,处于最上层的是主组件,即 Main 组件。该组件由操作系统提供,节点上电后会首先执行该组件中的函数,其主要功能是初始化硬件、启动任务调度器以及执行应用组件的初始化函数。每个 TinyOS 程序应当具有至少一个应用组件,即用户组件。该应用组件通过接口调用下层组件提供的服务,实现程序的逻辑功能,如数据采集、数据处理或数据收发等。因此,应用组件的开发是 TinyOS 程序设计的重点。

一个完整的应用系统由一个内核调度器(简称调度器)和许多功能独立且相互联系的组件构成,应用程序与组件一起编译成系统。因此,可以把 TinyOS 和在其上运行的应用程序看成是一个大的"执行程序"。现有的 TinyOS 提供了大多数传感网硬件平台和应用领域里都可用到的组件,如定时器组件、传感器组件、消息收发组件以及电源管理组件等,从而把用户和底层硬件隔离开来。在此基础上,用户只须开发针对特殊硬件和特殊应用需求的少量组件,大大提高了应用的开发效率。

10.3.4　版本说明

TinyOS 2.0 版本是一个重新设计的全新操作系统。TinyOS 1.x 系列版本在结构和接口的定义上有一定的局限性,导致组件具有高度耦合性,不利于组件之间的交互,这也使得编程新手很难入门。因此,加州大学的研究人员后来重新设计并编写了 TinyOs 2.x 版本(2006

年）。其支持的常见硬件平台如下所列：EyeslFXv2、Intelmote2、Mica2、Mica2dot、MicaZ、Te-losb、Tinynode、Btnode3。

由于 TinyOS 2.x 的内核模型发生了改变，所以不再向下兼容 1.x 的程序，即 1.x 的代码无法在 2.x 平台上编译。然而，研究人员在设计 2.x 时就考虑到要尽量减少代码升级的复杂度。因此，虽然移植 1.x 的应用程序到 2.x 上需要做一些额外工作，但并不是非常麻烦。

与早期的 1.x 相比，2.x 提供的 TinyOS 具有许多优点。它提供完整的电源管理和资源管理，大大提高了系统的鲁棒性；并重新设计了一些内核接口和硬件抽象，简化了编程的复杂度。当然，TinyOS 1.x 也有一些 2.x 版本所没有的特色工具，如 TinyViz 和 TinyDB。下面对两者做以简单的介绍。

（1）TinyViz。1.x 中的 TOSSIM 仿真平台提供了用于显示仿真情况的用户界面 Ti-nyViz，它是一个基于 Java 的 GUI 应用程序，允许用户以可视化方式控制程序的模拟过程。TinyViz 提供了图形调试接口，能可视化地和 TinyOS 应用程序交互。它能使用户方便地跟踪应用的执行情况，可以设置断点，查看变量。还可以模拟多个节点的执行，并能够根据需要的模拟场景来设置网络属性，如节点的分布情况和无线通信环境参数等。图形界面可以自由移动节点在显示区域的位置。用户通过 TinyViz 可以输入配置信息或者输出调试信息，并可以很直观地看出程序运行的效果。

（2）TinyDB。TinyDB 是一种从无线传感器网络中析取信息的查询处理系统。与 TinyOs 中其他数据处理解决方案不同的是，TinyDB 不需要用户编写嵌入式的 C 语言代码。相反，TinyDB 提供了一种简单的类似于 SQL 的接口来指定需要析取的数据，并为查询提供所需的参数，如数据更新的频率等，与在传统数据库提交查询一样简单方便。对于任意一个查询，只须指定感兴趣的数据，TinyDB 就会从传感器节点中收集那些数据，并将之过滤、聚集以及选择路由，最终送到 PC。要使用 TinyDB，就必须将其 TinyOS 组件安装到传感器网络中的每个节点上。TinyDB 为查询和析取数据的 PC 应用程序提供了一套简单的 JavaAPI，同时还提供了一个使用该 API 的图形化查询工具和结果显示界面。TinyDB 的最主要目标就是简化程序员的工作，使得数据驱动的应用程序开发和部署尽可能地快速。

当前，有些研究人员正在尝试将这两个实用工具移植到 TinyOS 2.x 中，但仍未有较为成功的移植范例。由于本书主要介绍当前最新的 TinyOS 2.x 系统，所以对这两块内容都没有做详细的介绍，感兴趣的读者可以自行参考 1.x 中的相关资料。

10.3.5 与其他 WSN 操作系统的比较

本节将进一步介绍并比较 TinyOS、MOS 和 SOS 这 3 个最具代表性的无线传感器网络操作系统。它们都是开放源码的系统，这里介绍的版本分别是 TinyOS 2.0、MOS 0.9.5 和 SOS 1.7。虽然这 3 个操作系统都实现了无线传感器网络操作系统的功能，但它们在设计上各有各的特点。例如，TinyOS 和 SOS 是基于事件驱动的系统，而 MOS 是基于抢占的多线程系统。另外，虽然 TinyOS 和 SOS 都是基于事件驱动的，但它们在设计和实现上又存在着很大的差别。SOS 的消息调度器使用的是优先级消息调度器机制，而 TinyOS 的任务调度器遵循简单的先入先出策略。表 10.1 列出了这 3 个系统各自不同的特征。

表 10.1 3 种系统的部分特征比较

系统特征	TinyOS	MOS	SOS
事件驱动	√		√
线程驱动		√	
处理器能量管理	√	√	√
外设能量管理	√	√	
优先级调度		√	√
实时服务		√	
动态重编程服务	√		√
外设管理	√	√	
模拟服务	√	√	√
内存管理	静态	静态	动态
系统执行模型	组件	线程	模块

下面从系统架框、调度器、并发问题和内存管理等几个方面来分析一下 TinyOS、MOS 和 SOS 3 种操作系统在设计上的区别。

1. 系统架构

在无线传感器网络操作系统的设计中,系统架构的设计主要涉及 3 个方面:硬件多样性、软件多样性和软硬件边界问题。

TinyOS 是一个事件驱动的系统。它只有一个共享的堆栈,也没有区分内核空间和用户空间,因此在编译应用程序时内核会一起被编译为可执行程序。这种模型提供了一个可重用的组件集合。应用程序把组件连接在一起,而组件之间通过接口进行交互。TinyOS 把底层的硬件封装成组件,并向用户提供了硬件无关的组件。TinyOS 还把系统服务分解成许多独立的可重用的组件,使得应用程序根据任务的需要只包含那些必需的组件,并且易于实现移植和维护。

MOS 采用经典的分层式多线程设计模式,应用程序线程独立于系统 API。MOS 通过维护不同平台的 API,实现了对多个平台的支持。MOS 系统由一个轻量级的节能的调度器、用户级网络协议栈以及其他的组件构成。

SOS 也是一个事件驱动的系统,它由可动态装载的模块和静态的系统内核构成。SOS 的静态内核包括了硬件抽象层、设备驱动和内核服务。内核服务提供了灵活的非抢占的优先级消息调度器、动态内存分配以及其他一些服务。模块则实现了系统大多数的功能,包括驱动程序、协议、应用程序等。SOS 中的每一个应用程序都包含一个或多个模块。MOS 中的模块是一个独立的代码实体,它实现了具体的任务或功能,并在运行时可以被增加、修改或删除。

2. 调度器

无线传感器网络操作系统的调度开销不能太大,并且调度器需要支持处理器的节能模式。调度器用来调度任务、消息或线程,使其能够高效地完成无线传感器网络的任务需求。

TinyOS 调度器实现了任务和事件的两级调度。TinyOS 对任务的调度遵循 FIFO 模型。任务之间不能相互抢占,任务可以提交自身,也可以触发事件。由中断触发底层的事件,事件能抢占任务,而且事件之间也能互相抢占。事件可以触发事件、调用命令和抛出任务。Tiny-OS 中提交操作大约需要花费 80 个时钟周期。如果用户需要的话,用户应用程序也可以取代系统的调度器。

MOS 内核提供了基于优先级的多线程调度和在同一优先级中进行轮转调度的服务,并且其时间片可配置。它也支持互斥信号量和计数信号量。线程的状态有 5 种。系统给线程设置了 5 个优先级。系统中默认的最大线程数为 6。内核为每一个优先级水平维护一个含有头指针和尾指针的就绪列表。目前 MOS 调度器总的静态内存开销是 144 B,而且 MOS 中的每一个上下文切换大约有 60 ms 的开销。

SOS 使用非抢占的优先级队列调度。优先级队列有两种:高优先级和低优先级。高优先级队列用于实时性要求比较高的事件,包括硬件中断和敏感定时器等。低优先级队列用于调度大多数普通的事件。通过优先级队列,可以使对时间有重要要求的消息得到优先调度,从而可以较好地改善系统的中断响应服务性能。

3. 并发问题

TinyOS 中存在两个执行的线程:任务和事件。由于事件能抢占任务,事件之间也能互相抢占,所以需要处理好任务和事件的并发问题。SOS 也是基于事件驱动的系统,它与 TinyOS 存在着同样的问题。MOS 是一个基于抢占的多线程系统,因此应该处理好进程在竞争环境下的临界资源访问问题。

(1)进程同步。在 TinyOS 中,nesC 代码在编译时会检查数据竞争状态,并且它还规定异步函数(命令或事件)不能调用同步函数(命令或事件)。为了使任务和事件对临界资源能正确地访问以实现数据的一致性,TinyOS 还使用了原子块操作,通过把临界资源放在原子块里实现进程间(任务或事件)的同步访问。

由于 MOS 是一个基于抢占的多线程系统,所以在 MOS 中实现多线程间同步显得更为重要。MOS 使用了互斥信号量和计数信号量实现线程对临界资源的同步访问。任何时刻线程或者在就绪列表中,或者在信号量列表中。系统调用和信号量操作会触发上下文切换。MOS 中只有定时器中断是由内核处理的,其他的中断服务通过信号量机制唤醒等待的线程完成。

SOS 在消息处理过程中除了可以被硬件中断打断外,是一直运行到结束的。SOS 在进入中断环境时会关闭中断,直到离开中断环境才重新打开中断。SOS 对那些实时性要求较高的消息使用了高优先级队列,这样可以在中断处理中抛出一个高优先级的消息,然后离开中断环境。

(2)进程通信。TinyOS 中给任务数据时使用了共享内存的方法。这是因为 nesC 组件使用的是一个纯局部的命名空间,它所实现的函数和所调用的函数都是局部的名字,即它所声明的变量都是私有的。TinyOS 提供了触发机制用于实现事件之间的通信,它们之间传递数据可以使用值传送或指针。此外,任务也能够触发事件。

MOS 支持传统的进程通信机制,如 signal 机制、套接字和共享内存等。这些机制都是在传统操作系统中被广泛使用的。

SOS 使用消息机制和模块间直接函数调用(使用注册和订阅机制)实现进程(模块)间的通信。一个模块可以发送消息给其他模块,也可以把消息发送到网络。同样,模块也能接收和处理来自其他模块和网络的消息。SOS 也提供了跨模块的直接通信机制,这种方式绕过调度器,提供了更小的通信延迟。另外,模块还使用了系统跳转表来实现对内核的调用。

4. 内存管理

因为传感器节点的内存资源有限,所以每个操作系统都把减少对内存的占用作为系统设计的目标之一。

TinyOS 使用了静态分配和管理内存的机制。TinyOS 中的组件在编译时分配它所需的内存,并且不鼓励在组件之间传递指针。TinyOS 可以通过下述方法实现局部的动态内存管理:一个组件静态地分配了一块内存,这时的组件本身就可以动态地管理它分配的内存块。

MOS 只在很少几处地方使用了动态内存管理,如线程、网络堆栈等,其他地方则都是按照静态内存分配策略进行管理的。MOS 的 RAM 空间被分成两部分:一部分是编译时分配的全局占用的空间;另一部分以堆的形式管理。在线程被创建了,内核从堆中为线程分配堆栈空间。在线程退出后,它所占用的内存空间归还给堆。

SOS 的内核和应用程序模块都使用了动态内存机制。SOS 采用最佳适应算法来分配内存,定义了 3 种固定大小的内存块。空闲的内存按照块的大小组成空闲链表,这种组织方式提供了常数时间的内存分配和回收开销。动态内存块还带有少量的特殊数据,用于检测内存溢出。

5. 远程节点重编程服务

对于无线传感器网络来说,远程编程是个很实用的功能,它使得用户可以在节点失效或者任务需要的时候远程升级节点的软件系统。由于节点有可能被布置在人员不可到达的区域,所以使用远程动态重编程也会大大简化网络管理。

TinyOS 使用 XNP 机制实现通过无线电对远程节点重编程的功能。TinyOS 的系统映像是在编译时静态链接的,这样有利于资源分析和代码优化,但这也使得它的代码升级有比较大的开销,这是因为整个系统映像都需要升级。在软件升级过程中,系统映像首先需要被放到节点的外部 Flash 中,然后被读入程序空间,最后重启节点,完成升级。

目前,MOS 0.9.5 还没有完全实现远程重编程功能。

SOS 支持动态的装载和卸载模块。它允许只升级某个模块而无须替换内核。升级时把需要升级的部分直接安装到程序空间即可。升级完成后不需要重启节点,因此大大减小了开销(尤其是能量)。

6. 能量管理

TinyOS 2.0 定义了两种不同的能量管理模型:显式能量管理模型和隐式能量管理模型。显式能量管理模型被高层组件用来显式控制设备的状态。当高层组件使用这种方式通知设备打开或关闭时,设备会立刻打开或关闭。隐式能量管理模型提供了一种允许设备自身来控制设备状态的方法,遵循这种模型的设备不能够被外部组件显式地打开或关闭。TinyOS 调度器在任务队列中没有可执行的任务时,会自动使处理器进入低功耗模式以节省能量。

MOS 提供了标准的接口用来控制外设的能量使用状态。在 MOS 中可以通过 dev_mode() 函数来修改底层设备的能量状态。MOS 中的微处理器能量管理与线程调度是紧密结合的,并且支持两个级别的节能。

SOS 没有提供标准的能量管理机制。在 SOS 中,只有部分外设(如 CC1000 射频芯片)实现了开启或关闭的功能。SOS 的调度器在消息队列空闲时使处理器进入节能模式。

7. 外部设备管理

外部设备管理包含两部分的内容:一是提供多个用户对设备的共享访问机制,通过共享和虚拟化服务使得多个用户能同时对设备进行访问;二是在需要的时候能够打开或关闭设备,满足设备用户的一致需求。

TinyOS 2.0 把系统资源分为 3 种不同的抽象:独享资源抽象、虚拟资源抽象和共享资源抽象,这样就可以分别使用不同的资源管理策略实现对资源的管理。若某种资源在任何时候都是排他性的,那么它属于独享资源抽象。虚拟资源抽象是指通过软件虚拟化技术使得独享资源虚拟化为共享资源。对于共享资源的访问,组件使用资源接口请求共享资源,并由资源仲裁程序来决定某一时刻哪一个用户获得访问权。

SOS 没有提供用于控制访问共享资源的机制。它要求所有的外设管理都在应用程序层被处理,并且没有显式地支持任何类型的交互操作。

MOS 的设备驱动层提供了相应的用于设备管理的机制。它使用 dev_read()、dev_write()、dev_mode() 和 dev_ioctl() 4 个系统调用实现对外设的管理。前两个函数用于读写设备数据,第 3 个函数用于管理设备的能量状态,最后一个函数用于配置设备的具体参数。

8. 模拟服务

无线传感器网络操作系统应该为用户提供方便易用的模拟服务。这种服务使用户在真正地布置网络前能够模拟应用程序和网络的工作情况,这对于无线传感器网络来说是非常有意义的。

TOSSIM 是 TinyOs 的模拟器。它支持两种编程接口:Python 和 C++,而且这两种代码之间的转换非常简单。目前,TOSSIM 唯一支持的平台是 MicaZ,且不支持能量检测。

MOS 的原型设计环境扩展了模拟的功能,并通过跨平台的通用 API 实现了多模型原型环境。这为不同应用程序的原型设计提供了一个框架,使得这些应用程序在因特网和配置好的传感器网络间建立连接。

SOS 的模拟框架无须安装交叉编译器,而是以一种简单的方式支持 SOS 应用程序的开发。因为 SOS 是直接基于 AVR 微处理器开发的,所以 Avrora 也支持 SOS 应用程序的模拟。

9. 硬件平台支持

传感器网络是当前研究的热点领域,已经出现了多种传感器硬件平台。传感器网络操作系统应当能够支持多种硬件平台,但因为不同操作系统有各自的特点,所以一个操作系统也无须支持所有的平台。表 10.2 给出了 TinyOS、SOS 和 MOS 3 个操作系统支持的硬件平台。

表 10. 2　三种系统支持的平台列表

TinyOS	SOS	MOS
EyesIFXv2	Mica2	Mica2
Intelmote2	MicaZ	Mica2dot
Mica2	XYZ mote	MicaZ
Mica2dot		Telosb
MicaZ		Nymph
Telosb		
Tinynode		
Btnode3		

10.3.6　nesC 编程语言

TinyOS 是一种面向传感器网络的新型操作系统,它最初是用汇编和 C 语言编写的。但科研人员的进一步的研究发现,C 语言不能有效、方便地支持面向传感器网络的应用和操作系统的开发。为此,他们经过仔细研究和设计,对 C 语言进行了一定扩展,提出了支持组件化编程的 nesC 语言,把组件化/模块化思想和基于事件驱动的执行模型结合起来。TinyOS 和基于 TinyOS 的应用基本上用 nesC 编写,与以前相比,提高了应用开发的方便性和应用执行的可靠性。本节主要分析 nesC 语言的规范和组成,通过对本节的掌握有助于了解 TinyOS 的内部实现机制和应用程序的编写方式,从而可加快传感器网络的应用开发。nesC 语言是由 C 语言扩展而来的,意在把组件化/模块化思想和 TinyOS 基于事件驱动的执行模型结合起来。

我们可以把 TinyOS 和在其上运行的应用程序看成是一个大的"执行程序",它是由许多功能独立且相互有联系的软件组件(component)构成的,如图 10.4 所示。一个组件(假定组件名为 Com A)一般会提供一些接口(interfaces)。接口可以看作这个软件组件实现的一组函数的声明。接口既可以是命令和事件,也可以是单独定义的一组命令事件,如下面将要介绍的 StdCon tr01 接口是一个拥有三个命令"init,start,stop"的组合接口。其他组件通过引用相同接口声明,就可以使用这个组件(Com A)的函数,从而实现组件间的功能相互调用。这里需要注意的是,组件的接口是实现组件间联系的通道,如果组件实现的函数没有在它的接口中说明,就不能被其他组件使用,这实际上也是组件化编程的一个重要特征。在 nesC 语言的定义中,存在两种不同功能的组件:不同组件接口之间的关系是专门通过称为配件(configuration)的组件文件来描述的;而组件提供的接口中的函数功能专门在称为模块(module)的组件文件中描述其实现过程。理解接口、组件、模块、配件的含义和相互之间的关系是掌握 nesC 语言的关键。

上述的说明对于不了解 nesC 和组件化编程的读者可能比较抽象。下面通过对一个简单的 nesC 应用程序的分析,来实际了解 nesC 语言的一些特点。下面的程序片断取自 TinyOS 软件包中一个简单的 Blink 应用程序,它位于 TinyOS 软件包的 apps/Blink 目录下。Blink 应用程序执行后,会按 0.5 s 的间隔点亮和关闭系统中的一个红色发光二极管(LED)。

在 apps/Blink 目录下,可以看到三个以 nc 为后缀的文件,这是 Blink 应用程序的主要实现文件。该应用包含了一个模块和两个配件,这样总共有三个组件,每个 nc 文件实现了一个组件。BlinkM 组件的具体功能(实际上是 Blink 模块的实际内容)实现在文件 BlinkM. nc 中。Main 组件、BlinkM 组件与其他组件的调用关系是通过 Blink 配件,即文件 Blink. nc 确定的。SingleTimer 组件与其他组件的调用关系是通过 SingleTimer 配件,即文件 SingleTimer. nc 确定的。下面描述相关文件的主要内容。

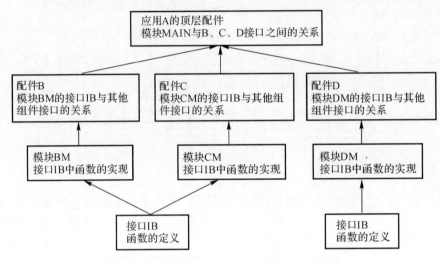

图 10.4 基于 nesC 语言的一般应用程序框架

1. 配件的例子

程序 10.1 Blink. nc 文件的主要内容如下:

```
configuration Blink {
}
implementation
{
components Main,BlinkM, SingleTimer, LedsC;
Main. StdControl→BlinkM. StdControl;
Main. StdControl→ SingleTimer. StdControl;
BlinkM. Timer→SingleTimer. Timer;
BlinkM. Leds→LedsC;
}
```

程序 10.2 SingleTimer. nc 文件的主要内容如下:

```
configuration SingleTimer
{
    provides interface Timer;
    provides interface StdControl;
}
Implementation
{
    components TimerC;
    Timer = TimerC. Timer[unique("Timer")];
    StdControl = TimerC;
}
```

上述 Blink.nc 程序片断中,可以看到关键字"configuration",这表明该文件包含了 Blink "配件"内容。在上述 SingleTimer.nc 程序片断中可以看到关键字"configuration",这表明这个文件包含了 SingleTimer"配件"内容。在此需要了解几个关键点:具体的配置实现是关键字" implementation"后续的"{"和"}"包含的内容;配件要提供给其他组件调用的接口由关键字"provides"指出;配件要使用的其他组件由关键字"components"指出;组件间接口的联系(或称为调用)由配件实现内容中的"→"" ="等符号表示,"→"表示位于"→"左边的组件接口要调用位于"→"右边的组件接口。

一个 TinyOS 的应用中,可能存在多个配件,配件之间有一个层次关系。应用中必须有一个顶层(top-level)的配件,它定义了这个应用的最上层组件(即 Main 组件)与其他组件接口的连接方式,同时也确定了这个应用所需要的最上层组件和相互组件之间的调用关系。通过这两个配件的实现内容,可以看出 Blink 配件位于 SingleTimer 配件的上层,因为 Blink 配件使用了配件 SingleTimer。另外,Blink 配件是整个应用的顶层配件,因为它使用了 Main 组件,并且定义了 Main 组件接口与其他组件接口的连接方式。

在配件的实现内容中,可以看出 Blink.nc 文件定义了各个组件接口之间的连接方式,例如:

Main. StdControl→BlinkM. StdControl;

Main. StdControl→SingleTimer. StdControl;

这两行表示 Main 组件的 StdControl 接口要调用 BlinkM 和 SingleTimer 的接口 StdControl。

2. 模块的例子

程序 10.3 BlinkM. nc 文件的内容如下:

```
module BlinkM
{
    provides
    {
    interface StdControl;
    }
    uses
    {
    interface Timer; interface Leds;
    }
}
Implementation
    {
command result_t StdControl. Init()
{
    call Leds. Init() ;
    return SUCCESS;
}
command result_t StdControl. start()
```

```
{
    // Start a repeating timer that fires every 1000ms
    return call Timer. start(TIMER_REPEAT, 1000);
}
command result_t StdControl. stop()
{
    return call Timer. Stop();
}
event result_t Timer. fired()
{
    call Leds. redToggle();
    return SUCCESS；
    }

}
```

BlinkM 模块实现 Blink 应用的具体功能。在上述程序片断第一行中,可以看到关键字"module",这行定义了一个称之为 BlinkM 的模块。BlinkM 模块提供接口 StdControl,此接口在 BlinkM 模块中实现。同时 BlinkM 模块还调用了接口 Timer 和 Leds。其中 Timer 接口由组件 SingleTimer 提供;Leds 接口由组件 LedsC 提供。在这里 Leds 和 Timer 接口并没有在 BlinkM. nc 中实现,而是在 Blink. nc(Blink 配件)中通过"→"连接(wire)操作定义的。BlinkM 模块实现了接口 StdControl 中的三个函数 init,start 和 stop。在 nesC 中,把这些函数称为命令(command)和事件(event)。

3. 接口的例子

在模块和配件文件中,经常出现有关接口的使用描述,而接口的定义是由接口文件描述的。比如在 BlinkM 模块中实现,在 Blink 配件中引用的 StdControl 接口是在 TinyOS 应用中使用频繁的一个接口。StdControl 接口的定义是在接口文件 tos \ interface \ StdControl. nc 中描述的,如下所示。

程序 10.4 StdControl. nc 文件的内容如下:

```
interface StdControl
{
    command result_t init() ;
    command result_t start();
    command result_t stop() ;
}
```

不同的模块可以实现相同的接口,提供接口的组件可以与任何使用该接口的组件连接。在配件文件中,使用接口连接的组件之间最终体现的关系是接口中函数的调用关系。比如 Blink 配件文件包含如下一行:

Main. StdControl→SingleTimer. StdControl;

这实际上表示 Main 组件的 StdControl 接口的函数 init()会调用 SingleTimer 组件的 StdControl 接口的函数 init() ；Main 组件的 StdControl 接口的函数 start()会调用 Single-Timer 组件的 StdControl 接口的函数 start();Main 组件的 StdControl 接口的函数 stop()会

调用 SingleTimer 组件的 StdControl 接口的函数 stop()。

现在把上面介绍的配件、模块和接口联系起来，就形成了 Blink 应用。Blink 应用中的组件间接口的逻辑关系如图 10.5 所示，Blink 应用的整体框架如图 10.6 所示。可以把 Blink 应用中的 Main 组件看成 C 语言的 main 主函数，而 Main 组件的 StdControl 接口的三个函数在 Blink 应用开始运行时按情况先后被调用。Main 组件的 StdControl 接口的这三个函数将分别调用 BlinkM 和 SingleTimer 组件的 StdControl 接口的同名函数。在 Blink 应用运行时，BlinkM 组件将根据接口 Leds 调用 LedsC 组件实现的接口 Leds 中的函数，BlinkM 组件还将根据接口 Timer 调用 SingleTimer 组件实现的接口 Timer 中的函数。其大致逻辑流程如下：

(1)初始化 Leds；

(2)设置时钟定时器的生成时间；

(3)等待定时器生成，如果生成了定时器中断，则改变 Leds 的显示；

(4)重复第(3)步。

上述代码在设计上充分体现了组件化的思想，这种设计模式把许多实现细节很好地封装起来，并通过连接完成组件的装配，从而可以构造各种各样面向传感器网络的 TinyOS 应用。

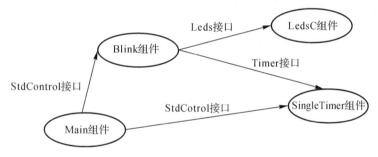

图 10.5　Blink 应用中的组件间接口的逻辑关系

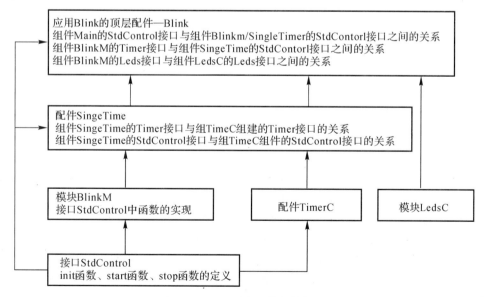

图 10.6　Blink 应用的整体框架

10.4 TinyOS 内核

本章将详细介绍 TinyOS 的内核机制，包括硬件抽象组件的架构模型、任务的调度原理、系统程序的启动顺序、资源的仲裁以及电源管理方式。这些都与操作系统本身密切相关，有利于读者深入理解 TinyOS 的工作原理，为开发各种应用做好准备。

10.4.1 硬件抽象架构

TinyOS 2.0 采用硬件抽象架构（Hardware Abstraction Architecture，HAA）的组件设计模型，一方面可以提高代码的可重用性和可移植性，另一方面可以实现效率和性能的优化。在 TinyOS 内核及其应用程序的代码上，采用 3 层结构的硬件抽象化设计，大大提高了底层硬件平台和独立于平台的硬件接口之间的兼容性。

实践证明，在操作系统中引入硬件抽象化的概念非常有用。它可以向操作系统隐藏复杂的硬件特性，从而增加代码的移植性，简化应用程序的开发。然而，在传感器网络的应用中，硬件抽象的设计会带来性能和能耗相冲突的问题。因此，需要设计一种结构巧妙的硬件抽象架构，在这些冲突中找到平衡点。在设计中，最大的挑战就是如何为抽象化的硬件框架选择一个恰当的分层标准，以组件的形式组织起来，使其支持代码重用，并在访问所有硬件时也能保证能量效率。

TinyOS 2.0 提出了一个具有 3 层结构的硬件抽象架构。它基于抽象化的 3 个不同级别，并结合了组件的特点，从而形成了一个高效的组织结构。顶层抽象提供平台无关的硬件接口，便于代码移植；中间层抽象带有丰富的硬件相关的接口，有助于提高效率；而底层抽象则与硬件的寄存器和中断密切相关。

在图 10.7 所示的组件框架里，硬件抽象架构可以分为 3 个不同的组件层。每一层都清楚地定义了各自的职责，并依赖于其下层提供的接口。底层硬件的功能自下而上逐渐扩展为操作系统和应用程序之间具有平台无关性的接口。从底层的硬件到顶层的接口，组件的硬件依赖性越来越弱，从而在设计和实现代码可重用的应用程序时，开发者拥有更多的自由。

与其他的嵌入式操作系统（如 Windows CE）相比，3 层结构的设计使平台相关硬件抽象的分离以及平台的升降级更加灵活。由于中间层抽象的接口提供了对硬件模块的全功能访问，所以平台相关的应用程序采用这种设计方式，可以通过顶层抽象的组件直接连接到中间层抽象接口，以达到性能的最优化。

1. 硬件表示层

属于硬件表示层（Hardware Presentation Layer，HPL）的组件直接位于硬件/软件的接口之上。顾名思义，其主要任务就是表示硬件的功能。组件访问硬件的一般方法是通过内存或者 IO 映射。在相反的方向上，硬件可以通过发出中断信号来请求服务。通过这些内部的交流渠道，HPL 层隐藏了复杂的硬件接口，并提供了可读性更强的接口。

HPL 组件提供的接口完全由硬件模块的本身功能决定。因此，HPL 组件和硬件的紧密联系会降低组件设计和实现的自由度。尽管每个 HPL 组件和底层硬件都是独一无二的，但这些组件都有类似的大体结构。为了能够和硬件抽象架构的其余部分更加完美地结合起来，每个 HPL 组件都应该具备以下 5 种功能：

（1）为了实现更有效的电源管理，必须有硬件模块的初始化、开始和停止命令；

（2）为控制硬件操作的寄存器提供"get"和"set"命令；

（3）为常用的标识位设定和测试操作提供单独的命令；

（4）开启和禁用硬件中断的命令；

（5）硬件中断的服务程序。

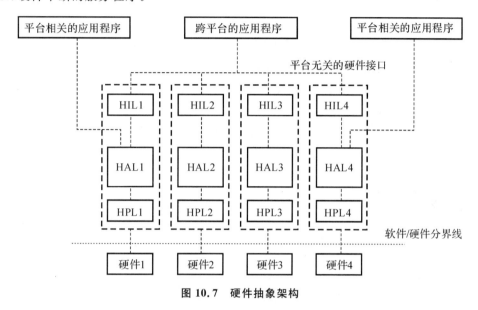

图 10.7　硬件抽象架构

其中，HPL 组件的中断服务程序只负责临界操作（critical operations），如复制一个变量、清空一些标识等行为。因为上层组件拥有更多的相关信息，接下来就要把剩余的处理工作交给上层的某个组件。

HPL 组件简化了对硬件的操作，无须使用隐藏宏和寄存器（其定义位于编译库里的头文件），程序员就可以通过常见的接口访问硬件。

除了自动操作常用的命令序列，HPL 层没有提供任何实质性的硬件抽象。但是，它隐藏了最依赖硬件的那部分代码，并为更高层次抽象组件的开发作了准备。这些较高的抽象，适用于同一类别的不同 HPL 硬件模块。例如，当前传感器网络平台的微控制器一般有两个用于串口通信的 USART 模块。虽然它们具有相同的功能，但其使用的寄存器名称和中断向量号却稍有不同。通过一致的接口，HPL 组件可以将这些细小的差别隐藏，从而增强更高层抽象资源的独立性。程序员只须简单地重新绑定 HPL 组件，而不必重新编写代码，就可以在不同的 USART 模块之间进行切换。

2.硬件适配层

硬件适配层（Hardware Adaptation Layer，HAL）的组件是硬件抽象架构的核心部分。它们使用由 HPL 层提供的原始接口，建立起有用的硬件抽象，并隐藏硬件资源的复杂性。与HPL 组件相反，硬件抽象架构允许 HAL 组件持有可用于资源仲裁和控制的状态变量。考虑到传感器网络对执行效率的要求，HAL 层的硬件抽象必须适合于具体的设备类型和平台特征。HAL 层不应当在通用模型背后隐藏各种硬件特点，其 HAL 接口须表现出硬件的详细特点，并尽可能提供最佳的硬件抽象，从而简化应用程序的开发，同时保证资源的利用效率。例如,通常建议使用特定领域的硬件抽象模型(如 Alarm、ADC 和 EEPROM 等),而不是对所有设备都使用单一的统一的硬件抽象模型。根据特定的模型,为了实现对硬件抽象的访问,HAL 组件应当使用丰富的、定制的接口,而不是那种通过重载命令隐藏所有功能的标准接口。这样的设计方式使得编译时对接口错误的检查效率更高。

3. 硬件接口层

硬件抽象架构的最后组成部分是硬件接口层(Hardware Interface Layer,HIL)。HIL 组件使用由 HAL 层提供的平台相关的硬件抽象,并将它们表现为可跨平台使用的独立接口。这些独立接口提供了与平台无关的硬件抽象,从而隐藏了硬件之间的差异,简化了应用软件的开发。为了使其更加完善,这种关于应用程序接口的约定应当能表达出传感器网络应用程序所必需的典型硬件服务。

HIL 组件的复杂性主要取决于被抽象化的硬件相对于平台无关接口的性能水平。当硬件的功能超过了当前的 API 约定,HIL 层就会把 HAL 层的平台相关的硬件抽象"降级",直到 HIL 层在选择的接口上能平稳运行。而当底层硬件的功能比较有限时,HIL 层就可能通过软件模拟出缺少的硬件性能。随着更新更强大的平台引入 TinyOS 中,改进当前 API 约定的要求也更加迫切。一旦性能要求超过了稳定接口的能力范围,就会出现一个跳跃性的改进,通过 HAL 层的新的硬件抽象来调整 API 接口。平台无关接口的演变要求我们重新实现相关的 HIL 组件。对于性能更强大的新平台,API 约定和 HAL 硬件抽象有着紧密的联系,HIL 层将会更加简单。从另一方面来看,在软件上提升旧平台的性能将会付出更大的代价。

虽然能够使 HIL 接口随着新平台的设计而逐步演变,但必须确保软件上模拟硬件功能的开销在可以承受的范围之内。为此,引进了 HIL 接口的版本管理机制,给每一代 HIL 接口指定一个版本号。在设计应用程序时,针对先前设备可以使用先前遗留的兼容接口。因为无线传感器网络可以工作很长一段时间,可能是几年,这就要求有非常合理的版本管理机制。此外,HIL 层也可能会出现不同的发展,提供多个功能级别不同的 HIL 接口。

10.4.2 任务和调度

关于计算处理工作,TinyOS 有两个基本的抽象概念:异步的事件和同步的任务。任务一般用于对实时性要求不高的应用中,其实质是一种延迟计算机制。早期版本的 TinyOS 对任务的定义比较简单,只要求其无参数,并采取简单的先进先出(First-In-First-Out,FIFO)调度策略。虽然可以修改任务的调度策略,但是当策略发生改变时,设计人员发现将任务结合到 nesC 语言代码中非常困难。

TinyOS 2.x 中提供了两种类型的任务:①TinyOS 1.x 中使用的基本任务模型,将任务调度器表示为组件形式;②TinyOS 2.x 中新出现的任务接口,即将任务表示为接口,从而可以扩展任务的种类。由于 TinyOS 2.x 同时提供了这两种类型的实现方式,所以大大增强了系统的可靠性。

1. TinyOS 1.x 的任务和调度器

TinyOS 1.x 的内核属于非抢占式,其任务采用延时调用(Deferred-Procedure-Call,DPC)机制,使得一个程序能够将计算或操作延迟一段时间。一个任务必须运行到完成才能执行另一个任务,而不能相互抢占。这两个约束条件意味着,任务代码相对于其他任务而言是同步的。换言之,任务之间相当于是原子性的关系。

在 TinyOS 1. x 中,为了支持任务机制,nesC 语法提供了两种结构句式,即任务声明和任务提交:

```
task void computeTask(){
//任务的内部代码
}
```

和

```
result_t rval = post computeTask();
```

TinyOs 1. x 只提供一种任务(一个无参数的函数),相应地也只提供了一种简单的 FIFO 任务调度模型。提交一个任务进入任务队列可能会返回失败,这表明该任务当前不能进入任务队列。任务可以被多次提交,因此可能发生第 1 次提交成功、第 2 次提交不成功的情形。这种情况会导致即使收到提交失败的消息,但是任务仍然会被运行的结果。这是因为第 1 次的提交是成功的。

任务调度器是一组 C 函数的集合,保存在 sched. c 文件中。对任务调度机制的修改可以替换或者更改该文件。然而,受 nesC 语法定义的限制,任务是一个无参数的函数,需要有函数声明和提交操作的句式。因此,对任务做语法上的修改将导致编译通不过的结果,故不建议使用者修改 sched. c 文件。

在 TinyOS 1. x 中,任务队列是一个大小固定的循环数组,其中存储着任务函数的指针。提交一个任务进入任务队列就是将该任务的函数指针放到数组缓存区的下一个空位置。如果任务队列已满,则返回提交失败的消息。这样的模型有以下几个问题:

(1)有些组件对于提交失败没有合理的响应;

(2)由于一个任务可以多次提交,所以会出现一个任务占用数组中多个位置的情况;

(3)所有的任务共享一个循环任务队列,那么只要一个任务发生错误,就可能造成其他所有任务阻塞。

从根本上来讲,为了使组件 A 在提交失败后能够再次提交,必须调用另一个组件 B 的一个函数(或是命令,或是事件)。例如,组件 A 必须调用一个定时器来定时提交,或者希望从顶层客户端获得重试的机会。然而,当越来越多的任务需求出现时,就会导致任务队列溢出,从而使整个系统崩溃。

上述 3 个问题说明 TinyOS 1. x 的任务模型存在一个严重的缺陷:如果一个组件出现异常,结果很可能导致整个 TinyOS 挂起。例如出现以下这种情形(一个曾经在 Telos 平台上真实遇到的问题):无线模块每当发送完一个消息包就会产生一个中断;此时,网络组件在执行中断时提交一个任务来触发 SendMsg. sendDone 事件;同时,传感器组件当获得 ADC. dataReady 事件时就提交了一个处理采样数据的任务;此时,应用程序组件发送一个了消息包,并设置了过高频率的 ADC 采样。

在这种情形下,传感器组件提交任务的速率比处理完一个任务的速率还要快,因此任务队列将很快被 ADC. dataReady 事件提交的处理任务填满。这时,无线模块完成了消息包的发送并触发相应中断。然而,网络组件不能成功提交任务,也就无法触发 SendMsg. sendDonc 事件,即丢失了该事件。应用程序组件必须在确定已发送完后才能发送另一个包,这是为了重复利用消息缓冲区。由于 sendDone 事件的丢失,结果就造成网络通信的异常。

在 TinyOS 1.x 中,解决这个特殊问题的方法之一就是把 SendMsg.sendDone 发送包完成事件放到发送包结束中断中处理,而不是像上面一样用任务来处理。虽然这种做法有违同步/异步的严格界限,但一个只是可能会发生的罕见的竞争状况总比确定的失败要好。另外一种不打破同步/异步规则的解决办法是用一个中断周期性的尝试提交网络组件的任务,有一定的概率使网络组件的任务入队在传感器组件的任务入队之前发生。第 2 种办法显然没有第 1 种办法有效。这个问题的出现与 TinyOS 1.x 的内核模型有关,因此设计人员在 TinyOS 2.x 中改进了任务机制。

2. TinyOS 2.x 的任务

TinyOS 2.x 的内核模型发生了改变,因此任务机制也有所不同。改进的主要目的是为了解决 TinyOS 1.x 模型中的局限性和运行错误,TinyOS 2.x 比 TinyOS 1.x 更有优势,这点从版本号上也可以看出来。在 TinyOS 2.x 中,任务队列不会再出现多个同样的任务。每个任务在任务队列中都有它自己预留的存储槽。任务也可以被提交多次,并且只有在如下情况下(唯一的一种情况)才可能提交失败:任务已经被提交了,但还没有开始执行,此时再次提交该任务就会返回失败。一个任务可以总是在运行,但无论何时在队列中只能占用一个位置。这是 TinyOS 2.x 在任务调度方面与 TinyOS 1.x 一个最大的区别。

TinyOS 2.x 分配了 1 B 的变量来表示任务的 ID 号,因此系统中最多有 255 个任务。任务的 ID 越大表示越受关注,但并不表示实际上的重要程度。如果一个组件需要多次提交同一个任务,那么可以在任务实现代码的最后部分将自身再次提交入队,例如:

```
uint8_t morepost=3;
…
post processTask();
…
task void processTask(){
//任务需要做的的具体工作
morepost——;
if (morepost) {
post processTask();//再次提交
}
}
```

采取这种实现方式可以有效避免很多问题,例如由于任务队列已满而无法触发分阶段操作的完成事件,初始化时任务队列溢出,以及组件多次提交任务导致任务分配不公平。因为一个任务只能占有任务队列的一个位置,而不会像 TinyOS 1.x 版那样任务每提交成功一次就多占一个位置。

为了使任务的基本用例保持简单易用,同时又能引入新的任务种类,TinyOS 2.x 除了提供了上述的基本任务外,还提供了一种新类型的任务:任务接口。任务接口扩展了任务的语法和语义。通常情况下,任务接口包含一个异步的 post 命令和一个 run 事件,这些函数的确切形式取决于接口的定义。例如,下面是一个允许任务带有一个整型参数的任务接口代码:

```
interface TaskParameter {
async error_t command postTask(uint16_t param);
event void runTask(uint16_t param);
}
```

　　使用这个任务接口,组件可以提交带有 uint16_t 参数的任务。当调度器运行该任务时,将会触发带有已有参数的 runTask 事件。这样,参数被传递给该任务,并且得到了处理。值得注意的是,传递给任务的参数是动态分配 RAM 空间,不会一直占用 RAM。此外,考虑到在任何时候都只能运行一个任务,因此只须在组件中简单地存储参数变量即可。例如,为了带上参数,除了采用以下这种实现方法外:

```
call TaskParameter.postTask(34);//提交任务
...
event void TaskParameter.runTask(uint16_t param){    //任务运行事件
...
}
```

还可以采用基本任务来编写代码:

```
uint16_t param;
...
param = 34;                                          //提交任务
post parameterTask();
...
task void parameterTask() {
...//使用 param 参数
}
```

　　可以看到,如果使用基本任务实现将参数传递进任务,需要声明一个全局变量。然后再在任务中使用,这个变量就会一直占用 RAM 空间。另外,对于任务接口而言,当任务再次执行的时候使用的参数仍然是 34,而基本任务在执行时则有可能使用已发生改变的新参数值。如果基本任务仍然希望使用旧参数值可以用如下的方式解决:

```
if (post parameterTask() == suCCESS) {
param= 34;
}
```

　　3. TinyOS 2.x 的调度器

　　在 TinyOS 2.x 中,任务调度器被实现为一个 TinyOS 组件。每个任务调度器必须都支持 nesC 语法的任务,否则不能通过 ncc 编译器的编译。调度器既支持最基本的任务模型,又支持多个任务接口,并且由调度器负责协调不同的任务类型(如具有超时管理的任务、具有优先级的任务)。

　　TinyOS 2.x 的基本任务不带有参数,且采取先进先出策略。任务接口也像一般程序一样,按照 nesC 的语义声明接口,并绑定到调度器组件。调度器提供了一个参数化的任务接口,每一个绑定到这个任务接口的任务都需要使用 unique()函数来获取唯一的标识符,而且调度器就是通过这个标识符来调度任务的。例如,标准的 TinyOS 调度器组件的形式声明可以如下所示(定义在 tinyos-2.xltosisystem 目录中):

```
module SchedulerBasicP{
provides interface Scheduler;
provides interface TaskBasic[uint8_t taskID];
uses interface McuSleep;
}
```

　　调度器必须提供 Scheduler 接口,这个接口定义了用于初始化和运行任务的命令,TinyOS

使用该接口执行任务,其定义代码如下:

```
interface Scheduler {
command void init();
command bool runNextTask(bool sleep);
command void taskLoop();
}
```

init 命令用来初始化任务队列和数据结构。runNextTask 命令一旦运行就必须运行到结束,其返回值表示它是否运行了任务。该命令函数的布尔参数 sleep 表示在没有任务可执行的情况下调度器应采取的执行策略。若 sleep 为 FALSE,则该命令会立即返回 FALSE;若 sleep 为 TRUE,则任务被执行前该命令不能返回,并且该命令还能让处理器进入休眠状态直到新任务到来。调用 runNextTask(FALSE)可能返回 TRUE 或者 FALSE,而调用 runNext-Task(TRUE)总是返回 TURE。taskLoop 命令会使调度器进入无限任务循环中,并能够在微处理器处于空闲时使其进入低功耗模式。McuSleep 接口用于微处理器的能量管理,在调度器中调用该接口的"sleep"命令,可以提高任务循环的能量效率。

调度器还必须提供参数化的 TaskBasic 接口。如果调用 TaskBasic.postTask 并返回了 SUCCESS,那么调度器在合适的时候便会运行它。调度器对 TaskBasic.postTask 的调用必须返回 SUCCESS,除非不是第 1 次调用:因为如果是第 1 次调用,任务接口的 TaskBasic.runTask 事件已经被触发了。下面是 TaskBasic 接口的定义代码:

```
interface TaskBasic{
async command error_t postTask();
void event runTask();
}
```

当组件使用关键字"task"声明任务时,它采用隐含方式声明使用了 TaskBasic 接口的一个实例。任务的主体是 runTask 事件。当组件使用关键字"post"时,它将调用的是 postTask 命令。每一个 TaskBasic 必须使用 unique("TinySchedulerC.TaskBasic")获得唯一的标识符作为它的参数,以便被绑定到调度器组件。当使用了关键字"task"和"post"后,nesC 编译器便会自动地完成绑定工作。

组件 SchedulerBasicP 使用了这些标识符作为任务队列的入口。当 TinyOS 通知调度器运行任务时,它会从队列中取出下一个标识符,并使用该标识符寻找相应任务的入口,即调度参数化接口 TaskBasic。

10.4.3 系统启动顺序

在 TinyOS 中,经常会被问及这样一个问题——TinyOS 应用程序的 main 函数在哪里?本书前面的内容都没有详细讨论过 TinyOS 的启动顺序,只知道应用程序需要处理 Boot.booted 事件,然后从这里开始运行。

在 TinyOS 的启动顺序中有一系列的调用语句。早期的 TinyOS 版本使用 StdControl 接口来进行系统初始化并启动所需的软件系统。然而,经多个硬件平台的实践后发现,StdControl 接口还不能够满足系统需求,因为该接口只能提供同步操作。另外,早期的 StdControl 接口只负责系统启动时的初始化工作(包括电源管理和服务控制)。TinyOS 2.x 为了解决这些问题,将 StdControl 接口分成 3 个独立的接口,它们分别用来初始化、启动和停止组件以及通知节点已经启动。

10.4.4　资源仲裁

无线传感器节点的能量十分有限,对所有的硬件资源(如串口设备、SPI 总线及定时器等)使用统一的电源管理策略显然是不合适的,因为它们在预准备、电源配置和延迟性方面有很大的不同。TinyOS 2.x 将硬件资源分成 3 种类型:专用资源、虚拟资源和共享资源。本节将详细介绍用户该如何访问这些硬件资源以及如何控制这些硬件资源的电源供应。

TinyOS 1.x 具有两个机制来管理共享资源:虚拟化和完成事件。一个虚拟化的资源表现为资源抽象的一个独立实例,如 TimerC 组件的定时器接口。定时器实例的使用是互不影响的,TimerC 组件从底层硬件时钟虚拟出多个单独的定时器。

然而,如果程序需要物理硬件的控制权,这些硬件抽象就不太适合采用虚拟化的方法。例如,TinyOS 1.x 中的组件共享一个唯一的通信协议栈,即 GenericComm 组件。由于 Generic-Comm 组件一次只能处理一个外发消息包,所以当 GenericComm 组件正处于忙碌状态时,如果有一个组件试图发送消息包,该调用就会返回 FAIL。这时,该组件需要有一种方法能获知 GenericComm 组件在何时处于空闲并可以重发。为此,TinyOS 1.x 提供了全局的完成事件,在一个消息包发送完成后就会触发完成事件。然后,相关组件就处理该事件,并重发消息包。

不过,这种针对物理抽象(不是虚拟化抽象)的方法同样有以下几个缺点。

(1)如果有多个资源请求,就不得不考虑对请求失败情况的处理。这通常要借助组件内部的状态标识位,其代码实现较为复杂。

(2)无法控制各个操作行为的时序,因此会带来一些问题。例如对时序比较敏感的 A/D 转换操作,为了保证 A/D 操作能够在准确的时间点得到执行,往往需要一种预留数模转换器资源的方法。

(3)即使硬件资源本身支持资源预留,也无法通过软件接口来表现该功能。例如,I2C 总线在多线通信时具有“重复开始”的功能行为,但 TinyOS 1.x 的 I2C 总线抽象没有提供该功能。

(4)大多数的 TinyOS 1.x 服务没有提供一种简便的方法来监视某个资源抽象当前是否允许再次请求,也没有清楚地指出哪个请求可以同时发生。

显然,对于资源共享,TinyOS 1.x 中没有一种统一的方法可以解决所有的情况。例如,明确的资源预留方法可以很好地保证 A/D 操作的时序,但如果程序不需要精确的时序保证,这种额外的资源预留就会带来不必要的复杂代码。为此,TinyOS 2.x 引入了 3 种类型的资源抽象,并且具体资源抽象的共享策略由其资源类型指定。

1. 专用资源

如果用户对象可以对某种资源一直拥有独占的访问权,那么这种资源就称为专用资源。对于这种资源类型,没有任何的共享机制,因为有且只有一个用户对象在使用该资源。使用该资源的用户对象只须简单地调用其提供的接口命令即可控制它们的电源状态(开启/关闭该资源)。这类资源提供了 AsyncStdControl 接口、StdControl 接口和 SplitControl 接口来控制设备的电源开关。通常,专用资源的电源状态就由这 3 个接口中的某一个来控制,但具体使用哪一个则由该资源的物理开关特性决定。3 个接口的定义如下:

```
interface AsyncStdControl {
async command error_t start();
async command error _t stop();
```

```
    }
interface StdControl {
    command error_t start();
    command error_t stop();
}
interface SplitControl {
    command error_t start();
    command void startDone(error_t error);
    command error_t stop();
    command void stopDone(error_t error);
}
```

2. 虚拟资源

虚拟资源是指通过软件虚拟化技术在一个单一的基础资源上虚拟出的多个资源实例。其优点是每个虚拟实例的用户都感觉自己是在使用专用资源。定时器就是一个典型的虚拟化资源。Blink 应用程序中使用了 3 个定时器分别控制 3 个 LED 灯,事实上,这 3 个定时器是从一个实际的硬件定时器模块虚拟化出来的。因为虚拟化是通过软件完成,所以从理论上讲,虚拟资源的用户数量没有上限,但会受到存储和效率方面的限制。虚拟资源没有提供直接控制电源状态的相关接口,它们的电源状态由系统自动处理。由于虚拟化资源是建立在共享资源之上,其自动控制电源状态的实现方法与共享资源相同。

虚拟资源通常提供了一个简单接口供用户使用。但这种简便的代价是效率降低,并且无法精确地控制底层资源。例如,一个虚拟化的定时器资源为了分派并维护每个虚拟定时器,需要付出一定的 CPU 开销,并且当两个定时器同时触发时,还需要引入细微的计数偏差来避免这种同时刻行为。

3. 共享资源

若一个资源总是由单一用户控制,那么该资源非常适合采取专用资源的管理方式。倘若用户愿意付出一点性能开销并牺牲精确控制权从而实现简单的共享,那么虚拟化的资源方式就非常适用。但有时,多个用户都需要对某个资源有精确的控制,但又不可能在同一时间获得控制权,这时就非常需要一种多路复用技术。采用多路复用技术的资源通常被称作共享资源。

共享资源的一个经典例子就是总线共享。总线一般有多个外围设备,相应地也就有多个不同的用户子系统。例如,在 Telos 平台,Flash 存储芯片和无线射频芯片都需要通过 SPI 总线与处理器通信,且它们在使用 SPI 总线时都要求有独占的访问权,而处理器却只有一个 SPI 模块,那么它们只能共享 SPI 总线。在这种情况下,一旦无线射频芯片或 Flash 存储芯片获得 SPI 总线的访问权,就能够快速连续地对 SPI 总线执行一系列操作,而不必每次都重新获得总线。那么如何获得 SPI 总线的访问权呢?

在 TinyOS 2.x 中,资源的仲裁者负责实现共享资源的多路复用技术,即决定哪一个用户在哪一个时间段对资源有访问权。当用户占有资源时,享有完全不受拘束的控制权。另外,仲裁者假设这些用户都非常合作,用户只在有需要的时候才请求获得资源,且持有的时间不超过最大必要时间;使用完成后,用户主动地释放资源,而不需要仲裁者强行收回控制权。

10.4.5 电源管理

微控制器(也称微处理器)一般有多种工作/休眠模式,每种模式的能耗、唤醒延迟以及支持的外围设备都不相同。理想的电源管理方式是让微控制器总是处于可以满足应用需求的最低耗电状态。为此,只有精确地知道各子系统及其外围设备的具体运行状态,才能确定让处理器处于何种模式。此外,需注意到模式之间的切换十分频繁。微处理器每次进入中断处理,就要从一个低功耗的休眠模式切换到工作模式。TinyOS 调度系统一旦发现任务队列为空,就立即使微处理器进入休眠状态。TinyOS 2. x 通过状态和控制寄存器、Dirty 位和重载电源状态(override)3 种机制来设定微处理器应切换到的模式。

　　TinyOS 平台的能量十分有限,因此对所有的设备使用统一的电源管理策略显然是不合适的,因为它们在预热阶段、电源配置和工作延迟上有很大的不同。有些设备,如微控制器,可以高效地计算出所允许的最低功率状态;而其他一些设备,如带有预热阶段的传感器,就需要获得额外信息才能实现电源状态的高效管理。

　　在 TinyOS 1. x 中,应用程序负责维护所有的电源管理工作。例如,类似 SPI 总线的低级子系统,需要由高层的抽象组件来显式地启动和关闭供电。但该方式会深层次地调用“Std-Control. start”命令和“StdControl. stop”命令,从而导致一些怪异的行为,并且不利于电能的节省。以关闭 Telos 平台上的射频模块为例,SPI 总线的关闭会导致 Flash 存储驱动无法正常工作。此外,即使 SPI 总线上没有活跃设备,微控制器为了监视 SPI 总线也会处于高功耗状态。

　　TinyOS 2. x 定义了两类电源管理设备:微控制器和外围设备。上面已详细介绍了如何管理微控制器的电源状态。微控制器通常有多个电源状态,但外围设备一般只有两个明确的状态,即开启与关闭。下面将主要讲述如何控制外围设备的电源状态。这里的外围设备指的是使用资源仲裁机制访问的硬件设备。这些设备不是虚拟化的,也就是说,用户对它们的访问必须有明确的请求,并在使用完后由用户释放访问权。

　　针对外围设备,TinyOS 2. x 定义了两种不同的电源状态管理模型:显式电源管理模型和隐式电源管理模型。显式电源管理模型为单个用户提供了一种方法,实现对专用物理设备电源的手工控制。每当用户要求打开或关闭设备时,它都会毫不延迟地执行(当然要除去硬件延迟)。当选择电源状态的控制信息依赖于高层组件中的外部逻辑时,这个模型是非常有用的。隐式电源管理模型提供了一种令设备在驱动中控制自身电源状态的方法。遵循这种模型的设备不能够被外部组件显式地开启或关闭,但需要定义某些内部策略,从而准确地决定何时转换电源状态。这些策略必须基于设备自身的硬件,如果物理设备依附于显式的电源管理模型,其实现也可以基于该设备的低层次抽象。

10.4.6　串口通信

　　针对节点与 PC 之间的数据交换,TinyOS 2. x 的串口通信系统可以分为编码/装帧层、协议层以及分派层。这方便了串口底层的调试以及分层的替换修改,同时还能支持多种数据包格式。与 TinyOS 1. x 不同,TinyOS 2. x 的串口数据包没有受到射频数据包格式的限制。此外,支持的串口数据包格式与平台无关,因此 PC 端的应用程序可以与任意的节点平台进行通信。

　　如果用户需要从由 TinyOS 节点组成的传感器网络中读出数据,节点与计算机终端常通过线缆来连接。虽然 PC 端可能有串口、USB 口和网卡等多种接口,但是节点通常使用串口(UART)与之通信。在 TinyOS 1. x 中,串口包的格式与平台有关,这会增加在设计通信协议和 PC 端工具时解决平台多样性问题的难度。TinyOS 2.0 引入了包格式分派的概念,因此节点可以同时支持多种串口数据包。大大简化了 PC 端工具包的开发。

TinyOS 2.x 的串口协议栈可划分为 4 个功能组件,自底向上分别是原始串口(raw-UART)组件、编码/装帧(encoder/framer)组件、协议(protocol)组件以及分派(dispatcher)组件,其结构如图 10.8 所示。

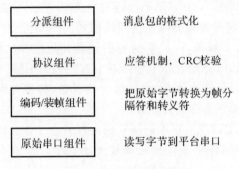

图 10.8　串口协议栈的结构

图 10.8 中的下面 3 层组件提供的是字节级的接口,只有分派组件提供了数据包级别的接口。此外,上面 3 层组件具有平台无关性,只有原始串口组件的代码与特定平台密切相关。

串口协议栈的最底层是原始串口组件,这是一个硬件接口层(HIL)的组件,其提供的功能函数可用于配置串口(如传输速率、停止位等)、收发字节以及刷新串口缓冲区。

编码/装帧组件建立在原始串口组件之上。根据串口协议的编码规则,该组件将原始数据的字节格式转换为数据包格式。编码/装帧组件假设有两种类型的字节:分隔符和数据字节,分别用不同的事件告知上层的协议组件。

协议组件负责处理数据和分隔符的事件。它会读入这些字节,并发出协议控制包。如果协议组件接收到数据包,就会向分派组件发送开始信号,并附上接收到的数据字节作为参数。当数据包接收完毕时,协议组件就会发送完成的信号给分派组件,并告知循环冗余校验(Cyclic Redundancy Check,CRC)的结果。

分派组件处理数据包字节与分隔符。它负责将数据读入 message_t 并告知上层组件数据包已接收完毕。分派组件支持多种基于 message_t 的包格式,因此需要知道数据包的包头大小,并计算出有效数据在串口包中的偏移地址。

10.5　本章小结

本章在 10.1 节介绍了无线传感器网络操作系统的系统需求。10.2 节介绍了当前主要的无线传感器网络操作系统,包括 TinyOS、MANTIS、SOS、Contiki、MagnetOS 等操作系统。10.3 节主要介绍了 TinyOS,包括它的设计理念、技术特点、体系结构和版本说明等相关内容。10.4 节介绍了 TinyOS 内核,包括硬件抽象架构、任务和调度、系统启动顺序、资源仲裁、电源管理和串口通信等相关内容。

第 11 章　5G 网络与 NB-IoT 技术

由于 5G 无线通信网络设计时的一个很重要的应用目标就是万物互联的物联网,物联网中的低功耗广域网的应用场景也是专为各类传感器和物联设备设计的,所以低功耗广域网也可以认为是无线传感器网络的一种联网方式。而 5G 网络设计之初就已经考虑到将低功耗广域网融入 5G 网络中,成为 5G 网络的一部分。本章主要介绍 5G 网络中和无线传感器网络相关的低功耗广域网的相关技术。

11.1　5G 概述

11.1.1　移动通信网络的发展过程

基于蜂窝架构的移动通信技术的发展经历了从单向(寻呼机时代)到双向,从单工(对讲机)到双工,从模拟调制到数字调制,从电路交换到分组交换,从纯语音业务到数据及多媒体业务,从低速数据业务到高速数据业务的快速发展,不但实现了人们对移动通信的最初梦想——任何人,在任何时间和任何地点,同任何人通话,而且还实现了在高速移动过程中发起视频通话、接入互联网、收发电子邮件、电子商务、实时上传下载文件或分享照片及视频等。未来不仅要实现人与人、人与物之间的互连通信,而且还要走进物与物即万物互连的物联网的新通信时代。图 11.1 直观地告诉我们移动通信技术差不多每隔 10 年就会经历一次革命性的跨越。

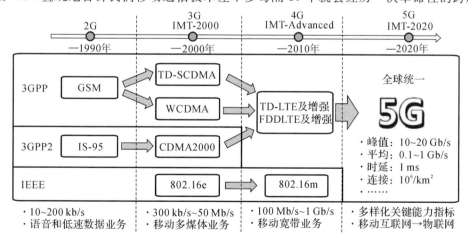

图 11.1　移动通信每 10 年一次跨越

其实,到了 4G 时代,移动通信网络的发展演进路径就已经出现了两大分支,覆盖更多应用场景,如图 11.2 所示。

(1)一条是大流量、高速率、高速移动的宽带时代。

(2)一条是小数据、广覆盖、大容量的物联网时代。

因此,为了满足未来移动通信用户数即网络容量的极大增长,以及满足巨大的物联网业务需求和超高速的数据传输速率的要求,除了移动通信网络架构的演进之外,所谓第五代即 5G 移动通信技术也无非是从以下 3 个维度来演进,如图 11.3 所示。

(1)提升频谱效率。

(2)扩展工作频段。

(3)增加网络密度。

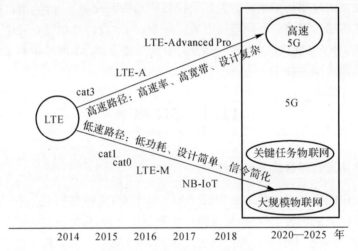

图 11.2　移动通信演进分支

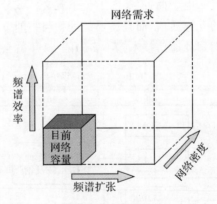

图 11.3　移动通信技术演进的 3 个维度

11.1.2　5G 应用场景

5G 通常包含下面三大应用场景(见图 11.4)。

(1)大规模物联网(Massive IoT/MTC/M2M):海量连接设备(超高密度),超低功耗,深度覆盖、超低复杂度,如远程抄表和物流跟踪管理等应用。

(2)任务关键性控制(MCC):任务关键性物联网主要应用于无人驾驶、自动工厂、智能电网等领域,要求超高安全性、超低时延与超高可靠性,也称为 URLLC(Ultra-Reliable Low latency Communication)。例如,当我们要体验增强现实(Argument Reality,AR)或虚拟现实(Virtual Reality,VR)、远程控制和游戏等业务时,数据需要传送到云端进行分析处理,并实时传回处理后的数据或指令,这一来回的过程时延一定要足够低,低到用户无法觉察到。另外,机器对时延比人类更敏感,对时延要求更高,尤其是 5G 的车联网、自动工厂和远程机器人、远程医疗远程机器人手术等应用。

(3)增强的移动宽带(eMBB):超高传输速率(>10 Gb/s),5G 时代将面向 4K/8K 超高清视频、全息技术、增强现实/虚拟现实等应用,移动宽带的主要需求是更高的数据传输速率。

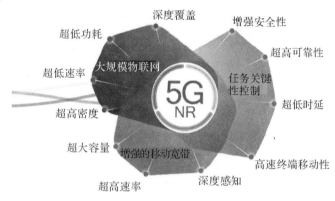

图 11.4　5G 三大应用场景

本书主要讲解 5G 大规模物联网技术即 NB-IoT,对其他两大应用场景不做介绍。

11.1.3　5G 关键技术

本节集中介绍 5G 采用的 8 大核心关键技术,包括无线接入网(RAN)和网络架构(Network Architecture)两个方面都会涉及的新技术。

1.毫米波技术

以往移动通信的传统工作频段主要集中在 3 GHz 以下,这使得频谱资源十分拥挤,而在高频段(如毫米波、厘米波频段)可用频谱资源丰富,能够有效缓解频谱资源紧张的现状,可以实现极高速短距离通信,能支持 5G 大容量和高速率等方面的需求。

高频段在移动通信中的应用是未来的发展趋势,业界对此高度关注。高频段毫米波移动通信主要有以下优点:

(1)足够量的可用带宽;

(2)小型化的天线和设备;

(3)较高的天线增益;

(4)绕射能力好;

(5)适合部署大规模天线阵列(Massive MIMO)。

但高频段毫米波移动通信也存在传输距离短、穿透能力差、容易受气候环境影响等缺点。

射频器件、系统设计等方面的问题也有待进一步研究和解决。

当前,相关研究机构和公司正在积极开展高频段需求研究以及潜在候选频段的遴选工作。高频段资源虽然目前较为丰富,但是仍需要进行科学规划、统筹兼顾,从而使宝贵的频谱资源得到最优配置。

2. 大规模天线阵列

多天线技术经历了从无源到有源、从二维(2D)到三维(3D)、从高阶 MIMO 到大规模阵列(Massive MIMO)的发展,将有望实现频谱效率提升数十倍甚至更高,是目前 5G 技术重要的研究方向之一。

由于引入了有源天线阵列和毫米波技术,基站侧同样大小的物理空间可支持的协作天线数量将达到 128 根甚至更多,如图 11.5 所示。

此外,原来的 2D 天线阵列拓展成为 3D 天线阵列,形成新颖的 3D-MIMO 即立体多维MIMO 技术,支持多用户波束智能赋型,减少用户间干扰,结合高频段毫米波技术,将进一步改善无线信号覆盖性能。

3D-MIMO 技术在原有的 MIMO 基础上增加了垂直维度,使得波束在空间上三维赋型,可更好地避免相互之间的干扰。配合大规模 MIMO,可实现多方向波束赋型。

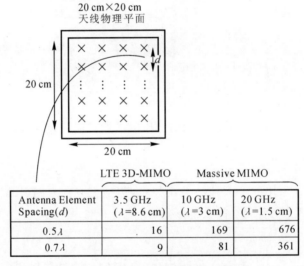

Antenna Element Spacing(d)	LTE 3D-MIMO	Massive MIMO	
	3.5 GHz (λ=8.6 cm)	10 GHz (λ=3 cm)	20 GHz (λ=1.5 cm)
0.5λ	16	169	676
0.7λ	9	81	361

图 11.5　Massive MIMO 原理示意图

目前研究人员正在针对大规模天线信道测量与建模、阵列设计与校准、导频信道、码本及反馈机制等问题进行研究,未来将支持更多的用户空分多址(SDMA),显著降低发射功率,实现绿色节能,提升覆盖能力。

3. 新型调制编码技术

调制编码技术是移动通信的核心技术,是皇冠上的明珠。5G 所采用的新型调制编码技术主要包括 256QAM 高阶调制、LDPC 和 Polar 编解码技术。下面分别进行介绍。

1948 年,香农(Shannon)在他的开创性论文"通信中的数学理论"中第一次提出了在有噪信道中实现可靠通信的方法,提出了著名的有扰信道编码定理,奠定了纠错编码的基础。

20 世纪 50 年代初,汉明(Hamming)、斯列宾(Slepian)、普兰奇(Prange)等人在香农理论的基础上,设计出了一系列的性能优异的编译码方案,并以此为基础得出了在编码信道条件下各种信道的香农极限。香农限作为通信系统中的性能极限,具有非常重要的意义,也带动了通信领域中设计和构造逼近香农限的纠错编码的研究与应用。

简单来说,信道编码就是在 K 比特的数据块中插入冗余比特,形成一个更长的码块,这个码块的长度为 N 比特,$N>K$,$N-K$ 个比特就是用于检测和纠错的冗余比特,编码率 R 就是 K/N。一个好的信道编码,就是在一定的编码率下,能无限接近信道容量的理论极限即香农极限。3GPP 决定 5G 采用哪种编码方式的决定因素包括译码吞吐量、时延、纠错能力、误块率(BLER)、灵活性、还有软硬件实现的复杂性、成熟度和后向兼容性等。

LDPC 码:即低密度奇偶校验码(Low Density Parity Check Code),最早由美国麻省理工学院的 Robert G. Gallager 博士于 1963 年提出,是一类具有稀疏校验矩阵的线性分组码,不仅有逼近香农极限的良好性能,而且译码复杂度较低,结构灵活,一直是信道编码领域的研究热点。

LDPC 是一种校验矩阵密度("1"的数量)非常低的分组码,核心思想是用一个稀疏的向量空间把信息分散到整个码字中,也就是要求校验矩阵中 1 的个数远小于 0 的个数,并且码长越长,密度就越低。

普通的分组码校验矩阵密度大,当采用最大似然法在译码器中解码时,错误信息会在局部的校验节点之间反复迭代并被加强,造成译码性能下降。反之,LDPC 的校验矩阵非常稀疏,错误信息会在译码器的迭代中被分散到整个译码器中,正确解码的可能性会相应提高。简单来说,普通的分组码的缺点是错误集中并被扩散,而 LDPC 的优点是错误分散并被纠正。

然而,由于 LDPC 解码器运算复杂,限于当时的硬件技术条件和缺乏可行有效的译码算法,在问世后的 35 年间,LDPC 码被逐渐遗忘了。

直到 20 世纪 80 年代,Tanner 用图论的方式解释了 LDPC 码,并改进了译码方法。1993 年,Berrou 等人发现了 Turbo 码,在此基础上,1995 年左右剑桥大学卡文迪许实验室的 David J. C. MacKay 再次发现了 LDPC 这种性能优秀的信道编码,并提出了可行的译码算法,从而进一步发现了 LDPC 码所具有的良好性能,迅速引起强烈反响和极大关注,LDPC 码也再次进入学术界的视野。

随后,学术界对 LDPC 码投入了大量的关注,包括对编码矩阵构造、解码算法优化等关键技术展开了研究。其中比较关键的突破包括高通公司的 Thomas J. Richardson 提出的 Multi-Edge 构造方法可以灵活地得到不同速率 LDPC 码,非常适合通信系统的递增冗余(IR-HARQ)技术;再加上 LDPC 的并行解码可以大幅度降低 LDPC 码的解码时间和复杂度,至此,LDPC 从理论上进入通信系统的障碍被全部扫清了。

经过十几年来的研究和软硬件技术的飞速发展,LDPC 码的相关技术也日趋成熟,已经开始有了商业化的应用成果,并进入了无线通信等相关领域,LDPC 码被各种通信系统所采纳,目前已广泛应用于深空通信、光纤通信、卫星数字视频和音频广播等领域。

(1)广播系统:卫星数字广播系统(DVB-S2)系统、地面数字视频广播(DTMB)系统、中国移动多媒体广播(CMMB)系统。

(2)固定接入网络:ITU-T 高速家庭有线网络(G. hn)。

(3)无线接入网络:IEEE 的 802.11n、802.11ac、802.16e(WiMAX)。

(4)此外,LDPC 还被应用在包括嫦娥二号在内的航天通信领域。

至此,没有正式接纳 LDPC 码的只有 3GPP 所主导的主流移动通信系统了(WiMAX 并未被主流运营商大规模部署)。

LDPC 在 3GPP 的第一次尝试出现在 2006 年的 LTE R8 讨论中。由于非技术因素,LDPC 码惜败于风头正劲的 Turbo 码,错过了成就大满贯的机会。但是错过了第一个赛点的 LDPC 码并没淡出大众的视线,依然在其他通信标准领域高歌猛进。2016 年,经过 10 年的积淀,在实际通信系统中得到了充分验证的 LDPC 又来到了移动通信标准的赛场上,成为 5G 的备选方案。这次,天时、地利、人和都站在 LDPC 这边。面对第二个赛点的 LDPC 码已经成为包括大部分中国公司在内的业界共识。经过深入的讨论,在通信界主流公司(高通、三星、诺基亚等)的推动下,2016 年 10 月 14 日,在葡萄牙里斯本召开的 3GPP RAN1 会议上,LDPC 码终于击败 Turbo 2.0 被 3GPP 接纳为 5G 系统 eMBB 场景下业务信道数据信息的长码块编码方案,在问世 53 年之后,LDPC 码终于被主流移动通信系统接纳采用了。

Polar 码:目前研究成果最多、比较成熟并逼近香农极限的纠错码是 LDPC 码和 Turbo 码。虽然两种码字的性能已十分优异,但人们一直坚持寻找性能更好,可以非常接近甚至完全达到香农极限并且有简单的编译码方法的各类编码方案。

Polar 码是编码界新星,由土耳其毕尔肯大学 E. Arikan 教授于 2007 年基于信道极化理论提出,是一种全新的线性信道编码方法,该码字是迄今发现的唯一一类能够达到香农极限的编码方法,并且具有较低的编译码复杂度,当编码长度为 N 时,复杂度大小为 $O(N\lg N)$。Polar 码自从提出以来,就吸引了众多学者的兴趣,是这几年信息编码领域研究的热点。

Polar 码的理论基础就是信道极化理论。信道极化包括信道组合和信道分解两部分。当组合信道的数目趋于无穷大时,则会出现极化现象:一部分信道将趋于无噪信道,另外一部分则趋于全噪信道,这种现象就是信道极化现象。无噪信道的传输速率将会达到信道容量 I(W),而全噪信道的传输速率趋于零。Polar 码的编码策略正是应用了这种现象的特性,利用无噪信道传输用户有用的信息,全噪信道传输约定的信息或者不传信息。

2016 年 11 月 19 日,在美国内华达州里诺刚刚结束的 3GPP RAN1 第 87 次会议上,国际移动通信标准化组织 3GPP 确定将 Polar 码(极化码)作为 5G eMBB(增强移动宽带)场景的控制信道即短码块编码方案。

至此,5G eMBB(增强移动宽带)场景的信道编码技术方案完全确定,其中 Polar 码作为控制信道即短码块的编码方案,LDPC 码(低密度奇偶校验码)作为数据信道即长码块的编码方案。

4.多载波聚合

LTE R12 已经支持 5 个 20 MHz 载波聚合,如图 11.6 所示。

5G 将扩展到支持多达 32 个载波聚合。另外,未来的 5G 网络将是一个融合的网络,载波聚合技术将大大扩展到支持以下各种不同类型的无线链路间的载波聚合技术,如图 11.7 所示。

(1)支持 LTE 内多达 32 载波的聚合。

(2)支持系统间与 3G-HSPA+无线链路的载波聚合。

(3)支持 FDD+TDD 链路聚合,即上下行非对称的载波聚合。

(4)支持 LTE 授权频谱辅助接入(LAA/eLAA),即支持与非授权频谱比如 WiFi 无线链路之间的载波聚合。

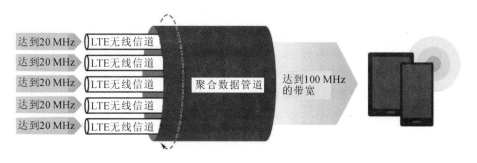

图 11.6　LTE 内 5 个载波聚合示意图

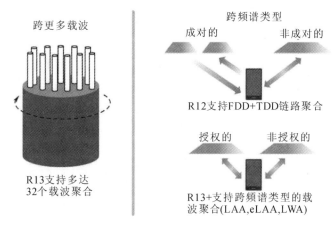

图 11.7　5G 支持多无线链路间的载波聚合技术

5. 网络切片技术

网络切片(network slice)技术,最简单的理解就是将一个物理网络切割成多个虚拟的端到端的网络,每个虚拟网络之间,包括网络内的设备、接入、传输和核心网,都是逻辑独立的,任何一个虚拟网络发生故障都不会影响到其他虚拟网络。每个虚拟网络就像是瑞士军刀上的钳子、锯子一样,具备不同的功能、特点,面向不同的需求和服务,可以灵活配置调整,甚至可以由用户定制网络功能与服务,实现网络即服务(Network as a Service,NaaS)。

目前 4G 网络中主要终端设备是手机,网络中的无线接入网部分[包括数字单元(Digital Unit,DU)或基带单元(Baseband Unit,BBU)和射频单元(Radio Unit,RU)]和核心网部分都采用设备商提供的专用设备。

4G 网络主要服务于人,连接网络的主要设备是智能手机,不需要网络切片以面向不同的应用场景。但是 5G 网络需要将一个物理网络分成多个虚拟的逻辑网络,每一个为了实现网络切片,网络功能虚拟化(Network Function Virtualization,NFV)是先决条件。本质上讲,所谓 NFV,就是将网络中的专用设备的软硬件功能(如核心网中的 MME、S/P-GW 和 PCRF,无线接入网中的数字单元 DU 等)转移到虚拟主机(Virtual Machines,VM)上。这些虚拟主机是基于行业标准的商用服务器,低成本且安装简便。简单来说,就是用基于行业标准的服务器、存储和网络设备,来取代网络中专用的网元设备,从而实现网络设备软硬件解耦,达到快速开发和部署。

网络经过功能虚拟化后,无线接入网部分叫边缘云(edge cloud),而核心网部分叫核心云(core cloud)。边缘云中的 VM 和核心云中的 VM,通过软件定义网络(SDN)互联互通,也可实现网络设备软硬件解耦,达到控制与承载彻底分离。

如图 11.8 所示,针对不同的应用场景,网络被"切"成 4"片"。

(1)高清视频切片(UHD slice):原来网络中数字单元(Digital Unit,DU)和部分核心网功能被虚拟化后,加上存储服务器,统一放入边缘云(edge dloud)。而部分被虚拟化的核心网功能放入核心云(core cloud)。

(2)手机切片(phone slice):原网络无线接入部分的数字单元(DU)被虚拟化后,放入边缘云。而原网络的核心网功能,包括 IMS,被虚拟化后放入核心云。

(3)大规模物联网切片(massive IoT slice):由于大部分传感器都是静止不动的,并不需要移动性管理,所以在这个切片中,核心云的任务相对轻松简单。

(4)任务关键性物联网切片(mission critical IoT slice):由于对时延要求很高,为了最小化端到端时延,原网络的核心网功能和相关服务器均下沉到边缘云。

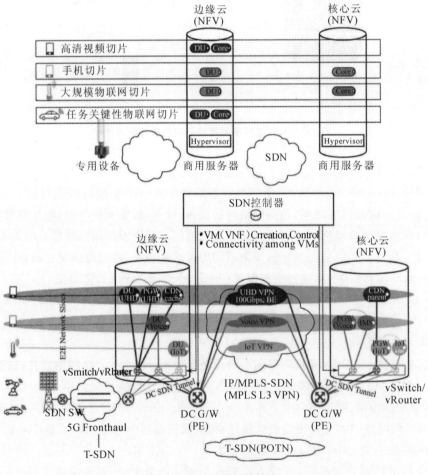

图 11.8 5G 网络切片技术

当然,网络切片技术并不仅限于这几类切片,它是灵活的,运营商可以随心所欲地根据应用场景定制自己的虚拟网络。

6.设备到设备直接通信

传统的蜂窝通信系统的组网方式是以基站为中心实现小区覆盖,而基站及中继站无法移动,其网络结构在灵活度上有一定的限制。随着无线多媒体业务的不断增多,传统的以基站为中心的业务提供方式已无法满足海量用户在不同环境下的业务需求。

设备到设备直接通信(D2D)技术无须借助基站的帮助就能够实现通信终端之间的直接通信,拓展网络连接和接入方式,因此 D2D 通信具备以下优点:

(1)短距离直接通信的信道质量高,D2D 能够实现较高的数据速率、较低的时延和较低的功耗;

(2)通过广泛分布的终端,能够改善覆盖,实现频谱资源的高效利用;

(3)支持更灵活的网络架构和连接方法,提升链路灵活性和网络可靠性。

目前,D2D 采用广播、组播和单播技术方案,未来将发展其增强技术,包括基于 D2D 的中继技术、自组织网络技术,多天线技术和联合编码技术等。

当然,D2D 通信技术只能作为蜂窝网络辅助通信的手段,而不能独立组网通信。

7.超密集异构网络

在未来的 5G 通信中,无线通信网络正朝着网络多元化、宽带化、综合化、智能化的方向演进。随着各种智能终端的普及,数据流量将出现井喷式的增长。未来数据业务将主要分布在室内和热点地区,这使得超密集异构网络(ultra-dense hetnet)成为实现未来 5G 的 1 000 倍容量需求的主要手段之一。

未来 5G 网络将采用立体分层超密集异构网络(hetnet),在宏蜂窝网络层(macro cell)中部署大量毫微微蜂窝小区(femto cell)、微微蜂窝小区(pico cell)、微蜂窝小区(micro cell),覆盖范围从十几米到几百米。超密集网络能够改善网络覆盖,大幅度提升系统容量,并且对业务进行分流,具有更灵活的网络部署和更高效的频率复用。未来,面向高频段、大带宽,将采用更加密集的网络方案,部署小区/扇区将高达 100 个以上。

与此同时,愈发密集的网络部署也使得网络拓扑更加复杂,小区间干扰已经成为制约系统容量增长的主要因素,极大地降低了网络能效。干扰消除、小区快速发现、密集小区间协作、负载动态平衡、基于终端能力提升的移动性增强方案等,都是目前密集网络方面的研究热点。

8.新型网络架构

(1)C-RAN。目前,LTE 接入网采用网络扁平化架构,减小了系统时延,降低了建网成本和维护成本。未来 5G 可能采用云接入网架构,即所谓的 Cloud-RAN(C-RAN)。

C-RAN 是基于集中化处理、协作式无线电和实时云计算构架的绿色无线接入网构架。C-RAN 的基本思想是通过充分利用低成本高速光传输网络,直接在远端天线和集中化的中心节点间传送无线信号,以构建覆盖上百个基站服务区域,甚至上百平方千米的无线接入系统。

C-RAN 架构适于采用协同技术,能够减小干扰、降低功耗、提升频谱效率,同时便于实现动态使用的智能化组网,集中处理有利于降低成本,便于维护,减少运营支出。目前的研究内容包括 C-RAN 的架构和功能,如集中控制、基带池 RRU 接口定义、基于 C-RAN 的更紧密协作,如基站簇、虚拟小区等。

(2)SDN 和 NFV。5G 网络架构也将全面采用 SDN 和 NFV 技术。

云端虚拟化技术在 IT 业的日益成熟和成功应用以及互联网的开放思维都共同驱动各大

运营商对移动通信网络架构及业务部署的重新思考。

软件定义网络(SDN)的概念是让软件来控制网络,充分开放网络能力,是一种具有控制信令与用户数据分离(C-U Split)、网络功能集中控制、开放应用程序界面 API 这三大特征的新型网络架构和网络技术。通过引进 SDN 的概念,可以将封闭垂直一体的传统电信网络架构一举转为弹性化、开放、高度整合、服务导向及确保服务质量的分层网络架构。

在引入 SDN 后,面临的新挑战是如何进行网络功能重构,如何设计新增接口协议,进而基于 SDN 实现架构的优化以及端到端信令流程的优化。另外,大量的复杂控制机制集中到 SDN 控制器上运行,也降低了 SDN 交换器的采购、管理与替换等成本,连带解决了被网络通信设备制造商的专用硬件设备绑定的问题。

与 SDN 的概念相仿,网络功能虚拟化(NFV)的目的之一也是在于实现特定的网络通信设备的软硬件功能解耦。NFV 采用云端虚拟化为主的 IT 手段改造 4G/5G 核心网络,目前 4G/5G 核心网络上最重要的功能除了 EPC 之外就是 IMS,其虚拟化后分别称为 vEPC 及 vIMS,这样就可以采用市场上通用的服务器平台来替代原来昂贵的专用电信设备,单位计算性能价格比远低于电信设备,并且成本下降和更新周期的幅度数倍于专用电信设备,这样能够以更低成本、更快地引进新 IT 技术和新 IT 设备,维持硬件设备性能优于竞争对手。

透过 NFV,既有专用 4G 核心网络的相关网络设备的功能以软件的方式虚拟化,并经由云计算(cloud computing)相关技术,硬件资源虚拟化为多个 VM (Virtual Machine),利用云端计算的快速部署能力,使得各个 EPC 软件网络组件(network entity)的容量配置调整周期从数周缩短到数分钟,大幅提升了 EPC 网络组件部署和更新的敏捷性,负载平衡机制提升系统服务水平,每个 VM 可以迁移和重生,在本地或异地相互热备份,进一步确保网络的高可靠性。并实现设备容量按需求动态弹性扩充,确保系统的可维护性,且大幅降低服务器硬件基础设施的部署与运维成本。如此一来,4G/5G 网络运营商和设备商的重点就能转移到服务创新上,进一步为电信运营商创造更高的运营收益。

由于 NFV 与 SDN 技术双方的核心概念颇有相通之处,两者具备互补整合之高度条件,所以目前在 4G 核心网络实现虚拟化的工作中,经常将 NFV 与 SDN 相提并论,两者间未来可能发展出的协同运作模式也值得探讨。SDN 负责 Layer-3 以下的网络基础设施及低层网络流量转送的处理;而 NFV 则负责 Layer-3 以上的网络上层应用服务设施的弹性灵活的资源调度,两者相辅相成,营造出未来高效优化的运营商整合服务平台。

11.2 低功耗广域网分类

各类物联网应用业务中,低功耗广域覆盖(Low Power Wide Area,LPWA)物联网业务由连接需求规模大,是全球各运营商争夺连接的主要市场。目前,存在多种可承载 LPWA 类业务的物联网通信技术,如 GPRS、LTE、LoRa、Sigfox 等,下面就对此进行分类介绍。

物联网技术从所使用的频谱类型可以分为如下两大类,如图 11.9 所示。

(1)采用授权频谱的物联网技术,如 EC(Extended Coverage)-GSM,NB-IoT 和 LTE-M,主要由 3GPP 主导的运营商和电信设备商投入建设和运营,也可以称之为蜂窝物联网(Cellular Internet of Things,CIoT)。授权频谱的物联网技术分类如图 11.10 所示。

(2)采用非授权频谱的物联网技术,如 LoRaWAN、Sigfox、Weightless、HaLow、RPMA(Random Phase Multiple Access)等私有技术,其大部分投入为非电信领域。

物联网技术从覆盖距离又可以分为长距离覆盖蜂窝网络和短距离非蜂窝网络。

（1）长距离覆盖：NB-IoT、Sigfox、LoRa＞1 000 m。

（2）短距离覆盖：WiFi、Bluetooth、NFC、ZigBee＜100 m，适合非组网情况下的设备对设备（D2D）直接通信。

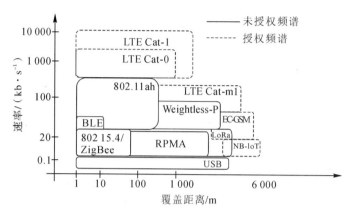

图 11.9　物联网技术分类

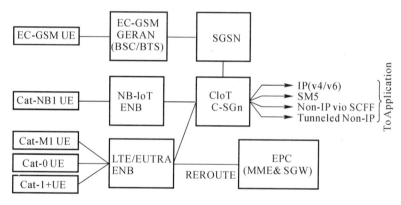

图 11.10　授权频谱的物联网技术分类

NB-IoT/LTE-M 采用授权独占频谱，干扰小，可靠性、安全性高，但部署和使用成本相对也高些，如图 11.11 所示。

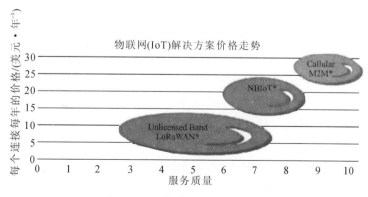

图 11.11　物联网分类部署成本

除了 NB-IoT 物联网技术之外,其他各类物联网技术(如 GPRS、LTE、LoRa、Sigfox 等)都存在如下问题或不足。

(1)终端续航时长无法满足要求,例如目前 GSM 终端待机时长(不含业务)仅为 20 天左右,在一些 LPWA 典型应用(如抄表类业务)中更换电池成本高,且某些特殊地点(如深井、烟囱等)更换电池很不方便。

(2)无法满足海量终端的应用需求,物联网终端的一大特点就是海量连接数,因此需要网络能够同时接入大量用户,而现在针对非物联网应用设计的网络无法满足同时接入海量终端的需求。

(3)典型场景网络覆盖不足,例如深井、地下车库等覆盖盲点,室外基站无法实现全覆盖。

(4)成本高,对于部署物联网的企业来说,选择 LPWA 的一个重要原因就是部署的低成本。智能家居应用的主流通信技术是 WiFi,WiFi 模块虽然本身价格较低,已经降到了 10 元人民币以内了,但支持 WiFi 的物联网设备通常还需无线路由器或无线 AP 进行网络接入,或只能进行局域网通信。而蜂窝通信技术对于企业来说部署成本太高,国产最普通的 2G 通信模块一般在 30 元人民币以上,而 4G 通信模块则要 200 元人民币以上。

(5)传输干扰大,这主要针对的是非蜂窝物联网技术,其基于非授权频谱传输,传输干扰大、安全性差、无法确保可靠传输。

上述几点已经成为阻碍 LPWA 业务发展的影响因素,而 3GPP 组织主导的 NB-IoT 与 eMTC 优势较为明显。

11.2.1 授权频谱物联网技术

1.3GPP

早在 2013 年,包括运营商、设备制造商、芯片提供商等产业链上下游就对窄带蜂窝物联网产生了前瞻性的兴趣,为窄带物联网起名为 LTE-M,全称为 LTE for Machine to Machine,期望基于 LTE 产生一种革命性的专门为物联网服务的新空口技术。LTE-M 从商用角度同时提出了广域覆盖和低成本的两大目标,既要实现终端低成本、低功耗,又能够和现有 LTE 网络共同部署。从此以后,由 3GPP 主导的窄带物联网协议标准化之路逐步加快了步伐。

2014 年 5 月,LTE-M 的名字也改为蜂窝物联网(Cellular IoT),简称 CIoT,从名称的演变更直观地反映出了技术的定位,同时对于技术的选型态度更加包容。

实际上,3GPP 在初期的技术选型中存在两种思路:一种是基于 GSM 网络的演进思路;另一种是华为提出的新空口思路,当时命名为 NB-M2M。尽管这两种技术思路都被包含在 3GPP GERAN 标准化工作组立项之初,但是相比暮气沉沉的 GSM 技术演进,新空口方案反而引起了更多运营商的兴趣。随着全球金融投资对物联网带来的经济效益集体看涨,在 GERAN 最初立项进行标准化的 CIoT 课题得到了越来越多运营商、设备商的关注,不过 GERAN 的影响力相对来说已经日趋势微。

2015 年 4 月底,3GPP 内部的项目协调小组(project coordination group)在会上做了一项重要决定,CIoT 在 GERAN 研究立项之后,实质性的标准化阶段转移到 RAN 进行立项。这其中又有两大技术提案。

(1)华为与高通基于达成共识的基础上,于 2015 年 5 月共同宣布了一种融合的物联网技术解决方案:上行采用 FDMA 多址的方式,下行采用 OFDMA 多址方式。融合之后的方案名称定为 NB-CIoT(Narrow Band Celluar IoT)。这一融合方案已经基本奠定了窄带物联网的基础架构。

(2)随后爱立信联合其他几家公司提出了 NB-LTE (Narrow Band LTE)的方案,从名称可以直观地看出,NB-LTE 最主要希望能够使用旧有的 LTE 实体层部分,并且在相当大的程度上能够使用上层的 LTE 网络,沿用原有的 LTE 蜂窝网络架构,达到快速部署目的,使得运营商在部署时能够减少设备升级的成本。

NB-LTE 与 NB-CIoT 最主要的区别在于采样频率以及上行多址接入技术,两种方案各有特点。2015 年 9 月,经过多轮角逐和激烈讨论,各方最终达成一致,NB-CIoT 和 NB-LTE 两个技术方案进行融合形成了 NB-IoT,NB-IoT 的名称自此正式确立。NB-IoT 的详细演进之路如图 11.12 所示。

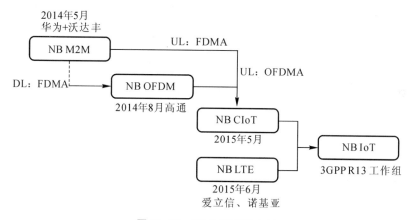

图 11.12　NB-IoT 演进之路

2016 年年底,3GPP 规范 Release13 最终完成冻结,由此 NB-IoT 从技术标准中彻底完备了系统实现所需的所有细节。当然,随着技术标准版本的不断演进(Release 14,Release 15,…),对应的系统设计和功能也会不断地更新升级。

NB-IoT 自 R13 标准结束后,正以惊人的速度占领市场,颇有后来居上的势头。据不完全统计,中国、德国、西班牙、荷兰等国家已经宣布计划商用 NB-IoT。全球 300 多家运营商已完成全球 90% 覆盖的移动网络,无以伦比的生态系统让其他 LPWAN 技术直呼"狼来了"。

(1)2017 年 2 月,中国移动在鹰潭建成全国第一张地市级全域覆盖 NB-IoT 网络,预示着蜂窝物联网已经开始从标准理念向正式全网商用落地迈出实质性的重要一步。

(2)中国电信计划于 2017 年 6 月商用第一张全覆盖的 NB-IoT 网络。德国电信计划于 2017 年第二季度商用 NB-IoT 网络,采用 LTE 800 MHz 和 900 MHz 频段,首先应用于智能电表、智能停车和资产追踪管理等。

(3)荷兰计划于 2017 年年前完成国家级的 NB-IoT 网络建设。

(4)在西班牙,Vodafone 首先在巴伦西亚和马德里部署了 NB-IoT,并在 3 月底将城市扩展到巴萨罗拉、毕尔巴鄂、马拉加等地,已有 1 000 个以上的基站支持 NB-IoT。

下述优点让 NB-IoT 技术与其他 LPWAN 技术比起来更具竞争优势。

(1)支持现网升级,可在最短时间内抢占市场。

(2)运营商级的安全和质量保证。

(3)标准不断演进和完善。在 3GPP R14 标准里,NB-IoT 还将会增加定位、Multicast、增强型非锚定 PRB、移动性和服务连续性、新的功率等级、降低功耗与时延,语音业务支持等。

(4)采用授权频谱,可避免无线干扰,且具备运营商级的安全和质量保证。

2. NB-IoT 和 LTE-M

其实,旨在基于现有的 LTE 载波快速满足物联网设备需求,3GPP 早在 R11 中已经定义了最低速率的 UE 设备类别称为 UE Category-1,其上行速率为 5 Mb/s,下行速率为 10 Mb/s。为了进一步适应于物联网传感器的低功耗和低速率需求,到了 R12 又定义了 Low-Cost MTC (Machine Type Communication),引入了更低成本、更低功耗的 Cat-0,其上下行速率为 1 Mb/s。在 R13 中对此又进行了增强,称为 enhanced MTC(eMTC),引入了 Cat-M1,见表 11.1。

因此可以看到,3GPP 在 R13 实际上定义了两种物联网版本:LTE-M(UE Cat-M1, eMTC)和 NB-IoT(UE Cat-NB1),其参数对比见表 11.2。也可以说,这是为了尽快推出协议各方协调的结果。

表 11.1　LTE-M 物联网技术演进对照表

指　标	Cat1-2RX	Cat1-1RX	Cat0(MTC)	Cat1-M1(eMTC)
协议发布版本	Rel-11	Rel-11	Rel-12	Rel-13
下行峰值速率/(Mb·s⁻¹)	10	10	1	1
上行峰值速率/(Mb·s⁻¹)	5	5	1	1
终端接收天线个数	2	1	1	1
空分复用层级	1	1	1	1
双工模式	FDD	FDD	FDD/HD-FDD	FDD/HD-FDD
小区最大发射带宽/MHz	20	20	20	1.4
终端最大发射功率/dBm	23	23	23	20
目标设计复杂度/(%)	100	50~100	50	50

表 11.2　NB-IoT 与 LTE-M 参数对照表

指　标	LTE-M(Cat-M1, eMTC)	NB-IoT
协议发布版本	R13	R13
协议参考规范	TS36.888	TS36.211/212/213/331,TS45.820
小区带宽/MHz	1.4	0.2
部署模式	带内(Inband)	带内(Inband),独立(Standalone),保护带(GuardBand)
双工模式	FDD/HD-FDD/TDD	HD-FDD
多入多出(MIMO)	不支持	不支持
终端最大上行发射功率/dBm	23	23,20 on R14

续 表

指　标	LTE-M(Cat-M1，eMTC)	NB-IoT
基站最大下行发射功率/dBm	46	43
语音支持(VoLTE)	支持	不支持
连接状态下切换	支持	不支持
系统内小区重选	支持	支持
系统间小区重选	支持(也依赖于终端)	不支持
峰值速率/(Mb·s^{-1})	1(FDD)，0.375(HD-FDD)	0.05
定位精度(无 GPS 辅助)	较高(≤50 m)	差(≤100 m)
成　本	较高(≤10 \$)	低(<5 \$)
时　延	短(<1 s)	长(≤5～10 s)
最大耦合路损(MCL)/dB	156	164

LTE-M 和 NB-IoT 的优、缺点比较如下。

(1)NB-IoT。其在覆盖、功耗、成本、连接数等方面性能占优,但无法满足移动性及中等速率要求、语音等业务需求,比较适合低速率、移动性要求相对较低的 LPWA 应用。

(2)eMTC。其在覆盖及模组成本方面目前弱于 NB-IoT,但其在峰值速率、移动性、语音能力(VoLTE)方面存在优势,适合于中等吞吐率、移动性或语音能力要求较高的物联网应用场景。运营商可根据现网中的实际应用选择相关物联网技术进行部署。

其实,NB-IoT 和 LTE-M(eMTC)这两种技术在实质上没有什么本质的区别,基带调制复用技术都是源自 OFDM,频谱利用率也都基本相似,但是在组网带宽、上下行频率选择(FDD/TDD)、吞吐率方面有所区别,这就意味着二者本身并不成为竞争关系,而恰恰是适合不同应用领域的互相补充,例如 NB-IoT 适合静态的、低速的、对时延不太敏感"滴水式"的交互类业务(如用水量、燃气消耗计数上传之类的业务),而 eMTC 具备一定的移动性,速率适中,对于实时性有一定需求,例如智能穿戴中对于老年人的异常情况的事件上报、电梯故障维护告警等。

3GPP 中的业务应用中就对 eMTC 有一段很有趣的描述,因为 eMTC 具备移动性,那么恰恰网络侧可以利用检测到的物联网设备移动情况来判断那些一般处于静态的物品是否已经被盗窃并可以进行追踪,这是利用移动性作为一些辅助应用的展望。

因此,一直有专家秉持这一观点,即在 eMTC 网络下,应用场景更加丰富,应用与人的关系更加直接,相对来说,其 ARPU 值也就更高。

11.2.2　非授权频谱物联网技术

本节集中介绍其他 5 种目前流行的非授权频谱的私有物联网技术,通常也不是基于蜂窝网络架构的,都采用非授权公用非独占频谱,运营成本低,但干扰和服务质量也通常难以控制和保证。

1. Sigfox

早在 2012 年,Sigfox 作为一家初创公司,以其超窄带(Utra-Narrow Band,UNB)技术开始了低功耗广域网络的布局,很快成为全球物联网产业中的明星企业。作为通信领域的一条强有影响力的"鲇鱼",Sigfox 促进了运营商对低功耗广域网络的重视,让很多主流运营商因此踏上了部署低功耗广域网之路。

Sigfox 工作在 868 MHz 和 902 MHz 频段上,在某些国家属于免授权黄金频段,消耗很窄的带宽或功耗,该技术采取窄带 BPSK 调制,提供上行 100 b/s 的极低速率,上行消息每包大小 12 B,下行消息每包大小 8 B,封包大小仅为 26 B,如图 11.13 所示。

同时,Sigfox 限制主要来承载配置信息的下行消息一天最多不超过 4 条,以这样方式提供海量设备连接和极低功耗。另外该技术的协议栈相比传统电信级的协议要简单很多,不需要参数配置,没有连接请求以及信令交互,终端只要在指定频率上使用 SigFox Radio Protocol 发射信号,基站会自行接收信息,因而省去了信令负荷,降低了总的传输数据量,可进一步降低功耗。因此,由于窄带宽和短消息的特点,加之其 MCL＝162dB 的链路预算,Sigfox 在远距离传输上的优势也较突出。

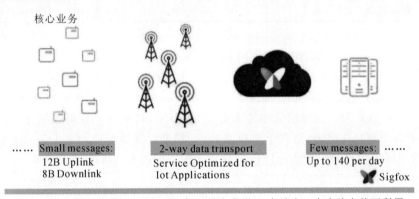

▲Sigfox消息上行12B,下午8B;每天最多发送140条消息:在电脑上就可利用 Sigfox Cloud云平台连接到物联网设备

轻协议开销的小消息包

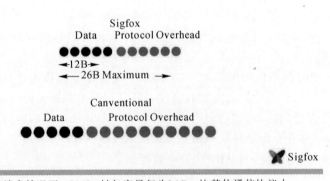

▲在传送12B消息情况下,Sigfox封包容量仅为26 B:比其他通信协议小

图 11.13　Sigfox 物联网数据传输方式

不过,这样的协议栈虽然设计简单,节省芯片成本,但是从安全角度来看,对于提供稳定安全的物联网接入是存在安全隐患的。

据统计,截至 2017 年 1 月,Sigfox 网络已覆盖 29 个国家和地区、170 万平方千米、4.7 亿人口,并计划在 2018 年把网络扩展到 60 个国家。

另外,Sigfox 尽管没有 NB-IoT 引人瞩目,但其在生态部署上不容忽视。Sigfox 采用免费专利授权策略,吸引了许多伙伴加入其生态系统。

目前 Sigfox 已有 71 个设备制造商、49 个物联网平台供应商、8 家芯片厂家、15 家模块厂家、30 家软件和设计服务商等伙伴。其中,芯片供应商包括德州仪器(TI)、意法半导体(ST)、芯科(Silicon Labs)、安森美(On-Semi)、恩智浦(NXP)、Ethertronics、Microchip 与云创通讯(M2Comm)等。

2. LoRaWAN

LoRa 的名字源于 Long Range 的缩写,是由美国 Semtech 公司采用和推广的一种基于扩频技术的超远距离无线传输方案。它的梦想就是长距离通信,如果一个网关或基站可覆盖整个城市那就再好不过了。因此,LoRa 成为低功率广域通信网(LPWAN)技术中的关键一员。Semtech 是一家位于美国加州的地地道道的硅谷公司,这是一家以专注提供模拟和混合信号半导体产品以及电源解决方案起家的公司,目前却成为倡导低功耗、远距离无线传输 LoRa 技术的引领者。

2015 年 3 月 LoRa 联盟宣布成立,这是一个开放的、非营利性组织,其目的在于将 LoRa推向全球,实现 LoRa 技术的商用。该联盟由 Semtech 牵头,发起成员还有法国 Actility、中国AUGTEK 和荷兰皇家电信 KPN 等企业,到目前为止,联盟成员数量达 330 多家,其中不乏IBM、思科、法国 Orange 等重量级厂商。

(1) LoRaWAN 组网结构图。在 LoRa 组网中,所有终端会先连接网关,网关之间通过网络互连到网络服务器,在这种架构下,即使 2 个终端位于不同区域、连接不同的网关,也能互相传送数据,进一步扩展数据传输的范围。

目前大多数的网络采用网状拓扑,然而在这种网络拓扑下,往往通过节点作为中继传输,路由迂回,增加了整体网络的复杂性和耗电量。LoRa 独辟蹊径,采用星状拓扑,让所有节点直接连接到网关,网关再连接至网络服务器整合,若需要与其他终端节点沟通,也是经由网关传输,如图 11.14 所示。

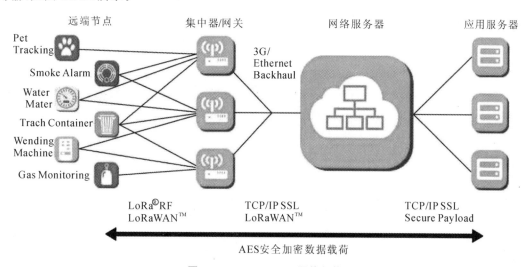

图 11.14　LoRaWAN 网络架构

如此一来,尽管终端节点必须指定位置安装,但网关安装选点灵活,可以就近有线网络或有电源的地方选点,不必担心网关的耗电问题。进而,终端节点可以将一些耗电较高的工作交给网关来处理,以提高终端的续航能力。

在 LoRaWAN 协议中,对于接入终端有新的命名,即 Mote/Node(节点)。节点一般与传感器连接,负责收集传感数据,然后通过 LoRa MAC 协议传输给 Gateway(网关)。网关通过 WiFi 网络或者 3G/4G 移动通信网络或者以太网作为回传网络,将节点的数据传输给 Server(服务器),完成数据从 LoRa 方式到无线/有线通信网络的转换,其中 Gateway 并不对数据进行处理,只是负责将数据打包封装,然后传输给服务器。LoRa 技术更像是一次通信物理层技术与互联网协议高层协议栈的大胆融合。LoRaWAN 物理层接入采取线性扩频、前向纠错编码技术等,通过扩频增益,提升了链路预算。而高层协议栈又颠覆了传统电信网络协议中控制与业务分离的设计思维,采取类似 TCP/IP 协议中控制消息承载在 Pay header,而用户信息承载在 Pay load 这样的方式层层封装传输。这样的好处是避免了移动通信网络中繁复的空口接入信令交互,但前提是节点设备具备独立发起业务传输的能力,并不需要受到网络侧完全的调度控制,这在小数据业务流传输、不需要网络侧统一进行资源调度的大连接物联网应用中,未尝不是一种很新颖的去中心化尝试(并不以网络调度为中心)。

(2)LoRaWAN 终端等级。LoRa 支持双向传输,传输方式分为 3 种不同的等级:Class A、Class B 和 Class C,如图 11.15 所示。

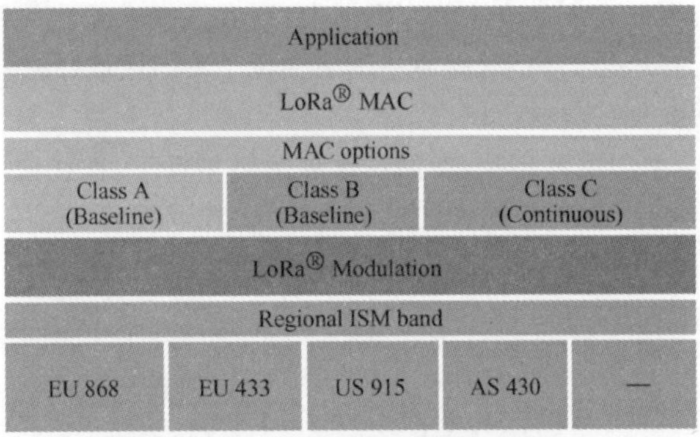

图 11.15　LoRaWAN 物联网终端等级

Class A 最省电,终端设备平常会关闭数据传输功能,在终端上传输数据后,会短暂执行 2 次接收动作,然后再次关闭传输。这种方式虽然能够大幅度省电,但是无法及时从网络服务器上遥控或传送数据,会有较长的延迟。

Class B 耗电量较大,能够在设定的时间定期开启下载功能、接收数据,这样能降低传输延迟。

Class C 则会在上传数据以外的时间,持续开启下载功能,虽然能够大幅降低延迟,但也会进一步耗电。

LoRaWAN 尽管传输距离不如 Sigfox,但也能保证几千米范围的覆盖,且频带较宽,建设成本和难度不高,尤其适用于工业区内收集各种温度、水、气体和生产等各种数据。当然,如果与 NB-IoT 或 LTE-M 这样的成熟大网结合,大范围地将分布于各地的工业区连接起来,并且传送到云端进行数据分析,其意义将非同凡响。

LoRaWAN 网络数据传输模式如图 11.16 所示。

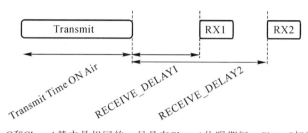

Class C和Class A基本是相同的，只是在Class A休眠期间，Class C打开了接收窗口RX2

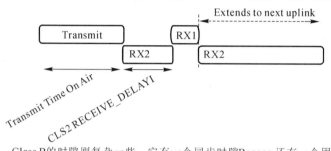

Class B的时隙则复杂一些，它有一个同步时隙Beacon,还有一个固定周期的接收窗口Ping时隙。如这个示例中，Beacon周期为128 s,Ping周期为32 s

图 11.16　LoRaWAN 物联网数据传输模式

由 IBM 和思科领衔的 LoRaWAN 大军同样声势浩大。LoRa 联盟以 17 个赞助会员为主,包括了韩国 SK Telecom 和法国 Orange 等运营商。

LoRa 早在 2016 年就表示,已有 17 个国家宣布建网计划,超过 120 个城市已有运行网络。LoRa 联盟会员超过 400 个,产业链完整,被称为是除了 NB-IoT 之外,最吸引电信运营商的 LPWAN 技术。

3. RPMA

RPMA(Random Phase Multiple Access)来得有点特别,其他 LPWAN 多采用 1 GHz 以下频段,由美国 Ingenu 公司主导的 PRMA 采用的是 2.4 GHz 频段,这一技术被一些人称为 LPWAN 界的一匹黑马。图 11.17 为 RPMA 物联网网络架构图。

RPMA 覆盖能力强,据说覆盖整个美国仅需要 619 个基站,而 LoRa 覆盖全美则需要 10 830 个基站。

RPMA 的容量也够大,以美国为例,如果设备每小时传送 100 B 的信息,采用 RPMA 技术可接入 249 232 个设备,而采用 LoRa 技术和 Sigfox 技术则分别只能接入 2 673 个设备和 9 706 个设备。

为了迅速占领 LPWAN 市场,Ingenu 公司表示已经在全球超过 45 个国家和地区部署了 2.4 GHz 的 RPMA,据说 2016 年年底在美国 30 个城市建立 600 个基站塔,覆盖约 7% 的美国国土。

Ingenu 公司也在积极与芯片、模块和系统供应商建立伙伴关系,扩大生态系统,推进市场应用。

4. Weightless

Weightless 物联网技术有以下 3 个不同的网络通信架构:

（1）Weightless-N；

（2）Weightless-P；

（3）Weightless-W。

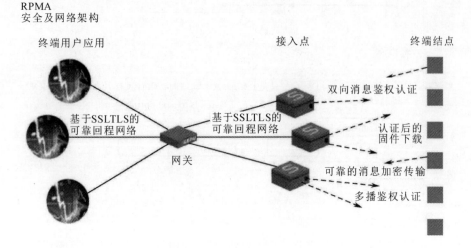

图 11.17　RPMA 物联网网络架构

Weightless-N 单向通信，是低成本的版本；Weightless-P 是双向通信；如果当地 TV 空白频段可用，可选择 Weightless-W。

Weightless 与欧洲电信标准化协会（European Telecommunications Standards Institute，ETSI）达成合作协议，该技术未来可能会仿效 WiFi，建立统一的标准和认证体系，将技术和产品标准化、产业化。

根据 Weightless SIG 的目标，1 个 Weightless 连接终端成本希望控制在 2 美元以内，1 个 Weightless 基站的材料成本低于 3 000 美元。

Weightless-P 使用 GMSK 和 offset-QPSK 调制提供最佳的功率放大器效率。offset-QPSK 调制本身具有干扰免疫和使用扩频技术，可提高网络连接质量。17 dBm 的低传送功耗，终端可以用纽扣电池供电。自适应数据速率还允许节点用最小的发送功率建立一个新的信号通道到基站，因此可以延长电池寿命。在待机模式下，Weightless-P 的功耗小于 100 μW。

5. HaLow

WiFi 在室内取得了巨大成功，一直想走向室外。物联网来了，是时候再搏一搏了。2016 年 9 月，由 IEEE 主导的 802.11ah 标准，Draft 9.0 版本完成。12 月，完成标准委员会核定程序，预计 2018 年可以商业化，命名为 HaLow，采用非授权的 900 MHz 频段，传输距离达 1 km，传输速率为 150 kb/s～347 Mb/s。

IEEE 还计划采用电视空白频道频段 54～790 MHz 的 802.11af 技术，期待能提供更低功耗与更长传输距离。不过，从 HaLow 的规范看来，传输距离与动辄数十千米的其他 LPWAN 技术比较还有一段差距，虽然可以通过多点中继的方式延伸到数千米，但由于起步时间较晚，产业链势微。

好处是 WiFi 网络建设不困难，通过设备升级即可完成。目前也只能定位为 NB-IoT 的补充，要想真正实现网络广域覆盖，还得靠 NB-IoT 来帮忙。

11.3　NB-IoT 特点

本节主要介绍 NB-IoT 的一些基本概念,包括 NB-IoT 的特性及典型应用、部署模式、覆盖增强、功率降低和演进增强等。

NB-IoT 的接入网物理层设计大部分沿用 FDD-LTE 系统技术,高层协议设计沿用 LTE 协议,主要针对其小数据包即低数据传输速率、低功耗、深度广覆盖和大连接等特性进行功能增强。此外,NB-IoT 物联网终端对数据传输处理时延容忍,即时延不敏感或具有低时延特性要求。

NB-IoT 核心网部分基于 S1/S11 接口连接,并引入 T6a 接口支持非 IP 数据传输,支持独立部署和升级部署方式。

本节将详细介绍 NB-IoT 的特性,为使读者有一个直观比较,同时还会列出 LTE-M 的一些特点。

1. 超强覆盖

NB-IoT:设计目标是在 GSM 基础上覆盖增强 20 dB。以 144 dB 作为 GSM 的最小耦合路径损耗(Minimum Coupling Loss,MCL),NB-IoT 设计的最小耦合路径损耗为 164 dB。其中,下行主要依靠增大各信道的最大重复次数(最大可达 2 048 次)以获得覆盖上的增加,另外下行基站的发射功率比终端大很多也是下行覆盖保障的一个原因。上行覆盖增强技术,尽管 NB-IoT 终端上行发射功率(23 dBm=200 mW)较 GSM(33 dBm=2 W)低 10 dB,但 NB-IoT 通过减少上行传输带宽(最小 3.75 kHz 单频发送,下行依然是 180 kHz 发送)来提高上行功率谱密度,以及同样增加上行发送数据重复次数(上行最大重复次数可达 128 次)使上行同样可以工作在 164 dB 的最大路损下。

eMTC:其设计目标是在 LTE 最大路径损耗(140 dB)的基础上增强 15 dB 左右,最大耦合路径损耗可达 155 dB。该技术覆盖增强同样主要依靠信道的重复发送,但其覆盖较 NB-IoT 差 9 dB 左右。

总体来看,NB-IoT 覆盖半径约为 GSM/LTE 的 4 倍,eMTC 覆盖半径约为 GSM/LTE 的 3 倍,NB-IoT 覆盖半径比 eMTC 的大 30%。NB-IoT 及 eMTC 覆盖增强可用于提高物联网终端的深度覆盖能力,也可用于提高网络的覆盖率,或者减少站址密度以降低网络部署运营成本等。

2. 超低功耗

大多数物联网应用出于地理位置或成本原因,存在终端模块不易更新、充电或更换电池也不方便的问题,因此物联网终端在特殊场景中能否商用,功耗起到非常重要的作用。

NB-IoT:在 3GPP 标准中的终端电池寿命设计目标为 10 年。在实际设计中,NB-IoT 引入 eDRX 与 PSM 等节电模式以降低功耗,该技术通过降低峰均比以提升功率放大器(PA)效率,通过减少周期性测量及仅支持单进程等多种方案提升电池效率,以此达到 10 年寿命的设计预期。但在实际应用中,NB-IoT 的电池寿命与具体的业务模型及终端所处覆盖范围密切相关。

eMTC:在较理想的场景下,电池寿命预期也可达 10 年,其终端也引入了 PSM 与 eDRX

两种节电模式,但是实际性能还需要在不同场景中进一步评估和验证。

3.超低成本

NB-IoT:采用更简单的调制解调和编码方式,不支持 MIMO,以降低存储器及处理器要求,采用半双工的方式,无需双工器、降低带外及阻塞指标等一系列方法来降低终端模块成本。

在目前市场规模下,NB-IoT 终端模组成本可达 5 美元以下,在今后市场规模扩大的情况下,规模效应有可能使其模组成本进一步下降。具体金额及时间进度,依赖物联网产业发展的速度而定。

eMTC:也在 LTE 的基础上,针对物联网应用需求对成本进行了一定程度的优化。在市场初期的规模下,其模组成本可低于 10 美元。

4.超大容量

大连接数是物联网能够进行大规模应用的关键因素。

NB-IoT:其在设计之初所定目标为 5 万连接数/小区,根据初期计算评估,目前版本可基本达到要求。但是否可达到该设计目标取决于小区内各 NB-IoT 终端业务模型等因素,需要后续进一步测试评估。

eMTC:其连接数并未针对物联网应用进行专门优化,目前预期其连接数将小于 NB-IoT 技术,具体性能需要后续进一步测试评估。

5.典型应用

(1)应用模式。NB-IoT:其在覆盖、功耗、成本、连接数等方面性能占优,比较适合低速率、移动性要求相对较低的 LPWA 应用。

(2)典型应用。NB-IoT 物联网应用场景包括智慧城市,智能家居,智能门锁,智能城市路灯,智能电表、水表、气表,下水道水位探测,智能交通,环境监控,物流资产追踪,智能畜牧业等。

远距离无线通信可避免铺设有线管道,低功耗可保证几年不用更换电池,省事省成本,这对于规模浩大的智慧城市建设简直是不二选择。下面就详细介绍几个典型的基于 NB-IoT 的物联网应用。

1)NB-IoT 远程抄表。水、电、气表和我们每个人的日常生活息息相关,每家每户都会使用,最原始的方法是人工上门抄表统计数据。但是随着社会的发展,人工抄表衍生出以下各种弊端:

A.效率低;

B.人工成本高;

C.记录数据易出错;

D.业主对陌生人有戒备心理会无法进门;

E.维护管理困难等。

于是,GPRS 远程抄表应用应运而生,它解决了人工抄表的一系列问题,它比人工抄表技术先进、效率更高、更安全。但随之会产生新的问题,GPRS 远程抄表也有如下缺点导致无法大面积推广:

A.通信基站用户容量小;

B.功耗高;

C. 信号差。

采用 NB-IoT 物联网技术的远程抄表则解决了上述问题，NB-IoT 远程抄表应用如图
11.18 所示。

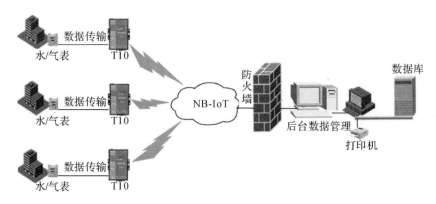

图 11.18　NB-IoT 远程抄表应用

NB-IoT 远程抄表有以下优点：

A. NB-IoT 远程抄表在继承了 GPRS 远程抄表功能的同时还拥有海量容量，相同基站通
信用户容量是 GPRS 远程抄表的 10 倍；

B. 更低功耗，在相同的使用环境条件下，NB-IoT 终端模块的待机时间可长达 10 年以上；

C. 新技术信号覆盖更强（可覆盖到室内与地下室）；

D. 更低的模块成本，预期的单个连接模块不超过 1 美元，以后还会更低。

2）NB-IoT 在智能家居中的应用（智能锁）。随着近几年智能家居行业的火爆，智能锁在
生活中出现的频率也越来越高，目前智能锁使用非机械钥匙作为用户识别 ID 的技术，主流技
术有感应卡、指纹识别、密码识别、面部识别等，极大地提高了门禁的安全性，但是以上安全性
的前提是处于通电状态，如果处于断电状态智能锁则形同虚设。

为了提升安全性则需要安装基于 NB-IoT 网络的智能锁，NB-IoT 智能门锁应用如图
11.19 所示。

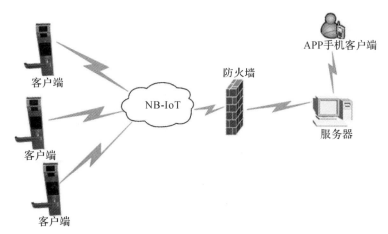

图 11.19　NB-IoT 智能门锁应用

该智能锁拥有内置电池,能够采集各项基本数据,并且将数据传输到服务器。当采集到异常数据则自动向用户发出警报,比如检测到有人企图非法开锁、非法入侵等。

同时,基于 NB-IoT 网络的新型智能锁还必须具备以下特性:

A. 由于智能锁安装后不易拆卸,所以要求智能锁电池的使用寿命长;

B. 门的位置处于封闭的楼道中,则需要更强的信号覆盖以确保网络数据实时传输;

C. 智能家居终端数量多,必须保证足够的连接数量;

D. 最重要的是在加入以上功能后,还能保证设备成本控制在可接受范围内。

这些特性正好都是 NB-IoT 物联网技术所具备的。

3)NB-IoT 在畜牧业中的应用。畜牧业养殖方式主要分为圈养和放养,中国的北部和西部边疆为主要放牧区,放养的优势在于牲畜肉质品质高、降低饲料成本等,但是随之而来的是在牲畜管理上的诸多不便。人工放牧是最原始和最直接的办法,但会有以下一些弊端:

A. 人工放养需要专人放养,浪费人力;

B. 人工放养有安全隐患,有被野生动物袭击的危险;

C. 人工放养不利于系统性管理。

随着科技的进步,科学养殖必定会成为未来发展的趋势,利用 GPS+GPRS 畜牧定位系统可以解决这种问题,但是牛、羊群个体规模庞大,会有 GPRS 通信基站容量不足的情况,电池续航也会存在问题。再者,农场都比较偏远,信号覆盖强度也会受到影响,可能导致数据无法传输。NB-IoT 技术的诞生,完美地解决了这些困扰,NB-IoT 智能畜牧业应用如图 11.20 所示。

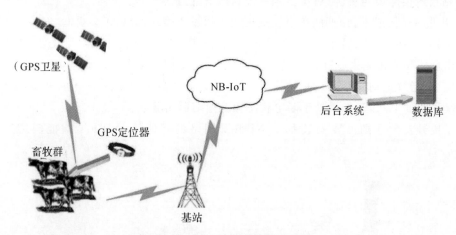

图 11.20 NB-IoT 智能畜牧业应用

NB-IoT 智能畜牧业的优势如下:

A. NB-IoT 能容纳通信基站用户容量是 GPRS 的 10 倍。

B. NB-IoT 拥有超低功耗,正常通信和待机电流是 mA 和 μA 级别,模块待机时间可长达 10 年,从牲畜出生到宰割都无须更换电池,减少了工人工作量。

C. NB-IoT 拥有更强、更广的信号覆盖,真正实现偏远地区数据的正常传输。

D. NB-IoT 技术真正突破了 GPRS 技术的瓶颈,真正实现了畜牧养殖者所想,在庞大的畜牧业必定大放异彩。

11.4　NB-IoT 模式

网络部署的难易程度和网络组建成本是运营商在决策过程中最需要考虑的问题。本节就分别介绍 NB-IoT 的网络架构、三大部署模式和双工模式。

11.4.1　网络架构

图 11.21 为 NB-IoT 网络架构图。可以看出，NB-IoT 网络架构基本是沿用或基于 LTE 网络架构，也可以分为无线接入网（RAN）和核心网两大部分。

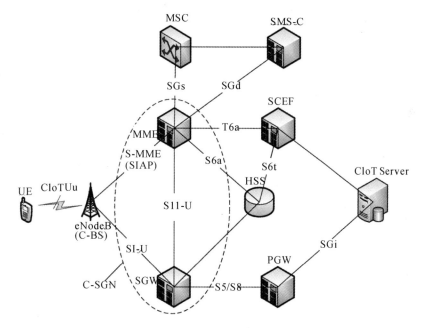

图 11.21　NB-IoT 网络架构图

不过基于物联网的数据传输特性，NB-IoT 网络也有以下更新部分：

（1）增加了 S11-U 接口（采用 GTP-U 协议），用来支持控制面功能优化（Control Plane CI-oT EPS Optimization）的 IP 数据传输；

（2）增加了 T6a 接口（采用 DIAMETER 协议），用来支持控制面功能优化的 Non-IP 数据传输；

（3）增加了 S6t 接口（采用 DIAMETER 协议），主要由 SCEF 来对 Non-IP 数据的传输进行授权验证；

（4）增加了 SGd 接口，用来直接支持基于 SMS 的小数据包传输，此 SGd 接口主要是为了那些不支持联合附着（Combined EPS/IMSI）的 NB-IoT 终端，如果是支持联合附着的终端则继续采用 SGs 接口收发 SMS 小数据包；

（5）增加了 SCEF 网元，用来支持 Non-IP 数据传输；

（6）核心网 MME 和 SGW 两个网元也可以合并部署于一个物理节点上，统称 CSGN（Cellular Serving Gateway Node），这样可以减少 NB-IoT 网络部署节点数目和部署成本，提高数据传输效率。

11.4.2 部署模式

NB-IoT：对于未部署 LTE FDD 的运营商，NB-IoT 的部署更接近于全新网络的部署，将涉及无线接入网及核心网的新建或改造及传输结构的调整。同时，若无现成空闲频谱，则需要对现网频谱（通常为 GSM）进行调整。因此，实施代价相对较高。

而对于已部署 LTE FDD 的运营商，NB-IoT 的部署可很大程度上利用现有设备与频谱，通过软件升级完成，其部署相对简单。但无论是依托哪种制式进行建设，都需要独立部署核心网或升级现网设备。

eMTC：若现网已部署 4G 网络，在该基础上再部署 eMTC 网络，则在无线网方面，可基于现有 4G 网络进行软件升级，在核心网方面，同样可通过软件升级实现。

NB-IoT 可以直接部署于 GSM、UMTS 或 LTE 网络，既可以与现有网络基站通过软件升级部署 NB-IoT，以降低部署成本，实现平滑升级，也可以使用单独的 180 kHz 频段，不占用现有网络的语音和数据带宽，保证传统业务和未来物联网业务同时稳定、可靠地进行。

NB-IoT 占用 180 kHz 带宽，这与在 LTE 帧结构中一个资源块的带宽是一样的。因此，NB-IoT 有以下三种部署模式，如图 11.22 所示。

图 11.22　NB-IoT 网络三大部署模式

1. 独立部署(Standalone Operation)

适合用于重耕 GSM 频段，GSM 的信道带宽为 200 kHz，这刚好为 NB-IoT 180 kHz 带宽辟出空间，且两边还有 10 kHz 的保护间隔。本模式频谱独占，不存在与现有系统共存问题，适合运营商快速部署试商用 NB-IoT 网络。而且多个连续的 180 kHz 带宽还可以捆绑使用组成更大的部署带宽，以提高容量和数据传输速率，类似 LTE 的载波聚合技术(Carrier Aggregation，CA)。NB-IoT 网络独立部署模式如图 11.23 所示。

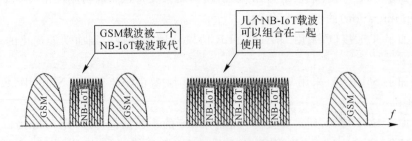

图 11.23　NB-IoT 网络独立部署模式

NB-IoT 网络部署最好分阶段实施：先采用独立部署(Standalone)方式来满足覆盖；等NB-IoT 业务上量后，新增带内(In Band)载波即多载波方案提升容量。

2. 保护带部署(Guard Band Operation)

利用 LTE 边缘保护频带中未使用的 180 kHz 带宽的资源。适合运营商利用现网 LTE 网络频段外的带宽,最大化频谱资源利用率,但须解决与 LTE 系统干扰规避、射频指标共存等问题。实际上,1 个或多个(具体个数取决于 LTE 小区带宽)NB-IoT 载波可以部署在 LTE 载波两侧的保护带内,NB-IoT 网络保护带部署模式如图 11.24 所示。

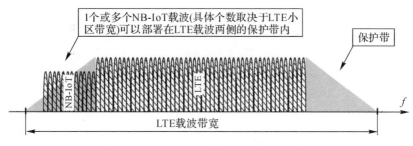

图 11.24 NB-IoT 网络保护带部署模式

3. 带内部署(Inband Operation)

利用 LTE 载波中间的任何资源块(PRB)。若运营商优先考虑利用现网 LTE 网络频段中的 PRB(物理资源块),则可考虑带内(Inband)方式部署 NB-IoT,但同样面临与现有 LTE 系统共存的问题,如图 11.25 所示。

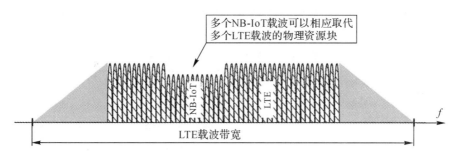

图 11.25 NB-IoT 网络带内部署模式

实际上,带内部署模式又可以细分为以下两种:

(1)一种是 NB-IoT 小区 PCI 跟 LTE 主小区 PCI 相同,这样 NB-IoT 终端还可以借用 LTE CRS 信号辅助进行下行信号强度测量和下行相干解调;

(2)另一种是 NB-IoT 小区 PCI 跟 LTE 主小区 PCI 不相同。

11.4.3 双工模式

NB-IoT 双工模式类型如图 11.26 所示。相对于 LTE 全双工,在 R13 中,定义了半双工模式,UE 不会同时处理接收和发送。

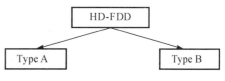

图 11.26　NB-IoT 双工模式类型

半双工分为 Type A 和 Type B 两种类型。

(1)Type A,UE 在发送上行信号时,其前面一个子帧的下行信号中最后一个符号不接收,用来作为保护时隙(Guard Period,GP)。

(2)Type B,UE 在发送上行信号时,其前面的子帧和后面的子帧都不接收下行信号,使得保护时隙加长,这对设备的要求降低了,且提高了信号的可靠性。Type B 为 Cat-NB1 所用。

R13 NB-IoT 仅支持 FDD 半双工 Type B 模式,如图 11.27 所示。FDD 意味着上行和下行在频率上分开,UE 不会同时处理接收和发送。

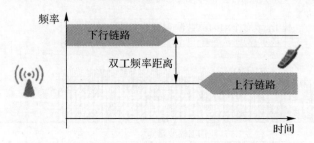

图 11.27 NB-IoT 网络 FDD 半双工 Type B 模式

半双工设计意味着只需多一个切换器去改变发送和接收模式,设计简化,比起全双工所需的元件,成本更低廉,且可降低终端功耗。

11.5 NB-IoT 频段

NB-IoT 沿用 LTE 定义的频段号,R13 为 NB-IoT 指定了 14 个 FDD 频段,见表 11.3。目前 R13 定义的 NB-IoT 还不支持 TDD 模式,也许 R14 开始会支持某些 TDD 频段。

表 11.3 NB-IoT FDD 频段分布

频段编号	上行频率范围/MHz	下行频率范围/MHz	主要应用地区或国家
1	1 920～1 980	2 110～2 170	欧洲、亚洲
2	1 850～1 910	1 930～1 990	美洲
3	1 710～1 785	1 805～1 880	欧洲、亚洲
5	824～849	869～894	美洲
8	880～915	925～960	欧洲、亚洲
12	698～716	728～746	美国
13	777～787	746～756	美国
17	704～716	734～746	美国
18	815～830	860～875	日本
19	830～845	875～890	日本
20	832～862	791～821	欧洲
26	814～849	859～894	—
28	703～748	758～803	—
66	1 710～1 780	2 110～2 180	—

11.6　NB-IoT 信道

本节开始简要介绍 NB-IoT 上、下行物理信道及其映射关系。

11.6.1　下行信道

对于下行链路,NB-IoT 定义了以下 3 种物理信道:

(1)NPBCH,窄带物理广播信道;

(2)NPDCCH,窄带物理下行控制信道;

(3)NPDSCH,窄带物理下行共享信道。

还定义了以下两种物理信号;

(1)NRS,窄带参考信号;

(2)NPSS 和 NSSS,主同步信号和辅同步信号。

相比 LTE,NB-IoT 的下行物理信道较少,去掉了物理多播信道(Physical Multicast Channel,PMCH),原因是 NB-IoT 不提供多媒体广播/组播服务。而且还去掉了 PHICH 和 PCFICH 信道。

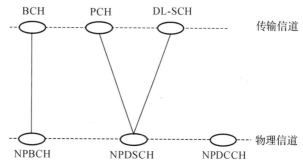

图 11.28　NB-IoT 下行传输信道和物理信道之间的映射关系

图 11.28 为 NB-IoT 下行传输信道和物理信道之间的映射关系。

MIB 消息在 NPBCH 中传输,其余信令消息和数据在 NPDSCH 上传输,NPDCCH 负责控制调度 UE 和 eNB 间的数据传输。

NB-IoT 下行调制方式为 QPSK。NB-IoT 下行最多支持两个天线端口:AP0 和 AP1。

和 LTE 一样,NB-IoT 也有物理小区标识(Physical Cell ID,PCI),称为 NCellID(Narrowband Physical Cell ID),一共定义了 504 个 NCellID。

帧和时隙结构:NB-IoT 下行物理信道采用的循环前缀(Normal CP)与物理资源块(PRB)同 LTE 一样,NB-IoT 物理资源块(PRB)如图 11.29 所示。

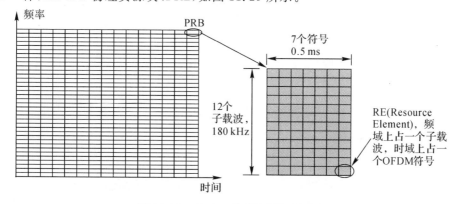

图 11.29　NB-IoT 物理资源块(PRB)

(1)在频域上由 12 个子载波(每个子载波间隔为 15 kHz),共 180 kHz 组成。

(2)在时域上由 7 个 OFDM 符号组成 0.5 ms 的时隙。

以上两点保证了 NB-IoT 的物理资源和 LTE 的物理资源的兼容性,尤其对于带内部署方式至关重要。

NB-IoT 的每个时隙为 0.5 ms,1 个时隙包含 7 个 OFDM 符号,2 个时隙组成了一个子帧(SF),10 个子帧组成一个无线帧(Radio Frame,RF),NB-IoT 帧与时隙结构如图 11.30 所示。

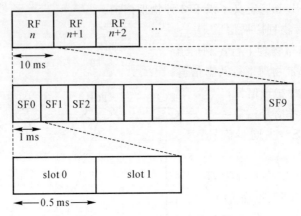

图 11.30 NB-IoT 帧与时隙结构

11.6.2 上行信道

对于上行链路,NB-IoT 定义了以下两种物理信道:

(1)NPUSCH,窄带物理上行共享信道;

(2)NPRACH,窄带物理随机接入信道。

NB-IoT 还定义了一种上行解调参考信号:DMRS。

同样为了节省终端功耗和降低设计与实现的复杂性,NB-IoT 取消了物理上行控制信道(PUCCH)和信道探测参考信号(SRS),所有用户数据和信令消息包括物理层控制信令都通过 NPUSCH 传输。

另外,终端也不要求上报 CQI 和 RI/PMI 等控制与测量信息。当然,取消了 SRS 会影响基站对上行信道强度和质量的测量精度,特别是影响在上行空闲状态下的信道估计,因为基站只能通过测量 DMRS 来获取上行信道状况。

NB-IoT 上行传输信道和物理信道之间的映射关系如图 11.31 所示。

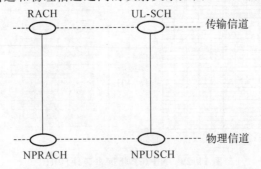

图 11.31 NB-IoT 上行传输信道和物理信道之间的映射关系

　　帧和时隙结构:同 LTE 一样,NB-IoT 上行使用 SC-FDMA,考虑到 NB-IoT 终端的低成本需求,在上行要支持单频(single tone)传输,子载波间隔除了原有的 15 kHz,还新制订了 3.75 kHz 的子载波间隔。

　　(1)当采用 15 kHz 子载波间隔时,时隙结构和 LTE 一样,每个时隙为 0.5 ms,1 个时隙包含 7 个 OFDM 符号,2 个时隙组成了一个子帧(SF),10 个子帧组成一个无线帧(Radio Frame,RF)。

　　(2)当采用 3.75 kHz 的子载波间隔时,频域带宽仍然为 180 kHz,包含 48 个子载波。15 kHz 为 3.75 kHz 的整数倍,因此对 LTE 系统干扰较小。由于下行的帧结构与 LTE 相同,为了使上行与下行相容,子载波空间为 3.75 kHz 的帧结构中,由于 NB-IoT 系统中的采样频率 f_s 为 1.92 MHz,1 个 OFDM 符号的时间长度为 $512T_s(T_s = 1/f_s)$,加上循环前缀(Cyclic Prefix,CP)长 $16T_s$,共 $528T_s$。因此,1 个时隙仍然包含 7 个符号,再加上保护间隔共 $3840T_s$,即 2 ms 时长,刚好是 LTE 时隙长度的 4 倍,NB-IoT 上行 3.75 kHz 资源块图如图 11.32 所示。

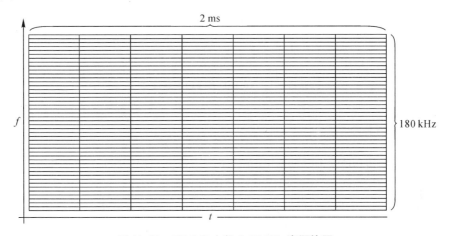

图 11.32　NB-IoT 上行 3.75 kHz 资源块图

11.7　NB-IoT 覆盖

　　深度覆盖或超强覆盖是物联网的一个重要特点和要求。本节集中介绍 NB-IoT 是如何增强信号覆盖的。

11.7.1　覆盖增强手段

NB-IoT 采用下面一些手段机制来增强覆盖,最大耦合路径损耗=164 dB。
(1)时域重复(Repetition)发送。
NPRACH:{1,2,4,8,16,32,64,128}.
NPUSCH:{1,2,4,8,16,32,64,128}.
NPDCCH:{1,2,4,8,16,32,64,128,256,512,1024,2048}.
NPDSCH:{1,2,4,8,16,32,64,128,256,512,1024,2048}.

请注意重复和重传(Re-transmission)的区别:重复是发送方主动把一个信息包在时域上重复发送一定次数,以提高接收方解码成功率;重传是当接收到接收方反馈解码失败[即收到否定应答(NACK)]后,发送方再次重新发送原数据包。

(2)采用低阶调制技术(BPSK/QPSK)来增强覆盖和降低终端功耗。

(3)采用窄带(200 kHz)甚至单载波、低频(3.75 kHz)发送技术提高功率谱密度来增强深度覆盖,NB-IoT 上行功率谱密度如图 11.33 所示。

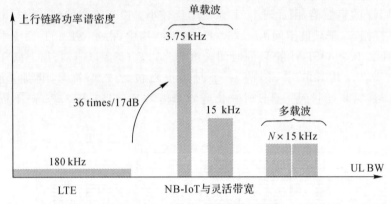

图 11.33　NB-IoT 上行功率谱密度

11.7.2　覆盖增强等级

覆盖增强等级(Coverage Enhancement Level,CE Level)共分为 3 个等级:0~2,分别对应可对抗 MCL=144 dB、154 dB、164 dB 的信号衰减。

基站与 NB-IoT 终端之间会根据其所在的 CE Level 来选择相对应的信息重复发送次数来提高解码成功率,从而增强覆盖,确保终端随机接入成功率。

基站会根据其终端当前所在的 CE Level 来选择单频或多频(1、3、6、12 个子载波)来增强覆盖和提高容量,确保终端随机接入成功率。

另外,基站还会根据 CE Level 来选择 3.75 kHz 或 15 kHz 子载波来发送 NPUSCH,从而进一步增强上行覆盖或提高容量,确保终端随机接入成功率。

当然,信息重复次数和单频多频(1/3/6/12)根据终端信号强度的变化是可以动态调整的,这就是所谓的链路自适应(Link Adaptation,LA)。

11.8　NB-IoT 功耗

低功耗是广域覆盖物联网终端设备的另外一个重要特点和要求。本节就集中介绍 NB-IoT 是如何降低终端设备功耗的。

11.8.1　降低功耗机制

总体来说,NB-IoT 物联网采用下面一些技术或方法来降低终端功耗。

（1）终端设备消耗的能量与数据包大小或速率有关，单位时间内发出数据包的大小决定了功耗的大小，NB-IoT 只支持低速数据传输，因此可以降低终端功耗。

（2）NB-IoT 允许数据传输时延约为 6 s，在最大耦合耗损环境中甚至可以容忍更大的时延，如 10 s 左右，这也同样可以降低终端功耗。

（3）此外，NB-IoT R13 仅支持空闲模式下的小区重选，不支持连接状态下的移动性管理，包括不要求终端在 RRC 连接状态下进行相关测量、测量报告、切换等，这些也都可以降低终端功耗。

（4）同时，NB-IoT 只采用低阶调制技术（BPSK/QPSK）也可以降低终端功耗。

（5）另外，NB-IoT 在传统 LTE 基础上引入控制面传输数据包方式（DoNAS）和对用户平面进行优化，尽量减少不必要的信令开销，这同样可以降低终端功耗。

（6）超长周期 TAU，尽量减少终端发送位置更新的次数，同样可以降低终端功耗。

（7）更重要的是，NB-IoT 在 LTE 基础上引入 PSM 和 eDRX 来进一步降低终端功耗，延长电池寿命。本节就重点介绍这两种技术。

11.8.2　PSM 降低功耗

其实，3GPP 在 R12 就引入了功率节省模式（Power Saving Mode，PSM），PSM 在数据连接终止或周期性 TAU 完成后启动，如图 11.34 所示。

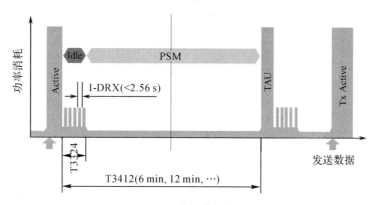

图 11.34　功率节省模式（PSM）

1. PSM 启动步骤

PSM 启动步骤和过程如下，如图 11.35 所示。

（1）当数据传输完成且不活跃定时器（inactivity timer）超时后，基站首先释放 RRC 链接，终端随即进入空闲模式，并进入不连续接收（DRX）状态，同时启动定时器 T3324 和 T3412。

（2）当 DRX 定时器 T3324 超时后，终端进入 PSM 激活模式。

（3）当周期性位置更新定时器 T3412 超时后，终端发起 RRC 连接建立过程来发起周期性 TAU 更新过程，TAU 完成后如果没有上、下行数据待发送，基站会释放 RRC 连接，终端重新进入下一轮 PSM 激活模式。

定时器 T3324 和 T3412 值由 Attach Accept 或 TAU Accept 消息发送给终端。

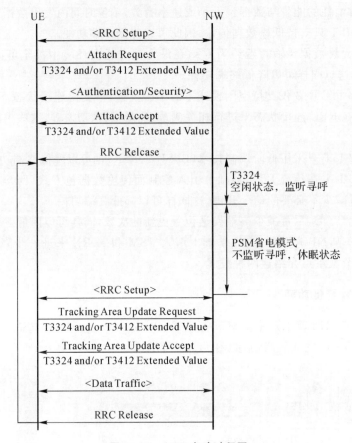

图 11.35　PSM 启动过程图

2. PSM 下终端特性

在 PSM 激活模式下,终端处于休眠模式状态,近似于关机状态,可大幅度省电。在 PSM 激活期间,终端不再监听寻呼(paging),但终端还是在网络中注册,IP 地址和 S1 接口上下文还保持有效。因此,当终端需要再次发送数据时,不需要重新建立 PDN 连接。

11.8.3　eDRX 降低功耗

3GPP 在 R13 还引入了 eDRX(增强型非连续接收),延长了原来 DRX 的时间,减少了终端的 DRX 次数和频率,以达到省电的目的。以前 LTE 空闲状态下 DRX 的最长时间间隔为 2.56 s,这对于间隔很长一段时间才发送数据的物联网设备来说,还是太频繁了。

eDRX 模式原理图如图 11.36 所示。

eDRX 可工作于空闲模式和连接模式:

(1)在连接模式下,eDRX 把接收间隔扩展至 10.24 s;

(2)在空闲模式下,LTE 的 eDRX 将寻呼监测和 TAU 更新间隔扩展至超过 40 min (2 621.44 s)。

对于 NB-IoT 网络终端,eDRX 间隔周期甚至可以最大扩展至 10 485.76 s(>2.91 h)。

PSM 和 eDRX 之间的不同之处在于,终端从休眠模式进入连接模式这个时间间隔长短不同：在 PSM 下，终端需要首先从休眠模式进入激活模式，然后才进入空闲模式，最后才能进入连接模式；在 eDRX 模式下，终端本身就处于空闲模式，可以更快速地进入连接模式，无需额外信令，时间也更短些。

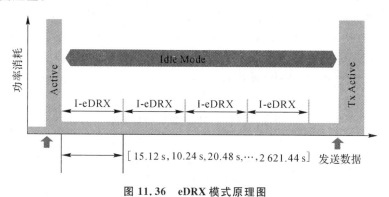

图 11.36　eDRX 模式原理图

11.9　NB-IoT 演进增强

在 3GPP R14 标准里，NB-IoT 还将会增加定位、多播（Multi-Cast）、增强型非锚定 PRB、移动性和服务连续性、新的功率等级、降低功耗与时延，增加语音业务支持等，让 NB-IoT 技术更具竞争优势。

1. 定位增强

在 NB-IoT 技术的 R13 版本中，为降低终端的功耗，在系统设计时，并未设计 PRS 及 SRS。因此，目前 NB-IoT 仅能通过基站侧 E-CID 方式定位，精度较低。因此，未来的 NB-IoT 标准升级中将进一步考虑增强定位精度的特性与设计。

当然，现阶段可以考虑通过 NB-IoT 终端加装 GPS 定位芯片来帮助提高定位的精度，但是这样会增加终端模块的成本和功耗。

2. 多播功能

在物联网业务中，基站有可能需要对大量终端同时发出同样的数据包。在 NB-IoT 的 R13 版本中，无相应多播业务，在进行该类业务时需要逐个向每个终端下发相应数据，浪费了大量系统资源，延长了整体信息传送时间。在 R14 版本中，有可能对多播特性（Multi-Cast）进行考虑，以改善相关性能。

3. 移动性增强

在 R13 中，NB-IoT 主要针对静止/低速用户设计优化，在 RRC 连接模式下无法进行小区切换，仅能在空闲模式下进行小区重选。不支持连接模式下的邻区测量上报，因此无法进行连接模式小区切换。

R14 阶段会增强 UE 测量上报功能，支持 RRC 连接模式小区切换，支持 RRC 重定向小区重选。因为有的物联网终端（如共享单车或共享汽车等）在连接模式下需要进行小区切换。

4. 语音支持

大家知道，对于标清与高清的 VoIP 语音业务，其语音速率分别为 12.2 kb/s 与 23.85

kb/s，即全网至少需要提供 10.6 kb/s 与 17.7 kb/s 的应用层速率，方可支持标清与高清的 VoIP 语音。

NB-IoT：其峰值上、下行吞吐率仅为 67 kb/s 与 30 kb/s，而且数据传输时延过大，因此，在组网环境下，无法对语音功能进行支持，特别是无法支持 VoLTE。

eMTC：可以支持 VoLTE 语音业务。其在 FDD 模式上、下行速率基本可满足语音的需求，但从产业角度来看，目前支持情况有限，对于 eMTC TDD 模式，由于上行资源数受到限制，其语音支持能力较 eMTC FDD 模式弱。

11.10　本章小结

本章在 11.1 节概述了 5G 技术，包含移动通信网络的发展过程、5G 应用场景、5G 关键技术相关内容。11.2 节介绍了低功耗广域网分类，包括授权频谱物联网技术和非授权频谱物联网技术。11.3 节主要介绍了 NB-IoT 的特点，包括超强覆盖、超低功耗、超低成本、超大容量，以及介绍了它的典型应用。11.4 节介绍了 NB-IoT 的模式，包括它的网络架构、部署模式和双工模式等相关内容。11.5 节介绍了 NB-IoT 的频段。11.6 节介绍了 NB-IoT 的信道，包含下行信道和上行信道。11.7 节介绍了 NB-IoT 的覆盖，包含覆盖增强手段和覆盖增强等级。11.8 节介绍了 NB-IoT 的功耗，包含 NB-IoT 的降低功耗机制、PSM 降低功耗、eDRX 降低功耗等相关内容。11.9 节介绍了 NB-IoT 的演进增强，包含定位增强、多播功能、移动性增强、语音支持等内容。

第12章　无线传感器网络仿真技术

12.1　无线传感器网络仿真概述

随着网络的迅速发展,人们一方面要为未来网络的发展考虑新的网络协议和算法等基础性研究,另一方面要研究如何对现有网络进行整合、规划设计,使其达到最高性能。最初网络规划和设计采用经验、数学建模分析和物理试验测试方法。在网络发展初期,网络规模较小,网络拓扑结构比较简单,网络流量不大,通过数学建模分析和物理试验测试,结合网络设计者的个人经验基本上能够满足网络的设计要求;但随着网络规模的逐渐扩大,网络结构的日益复杂,网络流量也迅速增长,网络规划和设计者面临着严重的挑战,对大型复杂网络的数学建模分析往往显得非常困难,也几乎不可能开展与拟建网络规模相近的物理试验测试,而且设计者的个人经验也表现得无能为力。于是,网络仿真技术应运而生。

网络仿真通过对网络设备、通信链路、网络流量等进行建模,模拟网络数据在网络中的传输、交换等过程,并通过统计分析获得网络各项性能指标的估计,使设计者能较好地评价所设计网络的性能并做必要的修改,以求网络运行性能。

网络仿真技术一方面能够通过快速建立网络模型,方便地修改网络模型参数,通过仿真可以为网络设计规划提供可靠的依据,解决类似网络扩容、将骨干中继链路带宽增加等问题;另一方面还能通过对多个设计方案(网络结构、路由设计、网络配置等)分别建模仿真,获得相应的网络性能估计,为设计方案的可行性验证和多个方案的比较选择提供可靠依据。

一般来说,无线传感器网络属于大规模网络,而且目前传感器网络的网络应用系统构建尚处于初始阶段,物理试验测试也难以实行。网络仿真成为目前无线传感器网络系统研究、开发的重要手段之一。根据无线传感器网络不同于传统无线网络的特点,无线传感器网络仿真一般需要处理好以下几个方面的问题。

(1)分布性。无线传感器网络属于一种分布式的网络系统,每个节点一般只处理自己周围的局部信息。

(2)动态性。正如前面提到的,在实际应用中,无线传感器网络的整个系统应该是处于一种较为频繁的动态变化过程中,网络模型是否能够较好地反映出这种动态变化会影响仿真结果的可靠性。

(3)综合性。与传统无线网络相比,无线传感器网络集成了传感、通信和处理功能,这就要求网络仿真具有相应的综合性。

无线传感器网络仿真研究的两个主要方面是仿真体系结构和网络系统模型设计。体系结构是对实际目标和物理环境中反映网络各因素及其相互联系进行抽象所得。S. Park 等人设计了一种典型的仿真体系结构 SensorSim。此外还有一些其他的仿真体系结构,如 SENS、EmStar 等。

网络系统模型设计是实现网络仿真的基础,无线传感器网络仿真模型的设计主要包括节点能耗模型设计、网络流量模型设计和无线信道模型设计。

(1)节点能耗模型。目前人们对节点能耗模型的研究主要集中于无线电能耗模型、CPU能耗模型以及电池模型,而最主要的是无线电能耗模型。事实上,传感器节点的能耗模型还与节点分布密度、网络流量分布等诸多因素有关。J. L. Gao 综合各方面的能耗模型提出了一种采用新的能耗评价标准——b·m/J 的评价体系,对无线传感器网络的整体能耗进行了分析,效果较为理想。

(2)网络流量模型。无线传感器网络是面向应用的监控系统,在不同的应用背景和物理环境下,网络流量是很不一样的。如果在被监控的事件出现的地点附近传感器节点比较密集,网络将会产生瞬时的爆发流量;而在某些野外环境监控任务中,传感器节点采集数据比较固定,相应地网络流量就要稳定得多。此外,采用不同的网络协议和信息处理方法也会影响网络的整体流量。一般可以把网络流量分为固定比特和可变比特两部分,分别对应稳定流量和爆发流量。在网络流量的模型分析中,大都将网络中数据包的到达假设为泊松过程。虽然理论上泊松过程对网络传输的性能评价具有较好的效果,但实际中还不完善。

(3)无线信道模型。传感器节点之间需要通过无线信道进行通信,传统的无线网络对无线信道的传播特性及模型的建立已有较为成熟的研究成果;不过由于无线信道本身的不稳定性,影响因素复杂多变,而且无线传感器网络节点分布较为密集,使得无线信道模型的建立更加复杂。因此无线信道模型的建立成为无线传感器网络研究的主要内容之一。

本章后续将具体介绍几个比较有代表性的无线传感器网络的仿真软件。

12.2 OPNET 仿真软件

OPNET 是 MIL3 公司开发的网络仿真软件产品。OPNET 是一种优秀的图形化、支持面向对象建模的大型网络仿真软件。它具有强大的仿真功能,几乎可以模拟任何网络设备、支持各种网络技术,能够模拟固定通信模型、无线分组网模型和卫星通信网模型;同时,OPNET在对网络规划设计和现有网络分析中也表现较为突出。此外,OPNET 还提供交互式的运行调试工具和功能强大、便捷直观的图形化结果分析器,以及能够实时观测模型动态行为的动态观测器。

MIL3 公司首先推出的产品是 Modeler,并在随后将其扩充和完善为 OPNET 产品系列,包括 ITGuru、SPGuru、OPNET Development Kit 和 WDMGuru。Modeler 其余的产品都是以Modeler 为核心技术,针对不同的用户做出一些修改后演化和发展而来的。Modeler 主要面向研发,其宗旨是加速网络研发;ITGuru 主要用于大中型企业的智能化网络规划、设计和管理;SPGuru 在 ITGuru 的基础上,嵌入了更多的 OPNET 附加功能模块,包括流分析模块(flow analysis)、网络医生模块(NetDoctor)、多供应商导入模块(multi-vendor import)、MPLS、IPv6、IPMC 协议仿真模块以及管理平台;WDMGuru 是面向光纤网络的运营商和设备制造商而开发的,为这些用户管理 WDM 光纤网络、测试产品提供了一个虚拟的光网络环境。ODK(OPNET Development Kit)和 NetBizODK 是一个底层的开发平台。ODK 是开发阶段的环境;NetBiz 是运行时的环境,可以用于设计用户自定制的解决方案,并且 ODK 提供大量用于网络规划和优化的函数。

从功能上看,ODK 的功能最强大,包括 Modeler 建模功能、网络设计和界面开发函数;IT-Guru 可以说是 Modeler 的功能子集,是不具备编程功能的 Modeler;SPGuru 除了具备 ITGuru 的功能外,在协议支持和设计分析的灵活便捷方面比 ITGuru 更强。

1. Modeler

Modeler 是一种功能强大的网络研发仿真平台,为研究人员提供了建模、仿真以及分析的集成环境。Modeler 提供的各种专门的编辑器、分析工具和网络模型能使研发人员专注于项目开发;此外,Modeler 还提供实际产品测试的虚拟网络环境,可在完成实际产品之前充分验证,有效避免设计错误或缺陷,缩短从研发到市场的时间,减小产品缺陷引起的损失。

Modeler 主要有以下特性。

(1)网络模型设计层次化,并允许层次模型嵌套,可以通过嵌套来模拟拓扑结构复杂的网络。

(2)建模方法简单。Modeler 建模过程分为过程(process)层次、节点(node)层次和网络(network)层次。过程层次主要模拟单个对象的行为;节点层次将这些单个的对象组装成各种网络设备;网络层次是将这些网络设备连接构成网络。不同的网络配置模拟不同的设计方案。Modeler 的这种建模机制有利于项目的开发、管理。

(3)Modeler 在过程层次的建模采用有限状态机来对协议和其他过程建模,在有限状态机的状态和转换条件中使用 C/C++ 语言对任何过程进行模拟。有限状态机加上标准的 C/C++ 以及 400 多个库函数构成了 Modeler 的核心,这个集合称为"Proto C 语言"。

(4)源码开放。Modeler 的所有源码是公开的,用户可以在 Modeler 提供的标准协议上根据自己的需要对源码进行增添、删除、做一些修改来进行自己的研究。

(5)集成的调试,分析工具。为了快速验证以及发现建模仿真代码中的问题,Modeler 提供有调试工具 OPNET Debugger,并且在 Windows 平台下支持与开发工具 Visual C++ 的联合调试。Modeler 提供的显示仿真结果的界面相当友好,可以轻易地分析和绘制各种数据曲线,也支持将数据导出到一些其他的数据分析工具中进行分析。

(6)功能强大、齐全的编辑器。Modeler 提供十几个编辑器,包括项目编辑器、节点编辑器、链路编辑器,天线编辑器、数据包编辑器等。这些编辑器各自完成一定的功能,只需通过在图形化界面上完成一系列的设置即可编写出所需要的代码。

2. ITGuru

ITGuru 是用于提高企业网络管理人员发现和解决网络问题能力的软件产品。Guru 原意为领袖、引导者的意思。采用这个单词作为产品的名字,表露出其希望在业界内成为领先者的决心,事实上它也做到了这一点。ITGuru 的特别之处在于它能够辨别整个网络,包括路由器、交换机、服务器甚至是协议,以及它们所支持的各种业务。

ITGuru 通过建立虚拟的网络环境进行网络规划设计、优化及网络问题诊断。ITGuru 通过建立网络拓扑结构、流量模型以及各种协议的配置来建立虚拟网络环境,并且能够保证所建立的虚拟网络环境可以足够精确地反映现实的网络环境。ITGuru 的虚拟网络环境重现了实际的网络行为,包括路由器、服务器、协议和具体应用。通过在虚拟网络环境下对网络的仿真,网络规划设计者以及网络管理和操作人员可以更加有效地诊断故障,进行变更之前的验证,预测可能发生的网络问题并及时做好预先处理,为未来网络升级作规划,确定网络端到端性能瓶颈的根本原因所在以及网络配置问题等。

3. SPGuru

与 ITGuru 一样,SPGuru 也是一个能够识别整个网络的软件产品,包括网络中的路由器、交换机、服务器、协议以及各种应用业务。不过 SPGuru 的功能相对于 ITGuru 更加强大,其面向的用户不仅仅是大中型企业,而且包括更加庞大的网络运营商。SPGuru 可以作为 MPLS VPN 的规划、MPLS 流量控制、验证 BGP 的配置以及 ATM 容量规划等。

SPGuru 主要包括以下功能:

(1)自动的模型建立,包括拓扑、配置以及流量和使用率;

(2)对网络技术、协议以及设备制造商的设备模型的全面支持;

(3)领先的离散时间、仿真引擎以及独特的混合仿真(hybrid simulation)功能;

(4)网络医生(NetDoctor)的可扩展的配置验证;

(5)精确、可扩展的、交互性的流分析(flow analysis)和详细报表;

(6)自动的 MPLS 流量控制及目的 IP 地址可达性分析。

SPGuru 相对于 ITGuru 的独特功能见表 12.1。

表 12.1　SPGuru 独特功能

模　块	相应功能
流分析	IS-IS
MPLS	自动的 MPLS 流量控制,不限制 BGP 个数
网络医生	IS-IS 配置验证规则
MVI(Multi-Vendor Import)	支持 Lucent NavisCore 路由器配置导入支持 MPLS 路由器配置导入,支持 IS-IS
其他模块	ESP、PNNI、IP Multicast、Circuit Switch 等

4. ODK 和 NetBiz

ODK 的初衷是为用户建立属于自己的网络仿真、分析、优化和管理的软件提供便利。ODK 主要由 ODK 库和 ODK 工具两部分组成。ODK 库包含了 10 多个不同方面的 API 集,包括用户界面、图形图像、导入导出以及优化算法等方面;ODK 工具则包括一些通用的编辑器(如项目编辑器、节点编辑器、过程编辑器等)以及一些特殊的编辑器(如对话框编辑器等)。此外,ODK 还提供了大量的优化算法的函数。通过使用 ODK,用户可以开发出具有自己特性的 ITGuru、SPGuru 等。利用 ODK 开发出来的软件,相对 Modeler、ITGuru、SPGuru 来说,具有更强的针对性。

5. WDMGuru

WDMGuru 仍然是面向运营商的一种网络规划和设计工具,只不过它是专门面向光纤网络的运营商和设备制造商而开发的,使这些用户能够设计和制造出健壮并且经济适用的光网络。WDMGuru 的多层次网络架构、对大量技术的支持以及当前最新的优化和设计功能使其成为网络规划设计人员的得力助手,被用来规划业务增长、优化当前网络配置和设计新的网络。和其他产品一样,WDMGuru 也能够提供虚拟网络环境。

毫无疑问,OPNET 网络仿真软件是目前世界上最为先进的网络仿真开发和应用平台之一。它曾被一些机构评选为"世界级网络仿真软件"第一名,由于其出众的技术而被许多大型通信设备商、电信运营商、军方和政府研发机构、高等教育院校、大中型企业所采用;不过意料之中的是,它作为一种商业化的高端网络仿真产品,十分昂贵。

12.3　OMNeT＋＋仿真软件

12.3.1　OMNeT＋＋概述

基于 C＋＋的对象化网络建模实验床(Objective Modular Network Testbed in C＋＋,OMNeT＋＋)是一种面向对象的离散事件建模仿真器。它是免费的网络仿真软件,主要可以用于以下方面:①电信网络的流量建模;②通信协议建模;③排队网络建模;④多处理器和其他分布式硬件系统建模;⑤验证硬件体系结构;⑥软件系统性能方面的评估;⑦其他适合离散事件模型系统的建模。

一个 OMNeT＋＋仿真模型由分级嵌套的模块组成(模块嵌套深度没有限制,这样可以充分反映实际系统模型的逻辑结构)。模块之间通过消息传递进行通信,消息可以包含任意复杂的数据结构。下面介绍 OMNeT＋＋建模的概念。

OMNeT＋＋为用户描述实际系统的结构提供有效工具,主要有以下特征:①分级嵌套模块;②模块之间通过信道以消息的方式进行通信;③拓扑描述语言。

一个 OMNeT＋＋模型由相互之间以消息方式通信的分级嵌套的模块组成。OMNeT＋＋模型常常被称为"网络"。最顶层的模块为系统模块,系统模块包含子模块。这些子模块可以再包含子模块,模块的嵌套深度没有限制,这样可以让用户充分反映实际系统的模型的逻辑结构。包含子模块的模块称为"复合模块",以区别于最底层的简单模块。简单模块和复合模块都是模块类型的实体。描述整个模型时,用户定义模块类型,模块类型的实体可作为更复杂模块类型的组成部分,最后,用户创建某个预定义模块类型的实体作为系统模块。当模块被嵌入其他模块,作为其他模块的一部分时,简单模块和复合模块并没有区别,由此用户可以将简单模块分割为几个简单模块并嵌入某复合模块中;或者相反,将复合模块的功能聚集到一个简单模块中,二者都不会影响模块类型的使用。用户还可以将已存在的模块类型组合到一起,并创建元件库。

模块通过交换消息建立通信。在实际仿真中,消息可以表示计算机网络中的帧、信息包、队列网络中的任务消费者或其他可移动实体,可以包含任意复杂的数据结构。简单模块可直接发送消息到目的地,也可以通过门和连接,沿着预定义的路径发送消息到目的地。因为模型的分级结构,消息传播通常经过一系列的链接,开始于简单模块也结束于简单模块,这样从简单模块到简单模块的一系列链接被称为"路线(routes)"。模型中复合模块扮演"纸板盒",在它们内部和外部转播消息,这一过程对用户是透明的。

链接可以被赋予三个参数(传播延迟、比特误差率、数据速率),从而使得通信网络的建模简单化,当然对其他方面的建模同样适用。这三个参数是可选的,用户可以为每个链接指定各自的参数,也可以定义链接类型,然后在整个模型中使用。传播延迟是指由于消息通过信道传播而引起的到达时间的延迟量。比特误差率指定了比特数据在传输时发生错误的概率,以方便简单的噪声信道的建模。当设置了数据速率时,消息的发送对应于消息的第一个比特的传送,消息的到达对应于最后一个比特的接收。这种模型并不总是适用,例如令牌环协议和光纤分布式数据接口协议并不等待帧的完全到达,而是在第一个比特到达之后很快就转发到达的比特数据。换句话说,帧流过站点是仅仅被延迟了几个比特。当为这些网络建模时,不能使用数据速率。

12.3.2　NED 语言

1. NED 语言概述

OMNeT++中,模型的拓扑结构可以用 NED 语言详细描述。NED 语言使得网络拓扑模型描述可以由大量的部件(信道、简单/复合模块类型)描述组成,一个网络拓扑模型描述中的信道、简单/复合模块可以在另一个网络拓扑模型描述中重用。包含网络拓扑模型描述的文件通常以 .ned 为后缀名,它可以动态地载入仿真程序或者由 NED 编译器翻译为 C++代码,并链接到可执行程序中。一个完整的 NED 描述应包含导入命令、信道定义、简单/复合模块定义和网络定义几部分。

与其他众多的设计语言一样,NED 语言也有自己的保留字。如 import,channel,endchannel,simple,endsimple,module,endmodule,error,delay,datarate,const,parameters,gates,subm-odules,connections,gatesizes,if,for,do,endfor,network,endnetwork,nocheck,ref,ancestor,true,false,like,input,numeric,string,bool,char,xml,xmldoc 等。

OMNeT++对模块、信道、网络、子模块、参数、门信道属性、函数等按其名字访问。由于 OMNET++是基于 C++的,所以它在很多方面跟 C++类似,包括标识符的命名。标识符必须由英文字母表(a~z,A~Z)、数字和下划线(很少使用)组成;可以由字母或下划线开始。标识符由几个单词组成时,按惯例大写每个单词的首字母,建议大写模块、信道、网络等标识符的首字母,小写参数、门、子模块等标识符的首字母。所有标识符区分大小写。

跟 C++类似,注释可以放在 NED 文件的任何地方,由双斜线"//"开始,一直延续到这一行的结尾,注释被 NED 编译器忽略。

NED 语言还可以通过使用导入命令从其他的网络描述文件中导入声明。在导入一个网络描述后,用户就可以使用在被导入文件中定义的任何部件(信道、简单/复合模块类型)。导入文件时,可以不指定文件的扩展名,同时文件名中可以包含路径,或者使用 NED 编译器的命令行选项-I<path>指定被导入文件的目录。一个文件被导入,仅仅是其中的声明被使用,当父文件被 NED 编译器编译时,被导入的文件并不会被编译,即必须编译和链接每个网络描述文件,而不仅仅是最上一层的文件。

2. 信道和简单模块定义

信道定义是详细说明链接类型的特征(属性),有三个可选属性可以被赋值:延迟、比特误率、数据速率。延迟是指传播延迟,以仿真秒为单位;比特误率指定比特数据传输时发生错误的概率;数据速率为信道的带宽(b/s),用来计算数据包的传输时间。三个属性可以以任意顺

序出现,所赋值应当为常数。信道定义的基本语法如下:

```
channel ChannelName
delay delay value
error error value
datarate datarate value
endchannel
```

简单模块通过声明参数和门来定义。参数可以被简单模块中的算法使用。例如,一个 TrafficGen 模块可能有参数 numOfMessages,该参数决定多少消息将被产生。在模块描述的 parameters 域列出其名字即可声明参数,参数类型可以被指定为 numeric、numeric const(或简写为 const)、bool、string 和 xml 等, numeric 为缺省类型。参数也可以从 NED 文件中赋值或者从配置文件 omnetpp. ini 赋值。

门是模块的链接点,模块之间链接的起点和终点就是门。OMNeT++只支持单向的链接,于是有输入门和输出门之分,在定义时分别用 in 和 out 加以区别。OMNeT++支持门矢量:包含若干个单一门,与 C++中的数组类似。在模块描述的 gates:域列出其名字即可声明门,空的方括号对[]表示门矢量。和数组一样,门矢量的元素从 0 开始编号,门矢量的大小在模块被用作复合模块的部件时给定。简单模块定义的基本语法如下:

```
simple SimpleModuleTypeName
parameters:parameters list
gates:
in:in gates list;
out:out gates list;
endsimple
```

3. 复合模块的定义

包含有其他模块的模块即为复合模块,被包含的模块称为"子模块",简单和复合模块都可以被用作子模块。复合模块的定义与简单模块类似:包括 gates 域和 parameters 域,不过它还有另外两个域 submodules 域和 connections 域。复合模块的定义语法如下:

```
module CompundModuleTypeName
    parameters:parameters list;
    gates:gates list;
    submodules:
      subModuleName:ModuleTypeName
          parameters:parameters list ;
          gatesizes:gatesize list;
connections:connectionslist;
Endmodule
```

复合模块的参数和门与简单模块的参数和门一样地定义和使用。特别地,复合模块的参数可以传递给子模块,对子模块的参数初始化,也可以用来描述复合模块的内部结构,子模块的数目、门矢量的大小可借助复合模块的参数来指定。例如,Router 复合模块有若干端口,端口数由参数 numOFPorts 指定。影响复合模块内部结构的参数必须声明为 const,以保证每次访问该参数都返回相同值。

　　子模块是模块类型(简单模块/复合模块)的实体,在复合模块声明的 submodules 域中定义。子模块的模块类型对 NED 编译器必须是可知的,即模块类型必须在该 NED 文件中定义过或者从其他的文件中导入。定义子模块时可以为其参数赋值,如果子模块有门矢量则必须指定其大小。同样可以定义子模块矢量,其大小可由某个参数值决定。与 C++中数组不同的是,NED 允许零大小的子模块矢量。

　　有时候,把子模块的类型作为参数非常方便。例如,需要比较不同的路由算法,假定将参与比较的路由算法设计为简单模块:DistVecRoutingNode、AntNetRouting1Node、AntNetRouting2Node,同时还定义了名为 RoutingTestNetwork 的网络。如果已经用 DistVecRoutingNode 进行了硬编码,再切换到其他路由算法就很麻烦;但是如果把子模块的类型作为参数就会变得很方便——添加一个字符串参数(如 routingNodeType)到复合模块 RoutingTestNetwork 中,子模块不再是某个固定的类型,其类型包含在参数 routingNodeType 中。此时用户可以轻松地从字符串常量“DistVecRoutingNode”“AntNetRouting1Node”和“AntNetRouting2Node”中选择一个对 routingNodeType 赋值。而且,如果用户指定了一个错误值,如“FooBarRoutingNode”,但用户没有实现 FooBarRoutingNode 模块,那么仿真开始时得到一个运行时间错误:module type definition not found。RoutingNode 模块类型不必用 C++语言实现,因为并不创建它的实体,仅仅用来检查 NED 文件的正确性。

　　可以这样理解上述解决方案:它类似于面向对象语言中的多态机制。RoutingNode 类似于基类,而 DistVecRoutingNode 和 AntNetRouting1Node 类似于派生类,参数 routingNodeType 类似于指向基类的指针,可以向下转型为某确定类型。

　　如果子模块的模块类型声明中含有参数,则可以在子模块声明的 parameters 域给其赋值,所赋值可以为任意常数、各种参数(最常见的是父模块的参数)或者任意有效表达式。在子模块声明的 parameters 域并不强制要求给每个参数赋值。未曾赋值的参数可以在运行时间给其赋值:通过配置文件,如果配置文件中也未曾为其赋值,仿真程序会提示用户输入某个值,用户可以指定提示语和缺省值:

input(default value, " prompt string")

　　提示语和缺省值都是可选的,如果二者都没有,则等效于在赋值列表中不为其赋值。不过,可以此来明确表示希望在 NED 文件中为其赋值。事实上,为了程序的灵活性,常常并不在 NED 文件中为参数赋值,而是留给配置文件,因为这样修改参数值更方便。表达式的语法跟 C 语言的非常相似,可以含有常量或者是父模块中已经定义的参数。关于表达式的详细介绍参考本节第 5 部分“表达式”。可以使用语法 submodule. parametername 或者 submodule[index]. parametername 来访问子模块的参数。

　　门矢量的大小由关键字 gatesizes 定义,可以为常数、参数值或其他表达式的值。gatesizes 不是强制性的,如果省略门矢量的 gatesizes 定义,它将被以零大小创建。在子模块的定义中可以存在多个 parameters 和 gatesizes 域,而且每个可以跟随一定的条件。例如:

```
      ……
submodules:
    node : Node [count]
      parameters:
        position-"middle";
```

```
parameters if index == 0：
    position- "beginning"；
gatesizes：
    in [2]，out [2]；
gatesizes if index ==0 || index = =count- 1；
n [1]，in [1]；
```
……

如果条件没有脱节而且某个参数或者门大小被定义了两次或两次以上，则只有最后一个生效，覆盖前面的值。因此缺省值应当出现在最前面。

复合模块的定义指定该复合模块和它的直接子模块的门之间如何连接。可以连接两个子模块或者子模块与它的复合模块，这意味着 NED 不允许跨越多个层次的链接。这种限制使得复合模块具有独立性，从而增强了复用性。门的方向也应当注意，即不能连接两个输出门或者输入门。仅仅支持一对一的链接，于是门只能被用于某一个方向的链接。一对多或者多对多的链接可以利用复制消息或者合并消息流的简单模块实现，其基本原理是这种扇入或者扇出无论在模型的什么地方发生，它总是以某种方式与一些处理过程相联系的，这使得有必要使用简单模块。链接在复合模块定义的 connections 域中指定，它列出所有链接，以分号隔离。

源门可以是子模块的输出门或者是复合模块的输入门，宿门可以是子模块的输入门或者是复合模块的输出门。箭头可以左-右指向也可以右-左指向。连接的定义可以拥有属性（延迟、比特误率、数据速率）或使用已定义类型的信道。如果没有指定信道也没有直接指定属性，链接将没有传播延迟，没有比特误率，没有传输延迟：nodel. outGate-node2. inGate。可以以名字为其指定信道：node1. outGate-→Fiber-node2. inGate。此时，NED 文件中必须有 Fiber信道的定义。也可直接指定信道参数（即链接属性）：nodel. outGate-error 1e-9 delay0. 001-node2. inGate；任何一个参数可以省略，可以任意顺序出现。

如果使用了子模块矢量或者门矢量，可以用一条语句定义多个链接。它们被称为"重复定义链接"或者"循环定义链接"。循环链接由 for 语句创建，并可配合 if 条件语句使得链接只有在满足一定条件时才被创建：
```
for expression do
    connection statement if expression
end for
```
缺省情况下，NED 要求所有的门都将被链接。有时候这种限制并不方便，可以用关键字nocheck 关闭该限制。

4. 定义网络

模块的模块声明仅仅是定义模块类型。为了真正产生能够运行的模型，需要定义网络。网络定义即以一个已有模块类型的实体作为仿真模型。在一个或多个 NED 文件中可以有多个网络定义，用到这些 NED 文件仿真程序可以运行其中的任何一个，用户只需在配置文件中指定所需要的。网络的定义类似于子模块的声明：
```
network ModuleType：NetworkName
    parameters：parapeters list
end for
```
自然地，只有那些没有定义门的模块类型才可用于定义网络。跟在子模块中一样，不必给所有的参数赋值,没有赋值的参数可以从配置文件中获取其值或交互性输入。

5.表达式

在 NED 语言中,有很多地方允许表达式的出现。表达式具有 C 语言风格的语法。它们由常用的数学运算符连接在一起,可以传值或传引用的方式使用参数,调用函数,包含随机值或输入值。当表达式被用来给参数赋值时,每次访问该参数都将执行一次表达式(除非该参数被声明为 const)。这意味着仿真过程中,简单模块每次访问非 const 参数都可能得到不同值。其他表达式(包括 const 参数)只被执行一次。XML 类型的参数可用来方便地访问外部的XML 文件,XML 类型的参数可使用 xmldoc( )为其赋值。

OMNeT++接受十进制小数或科学记数法表示的数字常量,字符串常量要求使用双引号;可以直接用数字常量表示时间(以 s 为单位);也可以指定时间单位,如 ms、min、h 等。

表达式可以使用包含它的复合模块的参数,或者复合模块中是已经定义的子模块的参数。后者的语法为:子模块名.参数名或者是子模块名[index].参数名。关键字 ancestor 和 ref 可以与参数一起使用,ancestor 意味着如果直接复合模块中没有该参数,则更高层次的模块将被搜索。使用关键字 ancestor 被认为是不好的习惯,因为它破坏了封装原则,而且只能在运行时间检查其使用是否正确。它的存在仅仅是为解决少有的确实需要它的情况。Ref 则意味着按引用获取参数值,即运行期间参数的改变将影响到所有按引用获取参数值的模块。跟 ancestor 一样,ref 也很少被使用。一种可能的使用情况就是:在运行期间调整整个模型,在最高层次的模块中定义某个参数,并使其他所有模块按引用访问该参数——这样运行期间参数的改变将影响整个模型。另一种情形就是使用参数引用向相邻模块传递状态信息。

NED 语言中支持的运算符跟 C/C++语言中的类似,不过也有些不同。"^"表示幂运算,而在 C/C++语言中则表示按位"异或";"#"和"##"在 NED 语言中则分别表示逻辑"异或"和按位"异或"。

所有的值都按双精度型表示。按位运算时,双精度型按 C/C++语言的内部转换原则被转换为长整型,运算完成后,再转换回双精度型。类似地,对于逻辑运算,操作数被转换为布尔型,运算结束后再转换回双精度型。对于模数运算,操作数被转换为长整型。NED 语言额外提供的 sizeof()运算符可以获得矢量门的大小;运算符 index 返回当前子模块在模块矢量中的索引(以零起始)。在 NED 语言表达式中,可以使用 C 语言中<math. h>的大部分库函数,如 exp()、log()、sin ()、cos ()、floor ()、ceil()等,以及产生随机数的函数 uniform、exponential 和 normal 等。此外还可以使用用户自定义的函数,只是对于自定义函数具有较多的限制。定义的函数必须含有 0~4 个双精度型的参数并返回双精度值,必须以 C/C++语言方式编码,还必须通过宏 Define Function()进行注册。其基本语法格式如下:

```
double functionname(arguments list){
    function body
}
Define Function(functionname, argument number);
```

如果参数类型为 int、long 或其他非 double 型,或者函数返回值不是 double 型时,则需要创建所有参数都为 double 型的封装函数来完成这个转换。此时,应当用宏 Define_Function2()注册封装函数。其语法格式如下:

```
return type functionname(arguments list ){
function body
}
double warp_functionname(arguments list){
function body
}
Define_Function2(functionname,warp_functionname,arguments number);
```

12.3.3　简单模块/复合模块

1. 概述

为便于说明一些在解释 OMNeT++ 的概念和实现中要使用的术语,先简单介绍离散事件仿真(Discrete Event Simulation, DES)。

所谓"离散事件"系统,即状态改变(事件)发生点在时间域上是离散的,并且事件发生并不需要时间。它假设在两个连续的事件之间没有任何事件(或没有任何感兴趣的事件)发生,即系统在两个事件之间没有发生状态改变。那些可以视为离散事件系统的系统可使用离散事件仿真进行建模。所谓"感兴趣的事件或状态"总取决于进行建模的目的和意图。OMNeT++使用消息表征事件。每个事件由 cMessage 类或其子类的一个实例表示,OMNeT++中没有独立的事件类。消息被从一个模块发送到另一个模块,这意味着"事件发生的地方"就是消息的目的模块,事件发生时的模拟时间就是消息的到达时间。类似"计时器"之类的事件通过模块向自己发送消息来实现。

在 OMNeT++中,事件在简单模块内部发生。简单模块封装了产生事件并做出一定反应的 C++代码。换句话说,简单模块实现模型的具体行为。用户从 SimpleModule 类派生子类来创建简单模块,cSimpleModule 类是 OMNeT++类库中的一个类。cSimpleModule 类与 cCompoundModule 类一样都派生于同一个基类 cModule。

2. 简单模块的声明与注册

简单模块的 C++实现包括:①模块类的声明(直接或间接派生于 cSimpleModule);②模块类型的注册[Define-Module()或者 Define_Module_Like()];③模块类的实现。模块类的声明和注册的基本语法结构如下:

```
class ModuleClassName:public cSimpleModule{
Module_Class_Members(ModuleClassName,baseclass, stacksize)
statements;
};
Define_Module(ModuleClassName);
```

语句 Define-Module (ModuleClassName)告诉 OMNeT++将使用 ModuleClassName 类作为简单模块类型,并且 OMNeT++将搜索相关联的 NED 简单模块声明。这个声明将使用相同的名字,从而确定该模块拥有的门和参数。Define_Module()不要放在头文件中,因为编译器所产生的代码仅仅放在.cc/.cpp 文件中。

前面已经提到,简单模块类必须直接或间接地继承于 cSimpleModule。为了改写先前提到的四个函数必须编写构造函数等。在编写模块类声明时有两个选择:或者使用能够被扩展为构造函数的原始形式的宏,或者编写构造函数。

宏的使用方法为 Module_Class_Members(classname, baseclass, stacksize)。对于 stack-size,如果模块实现 handleMessage( ),其值必须为 0;如果选用 activity( ),则设置为大于 0 的整数。如果有数据成员需要在构造函数中初始化,宏 Module_Class_Members ( )就不再适用,此时必须自己编写构造函数。构造函数有三个参数:const char ＊ name,模块名;cModule ＊ parentmodule,指向父模块的指针;unsigned stacksize,协同程序堆栈大小。不要改变参数类型和个数,因为 OMNeT＋＋将调用它来生成某些代码。例如:

```
class ModuleClassName:public cSimpleModule{
ModuleClassName (const char ＊ name,cModule ＊ parent,unsigned stacksize);
statements;
};
ModuleClassName (const char'name, cModule ＊ parent, unsigned stacksize):
cSimpleModule(name,parent,stacksize)
{
}
```

3. 函数 handleMessage( )和 activity( )

handleMessage( )是 cSimpleModule 的虚拟成员函数,缺省情况下它什么也不做,因此用户必须在子类中添加消息处理代码,改写该函数。在事件发生时该函数将会被调用,处理完消息后立即返回。在调用该函数时没有模拟时间流逝。使用 handleMessage ( )的模块不会自动激活,仿真核仅仅为 activity( )产生激活消息。这意味着如果用户希望模块自己开始工作,而不是依靠接收其他模块的消息,就必须在 initialize( )函数中调度自消息。在 handleMessage( )函数中不能使用 receive( )函数族和函数 wait ( ),因为它们本质上是基于协同程序的,必须在模块类中为每条期望保存的信息添加数据成员。这些信息不能存储在 handleMessage( )函数的局部变量中,也不能存储在静态变量中,因为它们将被类的所有实体共享。可以在 initialize ( )初始化那些变量,在 initialize ( )中还要完成调度初始消息,这些消息用来激活对 hangleMessage ( )的调用。在首次调用 handleMessage( )后,要注意调度另外的消息使得消息链不致于断开。当然,如果模块仅仅只对来自其他模块的消息做出反应,就不必调度初始消息。

大多数情况下,选择 handleMessage( )比选择 activity( )更合适:

(1)对于一个含有上千个模块的庞大仿真程序中的模块,此时如果选择 activity( ),将消耗巨大的内存;

(2)对于状态转换很少或者没有状态转换的模块,此时选择 handleMessage ( ),编程更方便;

(3)对于状态很多而且是随机的状态转换模块,此时选择 activity( ),在算法上比较困难。大多数的通信协议都属于这种情况。

由于 handleMessage( )不需要为简单模块分配独立的堆栈,函数调用比协同程序的转换的效率要高,所以使用 handleMessage( )消耗的内存更少,速度更快;不过它不能依靠局部变量来存储信息,需要重定义 initialize( )函数。

如果使用 activity( )函数,就可以像对操作系统进程/线程编程一样对简单模块编程。当

activity()函数结束时,模块也就终止。当然如果还有其他模块能够执行的话,仿真程序可以继续。使用 activity()最大的问题就是它不具有可扩展性,因为每个模块有独立的协同程序堆栈,而且有评论说,使用 activity()不便于体现良好的编程风格。有一种情况下使用 activity()比较方便:当进程有很多状态但状态之间转换很少,即从一个状态仅仅可能转换为其他少数几个状态。例如,使用单个网络链接的网络应用程序编程就是这种情况。

activity( )函数中局部变量是受保护的,因此可以保存函数中的任何信息。局部变量可在函数体的最前面初始化,这样 initialize()函数显得不必要。如果期望在仿真结束时保存相关统计数据,则需要 finish( )函数。因为 finish( )函数不能访问 activity()中的局部变量,所以必须把与统计数据有关的变量和对象作为模块类的数据成员。

4. 函数 initialize()和 finish()

initialize()主要是进行初始化,所有简单/复合模块都有 initialize()函数。复合模块的 initialize()在其子模块的 initialize()被调用之前调用,finish()则主要是仿真结束时记录统计数据,而且只有模块正常结束时才调用。复合模块与其子模块的 finish()调用顺序与 initialize()相反。

一般不要把与仿真有关的代码放在构造函数中。因为在仿真开始时模块通常需要收集它们的模型环境并存在内部表中。跟这些有关的代码不能放在构造函数中,因为构造函数被调用时整个网络还处于构建中。

需要注意的是,finish()并不是总会被调用,因此那些当模块被删除时都必须执行的代码最好不要放在这个函数中。仅仅是那些统计数据收集、后加工和其他在假定正常结束时才执行的操作等代码才放在 finish()中。

12.3.4 消息

1. cMessage 类简介

cMessage 是 OMNeT++的核心类。cMessage 类和其子类的对象可以模拟事件、消息和网络中移动传输的信息包、帧、单元、位,以及信号、系统中传输的实体等。cMessage 对象有一系列的属性。有些由仿真内核使用,另外一些是为仿真程序设计者方便设计而提供的。下面是一些属性列表。

name(名字),一个字符串(const char),它可以由设计者自由使用。通常选择一个描述性的名字非常有用,这个属性继承于 cObject。

message kind(消息类型),用来携带消息类型信息。0 和正值可以为了任何目的自由使用;负值被保留给 OMNeT++仿真库使用。

length(长度,按位计算),用来计算消息通过具有有限数据速率连接时的传输延时。

bit error flag(位错误标志),当消息通过具有 BER 的连接时,它被仿真内核以 $1-(1-ber)^{length}$ 的概率设置为真。

priority(优先权),当消息具有相同的到达时间时,仿真内核按该属性对消息进行排序。

time stamp(时间邮戳),仿真内核不使用该属性;可以用来注释消息何时开始入队和重发。

2. 自消息

消息常常用来表示模块内部的事件,这时被称为"自消息"。自消息也是常规消息,即也是

cMessage 或者其子类的对象。当消息由仿真内核递送到模块时,可以调用 isSelfMessage()函数判断是由 scheduleAt ()调度的还是由 sendXXX ()发送的。如果消息当前被调度,那么 isScheduled()返回真。一个被调度的消息可以由 cancelEvent()取消。

cMessage 有一个 void * 指针(上下文指针),可以由 setContextPointer()设置该指针,由 contextPointer()返回该指针。调度几个自消息的模块在有自消息到达时需要判断到底是哪一个自消息,即模块需要根据不同的自消息做出不同的反应。上下文指针可以指向一个数据结构,这个结构含有关于这个事件的足够的上下文信息。

3.定义消息

实际中,可能需要向消息添加多样的域。例如,当模拟通信网络中的信息包时,需要在消息对象中存放协议头。既然仿真内核是基于 C++的,最自然的扩展消息的方法就是继承。然而,对每个域需要写三样内容——私有数据成员、getXXX ()和 setXXX( )函数,而且产生的类必须与仿真框架融合。编写这些必要的 C++代码很乏味也很耗时,OMNeT++提供了一种更便利的方法——消息定义。消息定义提供紧凑的语法来描述消息的内容。OMNeT++会根据消息定义自动产生必要的 C++代码。

假设需要消息对象来携带源地址、目的地址和跳数,可以编写下面的代码(假设保存为 mypacket. msg):

```
message MyPacketf{
    fields;
        int srcAddress;
        int destAddress;
        int hops=32;
}
```

如果使用消息子类编译器来处理 mypacket. msg,将产生两个文件:mypacket_m. h 和 mypacket_m. cpp。前者包含 MyPacket 类的声明,在那些需要处理 MyPacket 对象的源文件中要包含该头文件名。文件 mypacket_m. cpp 包含 MyPacket 类的实现,以及允许在 Tkenv 模式下查看消息数据结构的"映射"代码。文件 mypacket_m. cpp 必须被编译和链接。

以上描述的每个域,产生的类将对应每个数据成员以及成员函数 getXXX ()和 setXXX ()。成员函数的名字将以 get 和 set 开头,数据域名在其后,并且大写数据域名的首字母。注意这些函数被声明为 virtual,以便能够在子类中改写它们。另外还会生成两个构造函数:一个拷贝构造函数,一个直接构造函数。后者有两个参数:对象名和消息种类,缺省值为 NULL 和 0,也会生成合适的赋值运算符[operator= ()]和 dup()函数。数据域的类型不限于 int 和 bool,原始数据类型都可以使用。可以直接在数据域的后面紧接着用赋值符号给数据域赋初值。像 C++一样,可以声明具有固定大小的数组,相应地,产生的成员函数 getXXX ()和 setXXX()将有额外的参数数组索引号。消息定义还支持动态数组,此时除了成员函数 getXXX()和 setXXX(),还将含有两个额外的函数:设置数组大小的 setXXXArraySize ()和返回当前数组大小的 getXXXArraySize ()。

此外,为了应对非常复杂的模型,OMNeT++支持从用户自定义的消息类继承生成新的消息子类,同时也支持复杂类型(如结构、类、tyepdef 等)的数据域。

12.3.5　类库

1.概述

OMNeT＋＋仿真库中的类派生于 cObject。下面的功能和规则都来源于 cObject：①名字属性；②className()和其他获取关于对象的文本信息成员函数；③对象赋值、拷贝的规则；④派生于 cObject 类的容器对其容纳的对象的所有权控制；⑤支持遍历对象树；⑥支持在 GUI 中查看对象信息；⑦支持仿真结束时自动清除变量。

OMNeT＋＋中设置和获取属性的成员函数遵循命名一致。设置属性函数形式为 setXXX()，获取属性的函数形式为 XXX()。每个类的 className()成员函数以字符串返回类名。

任何一个对象可以被赋予字符串名字。名字串是每个类的构造函数的第一个参数，缺省值为 NULL，Name()成员函数可以返回这个名字串。对属于门或模块矢量的门和模块，fullName()返回的名字串会带有方括号，括号中是其索引号，与其他对象函数 fullName()和 name()的返回值相同。

成员函数 dup()创建一个完全一样的对象，包括对象中包含的其他对象。这在消息对象中显得非常有用。它返回一个指向 cObject＊类型的指针，因此有必要强制转换为合适的类型。

2.产生随机数

事实上仿真中的随机数并不随机，它们是由确定性算法产生的，算法先选择一个种子，并进行一些确定性计算来产生一个随机数，然后选择另一个种子。这样的算法和实现被称为"随机数产生器(Random Number Generator，RNG)"或者是"伪随机数产生器(Pseudo Random Number Generator，PRNG)"。如果从相同的种子开始，RNG 总会产生相同的随机数序列。这是一个有用的性质，相当重要，因为这使得仿真可重复。

缺省情况下，OMNeT＋＋采用由 M. Matsumot 和 T. Nishimur 设计的 Mersenne Twister RNG (MT)，其循环周期为 219 937－1，速度跟 ANSI 的 C 语言中的 rand()相当。

仿真程序可能会从几个随机数流(相互独立)中获得随机数。例如，某个网络仿真使用随机数来指定产生的包和传输中的比特误差。二者使用不同的随机数来源是个很好的方法。既然每个随机数流的种子可以相互独立地配置，就可以在相同负荷的情况下在不同的地方使用比特误差。不同的流和不同的仿真执行过程使用非重叠的随机数是非常重要的，所产生的随机数序列的相互重叠会引入不必要的相关性。随机数流的个数和每个随机数流的种子可在配置文件中进行配置。OMNeT＋＋提供的 seedtool 程序可用来选择较好的种子。OMNeT＋＋提供了一些预定义的随机数分布函数，见表 12.2。

表 12.2　OMNeT＋＋提供的预定义随机数分布函数

函　　数	描　　述
Uniform(a,b,mg＝0)	[a,b]范围内均匀分布
expooential(mean,rng＝0)	均值为 mean 的指数分布
normal(mean, stddev,rng＝0)	均值为 mean，标准偏差为 stddev 的正态分布

函 数	描 述
Trunenormal（mean, stddev, rng＝0）	均值为 mean,标准偏差为 stddev 的正态分布,但截取为非负值
gamma_d(alpha,beta,rng＝0)	参数 alpha＞0,beta＞0 的 γ 分布
beta(alpha1,alpha2,rng＝0)	参数 alpha1＞0,alpha2＞0 的 β 分布
erlang_k(k,mean,rng＝0)	均值为 mean 的 k(k＞0)阶爱尔兰分布
chi_square(k,rng＝0)	自由度 k＞0 的卡方分布
student_t(i,rng＝0)	自由度 i＞0 的学生-t 分布
cauchy(a,b,rng＝0)	参数分别为 a,b(b＞0)的 ξ 分布
triang(a,b,c,rng＝0)	参数 a≤b≤c,a!＝c 的三角形分布
Lognormal(m,s,rng＝0)	均值为 m,方差为 s 的对数正态分布
weibull(a,b,rng＝0)	参数 a＞0,b＞0 的韦伯分布
pareto_shifted(a,b,c,rng＝0)	参数为 a,b,c 的广义 Pareto 分布
intuniform(a,b,rng＝0)	[a,b]范围内均匀分布的整数
bernoulli(p,rng＝0)	概率为 p 的伯努利分布(结果为 1 的概率为 p,为 0 的概率为 1－p)
binomial(n,p,rng＝0)	参数 n≥0 和 0≤p≤1 的二项式分布
geometric(p,rng＝0)	参数 0≤p≤1 的几何分布
negbinomial(n,p,rng＝0)	参数 n＞0 和 0≤p≤1 的二项式分布
poisson(lambda,rng＝0)	参数为 lambda 的泊松分布

表 12.2 中的函数可以在 NED 文件中使用。如果这些函数还不够满足需求,用户可以自己编写函数。使用 Register-Function()宏对函数进行注册就可以在 NED 文件和配置文件中使用。同样可以指定随机数的分布服从某个直方图,类 cLongHistogram、cDoubleHistogram、cVarHistogram、cKSplit 或者 cPSquare 都是可以用来产生服从等距或者等概率直方图分布的随机数。

3. 队列类:cQueue

类 cQueue 是一个有队列作用的容器类。它可以拥有各种派生于 cObject 类的对象,如 cMessage、cPar 等。在内部,cQueue 类使用双链接列表来存储它的每个元素。新的元素从头段插入,删除则是从尾段开始。这一点是跟平时所接触到的有所不同的。cQueue 的处理插入和删除的基本成员函数是 insert()和 pop()。

成员函数 length()返回队列中元素的个数,而函数 empty()则判断队列中是否还有元素。当然还有其他函数可以处理插入和删除元素,函数 insertBefore()和 insertAfter()分别在某个指定的元素之前或之后插入一个新的元素,而函数 tail()和 head()则在不改变队列的内容的情况下返回队列头和队列尾的元素的指针。函数 pop()可以用来从队列尾段删除一个元素,而 remove()函数则可以删除任何一个元素,只要知道指向它的指针。

缺省的情况下,cQueue 执行 FIFO 原则,但它也可以使插入的元素保持某种顺序。如果想利用这一特征,就必须提供一个比较函数。这个函数以两个 cObject 指针为参数,比较这两个指针指向的对象并返回－1、0 或者 1 作为比较结果。下面是一个示例:

```
cQueue sortedqueue("sortedqueue",cObject::cmpbyname, true);
//sorted by object name; ascending
```

如果一个队列对象被设置为有序队列(优先队列),函数 insert()将会用到比较函数:它从队列的头开始搜索直到找到新元素理应插入的位置为止,并在找到的位置上插入新的元素。

一般情况下,只能访问队列头或尾的元素;但是如果使用迭代器类 cQueue::Iterator,就可以遍历整个队列中的每个元素。cQueue::Iterator 的构造函数使用两个参数:第一个指定队列对象,而第二个则指定迭代器的初始位置——0 代表尾,1 则代表头。另外,它的使用方法跟 OMNeT＋＋中的其他迭代器类一样:可以使用＋＋和－－推进,操作符()可以得到当前元素的指针,而函数 end()则可以判断是否已经到达队列的头或尾。

4. 可扩展数组:cArray

cArray 是一种可以容纳派生于 cObject 的类的对象。cArray 对象存储的是对象的指针而不是对象的拷贝。它像一个数组一样工作,但当被存满时可以自动增长。在内部,它以指针数组的方式实现,当被填满时重新分配。在 OMNeT＋＋中,cArray 对象被用来存储附属于消息的参数以及模块参数和门。cArray 的成员函数可以参考 OMNeT＋＋提供的在线帮助文档。需要注意的是,函数 remove()并不会收回分配给对象的空间,而是返回指向对象的指针;如果希望回收分配空间,则需要这样操作:deletearray. remove(index)。

cArray 并没有相应的迭代器,但它可以很简单地通过一个循环语句遍历所有的元素。成员函数 items()返回值为最大索引号＋1。

5. 参数类:cPar

模块的参数是以 cPar 对象来表示的。模块参数的名字就是 cPar 对象的名字,而且 cPar 对象可以存储 NED 语言支持的任何类型的参数类型,即 numeric(长整型或双精度型)、bool、string 和 XML 配置文件引用。模块的参数可以通过 cModule 的成员函数 par()访问。

cPar 有一系列的函数 boolValue()、longValue()、stringValue()等来获得参数的值,同时有针对 C/C＋＋基本类型(bool、int、long、double、const char ＊)以及 cXMLElement ＊ 的类型转换的重载运算符。cPar 也有很多相应的函数(如 setLongValue、setDoubleValue)用来修改 cPar 的参数值。对于字符串,cPar 对象会存储其拷贝,因此原始的字符串不必保留。

可以通过设置 cPar 对象,让它调用一个使用常量参数的函数来返回服从不同分布的随机数。如 rnd. setDoubleValue(intuniform, －10. 0,10. 0),每次读取含有上述函数的 cPar 对象的值时,所包含的函数都会被调用,所读取的值便是被调用函数的返回值。

6. 路由支持:cTopology

cTopology 类的主要设计目的是为了支持通信网络和多处理器网络中的路由。一个 cTopology 对象存储着一个用图来描述的网络的抽象表示:cTopology 中的每个节点对应一个模块(简单模块/复合模块);cTopology 中的每条边对应一个链接或一系列的链接。

可以指定哪些模块被包含到 cTopology 对象所对应的图中,这些模块之间的所有连接则会被包含到这个图当中。在这个图当中,所有的模块都处于同一个层次(都表示图中的节点的概念）。跨越复合模块的连接也被当作图中的一条边。与一般图的概念中边的概念一样,此处的边也是有向的。

如果编写一个具有路由功能的模块,cTopology 对象将帮助确定通过哪些门可以到达哪些节点（模块）,以及找到最优化的路线。cTopology 对象可以很方便地计算节点之间的最短路径。

cTopology 的实际功效是在网络中寻找最短路径来支持最优化路由,它可以找出从所有其他节点到节点 a 的最短路径。算法的计算代价并不高,最简单的情况下,所有的边被赋予相同的权重。它实际执行 Dijkstra 算法并把结果保存在 cTopology 对象中,可通过 cTopology 和 cTopology::Node 的成员函数提取相关结果。每次调用 unweightedSingleShortestPaths-To()会覆盖上一次的结果。下面的代码遍历从某模块到目标模块之间最短路径上的模块:

```
cTopology::Node * node = topo. nodeFor( this );
if (node == NULL) {
ev< "We("<<fullPath() <<") are not included in the topology. \n" ;
}
else if (node->paths() == 0){
    ev << "No pathto destination. \n";
}
else{
    while(node! = topo. targetNode()){
        ev<<"we are in"<<node->module()->fullPath()<<endl;
        ev<< node->distanceToTarget()<<"hops to go\n";
        ev<<"There are"<<node->paths()<<"equally good directions,taking the firstone\n";
        cTopology::LinkOut * path=node->path(0);
        ev<<"Taking gate"<<path->localGate()->fullName()
            <<"we arrive in"<<path-)remoteNode()->module()->fullPath()
        <<"on its gate"<<path->remoteGate()->fullName()<<endl;
        Node= path ->remoteNode();
    }
}
```

成员函数 distanceToTarget( )的目的是自解释。在未加权情况下,它直接返回节点间的跳数。函数 paths()返回最短路径的数目,path(i)把第 i 条边作为 cTopology::LinkOut 对象返回。如果最短路径是由函数 SingleShortestPaths()得到的,paths()将永远返回 0 或 1。也就是说,最多只找到最短路径的几种可能性中的一种。而 MultiShortestPathsTo()得到所有可能的最短路径,但开销代价会增加。cTopology 的成员函数 targetNode ( )返回最后一条最短路径的目标节点。

通过调用 enable()或 disable()成员函数,可以决定是否使能图中的节点或边。被设置为失效的节点或边被最短路径寻找算法忽略。成员函数 enabled)返回节点或边的有效状况。成员函数 disable()的一个用途就是可以用来确定通过该节点的某个特定的门到达目标节点有多少跳。为了实现这一目的,可以计算从目标节点到该节点的邻居节点的最短路径,但是必须禁止当前的节点。

7. 统计与分布估计

在 OMNeT++ 中有数个与统计和结果收集相关的类：cStdDev、cWeightedStdDev、Long-Histogram、cDoubleHistogram、cVarHistogram、cPSquare 和 cKSplit。它们都派生于抽象基类 cStatistica cStdDev 保存有采样的数目、均值、标准偏差、最小/大值；cWeightedStdDev 类似于 cStdDev，是唯一支持加权统计的类；cLongHistogram 和 cDoubleHistogram 派生于 cStdDev，保存使用等距直方图样本数据的分布的近似；cVarHistogram 类似于 cLongHisto－gram，但不必是等距的，可以人为地设置每个单元的边界，或者是每个单元具有相等（或尽可能相等）的样本数据来自动获得单元分割；cPSquare 是使用 Pz 算法的类，该算法不必存储样本就可以计算样本的分位数，可以把它看作具有等概率单元的直方图。

可以使用函数 collect() 或运算符 += 向统计对象中插入一个采样值。cStdDev 类有以下的成员函数：samples()、min()、max()、mean()、stddev()、variance()、sum() 和 sqrSum()。每个函数的含义很明显，不再赘述。分布估计类（cLongfstogam、cDoubleHistogram、cVar-Histogram、cPSquare 和 cKSplit）派生于 cDensityEstBase。分布估计类（除了 cPSquare）假设样本在某个范围内取值。可以明确指定这个范围或者让负责收集数据的对象根据初始的几个样本值来估计其取值范围。下面的函数就是用来设置范围或指定多少个初始值被用来自动确定范围：setRange()、setRangeAuto()、setRangeAutoLower()、setRangeAutoUpper()、set-NumFirstVals()。

下面的代码创建一个有 20 个单元的直方图，并自动确定取值范围，如图 12.1 所示。代码中，"20"表示单元数（不包括上溢和下溢单元）；"100"表示用来估计取值范围的样本数；"1.5"表示区间扩展因子，它意味着初始样本的实际取值范围将被扩展 1.5 倍，被扩展的区间用来安置新的单元。这个方法增加后续样本落在某个单元中的机会。

```
cDoubleHistogram histogram("histogram",20)
histogram.setRangeAuto(100,1.5);
```

图 12.1　建立直方图

设置完单元后就可以开始采集数据了。如果单元已经设置好，则成员函数 transformed() 返回 true。可以通过调用函数 transform() 来强制指定区间和设置单元，如图 12.2 所示。落在直方图区间之外的数据将被作为上溢和下溢数据，上溢和下溢数据的个数可以由成员函数 underflowCell() 和 overflowCell() 获得。

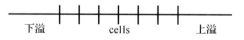

图 12.2　设置 cells 后的直方图结构

有三个成员函数可以明确返回单元的边界以及每个单元中的样本数。函数 cells() 返回单元的数目，basepoint(int k) 返回第 k 个基点，cell(int k) 返回第 k 个单元中的样本数，如图

12.3 所示,而 cellPDF(int k)返回单元 k 的 PDF 值。这些函数适合于所有的直方图类型,包括 cPSquare 和 cKSplit.

成员函数 pdf(x)和 cdf (x)分别返回给定点 x 处的概率密度函数值和累积密度函数值。成员函数 random( )从被存储的分布中产生一个随机数。

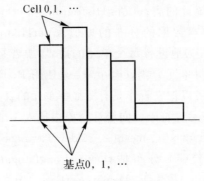

图 12.3 基点和 cells

12.4 TOSSIM 仿真软件

TOSSIM 是 TinyOS 自带的仿真工具,由于 TOSSIM 仿真程序直接编译自实际运行于硬件环境的代码,所以还可以用来调试程序。TOSSIM 的体系结构如图 12.4 所示。

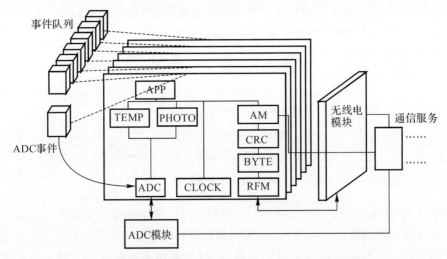

图 12.4 TOSSIM 体系结构(框架、事件、模型、部件、服务)

(1)编译器支持。TOSSIM 改进了 nesC 编译器,通过选择不同的选项,用户可以把硬件节点上的代码编译成仿真程序。

(2)执行模式。TOSSIM 的核心是一个仿真事件队列。与 TinyOS 不同的是,硬件中断被模拟成仿真事件插入队列,仿真事件调用中断处理程序, 中断处理程序又可以调用 TinyOS 的命令或触发 TinyOS 的事件。这些 TinyOS 的事件和命令处理程序又可以生成新的任务,并将新的仿真事件插入队列,重复此过程直到仿真结束。

(3)硬件模拟。TinyOS 把节点的硬件资源抽象为一系列的组件,通过将硬件中断替换成离散事件,以替换硬件资源。TOSSIM 通过模拟硬件资源被抽象后的组件的行为,为上层提供与硬件相同的标准接口。硬件模拟为模拟真实物理环境提供了接入点。通过修改硬件抽象组件,可以为用户提供各种性能的硬件环境,以满足不同用户和不同仿真配置的需求。

(4)无线模型。TOSSIM 允许开发者选择具有不同精确度和复杂度的无线模型。该无线模型独立于仿真器之外,这样可以保证仿真器的简单和高效。用户可以通过一个有向图指定不同节点对之间的通信误码率,表示在该链路上发送比特数据时可能出现错误的概率。对同一个节点来说,双向误码率是独立的,从而使模拟不对称链路成为可能。

(5)仿真监控。用户可以自行开发应用软件来监控 TOSSIM 的仿真执行过程,二者通过TCP/IP 通信。TOSSIM 为监控软件提供实时的仿真数据,包括在 TinyOS 源代码中加入的Debug 信息、各种数据包和传感器的采样值等。监控软件可以根据这些数据显示仿真执行情况;同时允许监控软件以命令调用的方式更改仿真程序的内部状态,以达到控制仿真进程的目的。TinyOS 提供了一个自带的仿真监控软件 TinyViz(TinyOs Visualizer)。

12.5　NS2 仿真软件

1. NS2 概述

NS2(Network Simulator version 2)是美国 DARPA 支持的 WNT 项目的核心部分,由加州大学伯克利分校、USC/ISI,LBL(Lawrence Berkeley National Laboratory)和 Xerox PARC等大学和实验室联合开发。其目的是构造虚拟的网络平台,提供一系列的仿真工具,实现新的网络协议的设计和开发。它是一种离散事件驱动的网络仿真软件,能够执行多种网络协议(如TCP/UDP),提供多种数据源(如 FTP、Telnet、Web、CBR、VBR 等),实现多种路由器队列管理算法(如 Drop Tail、RED、CBQ 等)以及路由算法(如 Dijkstra),实现多播和对 LAN 仿真中的一些 MAC 层算法。

与 OPNET 不同的是,NS2 属于免费的、所有源码公开的开放式仿真平台,用户可以通过继承来开发适合自己需要的模块并集成到 NS2 的仿真环境中。事实上,NS2 仿真软件是一个软件包,包括 Tcl/Tk、OTcl、NS2 和 Tclcl。Tcl 是开放的脚本语言,用来对 NS2 进行编程;Tk是 Tcl 的图形界面开发工具,可以帮助用户在图形环境下开发;OTcl 是基于 Tcl/Tk 的面向对象扩展,有自己的类层次结构;NS2 为核心部分,是面向对象的仿真器,用 C++编写,以OTcl 解释器作为前端;Tclcl 则提供 NS2 和 OTcl 的接口,使对象和度量出现在两者语言中。此外,为了便于直观地观察和分析仿真结果,NS2 提供了可选择的静态图形曲线工具 Xgraph和动态观察仿真过程的 Nam 工具。

NS2 是在 Unix 下开发的,除了可用于各种 Unix 系统和 Linux 系统外,还可用于 Windows 系统,不过需要有 Perl 和 Cygwin 的支持。

2. NS2 的功能模块

NS2 面向对象仿真器的前端是 OTcl 解释器,仿真器内核定义了多种层次结构的编译类结构,在OTcl解释器中有相似的类结构,称为"解释类结构"。从用户的角度来看,用户通过解释器创立新的仿真对象之后,解释器对它进行初始化,与编译类结构中相应的对象建立映射。目前NS2提供了大量的仿真环境元素,如仿真器、节点、链路和延迟、队列管理和分组调度、代理、分组头及其格式、错误模型、无线传播模型、能量模型、局域网、移动网络、卫星网络,还提供了丰富的数学函数支持、方便的追踪和监视方法,以及完整的路由支持等。

(1)Simulator仿真器。仿真器是由Tcl语言描述的,提供一系列用于配置仿真参数的图形界面,也提供了选择事件调度程序类型的界面以驱动整个仿真。仿真器提供了四种调度程序:链表调度(linked-list scheduler)、堆栈调度(heap scheduler)、时序调度(caneldar scheduler)和实时调度(real-time scheduler)。每种调度程序由不同的数据结构实现,时序调度是缺省方式。调度程序是仿真器的核心部分,它记录当前时间,调度网络事件链表中的事件,设有一个静态成员变量供所有的类访问同一个调度器,指定事件发生的时间。

(2)节点。节点类用来描述实际网络中的节点和路由器。多个业务源可以连接到一个节点的不同端口,但一个节点的端口数目是有限制的。节点有一个路由表,路由算法基于目的地址转发数据包,节点本身不产生分组而是由代理来产生和消费分组。一个节点是由节点入口对象和一系列分类器组成的混合对象。NS2中定义了单播节点和多播节点两种节点类型。一个单播节点具有一个单播路由的地址分类器和一个端口分类器;而一个多播节点有一个完成多播路由的分类器来区分单播分组和多播分组。

(3)代理。代理是实际产生和接收数据包的对象,代表了网络层数据包的端点,它们属于传输实体,运行在端主机,节点的每一个代理自动被赋予一个唯一的端口号(模拟TCP/IP端口),代理知道与它相连的节点,以便把数据包转发给节点;它也知道数据包的大小、业务类型和目的地址。代理类是各种TCP实现类的基类。NS2用代理来模拟各层协议,支持包括TCP、UDP、FTP以及Telnet在内的多种协议,对一些传输协议、数据包大小和发送间隔等参数可以根据需要在代表应用需要的对象中单独定义。

(4)链路。链路是NS2中的一个重要部分,用来连接节点和路由器。一个节点可以有一条或多条输出链路。所有链路都以队列的形式来管理分组到达、离开或丢弃,统计并保存字节数和分组数,另外有一个独立的对象来跟踪队列日志。用户用duplex-link函数建立一个简单的双向链路,如图12.5所示。图中分组从队列中分离出来后依次通过延迟对象以模拟链路延时,而被丢弃的包则送到一个空的代理并在那里被释放。最后TTL对象计算所收到的每个分组的TTL参数并更新其TTL域。

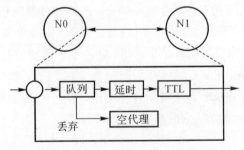

图12.5　duplex建立双向链路

12.6　NS3 仿真软件

相对于前面了解到的网络模拟软件而言,NS3 是比较年轻的网络仿真工具。NS3 是尽量吸取现有网络模拟工具的优点并避开其缺点,应用现代软件工程思想和网络仿真技术而设计开发的新一代网络模拟工具。

NS3 不是 NS2 的扩展,而是一个全新的网络模拟器,是由美国华盛顿大学的 Thomas R. Henderson 教授及其研究小组在美国自然科学基金(NSF)的支持下,于 2006 年开始应用现代网络模拟技术和软件开发技术设计并开发的一个全新网络模拟工具。NS3 是广泛汲取了现有优秀开源网络模拟器如 NS2、GTNetS、Yans 等的成功技术和经验,专门用于教育和研究用途的离散事件模拟器,它基于 GNU GPLv2 许可,可以免费地获取、使用和修改。

虽然 NS3 与 NS2 都是由 C++编写的,但 NS3 并不支持 NS2 的 API。NS2 中的一些模块已经被移植到了 NS3。在 NS3 的开发过程中,NS3 项目会继续维护 NS2,同时也会研究从 NS2 到 NS3 的过渡和整合机制,NS3 项目的最终目标是使 NS3 成为 NS2 的替代品,并像 NS2 一样流行。对于熟悉 NS2 的读者来说,NS3 和 NS2 最明显的区别也是 NS3 的一大优点,就是脚本语言的选择。NS2 使用 C++语言进行功能扩展,而使用 Otcl 脚本语言配置仿真场景,仿真结果可以通过网络动画器 NAN(Network Animator Nam)来演示。在 NS2 中,如果仅使用 C++语言而不用 Otcl,仿真功能是不可能运行起来的[即只有 main( )函数,而没有任何 Otcl 语句]。而在 NS3 中,仿真器全都由 C++编写,用 C++就可以既开发扩展模块又编写网络仿真脚本,而不是像 NS2 或 OMNeT++用 C++开发扩展模块,而脚本编写还要学习不太熟悉的语言(如 Otcl 和 NED),这样减轻了学习 NS3 的负担。而且 NS3 提供了 Python 语言绑定,这样熟悉 Python 语言的读者也可以使用 Python(程序开发语言新秀)编写 NS3 脚本。NS3 的动画不仅支持离线的 NetAnim,而且还有 Python 语言开发的在线可视化模块 PyViz。

2009 年,WEINGARTNER X. E. 等人在通信类的顶级会议 ICC 上发表了新近网络模拟器性能比较的文章 *A performance comparison of recent network simulators*,仿真场景如图 12.6 所示。节点被排列成一个正方形的拓扑结构,发送节点每秒生成一个数据分组,然后传播给它的邻居节点,邻居节点经过 1 s 的延迟转播消息,从而消息可以在整个网络中以洪泛的方式转发到接收节点。

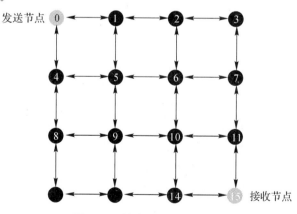

图 12.6　仿真场景(size＝16)

实验中选择 5 个仿真工具:OMNeT++、NS3、JiST、SimPy 和 NS2,其仿真结果如下。

(1)测试网络规模对分组丢失率的影响情况。图 12.7 描绘了从 5 个仿真工具中获得端到端的数据分组丢失率,只有 SimPy 略高于平均分组丢失率,但仍然在公差范围内。

(2)测试网络规模和仿真时间的关系。图 12.8 显示了各个仿真工具在不同网络规模测量下的仿真运行时间,当节点数增加到 3 025 个时,SimPy 平均需要 1 225 s 完成仿真运行,仿真效率最高的是 JiST,同样网络规模下仿真速度大约是 SimPy 的 14 倍,平均仿真时间仅需 86 s,而 NS3 的仿真性能仅随 JiST 之后。因此 SimPy 可扩展性差,不适合于大规模网络仿真,而 JiST、NS3 和 OMNeT++的仿真性能和可扩展性相对较好。

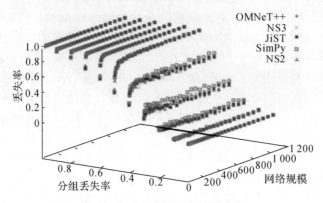

图 12.7　分组丢失率和网络规模

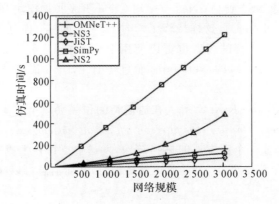

图 12.8　网络规模和仿真时间

(3)固定网络规模下分组丢失率和平均运行时间的关系。图 12.9 中网络节点数固定为 3 025 个,随着分组丢失率的增加,仿真中数据分组越来越少,从而导致要处理的事件更少,所有仿真器的仿真运行时间快速减少,从图 12.9 中可看出,仿真时间性能仍然是 JiST、NS3 和 OMNeT++较好。

(4)网络规模和内存使用的关系。类似于仿真运行时间,作者测量了在仿真运行 2 个系列的单个模拟器最大内存使用量,结果如图 12.10 所示。令人惊讶的是,JiST 比其他仿真工具消耗更多的

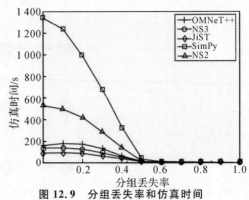

图 12.9　分组丢失率和仿真时间

内存资源。其他仿真工具的内存使用性能是相似地线性增长,而 NS3 在内存使用上是最有效的仿真工具。

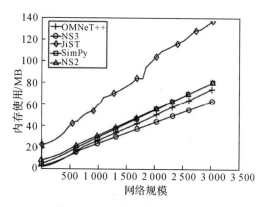

图 12.10　网络规模和内存使用

　　(5)分组丢失率和内存使用的关系如图 12.11 所示,当分组丢失率小于 0.5 时,内存使用随分组丢失率的增加而减少,其性能比较和 (4)中内存使用情况对应;对于较大的分组丢失率(大于 0.5),网络事件的数量相当少,因此,这里的内存使用情况仍然几乎不变,这个"常数"内存占用大部分是由仿真核心和一个潜在的运行时间环境组成的,从实验结果看,NS3 仍然是最节省内存的网络仿真工具。

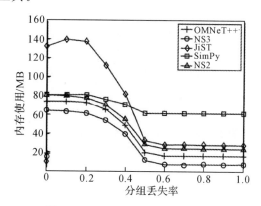

图 12.11　分组丢失率和内存使用

　　关于更详细的结果请读者参考相关文献,这里只是从中得到 NS3 比较节省资源、综合性能较高的结论。

　　NS3 项目虽然到 2010 年结束,但是作为一个开源项目,NS3 拥有强大的合作联盟和开源社区为其提供技术和财政支持,其中包括华美国盛顿大学和佐治亚理工学院、法国 INIRA 等。NS3 的维护和开发一直没有停止。

　　NS3 相对简单易学、可扩展性好、节省资源,并且能提供高性能的、与真实网络相近的网络仿真,尤其能够集成到实验床和虚拟机环境,逐渐得到学术界的认可,在和仿真相关的国际会议(如 SIMUTools、SpringSim、ICST-NSTools 等)以及网络方面的顶级会议如(Sigcomm、Infocom 等)中研究和使用 NS3 的文献逐渐增多,详见 http://www.nsnam.org/overview/publications/。

　　搭建 NS3 网络仿真场景和搭建实际网络很相似,NS3 把实际网络中的软硬件对象抽象成相应的概念,并且用C++类实现,其相应的方法也易于理解和接收。其中,硬件包括网络节点、网络连接卡和网络连接线等,软件包括TCP/IP网络协议栈等。如果把握住几个关键概念,如节点(node)、网络设备(net device)、信道(channel)、应用程序(application)等和实际网络相对应,就能很容易地搭建网络仿真环境。计算机网络就是多个计算机(节点)通过网卡(网络设备)和媒介(信道)相连,机器中配有相应的软件协议,对应NS3中的是应用层、协议栈(主要是IP层),应用层和IP层通过传输层(TCP、UDP)相连,其实在NS3的网络设备中包含了MAC层和物理层,而信道相当于媒体层,有些书称之为0层。

下面详细介绍一下NS3安装后的目录结构、核心模块及模拟的基本流程。

12.6.1　NS3目录结构

编译安装完的NS3主目录NS3.16大体结构如图12.12所示。

AUTHORS	doc	ns3	scratch	testpy.supp	VERSION	waf-tools
bindings	examples	README	src	utils	waf	wscript
CHANGES.html	LICENSE	RELEASE_NOTES	test.py	utils.py	waf.bat	wutils.py

图 12.12　NS3 目录结构

下面介绍该目录中的文件和目录的功能。

waf是基于Python开发的编译工具,前面已经使用过了,NS3系统本身和将要写的仿真代码都由waf负责编译运行。

scratch目录一般存放用户脚本文件,也可以把要运行的例子拷贝到此目录下,该目录是NS3默认的脚本存放目录,使用waf编译运行脚本文件时,可以不加目录scratch,如果脚本文件在其他目录下需要在文件名前加入目录。

examples是NS3提供的关于如何使用NS3的例子,包含许多模块的使用,如能量、路由、无线网络等,对初学者有很大的帮助,其中,tutorial目录下的例子适合入门者学习,本书也会在不同章节详细讲解。

帮助文档存放在doc目录下,可以通过编译器waf将NS3在线帮助文档doxygen编译到本地doc目录下,方便离线阅读学习NS3代码。Doxygen是一种开源跨平台的、以类似JavaDoc风格描述的文档系统,完全支持C、C++、Java、Objective-C和IDL语言,部分支持PHP、C♯。注释的语法与Qt-Doc、KDoc和JavaDoc兼容。Doxygen可以从一套归档源文件开始,生成HTML格式的在线类浏览器或离线的LA-TEX、RTF参考手册。编译本地Doxygen文档的命令是:./waf-doxygen,执行时间会很长,结束后在doc目录中出现html目录,里面包含数万个html文件和图片,该文档包含了NS3的API,类似于MSDN,是学习NS3不可缺少

antenna	csma-layout	netanim	test
aodv	dsdv	network	tools
applications	dsr	nix-vector-routing	topology-read
bridge	emu	olsr	uan
brite	energy	openflow	virtual-net-device
buildings	flow-monitor	point-to-point	visualizer
click	internet	point-to-point-layout	wifi
config-store	lte	propagation	wimax
core	mesh	spectrum	wscript
create-module.py	mobility	stats	
csma	mpi	tap-bridge	

图 12.13　NS3 源码目录结构

的文档,尤其是阅读和编写代码时必不可少。

build目录是NS3编译目录,包含编译文件时使用的共享库和头文件(build/ns3)。

src是NS3源代码目录,其目录结构如图12.13所示,基本和NS3模块相对应,关于模块

将在下一节介绍。

一个模块目录的子目录结构是固定的,大体如图 12.14 所示。其中,wscript 文件结构是固定的,用来注册模块中包含的源代码和使用其他模块情况;模块代码的 .cc 和 .h 文件包含在 model 目录下;helper 目录存放的是模块对应 helper 类代码的源文件;test 目录包含的是模块设计者编写的模块测试代码;而 examples 目录存放的则是应用该模块的示例代码;doc 是帮助文档;bindings 目录是模块用来绑定 Python 语言的。

```
bindings doc examples helper model test waf wscript
```

图 12.14　NS3 模块目录结构

如果你是一个 NS3 的初级使用者,只是想利用 NS3 现有模块编写脚本文件进行网络仿真,例如使用常规协议栈中的协议配置一个有线或者无线局域网络等,那么所使用模块中的 examples 目录下的示例对你将有很大帮助,它会告诉你如何使用该模块;如果你是一个 NS3 的高级应用者,NS3 现有模块不能完全满足你的需求,例如要开发一个新的路由协议或者设计一个新的移动模型或能量模型等,那么 NS3 现有相似模块中的 model 目录会有很大的参考价值。事实上,NS3 包含的很多现有模块都是第三方提供的,如果你根据自己实际需要编写了符合 NS3 规范的代码,也完全可以贡献给 NS3,成为 NS3 下一版本的一部分。

12.6.2　NS3 模块简介

NS3 编译安装完成后,一般会有类似图 12.15 的提示内容,显示已经成功编译的模块。

```
Modules built:
aodv              applications         bridge
click             config-store         core
csma              csma-layout          dsdv
emu               energy               flow-monitor
internet          lte                  mesh
mobility          mpi                  netanim
network           nix-vector-routing   ns3tcp
ns3wifi           olsr                 openflow
point-to-point    point-to-point-layout propagation
spectrum          stats                tap-bridge
template          test                 tools
toplology-read    uan                  virtual-net-device
visualizer        wifi                 wimax
```

图 12.15　NS3 编译成功模块

如果系统缺少模块所需要的软件包,就会导致模块安装失败,如图 12.16 所示,但是一般不会影响 NS3 主体和其他模块的运行,因此如果你不需要该模块,完全可以忽略不管,而且有些模块 NS3 默认是不安装的。

```
Modules not built(see ns-3 tutorial for explanation):
click             openflow             visualizer
```

图 12.16　NS3 编译失败模块

前面了解了 NS3 模块的目录结构,那么 NS3 现有的模块都能实现什么功能呢? 现在介绍一些常用模块。

core:NS3 的内核模块,实现了 NS3 的基本机制,如智能指针(Ptr)、属性(attribute)、回调

(callback)、随机变量(random variable)、日志(logging)、追踪(tracing)和事件调度(event scheduler)等内容。

network:网络数据分组(packet)的模块,一般仿真都会使用。

Internet:实现了关于 TCP/IPv4 和 IPv6 的相关协议族,包括 IPv4、IPv6、ARP、UPP、TCP、邻居发现和其他相关协议,目前大多数网络都是基于 Internet 协议栈的,本文的例子大多数都会用到该模块。

applications:几种常用的应用层协议。

mobility:移动模型模块,当前移动设备普及、移动网络盛行,许多网络场景都离不开节点的移动。

topology-read:读取指定轨迹文件数据,按照指定格式生成相应的网络拓扑。

energy:能量管理模块,移动设备面临的是能量受限问题,因此在研究移动网络协议时能量不得不考虑。

status:统计框架模块,方便 NS3 仿真的数据收集、统计和分析。

tools:统计工具,包括统计作图工具 gnuplot 的接口和使用。

visualizer:可视化界面工具 PyViz。

netanim:动画演示工具 NetAnim。

propagation:传播模型模块。

flow-monitor:流量监控模块。

以下是几种典型网络模块,包括网络前沿研究领域如(LTE 和 UAN):

point-to-point:实现了点到点通信的网络。

CSMA:实现了基于 IEEE 802.3 的以太网络,包括 MAC 层、物理层和媒体信道。

Wi-Fi:实现基于 IEEE 802.11a/b/g 的无线网络,可以是有基础设施的,也可以是 Ad-hoc 网络。

mesh:实现基于 IEEE 802.11s 的无线 mesh 网络。

wimax:实现了基于 IEEE 802.16 标准的无线城域网络。

LTE:(Long Term Evolution,长期演进)是第三代合作伙伴计划(3rd Generation Partnership Project,3GPP)主导的通用移动通信系统(Universal Mobile Telecommunications System,UMTS)技术的长期演进。

UAN:NS3 的水声通信网络(Underwater Acoustic Network,UAN)模块,能仿真水下网络场景,实现了信道、物理层和 MAC 层。

几种 Ad-hoc 网络路由协议支持:aodv、dsdv、olsr。

对新技术的支持:

click:NS3 中集成的可编程模块化的软件路由器(the click modular router)。

openflow:在 NS3 中仿真 OpenFlow 交换机。

MPI:并行分布式离散事件仿真,NS3 实现了标准的消息传递接口(Message Passing Interface,MPI)。

emu:NS3 可以集成到实验床和虚拟机环境下。

以上对 NS3.16 版本提供的大部分模块进行了简单介绍,由于篇幅限制,不能对所有模块一一介绍,读者可在掌握基本模块(core、network、internet 和 status 等)的基础上,根据自己的研究方向,参考有关文献自行学习和开发其他模块。

12.6.3　NS3 模拟基本流程

使用 NS3 进行网络仿真时,一般经过以下 4 个步骤。

(1)选择或开发相应模块。根据实际仿真对象和仿真场景选择相应的仿真模块:如是有线局域网络(CSMA)还是无线局域网络(Wi-Fi);节点是否需要移动(mobility);使用何种应用程序(application);是否需要能量(energy)管理;使用何种路由协议(internet、aodv 等);是否需要动画演示等可视化界面(visualizer、netanim)等。如果要搭建的网络是比较新的网络,如延迟容忍网络(DTN)等,或者读者要开发自己设计的协议,如自己设计的路由协议、移动模型、能量管理模型等,使用 NS3 进行测试时,目前没有相应的模块支持,那么就需要设计开发自己的网络仿真模块。

(2)编写网络仿真脚本。有了相应的模块,就可以搭建网络仿真环境,NS3 仿真脚本支持 2 种语言:C++和 Python,但是 2 种语言的 API 接口是一样的,部分 API 可能还没有提供 Python 接口。本书主要针对 C++语言,同时兼顾 Python 语言,读者可以根据自己的实际情况选择语言,熟悉 Python 的读者可以参照 C++语言的脚本进行改写,编写 NS3 仿真脚本的大体过程如下。

1)生成节点:NS3 中的节点相当于一个空的计算机外壳,如图 12.17 所示,接下来要给这个计算机安装网络所需要的软硬件,如网卡、应用程序、协议栈等。

2)安装网络设备:不同的网络类型有不同的网络设备,从而提供不同的信道、物理层和 MAC 层,如 CSMA、Wi-Fi、WiMAX 和 point-to-point 等。

3)安装协议栈:NS3 网络中一般是 TCP/IP 协议栈,依据网络选择具体协议,如是 UDP 还是 TCP,选择何种不同的路由协议(OLSR、AODV 和 Global 等)并为其配置相应的 IP 地址,NS3 既支持 IPv4 也支持 IPv6。

4)安装应用层协议:依据选择的传输层协议选择相应的应用层协议,但有时需要自己编写应用层产生网络数据流量的代码。

5)其他配置:如节点是否移动,是否需要能量管理等。

6)启动仿真:整个网络场景配置完毕,启动仿真。

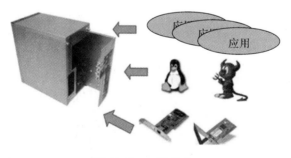

图 12.17　NS3 节点

NS3 仿真的基本模型如图 12.18 所示,搭建 NS3 网络仿真场景和搭建实际网络类似,首先需要有网络节点,NS3 中使用节点的概念;节点需要有网络设备,类似于网络接口卡,NS3 中有相应网络设备的概念;网络设备通过传输媒体连接,NS3 中使用信道的概念来代表传输媒体,设置信道延迟等属性,并且和实际网络相似:信道和网络设备是对应的,CSMA 网络设备对应 CSMA 的信道,Wi-Fi 网络设备对应 Wi-Fi 的信道。

以上概念使网络节点实现了物理连接,但要实现通信,还需要软件支持,也就是协议,应用层产生数据,利用类 socket 编程(和真实的 BSD socket 很像)实现数据分组的向下传递,数据分组通过协议栈——TCP/IP 向下传递给网络设备(可以简单理解为网卡),该网络设备包括MAC 层、物理层协议,于是数据分组就像在真实网络中流动一样,由数据帧转换成二进制流,最终变成信号通过媒体信道传输到目的节点。

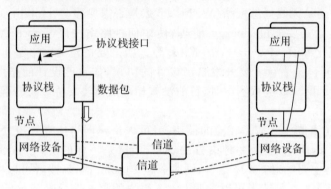

图 12.18　NS3 基本模型

目的节点收到数据分组后从下往上逐层转交,由媒体信号转换成二进制,由二进制转换成数据帧,再由数据帧转换成 IP 数据分组,然后经由传输层的端口号转交给相应的进程(应用程序 application),至此在 NS3 中完成了一次和真实网络极其相近的完整数据传输过程。

(3)仿真结果分析。仿真结果一般有 2 种:一是网络场景,二是网络数据。网络场景如节点拓扑结构、移动模型等,一般通过可视化界面(PyViz 或 NetAnim)可直观观测到;网络数据也可在可视化界面下有简单的统计,此外,可以通过专门的统计框架(status)或者自行通过NS3 提供的追踪(tracing)系统收集、统计和分析相应的网络数据,如数据分组的迟延、网络流量、分组丢失率和节点消息缓存队列等。

(4)依据仿真结果调整网络配置参数或修改源代码。有时实际结果和预期相差较远,这时要分析原因,是网络参数有问题,还是协议本身有出入等,然后再重新设计,重新仿真,如此反复,直到达到满意的结果。

12.7　本章小结

本章在 12.1 节概述了无线传感器网络的仿真技术。12.2 节介绍了 OPNET 仿真软件的基本功能。12.3 节主要介绍了 OMNeT++仿真软件,包括 OMNeT++的基本功能、NED语言、简单模块/复合模块、消息以及其类库等相关内容。12.4 节介绍了 TOSSIM 仿真软件的基本功能。12.5 节介绍了 NS2 仿真软件的基本功能。12.6 节介绍了 NS3 仿真软件,包括NS3 目录结构、NS3 基本模块的功能、NS3 模拟的基本流程等相关内容。

第13章 无线传感器网典型应用

13.1 引 言

无线传感器网络将传统的传感器信息获取技术从独立的单一化模式向集成化、微型化、网络化、智能化的方向发展,成为近年来 IT 领域重要的研究热点。无线传感器网络综合了传感器技术、嵌入式计算技术、分布式信息处理技术和通信技术,智能协同感知和采集网络分布区域内检测对象的信息,并传送给观测者。作为沟通客观物理世界和主观感知世界的载体,无线传感器网络提供了一种与以往不同的信息获取和处理技术,是信息感知和采集的一场革命。无线传感器网络是由应用驱动的网络,广泛应用于国防军事、环境监测、围界防入侵、医疗卫生、工业监控、智能电网、智能交通等多个领域(见图 13.1)。无线传感器网络的技术指标和性能应根据应用场景的不同做适当调整。在国防军事领域,系统应更侧重数据的保密性和安全性;在环境监测方面,传感节点可采用太阳能、风能等供电方式,以延长系统的使用寿命;在公共安全领域,要尽量减少系统的误警率和漏警率;在医疗卫生领域,传感节点的功耗应尽量低,且要保护被监护者的隐私;在工业监控方面,数据的可靠性和实时性对保证工厂的正常运作十分重要。

图 13.1 无线传感器网络的应用领域

本章将主要介绍、列举无线传感器网络在国内外一些重要领域的应用实例。无线传感器网络的性能和技术指标在不同的应用场景下有着不同的侧重点,用户应根据具体的需求来权衡功耗、处理速度、容错率等。

13.2 无线传感器网络在军事方面的应用

未来战争是高技术条件下的信息化战争,信息技术、电子技术等高新技术的飞速发展给信息化战争的时空特性带来了极大变化,未来的战争必将由信息主导。信息化战争由信息主导,谁掌握了信息优势必将掌握战场的主动权。无线传感器网络作为一种新的信息获取系统,必将贯穿信息化战争的始终。由于无线传感器节点具备体积较小、自组织性强、网络覆盖范围广、定位精度高及动态拓扑性等优点,所以被广泛地应用于军事领域中。在信息化战争中,成千上万的传感器节点可以提前部署在监测区域,每一个传感器节点不需要通过任何网络设施形成网络,而是以自组织的方式形成网络,从而有效地采集敌方各项情报,汇总到情报处理中心,有利于战场综合态势的形成,最后通过北斗卫星或国防光缆传送情报给各作战单元。

利用无线传感器网络能够实现对敌军兵力和装备的监控、战场的实时监视、目标的定位、战场评估、核攻击和生物化学攻击的监测和搜索等功能。目前国际许多机构的无线传感器网络课题都是以战场需求为背景展开的。无线传感器网络具有可快速部署、可自组织、隐蔽性强和高容错性的特点,非常适合在军事上应用。

(1)可快速部署。可通过飞机或炮弹就能直接将传感节点播撒到阵地内部。

(2)自组织组网。节点之间可以快速进行无线自组网,并及时将作战信息反馈给指挥中心。

(3)隐蔽性高。战场传感节点体积小,加以伪装后布撒在野外,很难被发现。20世纪90年代末,由美国国防部提供资金、加州大学伯克利分校实施的课题"智能尘埃"如图13.2和图13.3所示,其研制的传感节点体积与一个硬币相差无几,可悄无声息地发送到敌人内部。

图 13.2 智能尘埃实物图

(4)高抗毁性。就整个传感器网络而言,发现原路径失效后,可以通过网络拓扑控制协议重新建立传输链路,保证全局的连通性。

另外,与其他侦察设备相比,地面战场侦察无线传感器网络不受地形和气候的限制,能够有效地弥补雷达和光学侦察系统的不足,从而大大扩展了战场信息探测的时空范围。如图13.4所示,无线传感器网络系统是由无线传感器节点(可见光遥感设备、微光夜视设备、红外遥感设备、多光谱遥感设备、雷达、无人机、声呐等)、监测区(敌我区)、汇聚节点、传输方式(北斗卫星、国防光缆)、信息处理中心和作战单元6大块构成的。

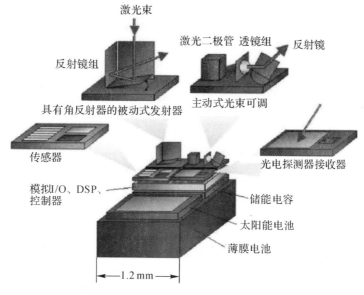

图 13.3　智能尘埃项目结构示意图

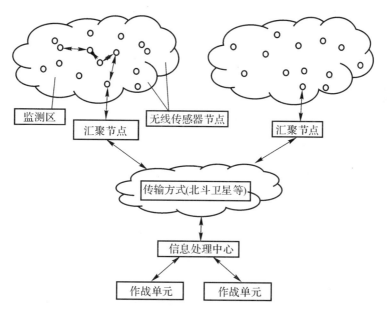

图 13.4　战场无线传感器网络示意图

无线传感器网络在军事中的主要应用有以下几方面。

(1)军事环境监测。在军事环境监测中,由于无线传感器具备能够迅速部署、良好隐蔽以及自主组织的优势特征,所以其在军事领域中被广泛应用。同时,其一定程度上还是军事指挥与控制、计算与情报、目标采集以及侦测等系统的核心构成部分,通过无线传感器网络能够实现对敌人兵力及装备设备的有效监督及控制,可以对战场进行实时的监测及管理,能够及时准确地对目标进行定位,可以对战场情况进行有效的评估。目前国际上很多课题都是以战争需求的研究为主,西方很多国家都持续进行研究计划,寻求无线传感器网络在未来战争中的科学应用,而通过在战场中对不同类型的无线传感器进行布设,会构成传感器网络,这有利于在战争进行过程中士兵能够非常迅速地获取战场的实际情况。无线传感器网络在应用过程中并不需要依靠其他基础设施设备,其具备非常强大的自组织以及配置的特征,能够灵活地适应设备发展,并且能够管理无线传感器并进行节点的移动,可以对任务以及网络需求进行非常灵活且有效的反应,无线传感器网络会变成未来战场中的电子眼。

(2)构建战场态势感知网。战场感知是指作战部队与战略支援部队实时掌握战场的敌、友、我三方的后勤保障、兵力部署以及战场环境等信息的过程。战场感知在军事领域中的应用主要体现在构建"透明战场"和战场态势自组织两个方面。在信息化战争中,敌我双方都会通过在敌我区随机部署各类无线传感器,形成若干个无线传感器网络获取战场各类目标"光、声、物、化、电"实时信息,并对数据信息进行快速融合与处理,再将情报传递给作战单元,这样可以获得详细且实时的战场态势。战场态势自组织指的是在态势瞬息万变的战场,拥有高质量战场态势感知的部队在紧急且未收到下一步指挥命令的情况下,能够很清楚地了解到现有战场态势,并以此作为依据采取相关行动,协助决策。2003 年,由美军研发的"沙地直线"系统,可以侦测到运动中的高金属含量,意味着可以随机定位或侦察到敌军机械化部队的动向。研究人员考虑到对于入侵探测这种战场应用,传感器节点必须承受恶劣环境,如风、雨、雪、洪水、炎热、寒冷和复杂地形等。通过对传感器节点进行封装,能够保护这些元件中的精密电子元器件,节点密封型封装罩如图 13.5 所示。沙地直线项目的传感器网络部署如图 13.6 所示,美军研制的这种传感器网络系统,具有密集型、分布式的特征,研制的多种异构的传感器节点采用了松散连接的传感器阵列,提供现地探测、评估、数据压缩和发送信息的功能。

图 13.5 节点密封型封装罩

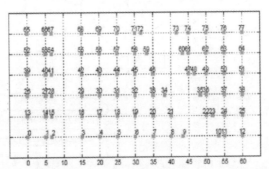

图 13.6 沙地直线项目的传感器网络部署

(3)目标探测以及跟踪。目前,美国的军事建设已初步运用互联网科技技术,并设计了基于 UGS 的远程战场检测系统 REM-BASS,然而该系统具有制作成本高以及运用寿命短等不足。运用无线传感器网络技术不仅功效好、成本低、使用寿命长,而且能够通过组合来自传感器的各种信息实现目标跟踪,REM-BASS 传感侦察装备如图 13.7 所示。

(4)探测核武器攻击。运用无线传感器网络技术不仅

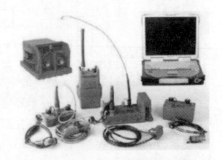

图 13.7 REM-BASS 传感侦察装备

能够快速、准确地检测出核武器,还能够使军事对抗中的人员伤亡最小化。同时,通过在特定区域部署无线传感器网络,可以实现生化检测以及预警,甚至实现反将敌人一军等佳绩。数据通过聚合节点发送到各级指挥部门,能够为指挥决策提供及时、准确的数据与信息。

(5)构建信息安全防御机制。通信是信息化战争的基础,是获得信息优势的重要保证。通信能力在无线传感器网络中显得尤为重要,但在实际作战中,干扰敌方通信,导致敌方致盲必然存在,同样进行通信对抗,保证我方的有效通信也将一直进行着。在通信对抗过程中,决定干扰效果的主要两个因素分别是目标接受机和干扰机之间的距离及干扰机自身的发射功率。为了在近距离直接对敌方的通信系统实施干扰,会采用分布式干扰系统,此系统取得了无线信道上的优势,从而提高了干扰的效率。然而,传统的分布式干扰系统存在以下问题:不支持侦察信息交换,不能集成相关信息,对战参数选择不准确。综合抵抗力的分布式节点与无线传感网络技术相结合,是一个智能节点,可以通过信息融合更准确地确定目标节点的属性以及位置,更好地选择对抗参数,可以随时接受对抗命令并执行对抗任务。

(6)提高后勤保障效率。在信息化战争中,利用无线传感器网络管理和调配军事后勤、装备等物资,可以快速、准确获取物资使用量以及库存量,实时高效地实现物资管理,缩短物资供应时间,从而提高后勤与装备保障的效率。在伊拉克战争中,美军通过使用油库无线传感器网络系统,实时监控成品油库存量,战后经过数据统计,在人力与时间使用方面,使用无线传感器网络进行物资调配会比使用原有模式分别节约 30% 与 25%。

(7)海洋军事防御。海洋中蕴含了丰富的矿物、化学和水产资源,我国海洋领土面积广大,国家高度重视海洋建设。然而我国在海洋权益中也遇到很多挑战,例如某些国家会通过水下侦察舰艇侵入我国近海,进行侦察或袭击行动。在重点海域部署无线传感器网络,可以监测目标区域内机动目标,对我国海洋军事防御有重要意义。

13.3　无线传感器网络在围界防入侵方面的应用

围界入侵探测是一种对超越规定界线非法进入限制区域的人员进行探测识别并发出报警信号的目标识别探测技术,主要应用于监狱防越狱、住宅小区防入侵和重要建筑物、办公场所、保密机构、军事禁区防冲击的外围警戒。传统的防越界方法主要依赖于人,包括瞭望观察、定时巡逻等,技术上通常采用视频监控和部署红外对射传感器的方法达到对限制区域的监控。随着经济社会的快速发展,需要进行越界探测的场所增多,区域扩大,传统以"人防"为主的工作模式难以满足当前需求。数字视频监控系统和红外对射传感器虽然从技术上缓解了一部分"人防"的压力,但受到监控区域自然环境、占地面积等因素的影响,一些部位难以架设有线数字视频监控设备和红外对射传感器,或者架设成本过高,形成监控盲区。

一些特殊环境,如高铁线路、动物园区、湖泊周围等需要安装外围防护栏。而这种防护栏总是存在人为因素造成的安全隐患,突出表现为:不法分子利用金属设备破坏或翻越高防护栏外围封闭设施,进入护栏内实施盗窃、破坏。对于安装外围防护栏的地方的安全防范主要以物防和人防为主:物防是以钢筋混泥土或防护网为屏障,顶部加装单层或双层刺丝滚笼,防范人为攀爬或翻越;人防是以由专门的安保人员全天候沿防护栏巡逻监控为主要手段,及时发现并处置防护栏出现的安全隐患。但刺丝滚笼在长期的野外恶劣环境下生锈、脱落时有发生,防范能力势必下降。另外人力巡控难免存在时间盲区,会给不法分子可乘之机。视频监控是常用的技术防范措施,可以有效防范非法入侵行为,并为后期执法取证提供依据,但在数万千米的防护栏(如高铁线路)安装和维护视频监控系统不仅需要巨资投入,也是一项系统工程,时间上更不会一蹴而就。而单一的入侵报警系统受到环境、小动物影响较大,误报警、漏报警在所难免。

而无线传感器网络以其低成本、低功耗、多功能、自组织、容错性强、无线通信等特点,能够大量迅速地布置在围墙内或限制区域外围,通过多跳中继的方式把探测信息传送给控制中心,形成对限制区域全天候、全时段、全区域的警戒监控,非常适合应用于围界防入侵方面。基于无线传感器网络的围界防入侵系统采用多种技术协同综合探测,融合报警及声光、视频联动等,可克服传统探测手段单一、误报率高、安全性差的缺点,基于无线传感器的围界防入侵系统结构示意图如图 13.8 所示。同时,组合气象传感器提供气象信息,可提高全天候、全天时的检测性能,从而降低虚报、漏报率。基于无线传感器网络的围界防入侵系统由前端入侵探测模块、数据传输模块和中央控制模块三部分组成。当入侵行为发生时,前端入侵探测模块对所采集的信号进行特征提取和目标特性分析,将分析结果通过数据传输模块传输至中央控制模块;中央控制模块通过信息融合进行目标行为识别,并启动相应报警策略,实现全天候、全天时的实时主动防控。

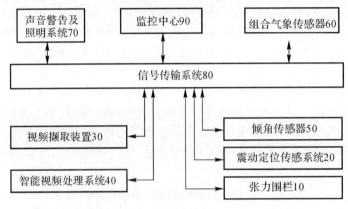

图 13.8 基于无线传感器的围界防入侵系统结构示意图

目前,基于无线传感器网络的围界防入侵系统已经应用于民航机场等场地,如上海浦东国际机场。随着信息化技术的发展,围界防入侵模式将会朝着网络化、数字化、智能化及多技术手段相结合的方向发展,将第二代"信号驱动"型系统逐步升级改造为高安全性的以"无线传感器网络"为核心的系统,把围界防入侵系统建设提高到一个新的水平。

13.4 无线传感器网络在工业方面的应用

当今,随着科学技术的迅速进步,工业技术也在不断地完善和提高,越来越多的机械设备出现在工业生产现场。机械设备当今也正朝着大型化、自动化、智能化的趋势发展,由于它们的存在大大解放了人类劳动力,提高了社会生产效率,降低了制造成本,所以其广泛应用于冶金、电力、航空、石油化工等工业部门及制造业生产设备中,为生产带来了巨大的经济效益,同时也促进了经济的快速发展。伴随着工业自动化的不断进步,设备与设备之间的关联性和紧密性也随之增强,一旦生产线中的一个设备发生故障或者损坏,不仅会使故障设备停止运行,还很可能会导致整条生产线减产、停机、停产等一系列不良反应,甚至造成更为严重的后果,给企业造成损失和影响。

目前,许多面向工业设备振动状态的有线监测设备和系统已成功研发,并在多领域得到采用和认可,随着多年的研发和改进,其逐步完善了多通道快速传输、同步实时反应等诸多优势,但其在一些复杂的环境中具有很大的局限性。例如,在石化工厂,风力、水利发电厂等环境中,具有监测点数量多、分布广等特点,有线监测系统面临着电缆铺设量大、布线烦琐、灵活性欠缺、可维护性差等劣势,不适合大力推广和使用。

　　面对有线监测方式在一些特殊环境下存在的种种劣势,国内外学者纷纷将无线传感网络的概念引入这一领域的研究中。将无线传感器网络应用于工业网络当中可以有效地展开控制与监测,并且不会受到布线等方面的影响与限制,可在很大程度上降低系统在安装与维护方面的难度。在第五代移动通信技术升级革新中,移动网络为了支持更加庞大的用户群,开始构建多样化的业务场景,在此基础上提升网络业务体验,进一步为物联网感知应用奠定基础保障。随着我国科研水平的不断提升,越来越多的生产技术和现代化设备在工业建设发展中展现出了积极作用。在工业网络中应用无线传感器网络技术能够对过程进行监测和控制,同时还具备感知数据、测量数据、记录分析数据以及设备操作和报警等功能。

　　我国于 2015 年发布的全面推进实施制造强国的战略性文件《中国制造 2025》,是实施制造强国战略第一个十年行动纲领,将推进智能化制造,在各重点行业领域构建智能工厂及数字车间(见图 13.9),预计未来 3~5 年全国将涌现大批智能工厂,我国正由制造大国向制造强国迈进。智能工厂的数据采集与监控系统也是以无线传感器网络为基础,对智能传感器收集的信息进行大数据分析计算并指导各个生产运输业务环节的进一步完善。此外,无线传感器网络还能将智能工厂的产品生命周期管理、企业资源计划系统、制造执行管理系统、柔性制造生产线等进行实时可扩展的无缝集成连接。随着环保监管的强化,智能工厂还可以利用无线传感器网络采集工厂排放的环保参数数据,实时地将有重要价值的信息发送给监控人员,为其加强开展环保超标排放管控,实时掌握环保监测点数据提供有效途径。

图 13.9　智能工厂制造环境和仓储环境的温湿度检测

　　从当前技术发展和应用前景来看,无线传感器网络在工业领域的应用主要集中在以下几个方面。

　　(1)制造业供应链管理。空中客车(Airbus)通过在供应链体系中应用无线传感器网络技术,构建了全球制造业中规模最大、效率最高的供应链体系。

　　(2)生产过程工艺优化。钢铁企业应用各种传感器和通信网络,在生产过程中实现对加工产品的厚度、温度的实时监控,并能判断设备参数是否超过故障可靠性阈值,通过计算设备剩余使用寿命实现故障预测。

　　(3)产品设备监控管理。GE Oil&Gas 集团在全球建立了 13 个面向不同产品的 i-Center,通过传感器和网络对设备进行在线监测和实时监控,并提供设备维护和故障诊断的解决方案。

　　(4)工业安全生产管理。把传感节点装备到矿山设备、油气管道、矿工设备中,可以感知危险环境中工作人员、设备机器、周边环境等方面的安全状态信息,实现实时感知、准确辨识、快捷响应、有效控制。

下面以煤矿中利用无线传感器网络对瓦斯浓度的分布式监测为例,说明其在工业监测中的应用。

在国内,常常发生煤矿安全事故问题,因此,矿下安全监测技术显得十分重要。煤矿在开采煤炭过程中会伴随着多种灾害事故的发生,其中瓦斯爆炸是最严重的。目前,煤炭矿井结构呈复杂化发展,在矿井下进行安全监测难度变大。在传统的煤矿瓦斯监测系统中,由于设施的位置比较固定,瓦斯探头不能随着采掘的进度跟进,再加上矿井下联网有一定的难度,使有关人员无法进行有效的监管,以致事故无法预警。较之传统的有线安全监测方式,无线传感器网络更容易在矿井下部署。由于无线传感器网络的功耗比较低,而且传输快速、成本较低,非常容易构建无线传感器网络。利用无线传感器网络瓦斯监测系统,地面中心监控人员可以直接对井下情况进行实时监控,把井下信息实时、准确地传送到相关人员手中,及时发现事故隐患,防患于未然,也能为事故分析提供第一手资料,为安全生产提供可靠保证。

无线传感器网络瓦斯监测系统在坑道中每隔一段距离部署一个无线传感节点,节点上包括温湿度传感器、瓦斯传感器、粉尘传感器等,节点之间自组织成无线传感器网络,在矿井的入口处安装一个具有网关功能的汇聚节点,它连接着传感器网络与 Internet 等外部网络,实现两种协议栈之间的通信协议转换,同时发布监控中心的监测任务,并把收集的数据转发到外部网络上,最后传至监控中心。在这之中,ZigBee 技术运用甚广。这种技术是功耗较低、数据传输速率很低、近距离以及成本不高的双向无线网络技术,把其在传感器中使用,构建传感器网络,对合理处理矿下高效与安全问题意义重大。有人提出了在该技术无线网络平台基础之上的矿井安全生产监测网络设计,以此来实现工况传感,具备人员定位以及安全警告灯功能,涵盖了矿井组网模型与无线传感器网络设备研制、监控中心管理软件设计几个方面的内容,具体系统结构图如图 13.10 所示。

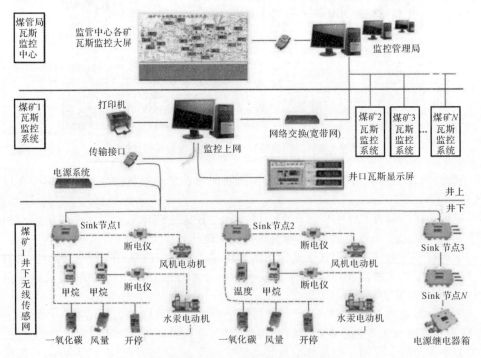

图 13.10 煤矿瓦斯监测系统结构图

13.5　无线传感器网络在环境监测方面的应用

　　随着人们对环境问题日益关注,在环境检测与保护环节中应用传感网技术已经越来越普遍。环境监测是环境保护的基础,其目的是为环境保护提供科学的依据。目前,无线传感器网络在环境监测中发挥着越来越重要的作用。无线传感器在环境监测过程中的有效应用,尽可能地避免了对环境的破坏,而且能够为后续环境监测提供模型依据,能够完成传统环境监测不能完成的任务,使用无线传感器进行环境监测是当今世界的潮流。

　　在实际的环境监测应用中,将传感器节点部署在被监测区内,由这些传感器节点自主形成一个多跳网络。由于环境测量的特殊性,要求传感器节点必须足够小,能够隐藏在环境中的某些角落里,避免遭到破坏。因此在实际应用中更多的是使用一些微型传感器节点,它们分布在被监测环境之中,实时测量环境的某些物理参数(如温度、湿度、压力等),并利用无线通信方式将测量的数据传回监控中心,由监控中心根据这些参数做出相应的决策。

　　由于单个传感器节点能力有限,难以完成环境测量的任务,通常是将大量的微型传感器节点互连组成无线传感器网络,以对感兴趣的环境进行智能化的、不间断的高精度数据采集。由于节点分布密度较大,使得监测数据能够满足一定的精度要求。在某些复杂的环境监测应用中,传感器网络根据实际需要变换监测目标和监测内容,工作人员只需要通过网络发布命令以及修改监测的内容就能达到监测目的。

　　无线传感器网络应用于环境监测,主要的应用领域包括动植物生长环境监测、生化监测、山体滑坡监测、森林火灾监测、洪水监测、地震监控等。一些常见的应用领域如下。

　　(1)可通过跟踪珍稀鸟类、动物和昆虫的栖息、觅食习惯等进行濒临种群的研究等。目前,已经有许多基于无线传感器网络的环境监测应用系统。IN-SITU 研究组使用 Berkeley 的 Mote 节点在大鸭岛上建立了生态观测系统(见图 13.11)。该系统使用光敏传感器、温湿度传感器、红外传感器等监测海燕地下巢穴的微观环境和巢穴使用情况。2004 年,普林斯顿大学设计了一种用来追踪非洲草原斑马的网络系统 ZebraNet,该系统由安装在斑马脖子上的低功耗传感节点和车载式移动基站组成。传感节点收集斑马的迁徙数据,并与相遇的其他斑马所携带的传感节点交换数据,研究人员定期开车携带移动基站穿越追踪区域收集数据。该网络的特点就是经过一段时间后,每匹斑马项圈上都存储了其他斑马活动的位置信息,研究者只需要获取少量斑马携带的信息就可以知道斑马群的位置信息。这是一种典型的延迟/中断可容忍网络(Delay Tolerant Network,DTN)系统,具有长延时、间歇性连接、不对称数据速率、低信噪比、高误码率、节点存储/计算能力低等特点,适用于深空探测、野生动物研究等领域。

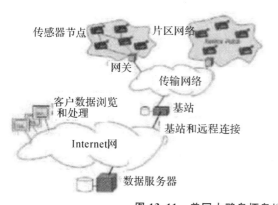
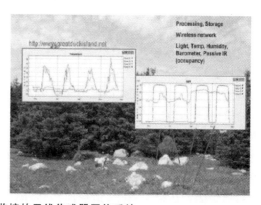

图 13.11　美国大鸭岛栖息地监控的无线传感器网络系统

(2)无线传感器网络在水环境监测过程中的具体应用,同样具备非常大的应用优势。可在河流沿线分区域布设传感节点,随时监测水位及相关水资源被污染的信息。由于无线传感器包含传感器、计算机单元以及通信模块的节点,而且能够通过自主形式组成网络,并且借助节点里面内设的各种传感器监测四周环境的热、红外光、有毒物质含量等数据信息,而且架设非常简单方便,其不需要电缆等基础设施设备的支持。另外,无线传感器节点的价格比较低,能够科学合理地在水域环境中进行部署,可以通过节点采集信息空间的信息,能够获取比较精准的环境信息,其在水质环境监测过程中应用得越来越广泛。水污染是目前国内最严重的污染之一。以太湖为例,2007 年夏,由于江苏连续高温少雨,导致太湖水体严重富营养化,从而爆发蓝藻危机。以太湖为主要生活用水来源的无锡市居民家中自来水水质突然发生变化,散发难闻的气味,致使纯净水和矿泉水脱销,导致无锡地区出现供水危机。蓝藻危机爆发后,中国科学院上海微系统与信息技术研究所联合中国科学院南京地理与湖泊研究所,针对太湖蓝藻监测和水华预警,首次通过多学科交叉,建立集航空航天遥感、微波雷达遥感与地面水质在线及人工监测为一体的立体监控无线传感器网络系统(见图 13.12),形成在线监测数据的无线传输,多源数据同化与汇总分析及系统集成,通过致灾过程指标体系的建立及判别标准设定,形成蓝藻水华爆发的预警平台,在天气预报的基础上,对蓝藻水华发生发展及致灾过程进行预测和预警。

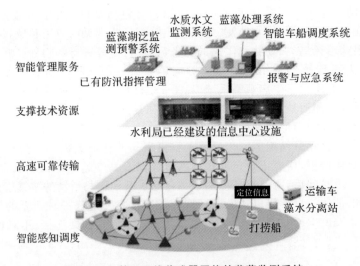

图 13.12　基于无线传感器网络的蓝藻监测系统

(3)可提前预知部分自然灾害。泥石流具有突然性、流速快、流量大、物质容量大和破坏力强等特点,常常会冲毁公路、铁路等交通设施甚至村镇等,造成巨大的损失。在山区中泥石流、滑坡等自然灾害容易发生的地方布设节点,可提前发出预警,以便采取相应措施,防止恶性事故的发生。

云南省昆明市东川区是著名的泥石流多发地区,具有分布广泛、类型多样、成灾严重、灾害频发、预防和治理难度大等特点,被称为"世界泥石流博物馆"。蒋家沟是东川区内最具代表性的一条泥石流沟,流域面积为 48.6 km²,主沟长 13.9 km。蒋家沟植被稀少,崩塌、滑坡发育,可移动固体物质储量极丰,地形陡峻,降雨充沛,并集中于雨季,导致泥石流频发,屡屡成灾。

根据观测,平均每年发生泥石流 15 场左右,最多的一年达 28 场。为了深入研究泥石流的成因,监测泥石流爆发过程,中国科学院水利部成都山地灾害与环境研究所与中国科学院上海微系统与信息技术研究所展开合作,研制了基于无线传感器网络的泥石流监测系统(见图 13.13),用于监测蒋家沟泥石流爆发。该系统将土壤水分传感器、土壤孔隙水压力传感器、雨量传感器等多种传感器无线组网,获取土壤水分、土壤孔隙水压力、雨量等多个参数变化,并将数据传输到远程监控中心,用以研究泥石流源区土体物理、力学特征,以及在水分作用下的变化过程,揭示泥石流形成机理,推动泥石流预测预报理论与技术的发展。

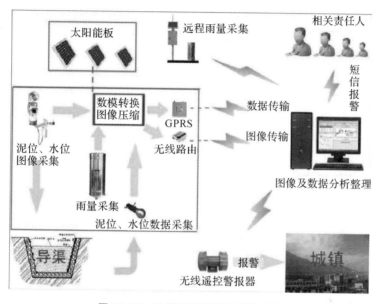

图 13.13　无线遥测泥石流预警系统

(4)可在重点保护林区布设大量节点,随时监控内部火险情况,一旦有危险,可立刻发出警报,并给出具体方位及当前火势大小等信息。

无线传感器网络在森林火灾探测中也发挥着越来越重要的作用。基于无线传感器网络的火灾探测系统相较于传统的有线探测系统有着低成本、安装方便、高稳定性等突出的优势。森林火灾由于监控区域非常大,且通常多为偏远地区,道路交通不便,发生火灾的原因较多,所以传统的有线火灾报警装置存在成本高、布线难、灵敏度低等问题。根据森林火灾探测器对系统的控制要求,选用可靠性较高、功耗较低且成本较低的 ZigBee 无线通信技术最为合适。利用 ZigBee 短距离无线传输

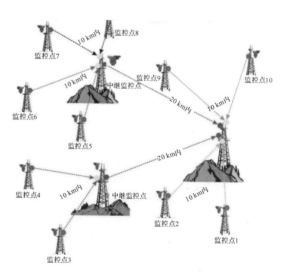

图 13.14　森林防火无线传输示意图

技术将传感器中的物理信息做数字化处理,再由无线网络通过路由节点向协调器发送,最终数

据传送给相应的上位机,以便进行相应数据运算和处理,从而可实现森林火灾的预防和报警。图 13.14 为森林防火无线传输示意图。

(5)无线传感器网络在大气监测系统中的有效应用,能够实现对大气环境的实时监测。现阶段应用的气体成本监测系统存在很多的不足,例如系统比较大,安装困难,监测的终端并不能通过通信基础设施进行无线通信,监控终端和主控终端需要通过有线进行通信,必须要在监测区域进行布线等。而利用无线传感器网络对大气进行实时的监测,可以充分发挥无线传感器的优势。不同的传感器发挥探头优势,能够非常及时地检测到大气中有关气体的含量。

(6)无线传感器网络在地质监测中的运用。通常而言,无线传感器网络于地质监测中运用甚广。中国的青藏铁路穿过 550 km 的冻土区,伴随着温度的改变,冻土层易于衍生出地质问题,进而给铁路交通安全带来不良影响。冻土层所处区域大部分是无人区,假设只是依靠人力进行监测,那么就需要投入大量人力、物力资源。首先,有关学者研究开发了无线传感器网络青藏铁路温度监测体系,使用多跳方法把数据从传感节点传递到转发基站中的汇聚节点,接着由汇聚节点使用 GPRS 网络传输到监控中心;其次,有关学者设计出了无线传感器网络地质灾害监测装置,在这之中涵盖了光纤推力监测仪器与含水量监测仪器等,采用 GSM 网络短信功能把数据传输到监测中心,进而对滑坡实施及时预判;最后,有关学者提出了针对极端环境冰川监测的无线传感器网络,设计了部署网络结构、传感器节点数据传递路径,关注了与冰川环境里无线传感器网络所需的操作系统功能与传感器材质等问题,具体系统架构和网络拓扑如图 13.15 和图 13.16 所示。

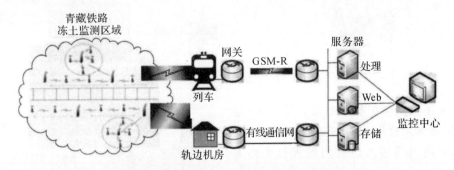

图 13.15　青藏铁路冻土地温监测系统网络架构

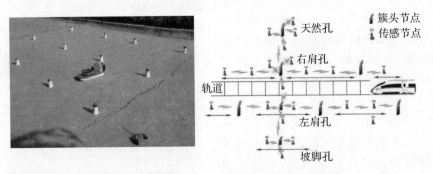

图 13.16　青藏铁路冻土区无线监测网络结构拓扑

(7)可以应用于城市环境监测。2008 年,美国哈佛大学推出了一套城市规模的无线传感器网络系统 CitySense,该系统是在美国马萨诸塞州剑桥市的楼宇和街灯上安装覆盖全城的

100 个传感节点。每个节点都含有一个内置 PC、一个无限局域网 802.11a/b/g Wi-Fi 界面,以及各种用于监测气候状况和空气污染物的传感器。CitySense 主要是针对城市规模的无线传感器网络应用,除了可以实时监测城市的温度、风速、降雨量、大气压和空气质量等环境变量外,其收集数据的规模之大也是前所未有的。CitySense 的创新性在于将传感节点的电源与城市街道的路灯相连,从而通过城市电力系统获得电能。这种方法使得传感器的使用增加了很多新的途径,如进行实时环境监测这样的长期实验、研究小气候和人口健康之间的关系、跟踪生化制剂的扩散等。

CitySense 的传感节点不仅仅局限于获得气象信息,也可以作为小规模无线传感器网络的接入点,从而组成更大规模的城市无线传感器网络。CitySense 是一个开放的、资源公开的测试平台,它的传感节点具有可编程功能,研究人员可以在终端对其进行编程。CitySense 的服务器还会把数据库的信息张贴在网络上,科学家足不出户就可以追踪污染物扩散情况,获得更好的解决方案和更长的监测时间。未来传感器的用途将会呈现多种可能性,甚至可以通过轿车和公交车上的移动传感器收集信息。

(8)布放在地震、水灾、强热带风暴灾害地区,边远或偏僻野外地区,用于紧急和临时场合应急通信。

13.6　无线传感器网络在农业方面的应用

现代化农业开始注重引进自动化技术与智能化决策,而最佳选择就是无线传感器网络。将其应用到农业中,不仅能够提高农业生产效率与水平,还能够进一步促进农业实现智能化可持续发展。智慧农业(见图 13.17)是物联网技术与传统农业的深度融合,其中最重要的是传感器技术。通过传感器,可以摆脱天气等自然因素的限制,并在温室、水产品和畜牧业等领域实现远程科学监测,从而有效减少人类的消费。农业传感器已将传统的农业生产引向智能、自动化和远程控制的智能农业发展道路。实施精准农业的基础是对农作物生长环境信息的采集与处理,无线传感器网络由于其节点成本低廉、结构灵活、网络自组织、以数据为中心等特点,并且可以通过无线技术进行通

图 13.17　智慧农业

信,所以可以精确地获取农业环境中的各种参数,人们可以通过对传感器监测到的信息进行处理和汇总,及时地发现影响农作物生长的因素,然后因地制宜,对农作物的环境进行合理的调整,进而可以提高农作物产量、合理利用资源、使资源最大化、获取更高的效益。

农业传感器主要包括生命信息传感器和环境传感器。生命信息传感器监测植物生长过程中的植物信息元素,农药、化肥以及其他元素的含量,并对植物生长迹象进行数字处理,以分析植物生长条件。环境传感器主要用于监视和分析水分、土壤和空气等植物生长的环境,以了解环境随时间的变化,并确保植物生长和作物品质达到最佳水平。农业传感器是智能农业监控连接的重要组成部分,用于将农业环境因素和其他非电气物理量转换为控制系统可识别的电信号,并为智能农业提供评估和处理依据。

无线传感器网络在现代农业领域的应用很多,主要包括以下几个方面。

(1)农业生产环境信息监测与调控。农业监测环境一般都比较广阔,而且农田的地势比较复杂多变,必须保证在各种环境下都能使农田内的信息准确地被检测到。无线传感器网络是实现精准农业的一种信息和控制技术相结合的手段,可以大规模地在农田部署传感器节点,通过这些节点定期采集土壤中的数据等并传送到信息处理中心,最后传送到用户,通过对数据的分析,人们可以给农田做到最少投入(化肥、农药和灌溉量)最大产出,如图 13.18 所示。

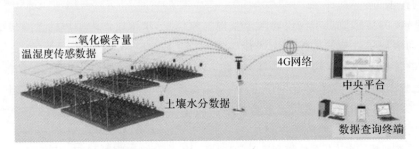

图 13.18　农场无线传感器网络示意图

通过在农业大棚、养殖池及养殖场内布置温度、湿度、pH 值等无线传感器,利用无线传感器网络实时监测温度、湿度等来获得作物、动物生长的最佳条件,同时通过移动通信网络或互联网传输至监控中心,使农业人员可随时通过手机或计算机获得生产环境各项参数,并根据参数变化,适时调控灌溉系统、保温系统等基础设施,从而获得动植物生长的最佳条件。

(2)在农产品储运中的应用。研究表明,我国水果、蔬菜等农副产品在采摘、运输、储存等物流环节上的损失率在 25%～30% 之间,而发达国家的果蔬损失率则控制在 5% 以下。如果能实现对储运过程中环境条件实时监测,便能保证农产品品质,减少经济损失。而无线传感器网络技术可通过各个分散的传感器实时监测环境中的温度、湿度等参数,实现仓库或保鲜库环境的动态监测;在农产品运输阶段可对运输车辆进行位置信息查询和视频监控,及时了解车厢内外的情况并调整车厢内的温湿度。

(3)工业节水灌溉。无线传感器网络可以应用于节水灌溉系统中。我国虽然国土面积大,但是淡水资源却极度匮乏,用在农业方面的水资源利用率不高,用于灌溉用水的平均利用率仅为 40%,这远远低于发达国家的水平,因此应该大力发展节水农业,将无线传感器网络应用于节水灌溉信息采集系统中,实时监控土壤中的水分,以达到合理利用水资源来灌溉农作物,保障农作物生长需求并起到节约用水的目标,如图 13.19所示。

图 13.19　节水灌溉系统

(4)温室环境管理。无线传感器网络可以用于温室环境管理。随着我国对设施农业的推广,很多地方已经形成了大规模的智能温室,温室化管理系统也越来越完善。无线传感器网络对温室的各种环境信息进行采集,然后根据采集到的数据与样本数据进行参数对比,可以实现自动追施肥、自动浇水、控制温湿度等,为农作物提供最佳的生长环境,如图 13.20 所示。

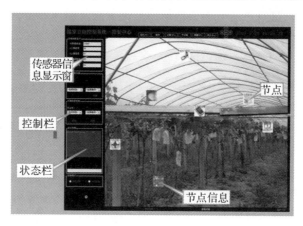

图 13.20　温室环境管理无线传感器网络

　　(5)农作物施肥管理。无线传感器网络可以用于农作物的施肥管理。为了保障农作物有充足的营养,可以通过无线传感器网络中的传感器节点监测土壤中的肥料养分含量,分析采集到的数据来确定需要施肥的用量,根据农作物的实际生长需求,对肥料用量进行合理控制,在作物上使用适量的肥料可以提高施肥管理的水平和质量,从而确保施肥管理能够满足作物的实际需求。

　　(6)农产品质量安全追溯。农产品质量安全事关人民健康和生命安全,事关经济发展和社会稳定,农产品的质量安全和溯源已成为农产品生产中一个广受关注的热点。无线传感器网络技术可加强对农产品从生产到流通整个流程的监管,将食品安全隐患降至最低,为食品安全保驾护航,如图 13.21 所示。

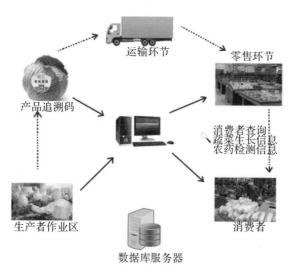

图 13.21　农产品质量安全追溯系统

中国物品编码中心在 2007 年开始启动"中国条码推进工程",起初在上海、武汉等地推行了试点,2008年提出全面推行农产品可追溯机制。在北京奥运会期间更是启用了食品安全追溯系统,通过RFID电子标签、GPS等技术,将奥运场馆就餐人员所消费的食品原材料信息与身份信息与进行关联,这样可以从一个运动员的菜谱就能追溯到农田;另外对供应企业从产品加工、物流配送、供货等过程进行持续监控,包括对奥运食品运输车辆实行GPS定位,一旦温湿度超过规定范围,管理人员就收到报警。食品安全追溯系统为奥运会的食品供应提供了安全保障,更是奠定了无线传感器网络在中国农业上广泛应用的基础。

农产品质量安全追溯系统(见图13.22)一般由以下几部分组成。

1)RFID电子标签。无线射频识别技术(RFID)是一种非接触式的自动识别技术,它通过射频信号自动识别目标对象并获取数据信息,识别无须人工干预,可同时识别多个目标对象,可工作于各种恶劣环境,操作快捷方便。它因为具有防水、防磁、防静电、无磨损、信息储存量大、一签多用、操作方便等特点,成为现代化农产品流通信息化管理最理想的解决方案。

2)信息链。可利用RFID记录农产品从生产到销售的各个环节的信息:①在生产阶段,利用无线传感器网络技术,在生产基地布设智能无线传感器节点,实时采集农牧产品生长环境信息(温度、湿度、CO_2浓度等),系统自动记录各项参数,经过数据整理,存入指定的数据库,为最终的农产品溯源提供重要的源头信息。②在加工阶段,解决两个基本问题:一个是农产品的保鲜问

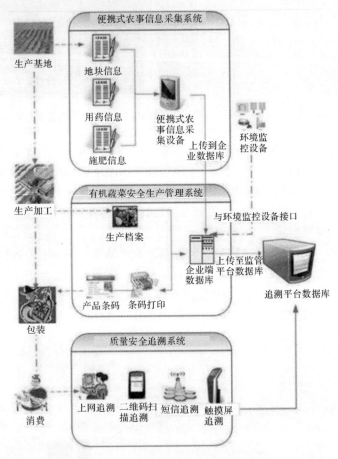

图13.22 农产品质量安全追溯系统示意图

题;另外一个是农产品的包装安全问题。③在运输阶段,须对农产品的生产者和接收者进行记录,同时对农产品冷链运输过程中的环境进行监测和控制。通过GPS自动跟踪记录运输车辆的出发地和目的地,最大限度保障农产品运输环节的无污染。④在销售阶段,对所有记录在案的农产品进行认证,贴有专门设计的农产品溯源标签,不仅可实现现场查询,还提供网络查询、短信查询、电话查询、手机识读等功能。

3)中央数据库。为了系统能更好地与相关系统进行数据交流和共享,特别是为了能更好地完成系统在运行后长期而繁重的系统维护任务,减少维护开发的工作量,应按照系统的功能将数据进行存储和处理。

4)政府监管和多渠道查询。政府监管部门(卫健委、工商局、疾病预防控制中心等)可以方便地通过追溯系统追踪农产品进入市场各个阶段(从生产到流通的全过程)的信息,在出现产品质量问题时,能够快速有效地查询到出问题的原料或加工环节,必要时进行产品召回,实施有针对性的惩罚措施,由此来提高产品质量水平。公众也可以通过该系统进行多渠道的查询,如上网、电话、短信查询等。

13.7　无线传感器网络在交通方面的应用

无线传感器网络应用于交通信息系统,实现了物理世界的动态和相关信息与通信骨干网的整合。无线传感器网络构建交通信息系统具有以下优点:①无线自组织,泛在协同特性使系统布局和维护非常方便,可以降低用户的成本,部署和维护不影响车辆正常运行,便于提高交通信息采集系统的可扩展性;②分布式监测和协同计算技术在能力上优于传统的单点和局部监控技术。无线传感器网络在交通信号控制、信息采集、处理、传输、控制模式选择、控制结果输出等操作都有需要。

(1)铁路基础设施监测。很早以前,国外学者们就尝试在铁路领域运用无线传感器。2008年国外学者提出基于无线传感器网络的铁路监测系统,跟原来的监测系统相比,它更加成熟。它主要由列车监测与线路监测组成,更重要的是,它能更好地监测列车的运行状态。同年,Gartner 又提出基于无线网的监测系统,用于测量铁轨的温度。在铁路基础设施监测方面,有学者摒弃了传统的有线通信,运用了无线蓝牙技术组建网络,再运用定位手段把处理的最终结果传输给终端。

我国虽然对无线传感器网络的研究起步较晚,但对其实际应用价值也相当重视,在铁路领域也取得了一些成就。国内开始采用无线传感器网络监测列车车轴的温度;应用无线传感器网络对车站站内的环境进行监控,解决了之前存在的监测参数多和布线复杂等问题;在铁轨监测方面,把传感器固定在列车的某些地方,在列车途经布置有对应传感器的某一区域时,就会将轨道等其他设备的有关数据采集并发送给列车上的网络终端,使车内工作人员能够获得铁轨状态信息(见图 13.23)。这利用了无线传感器网络中节点的休眠机制,只有触发相应的条件,节点才会进入工作状态,其他时段节点处于部分电路断开状态,并不消耗能量。

图 13.23　铁路地基上的无线传感器

(2)列车车厢运行环境监测。随着我国高速铁路事业的迅猛发展,列车的安全性、舒适性逐渐成为旅客关注的焦点。人们对乘车环境质量需求的提高,使得对列车车厢振动、温度、气压、含氧量等大量人体敏感参数的监测成为必然,同时在运输化学试剂、易燃物品等货物时,也都需要对列车车厢内的环境做出监测,以便及时地采取措施来应对处理。新冠疫情的传播与蔓延,车厢封闭环境条件下特殊运输对负压舱的需求,进一步提高了列车车厢运行环境监测的要求。

铁道客车一般配有相应的设备来保证车厢环境的舒适性,如空调等环境控制装置。同时也在车内安装了相应的传感器来监测车厢环境的相关参数,主要有温度传感器、湿度传感器、风速传感器和风压传感器等,但大多都是有线的传输形式。有线连接就会出现布线繁杂、不易检修等问题,同时这也只是对常规环境参数的监测,如果对监测环境提出更高的要求,这种有线监测方式将面临考验。由于无线传感器网络具有部署便捷、灵活性强、监测精度高等优点,所以采用无线传感器网络对列车车厢进行环境监测成为了研究的热点。

(3)铁路环境监测。我国的铁路网连接着国内的各个地区,有些地区自然气候恶劣,如兰新高铁沿线主要通过甘肃境内的安西风区和新疆境内的烟墩风区、百里风区、三十里风区、达坂城风区共五大风区,受西伯利亚寒流的影响,五大风区风力强劲、大风频繁,常常造成风灾。其中,百里风区和吐鲁番北部的三十里风区是我国乃至世界上高铁风灾最严重的地区之一。由于运行中的列车受横风影响而被大风吹翻的危险最大,而百里风区的风向基本与兰新高铁的线路走向垂直,所以容易出现事故。采用 ZigBee 技术构建的无线传感器网络具有功耗低、成本低、性价比高、结构简单、扩展简便、网络安全性高等显著特点。在 ZigBee 中,每个传感器节点都具有动态连接组网的能力,满足在高铁沿线风区这种复杂恶劣环境下的风速监测任务,可为建立兰新高铁大风区 WSN 风速监测系统提供关键技术支撑。

13.8 无线传感器网络在医疗方面的应用

无线传感器网络利用其自身的优点(如低费用、简便、快速、可实时无创地采集患者的各种生理参数等),使其在医疗研究、医院普通/ICU 病房或者家庭日常监护等领域中有很大的发展潜力,是目前研究领域的热点。

(1)医疗设备管理。随着医疗行业的迅速发展,医疗设备的种类、数量不断增多。智慧医疗的迅速发展,对医院医疗设备的精细化管理提出了新的要求。及时对医疗设备进行定位,快速获取医疗设备的位置,对保障临床用械安全具有举足轻重的作用。然而,由于早期缺乏实时感知设备的状态和监控故障发生的有效手段,管理人员只有亲自到临床科室才能够了解设备的状态,不便于设备管理。但是医疗设备的数量大、种类多,运行环境复杂,医疗设备不断更新,低效的管理问题随之出现。

利用无线传感器网络部署便捷、灵活性强、监测精度高等优点,可以开展基于无线传感器网络的常规医疗设备状态监测。给每台设备配置一个终端传感器,通过终端传感器采集设备的状态信号,然后通过物联网通信装置把采集的数据以 TCP 或 UDP 协议方式传输到指定的服务器,服务器解析数据后将其存储到数据库,通过 web 前端、后端就可以把数据库存储的状态数据展示出来,完成人机交互。使用该系统,可以实时监测仪器设备的运行状态、位置、使用情况等信息,提供管理人员的工作效率(见图 13.24)。

(2)远程医疗系统。无线传感器网络已广泛用于医疗监控,典型的系统由三层无线体域网

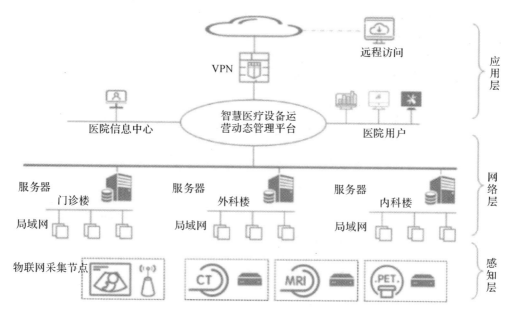

图 13.24　医疗设备运行状态监测系统示意图

结构、本地网关以及远程监视中心组成(见图 13.25)。目前,医疗市场上已有基于传感网的医疗监控系统,该系统运用网络应用程序技术从多个终端与平台访问监控数据。不仅如此,市场上还出现了基于传感网的远程医疗系统可扩展应用平台,该平台能够根据不同用户的需求为用户量身定制不同的解决方案。此外,市面上还留存着运用 LabView 软件设计的医疗无线传感器网络、远程医疗系统等,其中,远程医疗系统能够实时显示被监控对象的生理参数。基于云计算与无线传感网络的现代医疗系统架构,运用系统管理员定义的决策列表进行决策。诸多公司和研究机构已在全球范围内进行了相关研究,由英特尔医疗团队开发的基于无线传感器网络的医疗系统,运用患者家中的微传感器节点来监视与收集患者的生理数据,从而可以远程监视及护理患者的健康。Auto-ID MIT 中心开发的基于互联网的医疗系统实现了不同物理实体之间的异构连接。除了能够对患者的生理数据进行连续监控外,该系统还能够安全共享医疗记录,准确分析医疗设备的位置,并通过不断更新显示的数据来保持体液沟通。国内外研究结果表明,运用无线传感器网络技术进行治疗的主要技术问题已基本解决,在医疗领域拥有很大的发展潜力,然而考虑到安全性以及实用性等因素,生产过程中仍然存在一些障碍。

　　(3)医疗监测。近年来,随着大健康产业的迅速发展,各类医疗机构对医护监测的智能化、实时性、准确度、高效性等要求日益提高。从调研情况看,以医院为例,目前大多数医疗监护网络处于有线布设方式,位置相对固定,对于监控节点的灵活移动,如病床的增减以及监护系统的故障处理等问题存在一定限制。采用无线通信方式成为了医用系统主要的发展方向,在医用系统中应用无线传感器网络技术相较于传统方式有更多优势,如低费用、低能耗、简便、快速、数据采集方式灵活等。运用无线传感器网络技术可以极大地改善医疗环境,因此在医学研究、医院、疗养院以及家庭日常监护等领域有着很大的发展空间,逐渐成为目前的研究热点。WSNs 应用于医疗监测领域具有重要的现实意义,能够提升医院的信息化程度和服务水平,提高医院运行效率,如图 13.26 所示。

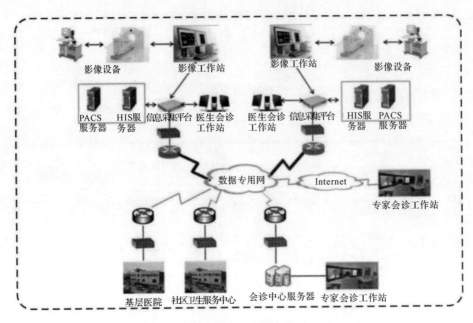

图 13.25　远程医疗

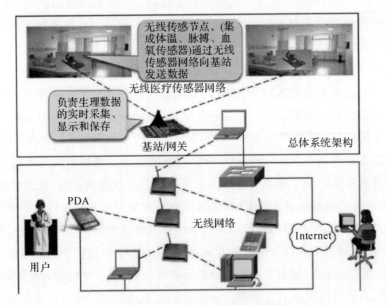

图 13.26　基于无线传感器网络的医疗健康护理系统

13.9　无线传感器网络在智能家居方面的应用

近年来,随着互联网通信技术的快速发展,无线传感器网络已经广泛应用于很多领域,智能家居是一个全新的家居概念和一种全新的智能化系统,可以为家庭提供一个不受地理、时间限制的高质量生活环境。智能家居系统采用现代传感器、摄像头、移动通信等物联网技术,在家居设备中植入传感器芯片,使得家庭生活处于一个全过程的监控环境中(见图 13.27)。例如小孩、老人、身体行动不便者在厨房、卫生间或卧室发生摔倒时,智能家居系统能够立刻发出报警信号,通过视频浏览器、短消息等方式通知老人子女或医护人员,及时获取救助服务。

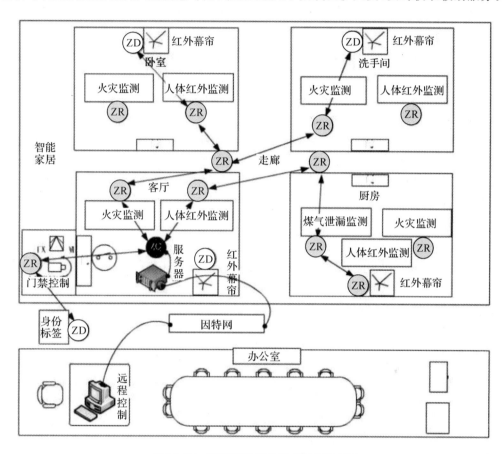

图 13.27　智能家居无线传感器网络设计

(1)安防报警系统。安防报警系统可以满足用户的特殊生活习惯,在对讲门禁系统设置用户与用户之间的对讲处理功能,可以方便用户间进行相互沟通,还可以设置每一户与中心控制室之间的呼叫和对讲功能,以便处理突发事件。

(2)环境控制系统。环境控制系统包括多种,分别有智能灯光调节系统、智能新风系统、背景音乐系统等。智能灯光调节系统可以控制不同的生活区域,在不同的场合提供各种照明效果,轻松解决照明需求。智能新风系统可以为用户提供新鲜的空气;为用户提供远程控制,在炎热的夏天或寒冷的冬天,可以远程打开空调等,以便用户回到房间时提供合适的温度状况。

(3)视频监控系统。可以实时监控家庭成员的起居生活状况,能够为用户提供全方位服务监控,并且通过传感器提供一个环境检测功能。

(4)救助医疗系统。可以使用无线呼叫器、无线定位求助系统、SOS 紧急呼叫等提供智能监控保健服务,一旦有家庭成员发生意外,可以直接触发救助医疗系统,及时通知社区医院或三甲医院进行救助和治疗。在设计和开发智能家居系统过程中,通过 ZigBee 物联网实现家用电器的集成与通信,可以实时采集智能家居数据,提高智能家居的自动化水平。

13.10 无线传感器网络在太空探索方面的应用

中国科学技术大学于 2005 年开始了无线传感器网络和移动机器人定位导航方面的研究。该研究的主要内容就是基于无线传感器网络的月球车定位导航新方法,使其既可以独立地为月球车进行定位导航服务,又可以结合传统的惯性导航、视觉导航为月球车提供更加可靠有效的定位导航服务。该项目的研究目标是通过在月球车探索区域内布置大量的由传感器节点组成的无线传感器网络,为月球车提供准确的定位导航信息,保证月球车能够安全高效地完成各种科学探索的任务,并通过搭建出一套完整高效的基于无线传感器网络的月球车定位导航系统进行测试和验证。无线传感器网络不仅可以获取各种环境信息并将这些信息传输给月球车,扩展了其感知未知环境的能力,同时更重要的是,可为月球车提供快速准确的定位信息,从而有效地提高其定位导航能力。该项目的主要成果包括两项:①无线传感器网络节点自定位算法的理论建模和分析;②研究基于无线传感器网络的移动机器人定位导航问题。在节点自定位研究方面,提出了一种新的分布式无线传感器网络定位算法,与经典的定位算法相比,不仅提高了节点定位的精度,而且极大地提高了算法的鲁棒性,使其无论是在规则的网络拓扑还是在不规则的网络拓扑中都能获得比较理想的定位效果。在月球车的定位导航方面,首先提出了一种结合激光定位和无线传感器网络的月球车定位方法,其次在其搭建的实验平台上对基于 RSSI 的无线传感器网络环境下移动机器人定位导航进行了评估和论证,验证了其方法的有效性和可靠性。图 13.28 为基于无线传感器网络的月球车定位导航物理验证系统。

图 13.28 基于无线传感器网络的月球车定位导航物理验证系统

13.11 本章小结

无线传感器网络应用领域十分广阔,在军事方面、环境监测、公共安全监控、工业监测、医疗卫生、智能交通、精准农业、节能减排等领域都有广阔的应用前景。本章阐述了无线传感器网络在不同应用领域的典型应用和典型案例,在不同的应用场景下,无线传感器网络的性能应有所侧重。随着技术的进步和经济的发展,无线传感器网络必将越来越多地应用于社会生活的各个方面。

参 考 文 献

[1] 李士宁,等.传感网原理与技术[M].北京:机械工业出版社,2014.

[2] 任丰原,黄海宁,林闯.无线传感器网络[J].软件学报,2003,14(7):1282-1291.

[3] 马祖长,孙怡宁,梅涛.无线传感器网络综述[J].通信学报,2004,25(4):114-124.

[4] LESSER V,ORTHIZ C L,TAMBE M. Distributed sensor networks:a multiagent perspective[M]. Dordrecht:Springer Netherlands,2003.

[5] AKYILDIZ I,SU W,SANKARASUBRAMANISAM Y,et al. A survey on sensor networks[J]. IEEE Communications Magazine,2002,40(8):104-112.

[6] 王萱冠,王智.无线传感器网络[M].北京:电子工业出版社,2012.

[7] 于海斌,曾鹏.智能无线传感器网络系统[M].北京:科学出版社,2006.

[8] KNAIAN N. A wireless sensor network for smart roadbeds and intelligent transportation systems[M]. Boston:Massachusctts Institute of Technology,2000.

[9] SONG W Z,HUANG R J,XU M S,et al. Design and deployment of sensor network for real-time high-fidelity volcano monitoring[J]. IEEE Transactions on Parallel and Distributed Systems,2010,21(11):1658-1674.

[10] JACYNA G,TROMP L D. Netted sensors[R]. Bedford:MITRE Technical Report,2004.

[11] WANG X,MA J J,WANG S,et al. Distributed energy optimization for target tracking in wireless sensor networks[J]. IEEE Transaction on Mobile Computing,2009,9(1):73-86.

[12] RATY T D. Survey on contemporary remote surveillance systems for public safety[J]. IEEE Transaction on Systems,Man and Cybernetics,2010,40(5):1-23.

[13] MEYER S,RAKOTONIRAINY A. A survey of research on contextaware homes[C]. Adelaide:Workshop on Wearable,Invisible,Context-Aware,Ambient,Pervasive and Ubiquitous Computing,2003.

[14] CORCHADO J M,BAJO J,TAPIA D I,et al. Using heterogeneous wireless sensor networks in a telemonitoring system for healthcare[J]. IEEE Transactions on Information Technology in Biomedicine,2010,14(2):234-240.

[15] FISCHER C,GELLERSEN H. Location and navigation support for emergency responders:a survey[J]. IEEE Pervasive Computing,2010,9(1):38-47.

[16] 孙利民,李建中,陈渝,等.无线传感器网络[M].北京:清华大学出版社,2005.

[17] 李燕君.面向事件检测的无线传感器网络服务质量保障[D].杭州:浙江大学,2009.

[18] 潘强.无线传感器网络信息处理中节点协同问题研究[D].上海:中国科学院上海微系统与信息技术研究所,2009.

[19] HALL D L,LLINAS J. Handbook of multisensory data fusion[M]. Boca Raton:CRC Press,2001.

[20] 韩崇昭,朱洪艳,段战胜.多源信息融合[M].北京:清华大学出版社,2006.

[21] MHATRE V,ROSENBERG C. Design guidelines for wireless sensor networks:communic ation,clustering and aggregation[J]. Ad-hoc Networks,2004,2(1):45 - 63.

[22] 传感器网络标准工作组.传感器网络总则征求意见稿[R]. London:WGSN-PG02-T-019,2011.

[23] GEHLEN G,PHAM L. Mobile web services for peer-to-peer applications[C]. Las Vegas:In Procee dings of the Second IEEE consumer communications and networking conference(CCNC 2005),2005.

[24] SU W,AKYILDIZ I F. Time-diffusion synchronization protocol for wireless sensor networks[J]. IEEE/ACM Transactions on Networking,2005,13(2):384 - 397.

[25] NICULESCU D,NATH B. Ad-hoc positioning systems(APS)[C]. San Antonio:In Proceedings of the IEEE Global Telecommunications Conference (GlobeCom 2001),2001.

[26] HIGHTOWER J,BORIELLO G,WANT R. SpotON:an indoor 3D Location sensing technology based on rf signal strength[R]. Washington:Technical Report UW CSE 00-02-02,University of Washington,Department of Computer Science and Engineering,2000.

[27] SAVVIDES A,HAN C C,SRIVASTAVA M. Dynamic fine-grained localization in Ad-hoc networks of sensors[C]. Rome:ACM Press,2001.

[28] 王福豹,史龙,任丰原.无线传感器网络中的自身定位系统和算法[J].软件学报,2005,16(5):857 - 868.

[29] PERRIG A,STANKOVIC J. Security in wireless sensor networks[J]. Communications of the ACM Wireless Sensor Networks,2004,47(1):53 - 57.

[30] 黄海平,王汝传,孙力娟,等.基于密钥联系表的无线传感器网络密钥管理方案[J].通信学报,2006,27(10):10 - 16.

[31] 中国科学院信息领域战略研究组.中国至 2050 年信息科技发展路线图[M].北京:科学出版社,2009.

[32] POTTIE G J,KAISER W J. Wireless integrated network sensors[J]. Communications of the ACM,2000,43(5):51 - 58.

[33] CHANDRAKASAN A P. Power-aware wireless microsensor networks[R]. Houston:DARPA PAC/C Meeting,2000.

[34] KUMAR S. DARPA SensIT program[R]. Arlington:DARPA Information Technology Office, 2002.

[35] RABAEY J M,AMMER J , SILVA J L D,et al. PicoRadio supports ad hoc ultra-low power wireless networking[J]. IEEE Computer,2000,33(7):42 - 48.

[36] KAHN J M,KATZ R H,PISTER K S J. Next century challenges:mobile networking for smart dust[C]. Washington:In Proceedings of 5th ACM international conference on mobile computing and networking(MobiCom 1999),1999.

［37］ AKYILDIZ I F,POMPILI D,MELODIA T. Challenges for efficient communication in underwater acoustic sensor networks［J］. ACM Special Interest Group on Embedded Systems Review,2004,1(2):3 - 8.

［38］ 马春光,姚建盛. NS－3 网络模拟器基础与应用［M］.北京:人民邮电出版社,2014.

［39］ 江林华.5G 物联网及 NB-IoT 技术详解［M］.北京:电子工业出版社,2018.

［40］ 杜锦辉.论第四代移动通信(4G)关键技术［J］.信息通信,2013(6):238 - 239.

［41］ ANASTASI G,CONTI M,FRANCESCO M D,et al. Energy conservation in wireless sensor networks:A survey［J］. Ad Hoc Networks,2009,7(3):537 - 568.

［42］ ZHANG P,SADLER C M,LYON S A,et al. Hardware design experiences in Zebra-Net［C］. Baltimore:In Proceedings of the 2nd international conference on Embedded networked sensor systems,2004.

［43］ POTTIE G J,KAISER W J. Wireless integrated network sensors［J］. Communications of the ACM,2000,43(5):51 - 58.

［44］ 马潮.AVR 单片机嵌入式系统原理与应用实践［M］.北京:北京航空航天大学出版社, 2007.

［45］ 沈建华,杨艳琴,翟骁曙.MSP430 系列 16 位超低功耗单片机原理与应用［M］.北京:清华大学出版社,2004.

［46］ YIU J. The Definitive Guide to the ARM Cortex-M3［M］. New York:Newnes,2009.

［47］ KARL H,WILLIG A. Protocols and architectures for wireless sensor networks［M］. Hoboken:Wiley-Interscience,2007.

［48］ HILL J,CULLER D. A wireless embedded sensor architecture for system-level optimization［R］. Princeton:Citeseer,2001.

［49］ POLASTRE J,SZEWCZYK R,CULLER D. Telos:enabling ultra-low power wireless research［C］. Los Angeles:In Proceedings of the Fourth International Symposium on Information Processing in Sensor Networks(IPSN 2005),2005.

［50］ STOJMENOVIC I. Handbook of sensor networks:Algorithms and architectures［M］. Hoboken:Wiley-Blackwell,2005.

［51］ GAY D,LEVIS P,CULLER D. Software design patterns for TinyOS［J］. ACM SIGP-LAN Notices,2005,40(7):40 - 49.

［52］ HILL J,SZEWCZYK R,WOO A,et al. System architecture directions for networked sensors［J］. ACM SIGPLAN Notices,2000,35(11):93 - 104.

［53］ 王殊,阎毓杰,胡富平,等.无线传感器网络的理论及应用［M］.北京:北京航空航天大学出版社,2007.

［54］ LEVIS P,GAY D. TinyOS programming［M］. Cambridge:Cambridge University Press, 2009.

［55］ EGEA-LOPEZ E,VALES-ALONSO J,MARTINEZ-SALA A S,et al. Simulation tools for wireless sensor networks［C］. Philadelphia:In Symposium on Performance Evaluation of Computer and Telecommunication Systems(SPECTS 2005),2005.

[56] 张安定. Ad-hoc 网络路由协议仿真及优化设计[D].兰州:兰州大学,2008.

[57] 王文博,张金文. OPNET Modeler 与网络仿真[M].北京:人民邮电出版社,2003.

[58] BEUTEL J,DYER M,LIM R,et al. Thiele,Automated wireless sensor network testing[C]. Branunschweig:In Proceedings of the fourth Internationjal Conference on networked Sensing Systems(INSS 2007),2007.

[59] ARORA A,ERTIN E,RAMNATH R,et al. Kansei:A high-fidelity sensing testbed[J]. IEEE Internet Computing,2006,10(2):35 - 47.

[60] WERNER-ALLEN G,SWIESKOWSKI P,WELSH M. Motelab:A wireless sensor network testbed[C]. Los Angeles:In Proceedings of the 4th international symposium on Information processing in sensor networks(IPSN 2005),2005.

[61] CHUN B N,BUONADONNA P,AUYOUNG A,et al. Mirage:a microeconomic resource allocation system for sensornet testbeds[C]. Sydney:In the Second IEEE Workshop on Embedded Networked Sensors:IEEE EmNetS-II,2005.

[62] HANDZISKI V,KöPKE A,WILLIG A,et al. TWIST:a scalable and reconfigurable testbed for wireless indoor experiments with sensor networks[C]. Florence:In Proceedings of the 2nd international workshop on Multi-hop ad hoc networks:from theory to reality,2006.

[63] EISENMAN S B,LANE N D,MILUZZO E,et al. Metrosense project:people-centric sensing at scale[C]. Boulder:In Proceedings of Workshop on World-Sensor-Web (WSW 2006),2006.

[64] KARL H,WILLIG A. Protocol and architectures for wireless sensor networks[M]. Hoboken:Wiley-Interscience Press,2005.

[65] 邱云周. 无线传感网虚拟 MIMO 技术研究[D].上海:中科院上海微系统与信息技术研究所,2008.

[66] 王翔. 基于 IEEE802.15 标准的无线传感网通信系统及芯片研究[D].上海:中科院上海微系统与信息技术研究所,2011.

[67] YE W,HEIDEMANN J,Estrin D. Medium access control with coordinated adaptive sleeping for wireless sensor networks[J]. IEEE/ACM Transactions Network,2004, 12(3):493 - 506.

[68] JAMIESON K,BALAKRISHNAN H,TAY Y C. Sift:a MAC protocol for event-driven wireless sensor networks[R]. Cambridge:MIT Lab. Comp. Sci. ,Tech. rep. 894,2003.

[69] DAM T V,LANGENDOEN K. An adaptive energy-efficient MAC protocol for wireless sensor networks[C]. Los Angeles:In Proceedings of 1st ACM Conference on Embedded Networked Sensor System(SenSys 2003),2003.

[70] RAJENDRAN V,OBRACZKA K,GARCIA-LUNA-ACEVES J J. Energy-efficient collision-free medium access control for wireless sensor networks[C]. Los Angeles:In Proceedings of ACM Conference on Embedded Networked Sensor System (SenSys 2003),2003.

[71] LU G, KRISHNAMACHARI B, RAGHAVENDRA C S. An adaptive energy-efficient and low-latency mac for data gathering in wireless sensor networks[C]. Santa Fe: In Proceedings of the 18th Parallel and Distrib. Processing Symposium (IPDPS 2004),2004.

[72] ABRAMSON N. The aloha system-another alternative for computer communication[C]. San Jose: In Proceedings of The American Federation of Information Processing Societies (AFIPS 1970),1970.

[73] BUETTNER M, YEE G V, ANDERSON E, et al. X-mac: a short preamble mac protocol for duty-cycled wireless sensor networks[C]. Boulder: In Proceedings of ACM Conference on Embeded Networked Sensor System(SenSys 2006),2006.

[74] DEGESYS J, ROSE I, PATEL A, et al. Desync: self-organizing desynchronization and tdma on wireless sensor networks[C]. Cambridge: In Proceedings of International Conference on Information Processing in Sensor Networks(IPSN 2007),2007.

[75] MIROLLO R, STROGATZ S. Synchronization of pulse-coupled biological oscillators[J]. Society for industrial and applied mathematics Journal of Applied Math,1990,50(6): 1645 – 1662.

[76] CHEN S, ALMEIDA L, WANG Z. A dynamic dual-rate beacon scheduling method of zigBee/IEEE 802. 15. 4 for target tracking[C]. Hangzhou: In Proceedings of The 6th International Conference on Mobile Ad-hoc and Sensor Networks(MSN 2010),2010.

[77] ZHOU G, HUANG C, YAN T, et al. MMSN: multi-frequency media access control for wireless sensor networks[C]. Barcelona: In Proceedings of IEEE International Conference on Computer Communications(Infocom 2006),2006.

[78] INCEL O D, JANSEN P G, MULLENDER S J. MC-LMAC: a multi-channel mac protocol for wireless sensor networks[R]. Enschede: Technical Report TR-CTIT-08-61 Centre for Telematics and Information Technology, University of Twente,2008.

[79] KIM Y, SHIN H, CHA H. Y-mac: an energy-efficient multi-channel mac protocol for dense wireless sensor networks[C]. St. Louis: In Proceedings of IEEE International Conference on Information Processing in Sensor Networks(IPSN 2008),2008.

[80] WU Y, STANKOVIC J, HE T, et al. Realistic and efficient multichannel communications in wireless sensor networks[C]. Phoenix: In Proceedings of IEEE International Conference on Computer Communications(Infocom 2008),2008.

[81] LI Y, WANG Z, SUN Y. Analyzing and modeling of the wireless link for sensor networks[J]. Chinese Journal of Sensors and Actuators,2007(8):1846 – 1851.

[82] CERPA A, WONG J, KUANG L, et al. Statistical model of lossy links in wireless sensor networks[C]. Los Angeles: In Proceedings of ACM/IEEE International Conference on Information Processing in Sensor Networks(IPSN 2005),2005.

[83] LI Y,WANG Z,SUN Y. Analyzing and modeling of the wireless link for sensor networks[J]. Chinese Journal of Sensors and Actuators,2007(8):1846 – 1851.

[84] NARAYANSWAMY S,KAWADIA V,SREENIVAS R S,et al. Power control in ad hoc networks:theory,architecture,algorithm and implementation of the COMPOW protocol[C]. Florence:In Proceedings of European Wireless Conference,2002.

[85] KUBISCH M,KARL H,WOLISZ A,et al. Distributed algorithms for transmission power control in wireless sensor networks[C]. New Orleans:In Proceedings of IEEE Wireless Communi-cations and Networking Conference(WCNC 2003),2003.

[86] LI L,HALPERN J Y,BAHL P,et al. Analysis of csone-based distributed topology control algorithm for wireless multi-hop networks[C]. Newport:In Proceedings of the 20th Annual ACM SIGACT-SIGOPS Symposium on Principles of Distributed Computing(PODC 2001),2001.

[87] LI N,HOU J C,SHA L. Design and analysis of an MST-based topology control algorithm[C]. San Francisco:In Proceedings of IEEE International Conference on Computer Communications(Infocom 2003),2003.

[88] HEINZELMAN W B,CHANDRAKASAN A P,BALAKRISHNAN H. An application-specific protocol architecture for wireless microsensor networks[J]. IEEE Transactions on Wireless Networking,2002,1(4):660 – 670.

[89] YOUNIS O,FAHMY S. Distributed clustering in ad-hoc sensor networks:a hybrid, energy-efficient approach[C]. Hong Kong:In Proceedings of IEEE International Conference on Computer Communications(Infocom 2004),2004.

[90] XU Y,HEIDEMANN J,ESTRIN D. Geography-informed energy conservation for Ad Hoc routing[C]. Rome:In Proceedings of the ACM 7th Annual International Conference on Mobile Computing and Networking(MobiCom 2001),2001.

[91] KLEINROCK L,SILVESTER J. Optimum transmission radii for packet radio networks or why six is a magic number[C]. Birmingham:In Proceeding of the National Telecommunications Conference,1978.

[92] XUE F,KUMAR P R. The number of neighbors needed for connectivity of wireless networks[J]. Wireless Networks,2004,10(2):169 – 181.

[93] PERILLO M A,HEINZELMAN W B. Sensor management policies to provide application QoS[J]. Elsevier Ad-hoc Networks Journal(Special Issue on Sensor Network Applications and Protocols),2003,1(2/3):235 – 246.

[94] CHIANG C C,WU H,LIU W,et al. Routing in clustered multihop,mobile wireless networks[C]. Singapore:In Proceedings of the IEEE Singapore International Conference on Networks,1997.

[95] RAJU J,GARCIA-LUNA-ACEVES J J. A comparison of on-demand and table driven routing for Ad-Hoc wireless networks[C]. New Orleans:In Proceedings of IEEE International Conference on Communications(ICC 2000),2000.

[96] MALTZ D. On-demand routing in multi-hop wireless Ad-hoc networks[D]. Pittsburgh:Carne-gie Mellon University,2001.

[97] PERKINS C E,ROYER E M. Ad-hoc on-demand distance vector routing[C]. New Orleans:In Proceedings of the 2nd IEEE Workshop on Mobile Computing Systems and Applications,1999.

[98] PARK V D,CORSON M S. A highly adaptive distributed routing algorithm for mobile wireless networks[C]. Kobe: In Proceedings of IEEE International Conference on Computer Communications(Infocom 1997),1997.

[99] TOH C K. A novel distributed routing protocol to support Ad Hoc mobile computing[C]. Phoenix:In Proceedings of IEEE 15th Annual International Conference on Computers and Communications,1996.

[100] SCOTT K,BAMBOS N. Routing and channel assignment for low power transmission in PCS[C]. Cambridge: In Proceedings International Conference on Universal Personal Communications,1996.

[101] INTANAGONWIWAT C,GOVINDAN R,ESTRIN D,et al. Directed diffusion for wireless sensor networking[J]. IEEE/ACM Transactions on Networking,2003,11 (1):2 - 16.

[102] HEINZELMAN W R,KULIK J,BALAKRISHNAN H. Adaptive protocols for in-formation dissemination in wireless sensor networks[C]. Seattle:In Proceedings of the ACM 5th Annual International Conference on Mobile Computing and Networ-king,1999.

[103] MAIHOFER C. A survey of geocast routing protocols[J]. IEEE Communications Surveys & Tutorials,2004,6(2):32 - 42.

[104] MAUVE M,WIDMER J,HARTENSTEIN H. A Survey on position-based routing in mobile Ad-Hoc networks[J]. IEEE Network,2001,15:30 - 39.

[105] YU Y,ESTRIN D,GOVINDAN R. Geographical and energy-aware routing:a recur-sive data dissemination protocol for wireless sensor networks[R]. Los Angeles: UCLA Comp. Science Dept. tech. rep. ,UCLA-CSD TR-010023,2001.

[106] LI Y J,CHEN C S,SONG Y Q,et al. Enhancing real-time delivery in wireless sensor networks with two-hop information[J]. IEEE Transactions on Industrial Informat-ics,2009,5(2):113 - 122.

[107] SHAH R C,RABAEY J M. Energy aware routing for low energy Ad Hoc sensor net-works[C]. Orlando:In Proceedings of IEEE Wireless Communications and Networ-king Conference(WCNC 2002),2002.

[108] GANESAN D,GOVINDAN R,SHENKER S,et al. Highly-resilient energy-efficient multipath routing in wireless sensor networks[J]. Mobile Computing and Communi-cations Review (MC2R),2002,1(2):28 - 36.

[109] INTANAGONWIWAT C,GOVINDAN R,ESTRIN D. Directed diffusion:a scalable

and robust communication paradigm for sensor networks[C]. Boston: In Proceedings of the Sixth ACM International Conference on Mobile Computing and Networking (MobiCom 2000),2000.

[110] BISWAS S,MORRIS R. Opportunistic routing in multihop wireless networks[C]. Portland: In Proceedings of ACM Special Interest Group on Data Communication (SIGCOMM 2004),Computer Communication Review,2004.

[111] BISWAS S,MORRIS R. ExOR: Opportunistic routing in multi-hop wireless networks[C]. New York: In Proceedings of the ACM Special Interest Group on Data Communication(SIGCOMM 2005),2005.

[112] ROZNER E,SESHADRI J,MEHTA Y,et al. Simple opportunistic routing protocol for wireless mesh networks[C]. Washington: In Proceedings of the IEEEWireless Mesh Networks(WiMesh 2006),2006.

[113] WESTPHAL C. Opportunistic routing in dynamic Ad-hoc networks: The OPRAH protocol[C]. Washington: In Proceedings of the IEEE Mobile Adhoc and Sensor System(MASS 2006),2006.

[114] COUTO D D,AGUAYO D,BICKET J,et al. A high-throughput path metric for multi-hop wireless routing[C]. Washington: In Proceedings of the ACM/IEEEthe Annual International Conference on Mobile Computing and Networking(MobiCom 2003),2003.

[115] CHACHULSKI S,JENNINGS M,KATTI S,et al. Trading structure for randomness in wireless opportunistic routing[C]. New York: In Proceedings of the ACM Special Interest Group on Data Communication(SIGCOMM 2007),2007.

[116] ZORZI M,RAO R R. Geographic random forwarding(GeRaF)for Ad-hoc and sensor networks:Multihop performance[J]. IEEE Transactions on Mobile Computing, 2003,2(4):337 − 348.

[117] ZORZI M,RAO R R. Geographic random forwarding(GeRaF)for Ad-hoc and sensor networks:Energy and latency performance[J]. IEEE Transactions on Mobile Computing,2003,2(4):349 − 365.

[118] ZHAO B,SESHADRI R I,VALENTI M C. Valenti. Geographic random forwarding with hybrid-ARQ for ad hoc networks with rapid sleep cycles[C]. Washington: In Proceedings of the IEEE the Global Communication Conference (GLOBECOM 2004),2004.

[119] WU J,LU M,LI F. Utility-Based opportunistic routing in multi-hop wireless networks[C]. Washington: In Proceedings of the IEEE International Conference on Distributed Com puting System(ICDCS 2008),2008.

[120] DUNKELS A,VOIGT T,ALONSO J. Making TCP/IP viable for wireless sensornetworks[C]. Berlin: In Proceedings of European Conference on Wireless Sensor Networks(EWSN 2004),2004.

[121] DAVIS J. 理解 IPv6[M]. 张晓彤,晏国晟,曾庆峰,译. 北京:清华大学出版社,2004.

[122] HUI D,RICHARD H. Unifying micro sensor networks with the Internet via over-laynetwor king[C]. Los Alamitos:In Proceedings of the 29th Annual IEEE International Conference on Local Computer Networks (LCN 2004),2004.

[123] WANG B. A survey on coverage problems in wireless sensor networks[R]. Singapore:ECE Technical Report,ECE Dept. ,National University of Singapore,2006.

[124] 刘丽萍,王智,孙优贤. 无线传感器网络部署及其覆盖问题研究[J]. 电子与信息学, 2006,28(9):1752 - 1757.

[125]   GAGE D W. Command control for many-robot systems[J]. Unmanned Systems Magazine,1992,10(4):28 - 34.

[126] XU Y,YAO X. A GA approach to the optimal placement of sensors in wireless sensor networks with obstacles and preferences[C]. Las Vegas:In Proceedings of 3rd IEEE Consumer Communications and Networking Conference(CCNC 2006),2006.

[127] WANG B,WANG W,SRINIVASAN V,et al. Information coverage for wireless sensor networks[J]. IEEE Communications Letters,2005,9(11):967 - 969.

[128] LIU B Y,TOWSLEY D. On the coverage and detectability of large-scale wireless sensor networks[A]. Nice:In Proceedings of International Conference on Modeling and Optimization in Mobile,Ad-hoc and Wireless Networks(WiOpt 2003),2003.

[129] HUANG C F,TSENG Y C. The coverage problem in a wireless sensor networr[C]. San Diego:In Proceedings of the Second ACM International Workshop on Wireless Sensor Networks & Applications(WSNA 2003),2003.

[130] KAR K,BANERJEE S. Node placement for connected coverage in sensor networks [C]. Nice:In Proceedings of International Symposium on Modeling and Optimization in Mobile,Ad Hoc and Wireless Networks(WiOpt 2003),2003.

[131]   PATEL M,CHANDRASEKARAN R,VENKATESAN S. Energy efficient sensor relay and base station placements for coverage,connectivity and routing[C]. Phoenix:In Proceedings of IEEE International Performance,Computing and Communications Conference(IPCCC 2005),2005.

[132] HALL P. Introduction to the theory of coverage processes[M]. Hoboken:John Wiley and Sons,1988.

[133] CARDEI M,DU D Z. Improving wireless sensor network lifetime through power aware organization[J]. Wireless Networks,2005,11(3):333 - 340.

[134]   MEGERIAN S,KOUSHANFAR F,POTKONJAK M,et al. Worst and best-case coverage in sensor networks[J]. IEEE Transaction on Mobile Computing,2005,4 (1):84 - 92.

[135] CORTES J,MARTINEZ S,KARATAS T,et al. Coverage control for mobile sensing networks[J]. IEEE Transactions on Robotics and Automation, 2004, 20 (2): 243 - 255.

［136］ MEGUERDICHIAN S,KOUSHANFAR F,POTKONJAK M,et al. Coverage problems in wireless ad-hoc sensor network[C]. Anchorage:In Proceedings of the IEEE International Conference on Computer Communications(Infocom 2001),2001.

［137］ LI X Y,WAN P J,FRIEDER O. Coverage in wireless Ad-hoc sensor networks[J]. IEEE Transactions on Computers,2003,52(6):753 – 763.

［138］ MEGUERDICHIAN S,KOUSHANFAR F,QU G,et al. Exposure in wireless Ad-hoc sensor networks[C]. Rome:In Proceedings of 7th Annual International Conference on Mobile Computing and Networking(MobiCom 2001),2001.

［139］ MEGUERDICHIAN S,SLIJEPCEVIC S,KARAYAN V,et al. Localized algorithms in wireless ad-hoc networks:location discovery and sensor exposure[C]. Long Beach: In Proceedings of ACM Int'l Symp. on Mobile Ad Hoc Networking and Computing (MobiHOC 2001),2001.

［140］ VELTRI G,HUANG Q,QU G,et al. Minimal and maximal exposure path algorithms for wireless embedded sensor networks[A]. New York:In:Akyildiz IF,Estion D,eds. Proc. of the ACM Int'l Conf. on Embedded Networked Sensor Systems (SenSys 2003),2003.

［141］ KUMAR S,LAI T H,ARORA A. Barrier coverage with wireless sensors[C]. Cologne:In Proceedings of the ACM International Conference on Mobile Computing and Networking(MobiCom 2005),2005.

［142］ ELSON J,GIROD L,ESTRIN D. Fine-grained network time synchronization using reference broadcasts[C]. Boston:In Proceedings of Fifth Symposium on Operating Systems Design and Implementation(OSDI 2002),2002.

［143］ GANERIWAL S,KUMAR S, SRIVASTAVA M B. Timing-sync protocol for sensor networks[C]. Los Angeles:In Proceedings of First ACM Conference on Embedded Networked Sensor System(SenSys 2003),2003.

［144］ HORAUER M. PSynUTC-evaluation of a high precision time synchronization prototype system for ethernet LANs[C]. Reston:In Proceedings of 34th Annual Precise Time and Time Interval Meeting(PTTI 2002),2002.

［145］ SUNDARARAMAN B ,BUY U,KSHEMKALYANI A D. Clock synchronization for wireless sensor network:a survey[J]. Ad-hoc Networks,2005(3):281 – 323.

［146］ GANERIWAL S,GANESAN D,SHIM H,et al. Estimating clock uncertainty for efficient duty-cycling in sensor networks[C]. San Diego:In Proceedings of 3rd international conference on Embedded networked sensor systems(SenSys 2005),2005.

［147］ YANG Z,PAN J,CAI L. Adaptive clock skew estimation with interactive multi-model kalman filters for sensor networks[C]. Cape Town:In Proceedings of IEEE International Conference on communications(ICC 2010),2010.

［148］ HAMILTON B R,MA X,ZHAO Q,et al. Aces:adaptive clock estimation and synchroniza tion using kalman filtering[C]. San Francisco:In Proceedings of 14th ACM international conference on mobile computing and networking (MobiCom

2008),2008.

[149] LORINCZ K,WELSH M. Mote Track:a robust decentralized approach to RF-based loca-tion tracking[C]. Oberpfaffenhofen:In Proceedings of First International Workshop on Location and Context-Awareness(LoCA 2005),2005.

[150] PRIYANTHA N B,CHAKRABORTY A,BALAKRISHNAN H. The cricket location-support system[C]. Boston:In Proceedings of 5th ACM international conference on mobile computing and networking(MobiCom 2000),2000.

[151] LEE Y W,STUNTEBECK E,MILLERET S C,et al. Mesh of RF sensors for indoor tracking[C]. Reston:In Proceedings of Third Annual IEEE Communications Society Conference on Sensor,Mesh and Ad-Hoc Communications and Networks(SECON 2006),2006.

[152] 李光辉,赵军,王智. 基于无线传感器网络的森林火灾监测预警系统[J]. 传感技术学报,2006,19(6):2760 – 2764.

[153] HARTER A,HOPPER A. A distributed location system for the active office[J]. IEEE Network,1994,8(1):62 – 70.

[154] STEGGLES P,GSCHWIND S. The ubisense smart space platform[R]. Cambridge: Ubisense Limited,Tech. Rep. ,2005.

[155] WANG Z,BULUT E. Distributed target tracking with directional binary sensor networks[C]. Honolulu:In Proceedings of Global Telecommunications Conference(GlobeCom 2009),2009.

[156] BULUSU N,HEIDEMANN J. GPS-less low-cost outdoor localization for very small devices[J]. IEEE Personal Communications,2000,7(5):28 – 34.

[157] NAGPAL R. Organizing a global coordinate system from local information on an amorphous computer. A. I. Memo 1666 [R]. Boston: Boston: MIT A. I. Laboratory,1999.

[158] NAGPAL R,SHROBE H. Organizing a global coordinate system from local information on an ad hoc sensor network[C]. Berlin:In Proceedings of 2nd international conference on Information processing in sensor networks(IPSN 2003),2003.

[159] HE T,HUANG C. Range-free localization schemes for large scale sensor networks [C]. New York:In Proceedings of the 9th annual international conference on Mobile computing and networking(MobiCom 2003),2003.

[160] LIANG T C,WANG T C. A gradient search method to round the semidefinite programming relaxation solution for ad hoc wireless sensor network localization[R]. Palo Alto:Tech. rep. ,Dept of Management Science and Engineering,Stanford University,2004.

[161] BISWAS P,YE Y. Semidefinite programming for ad hoc wireless sensor network localization[C]. Berkeley:In Proceedings of 3rd International Symposium on Information Processing in Sensor Networks(IPSN 2004),2004.

[162] BISWAS P,YE Y. A distributed method for solving semidefinite programs arising from Ad-hoc wireless sensor network localization[C]. Richmond:In Proceedings of

Multiscale Optimization Methods and Applications, Nonconvex Optimization and Its Applications, 2006.

[163] TSENG P. Second-order cone programming relaxation of sensor network localization [J]. SIAM J. Optim. ,2007,18(1):156 – 185.

[164] SHANG Y, RUML W, ZHANG Y. Localization from mere connectivity[C]. Annapolis: In Proceedings of the 4th ACM International Symposium on Mobile Ad Hoc Networking&Computting(MobiHoc 2003),2003.

[165] SHANG Y, RUML W. Improved MDS-based localization[C]. Hong Kong: In Proceedings of 23rd Annual Joint Conference of the IEEE Computer and Communications Societies(INFOCOM 2004),2004.

[166] BAHL P, PADMANABHAN V N. Radar: an in-building RF-based user location and tracking system[C]. Tel Aviv: In Proceedings of the Nineteenth Annual Joint Conference of the IEEE Computer and Communications Societies (INFOCOM 2000),2000.

[167] NI L M, LIU Y, LAU Y C, et al. LANDMARC: Indoor location sensing using active RFID[C]. Dallas: In Proceedings of IEEE Insternational Conference in Pervasive Computing and Communications(PerCom 2003),2003.

[168] KRISHNAN P, KRISHNAKUMAR A S, JU W H, et al. A system for LEASE: location estimation assisted by stationary emitters for indoor RF wireless networks[C]. Hong Kong: In Proceedings of the Twenty-third Annual Joint Conference of the IEEE Computer and Communications Societies(INFOCOM 2004),2004.

[169] YIN J, YANG Q, NI L M. Learning adaptive temporal radio maps for signal-strength-based location estimation[J]. IEEE Transactions on Mobile Computing, 2008, 7 (7):869 – 883.

[170] HAEBERLEN A, FLANNERY E, LADD A, et al. Practical robust localization over large-scale 802. 11 wireless networks[C]. Philadelphia: In Proceedings of the Tenth ACM International Conference on Mobile Computing and Networking (MobiCom 2004),2004.

[171] CHEN Y Q, YANG Q, YIN J, et al. Power-efficient access-point selection for indoor location estimation[J]. IEEE Transactions on Knowledge and Data Engineering, 2006,18(7):877 – 888.

[172] PRIYANTHA N B, CHAKRABORTY A. The cricket location-support system[C]. Boston: In Proceedings of the Sixth ACM International Conference on Mobile Computing and Networking(MobiCom 2000),2000.

[173] WANG Z B, LI J F, LI H B, et al. HieTrack: a real-time wireless sensor network system for target tracking[C]. Hangzhou: In Proceedings of the 4th International Symposium on Innovations and Real-time Applications of Distributed Sensor Networks(IRA-DSN 2009),2009.

[174] CHEN J C, YIP L. Coherent acoustic array processing and localization on wireless sensor networks[J]. Proceedings of the IEEE,2003,91(8):1154 – 1162.

[175] LUO J,FENG D,CHEN S,et al. Experiments for on-line bearing-only target locali-zation in acoustic array sensor networks[C]. Jinan:In Proceedings of 8th World Con-gress on Intelligent Control and Automatio(WCICA 2010),2010.

[176] 李元实,王智,鲍明,等.基于无线声阵列传感器网络的实时多目标跟踪平台设计及实验[J].仪器仪表学报,2012,33(1):9.

[177] BAHL P,PADMANABHAN V N. Radar:an in-building RF-based user location and tracking system[C]. Tel Aviv:In Proceedings of Nineteenth Annual Joint Conference of the IEEE Computer and Communications Societies(INFOCOM 2000),2000.

[178] LORINCA K,WELSH M. MoteTrack:a robust,decentralized approach to RF-based location tracking[C]. Oberpfaffenhofen: In Proceedings of the First International Workshop on Location and Context-Awareness(LoCA 2005),2005.

[179] PERRIG A,SZEWCZYK R. SPINS:security protocols for sensor networks[J]. Wire-less Networks,2001,8(5):521 − 534.

[180] WOOD A D,STANKOVIC J A. Denial of service in sensor networks[J]. Computer,2002,35(10):54 − 62.

[181] PERRIG A,CANETTI R. Efficient authentication and signing of multicast streams over lossy channels[C]. Washington DC:In Proceedings of the 2000 IEEE Symposi-um on Security and Privacy(SP 2000),2000.

[182] 曹晓梅,俞波,陈贵海,等,传感器网络节点定位系统安全性研究[J].软件学报,2008,19(4):869 − 877.

[183] SRINIVASAN A,WU J. A survey on secure localization in wireless sensor networks[M]. Boca Raton:Encyclopedia of Wireless and Mobile Communications,BookChap-ter,2007.

[184] LAZOS L,POOVENDRAN R. SeRLoc:secure range independent localization for wireless sensor networks[C]. New York:In Proceedings of 3rd ACM workshop on Wireless security(WiSe 2004),2004.

[185] LIU D,NING P,DU W. Attack-resistant location estimation in sensor networks[C]. Piscataway:In Proceedings of the 4th International Symposium on Infromation Pro-cessing in Sensor Networks(IPSN 2005),2005.

[186] CHEN H,LOU W,WANG Z. Conflicting-set-based wormhole attack resistant locali-zation in wireless sensor networks[C]. Brisbane:In Proceedings of the 6th Interna-tional Conference on Ubiquitous Intelligence and Computing(UIC 2009),2009.

[187] CHEN H,LOU W,SUN X,et al. A secure localization approach against wormhole attacks using distance consistency[J]. Eurasip Journal on Wireless Communications and Networking,Special Issue on Wireless Network Algorithms,Systems,and Appli-cations,2009(10):1 − 11.

[188] LAZOS L,POOVENDRAN R. HiRLoc:high-resolution robust localization for wire-less sensor networks[J]. IEEE Journal on Selected Areas in Communications,2006,24(2):233 − 246.

[189] LIU D,NING P,DU W. Attack-resistant location estimation in sensor networks[C].

Los Angeles: In Proceedings of IEEE International Conference on Information Processing in Sensor Networks (IPSN 2005), 2005.

[190] CHEN H L, LOU W, WANG Z. A consistency-based secure localization scheme against wormhole attacks in wireless sensor networks[C]. Boston: In Proceedings of the International Conference on Wireless Algorithms, Systems and Applications (WASA 2009), 2009.

[191] CHEN H L, LOU W, WANG Z. Secure localization against wormhole attacks using conflicting sets[C]. Albuquerque: In Proceedings of the 29th IEEE International Performance Computing and Communications Conference(IPCCC 2010), 2010.

[192] WU J F, CHEN H L, LOU W, et al. Label-based DV-hop localization against wormhole attacks in wireless sensor networks[C]. Macau: In Proceedings of the IEEE International Conference on Networking, Architecture, and Storage(NAS 2010), 2010.

[193] CHEN H L, LOU W, WANG Z. A novel secure localization approach in wireless sensor networks[J]. EURASIP Journal on Wireless Communications and Networking, 2010(10):1 - 12.

[194] LAZOS L, POOVENDRAN R. SeRLoc: robust localization for wireless sensor networks[J]. ACM Transaction on Sensor Networks(TOSN), 2005(1):73 - 100.

[195] YAO Y, GEHRKE J. Query processing for sensor networks[C]. Asilomar: In Proceedings of 1st Biennial Conf on Innovative Data Systems Research (CIDR 2003), 2003.

[196] KRISHNAMACHARI B, ESTRIN D, WRCHER S B. The impact of data aggregation in wireless sensor networks[C]. Washington DC: In Proceedings of the 22nd International Conference on Distributed Computing Systems(ICDCSW 2002), 2002.

[197] AKYILDIZ I, SU W, SANAKARASUBRAMANIAM Y. Wireless sensor networks: A survey[J]. Computer Networks, 2002, 38(4):393 - 422.

[198] LI M, LIU Y X. Sensor data management in pervasive computing[R]. State College: Pennsylvania State University Project Report.

[199] ABADI D, CARNEY D, CETINTEMEL U. Aurora: a new model and architecture for data stream management[J]. The VLDB Journal, 2003, 12(2):120 - 139.

[200] ABADI D, AHMAD Y, BALAZINSKA M. The design of the borealis stream processing engine[C]. Asilomar: In Proceedings of the 2nd Conference on Innovative Data Systems Research(CIDR 2005), 2005.

[201] MOTWANI R, WIDOM J, ARASU A. Query processing, resource management, and approximation in a data stream management system[C]. Asilomar: In Proceedings of the First Conference on Innovative Data Systems Research(CIDR 2003), 2003.

[202] DEMERS A, GEHRKE J, RAJARAMAN R. The cougar project: a work-ln-progress report[J]. ACM SIGMOD Record, 2003, 34(4):53 - 59.

[203] LIU H, HWANG S Y, SRIVASTAVA J. PSRA: a data model for managing data in sensor networks[C]. Taichung: In Proceedings of the IEEE International Conference on Sensor Networks, Ubiquitous, and Trustworthy Computing(SUTC 2006), 2006.

[204] DAI Z F,LI Y X,HE G L,et al. Uncertain data management for wireless sensor networks using rough set theory[C]. Wuhan:In Proceedings of 2nd IEEE International Conference on Wireless Communications, Networking and Mobile Computing (WiCOM 2006),2006.

[205] RATNASAMY S. Data-centric storage in sensornets[C]. Atlanta:In Proceedings of the 1st Workshop on Sensor Networks and Applications,2002.

[206] RATNASAMY S,KARP B,YIN L,et al. GHT:geographic hash table for datacentric storage[C]. New York:New York:In Proceedings of 1st ACM WSNA,2002.

[207] KARP B,KUNG H T. GPSR:greedy perimeter stateless routing for wireless networks[C]. New York:In Proceedings of the 6th International Conference on Mobile Computing and Networking,2000.

[208] XU J L,TANG X Y,LEE W C. A new storage scheme for approximate location queries in object-tracking sensor networks[J]. IEEE Transactions on Parallel and Distributed Systems,2008,19(2):262 - 275.

[209] BENENSON Z,FREILING F C. Advanced evasive data storage in sensor networks [C]. Washington DC:In Proceedings of International Conference on Mobile Data Management(MDM 2007),2007.

[210] GANESAN D,ESTRIN D,HEIDEMANN J. DIMENSIONS:why do we need a new data handling architecture for sensor networks[J]. ACM SIGCOMN Computer Communication Review,2003,33(1):145 - 148.

[211] GREENSTEIN B,RATNASSMY S,SHENKER S. DIFS:a distributed index for features in sensor networks[J]. Ad-hoc Networks,2003,1(2/3):333 - 349.

[212] YOUNG X L,KIM J,GOVINDAN R,et al. Multi-dimensional range queries in sensor network[C]. New York:In Proceedings of the 1st International Conference on Embedded Networked Sensor Systems(Sensys 2003),2003.

[213] BENTLEY J L. Multidimensional binary search trees used for associative searching [J]. Communications of the ACM,1975,18(9):475 - 484.

[214] DIAO Y,GANESAN D,MATHUR G. Re-thinking data management for storage-centric sensor networks[C]. Asilomar:In Proceedings of the 3rd Biennial Conference on Innovative Data Systems Research(CIDR 2007),2007.

[215] INTANAGONWIWAT C,GOVINDAN R,ESTRIN D. Directed diffusion:a scalable and robust communication paradigm for sensor networks[C]. Boston:In Proceedings of the Sixth ACM International Conference on Mobile Computing and Networking (MobiCom 2000),2000.

[216] MARANDOLA H,MOLLO J,PAUL A,et al. REMBASS-II:the status and evolution of the army's unattended ground sensor system[C]. Orlando:In Proceedings of Unattended Ground Sensor Technologies and Applications IV(SPIE 2002),2002.

[217] PAUL J L. Smart Sensor Web:tactical battlefield visualization using sensor fusion [J]. IEEE Aerospace and Electronic Systems Magazine,2006,21(1):13 - 20.

[218] GANERIWAL S,CAPKUN S,HAN C C,et al. Secure time synchronization service

for sensor networks[C]. New York:In Proceedings of the 4th ACM workshop on Wireless security,2005.

[219] CAMCI F. System maintenance scheduling with prognostics information using genetic algorithm[J]. IEEE Transactions on Reliability,2009,58(3):539-552.

[220] MAINWARING A,CULLER D,POLASTREET J, et al. Wireless sensor networks for habitat monitoring[C]. New York:New York:In Proceedings of the ACM International Workshop on Wireless Sensor Networks and Applications (WSNA 2002),2002.

[221] 夏明,董亚波,鲁东明,等. RelicNet:面向野外文化遗址微气象环境监测的高可靠无线传感系统[J]. 通信学报,2008(11):173-185.

[222] ALLEN G W,JOHNSON J,RUIZ M,et al. Monitoring volcanic eruptions with a wireless sensor network[C]. Istanbul:In Proceedings of the Second European Workshop on Wireless Sensor Networks(EWSN 2005),2005.

[223] MURTY R N,MAINLAND G,ROSE I, et al. Citysense:a vision for an urban-scale wireless networking testbed[C]. Waltham:Waltham:In Proceedings of Conference on Technologies for Homeland Security,2008.

[224] ROBERTS M T,PITTMAN H M. Legal Issues in Developing a National Plan for Animal Identification[D]. Fayetteville:The National Agricultural Law Center,University of Arkansas School of Law,2004.

[225] YAMADA S. The strategy and deployment plan for VICS[J]. IEEE Communications Magazine,1996,34(10):94-97.

[226] FENTON R E. IVHS/AHS:driving into the future[J]. IEEE Control Systems Magazine,1994,14(6):13-20.

[227] MONTGOMERY K,MUNDT C,THONIER G,et al. Lifeguard-a personal physiological monitor for extreme environments[C]. San Francisco:In Proceedings of the 26th Annual International Conference of the IEEE Engineering in Medicine and Biology Society(IEMBS 2004),2004.

[228] LEE Y D,CHUNG W Y. Wireless sensor network based wearable smart shirt for ubiquitous health and activity monitoring[J]. Sensors and Actuators B:Chemical,2009,140(2):390-395.

[229] OUCHI K,SUZUKI T,DOI M. LifeMinder:a wearable healthcare support system using user's context[C]. Vienna:In Proceedings of the 22nd International Conference on Distributed Computing Systems Workshops(ICDCSW 2002),2002.